Proceeding of the international conference of the fire materials committee and
building fire committee of China Fire Protection Association in 2014

2014年中国消防协会防火材料分会与建筑防火专业委员会学术会议论文集

李 凤 兰 彬 张泽江 梅秀娟 主编

西南交通大学出版社
·成 都·

图书在版编目（CIP）数据

2014 年中国消防协会防火材料分会与建筑防火专业委员会学术会议论文集 / 李风等主编. —成都：西南交通大学出版社，2014.7
ISBN 978-7-5643-3242-6

Ⅰ. ①2… Ⅱ. ①李… Ⅲ. ①建筑材料－防火材料－学术会议－文集②建筑设计－防火－学术会议－文集
Ⅳ. ①TU545-53②TU892-53

中国版本图书馆 CIP 数据核字（2014）第 169075 号

2014 年中国消防协会防火材料分会与
建筑防火专业委员会学术会议论文集

李　风　兰　彬　张泽江　梅秀娟　主编

*

责任编辑　万　方
特邀编辑　张宝珠　徐前卫
封面设计　墨创文化

西南交通大学出版社出版发行

四川省成都市金牛区交大路 146 号　邮政编码：610031　发行部电话：028-87600564
http：//www.xnjdcbs.com
四川川印印刷有限公司印刷

*

成品尺寸：210 mm×285 mm　印张：26
字数：767 千字
2014 年 7 月第 1 版　2014 年 7 月第 1 次印刷
ISBN 978-7-5643-3242-6
定价：85.00 元

2014 年中国消防协会防火材料分会与建筑防火专业委员会学术会议

主办单位：中国消防协会防火材料分会

　　　　　中国消防协会建筑防火专业委员会

承办单位：四川法斯特消防安全性能评估有限公司

组委会：

　　主　席：李　风

　　成　员：兰　彬　　孙金华　　覃文清　　周崇敏　　宋晓勇　　王际锦　　程道彬

　　　　　　胡忠日　　孙佳福　　楼志明　　龚　斌　　张庆明　　杨泽安　　张希兰

　　　　　　叶本开　　唐志勇

　　秘书处：张泽江　　梅秀娟　　葛欣国　　张文华　　何　瑾　　杨　郁

学术委员会：

　　主　席：李　风　　研究员　　公安部四川消防研究所所长

　　　　　　　　　　　　　　　　国家防火建筑材料质量监督检验中心主任

　　委　员：覃文清　　研究员　　公安部四川消防研究所材料阻火室

　　　　　　兰　彬　　研究员　　公安部四川消防研究所副所长

　　　　　　程道彬　　研究员　　国家防火建筑材料质量监督检验中心常务副主任

　　　　　　胡忠日　　研究员　　公安部四川消防研究所防火室主任

　　　　　　张泽江　　研究员　　公安部四川消防研究所材料阻火室主任

　　　　　　　　　　　　　　　　中国消防协会防火材料分会秘书长

　　　　　　梅秀娟　　研究员　　公安部四川消防研究所防火室

　　　　　　　　　　　　　　　　中国消防协会建筑防火专业委员会秘书长

　　　　　　葛欣国　　副研究员　公安部四川消防研究所材料阻火室副主任

　　　　　　　　　　　　　　　　中国消防协会防火材料分会秘书

　　　　　　张文华　　副研究员　公安部四川消防研究所规范室

　　　　　　何　瑾　　助理研究员　公安部四川消防研究所防火室副主任

　　　　　　杨　郁　　助理研究员　公安部四川消防研究所企管办

　　　　　　　　　　　　　　　　中国消防协会防火材料分会秘书

前　言

由挂靠在公安部四川消防研究所的中国消防协会防火材料分会与中国消防协会建筑防火专业委员会承办的"2014年中国消防协会防火材料分会与建筑防火专业委员会学术研讨会"将于2014年10月23—24日在四川省西昌市召开，并将优秀论文集结出版《2014年中国消防协会防火材料分会与建筑防火专业委员会学术会议论文集》。

本次会议以"新型防火材料进展"为主题，交流讨论新型耐久阻燃剂、织物阻燃技术、功能型防火涂料配方及防火机理研究，新型防火涂料用树脂及其合成方法，新技术在防火涂料及相关领域的应用，新型耐久防火门实用技术，防火门施工应用技术，新型防火家具制备技术，建筑物的危险性与安全评价技术，建筑材料审查与验收、建筑外装饰材料质检与验收、建筑消防审查关键技术，新型外墙保温防火材料发展现状，防火安全与制备技术，先进颜填料与功能填料在防火建材中的应用，高层建筑、地下建筑和大空间建筑火灾预防与逃生的新技术，以及其他可用于建筑防火与防火材料及相关领域的新理论、新技术、新工艺等，旨在深入探讨新型长效阻燃剂、新型外墙保温防火材料、防火涂料、防火密封封堵材料、防火板材、防火门窗、防火家具、新型防火交通工具，以及相关领域的制备、应用科学与技术，交流在建建筑工程的火灾预防与扑救技术、高层建筑火灾逃生新技术、消防行政执法机制的探索与实践、各类新材料新制品燃烧特性标准的进步、各类建筑材料及建筑结构的耐火性能的进展、特殊空间的消防安全性能评价技术等，促进行业之间的学术和技术交流。

"全国建筑防火及防火材料学术研讨会"已于2005—2013年成功举办了九届，得到了与会者的积极响应和高度评价。现由中国消防协会防火材料分会与中国消防协会建筑防火专业委员会主办的"第七届全国建筑防火及防火材料学术研讨会"如期召开；会议期间还将召开2014年中国消防协会防火材料分会年会和中国消防协会建筑防火专业委员会年会。

此次会议共征集到论文133篇，编委会评审出84篇获奖论文。现将评审通过并获一、二、三等奖的论文编撰为论文集以飨读者。

本次学术活动及论文集的汇编，得到了各成员单位、消防专家、学者及消防专业技术人员的共同关注，得到了四川省公安消防总队的大力支持，在此谨表示崇高的敬意和真诚的谢意！

由于时间仓促，论文集中存在疏漏和错误在所难免，敬请广大读者批评指正并见谅。

二〇一四年七月十日

目　录

专论与综述

建筑防火

防火技术

灭火技术

阻燃技术

消防管理

专论与综述

大型摄影棚消防安全研究

吴思军

（海南省公安消防总队）

【摘 要】 随着影视业的飞速发展，摄影棚的规模也越建越大，因而如何保障摄影棚的消防安全，是消防部门需要研究的问题。本文通过分析南方某市一摄影棚的消防设计，探讨了摄影棚的消防设防标准。

【关键词】 摄影棚；消防；安全；研究

摄影棚是影视拍摄内景的最主要的场所。不同的经济体制、社会环境与生产条件可能形成不同形式、规模的摄影棚。早期的摄影棚只是一个仅有顶棚和棚架、四面漏空的"大棚子"（中国的"摄影棚"名称由此而来）。根据影视剧的性质和规模，其摄影棚的数量、面积以及它们的组合也有所不同。

影视片所需摄影棚的数量和面积，取决于其每年平均产量及其所生产的片种。根据不同片种的棚内摄影米数、布景面积、拍摄周期、棚的周转使用率等因素，可计算出所需摄影棚的数量。摄影棚绝大多数是长方形的，其面积大致在 700 ~ 1 000 m²，高度为 10 ~ 13 m，一般可搭制 2 ~ 3 堂大布景。有些影视基地往往将两个或三个摄影棚建成一组，以有利于合理调度和充分利用，使两个摄制组能在一个组棚里同时进行工作。随着影视行业的飞速发展，影视基地的建设数量也越来越多，摄影棚的规模也越来越大，因而给消防安全工作带来了挑战。

1 典型项目介绍

南方某市一影视摄影基地建设的电影公社，是以摄影棚为主体的影视制作园区。本文拟针对该园区内一建筑面积为 7 810 m² 的摄影棚，探讨其消防设计。

该摄影棚无内院，建筑尺寸为 80.75 m × 126.95 m；1 层大空间配 3 层附属用房，高度为 35.7 m。

摄影棚主体为单层大跨度空间，摄影棚单侧长边布置配套用房。摄影棚主体结构采用的是钢筋砼框架结构。由于摄影棚屋盖跨度大，吊挂荷载也较大，因而采用钢网架，上铺钢骨架轻型板。摄影棚中的马道、灯光、声学装修做法等，均吊挂在网架下弦节点上。周边附属部分采用钢筋砼框架结构，现浇混凝土楼板。摄影棚内外墙体均为双层墙，240 mm 厚非黏土砖墙（内墙）和 200 mm 厚加气混凝土砌块，中间空气层 260 mm。附属部分的外墙为 250 mm 厚加气混凝土砌块墙，内墙为 200 mm 厚加气混凝土砌块。附属建筑与摄影棚之间采用防火墙进行分隔。摄影棚的首层平面布置如图 1 所示。

2 火灾危险性分析

摄影棚室内照明功率大、灯具多，这是其火灾隐患的主要因素之一。以本项目为例，摄影棚的用电量是按 300 ~ 500 W/m² 设计的。此外，场内布景道具多，演员、观众和易燃物多，这是其安全隐患的另一个重要因素。在其摄影照明中，灯板和灯板架使用广泛。灯板是放置灯具的平台，而灯板架是

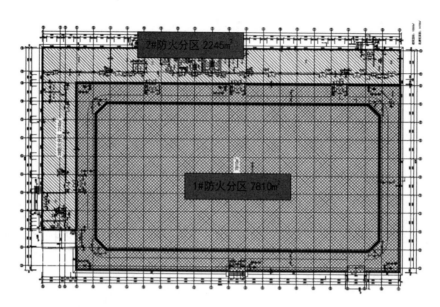

图 1　摄影棚首层建筑平面图

悬挂灯板的器具。灯板以木制的居多,可用几块木板拼搭,也可用整块成型灯板,其四角由灯板架悬挂在天桥或棚顶上。灯板架可用刚性金属条或木条,也可用柔性的绳索、钢丝索、铁链等。刚性灯板架易于固定,可减少晃动;柔性的则易于调整位置。木质地面在现有的摄影棚中比较常见,其铺设有两种方法:一种是铺较厚的木地板,在其上面能方便地推拉摄影移动车和大型话筒架;能降低棚内湿度,有利于布景、天幕在刷色后的干燥;在拍摄雨景时,不至于泥泞,便于保持清洁。另一种是木块地面,即把木块按竖纹敷设,可承重而不变形,并且可以在上面钉布景片。由于拍摄工艺的需要,在制作节目时又将摄影棚分为若干个功能景区设置布景道具来进行拍摄。这其中就可能包括大量可燃、易燃物质,如衣物、窗帘、木质品、EPS 板材等,而且室内搭景千变万化。整个摄影棚基本上是封闭的,热量不易散发,一旦发生火灾,火势极易发展和蔓延,巨大的发烟发热量又很可能造成严重的经济损失和人员伤亡。摄影棚在实际使用过程中或日常维护时,还可能由于电气线路短路引发火灾。近些年,韩国、英国、美国等一些地方的摄影棚均发生过火灾,其原因就是因为电线短路,造成了重大的经济损失。综上所述,摄影棚是属于火灾危险性类别中的严重危险级,因此摄影棚的消防设计应按照严重危险级进行设防。

3　消防设计探讨

虽然我国的《建筑设计防火规范》对摄影棚的消防设施设计已做了规定,但随着影视事业的发展,笔者认为,摄影棚项目在人员疏散、防火分区、火灾自动报警和自动灭火系统、电气设计方面具有一定的特殊性,因而在其设计中,应进一步深入研究。因此,我们结合项目实际,对其消防设计和运行后管理进行了一些探索。

3.1　防火分区

《建筑设计防火规范》规定,当地的商业营业厅、展览建筑的展览厅设置在一、二级耐火等级的单层建筑内或多层建筑的首层,设置有自动灭火系统、排烟设施和火灾自动报警系统,内装修设计符合《建筑内部装修设计防火规范》的有关规定这些条件时,其每个防火分区的最大允许建筑面积不应大于 10 000 m^2。由于使用功能的需求,笔者认为摄影棚在满足上述条件时,其每个防火分区的最大允许建筑面积不受 5 000 m^2 的限制，可不大于 10 000 m^2。

3.2 人员安全疏散

目前，《建筑设计防火规范》对摄影棚容纳人数的核算未进行界定，而人数核算是安全出口及疏散出口计算的首要条件。经调研，影视制作建筑的摄影棚内一般都有很大部分面积作为置景空间，并且随着影视制作数字技术的发展，棚内拍摄不再需要大量的演员和剧组人员，所以摄影棚内的最大人数可相应折减。本项目人员疏散参考了广播电影电视行业标准《广播电影电视建筑设计防火规范》（送审稿）中的表 4.0.11（最大面摄影棚人员荷载密度为 0.3 人/m^2），而本项目摄影棚面积为 7 810 m^2，因此核定其可能容纳的最大人数为 2 343 人。然后，根据确定的可能容纳的最大人数，计算摄影棚的安全疏散宽度，最终确定摄影棚的安全出口宽度和数量。

3.3 火灾自动报警系统的设置

本项目建筑高度为 37.5 m，属于高大空间项目。由于高度超高，常规的感烟火灾探测器和感温火灾探测器无法在项目中使用，且内部设备昂贵，使用过程中人员密集，一旦发生火灾将对财产和人身造成巨大损失，因此宜设置高灵敏度的早期报警探测器。另外，从该场所灯光设备具有一些使用特性而言，其灯光悬挂设备可上下升降、灯具光源可能含有类似火焰的紫外线，且演出过程中还可能使用烟雾机等效果器材，如仅考虑单一的探测器，则实际使用过程中可能产生误报。因此，对探测器的选择要充分考虑避免误报的因素，在设计中宜选择两种探测器的组合方式，例如采用早期报警探测器和图像型火灾探测器的组合或早期报警探测器和火焰型火灾探测器的组合等。

3.4 自动灭火系统

《建筑设计防火规范》规定了可燃物较多且空间较大（建筑面积超过 500 m^2）、火灾易迅速蔓延扩大的摄影棚应设雨淋喷水灭火系统。摄影棚内设备昂贵，并且在制作节目期间有人为制造烟或火的现象，因此在制作节目期间，雨淋系统动作前应经过人员对其确认。为了便于确认火灾和操作雨淋系统，要求启动按钮应分别设在演播室的两个出入口处，且阀门室应布置在靠近演播室的主要出入口。另外，在《固定消防炮灭火系统设计规范》中也明确了消防炮灭火系统在建筑中的使用地位，即规定了高度超过 8 m，且火灾危险性较大的室内场所，选用远控炮系统。在本项目的设计中，由于考虑了声学效果，摄影棚几乎处于封闭状态，选用远控炮系统，不仅能及时、有效地扑灭火灾，又可保障灭火人员的自身安全。

3.5 机械排烟系统

由于本项目建筑面积为 7 810 m^2，高度为 35.7 m，体量较大，按照《建筑设计防火规范》规定，即室内净高大于 6 m 且不划分防烟分区的空间单位排烟量按 60 m^3/h m^2 计算，中庭体积大于 17 000 m^3 时，换气次数按 4 次/h 计算。在本项目中，两种排烟计算方法计算得到的结果有很大差别。由于大空间建筑发生火灾后，其场所的安全性与建筑的高度、火灾热释放速率等有着极重要的关系，笔者认为仅按照 60 m^3/h · m^2 的标准计算需要对其进行评估、分析、论证。以本项目为例，按照 60 m^3/h · m^2 计算排烟量，经模拟计算，是不能有效保障人员安全疏散的。如果增大 20% 的排烟量，经模拟计算，安全保障程度有明显的提高。

3.6 配电线路和漏电火灾报警系统设计

配电线路和漏电火灾报警系统是消防设计的重要方面。普通的含卤阻燃电缆的绝缘层、护套、外护层以及辅助材料（包带及填充）全部或部分采用含卤的聚乙烯（PVC）阻燃材料，因而具有良好的阻燃特性。但是，在电缆燃烧时会释放大量的浓烟和卤酸气体，而卤酸气体对周围的电气设备有腐蚀性危害，救援人员需要带上防毒面具才能接近现场进行灭火。因此，电缆燃烧时会给周围电气设备以及救援人员造成危害，不利于灭火救援工作的开展，从而导致严重的"二次危害"。摄影棚由于隔音处理要求高，无法在外墙上开设灭火救援的洞口，即整个摄影棚除必要的安全出口外，不能开设窗户，处于封闭状态，这对人员疏散和消防救援尤为不利。因此，为了方便人员安全疏散逃生和灭火救援工作的开展，从配电线路设计方面，消防设备电缆电线均应采用低烟无卤耐火电缆及低烟无卤耐火电线，其他设备均采用低烟无卤阻燃电缆及低烟无卤阻燃电线。此外，由于摄影棚火灾主要为电线短路所引发，为了能准确监控电气线路的故障和异常状态，能发现电气火灾的火灾隐患，防止由于漏电引起的电气火灾和人身触电事故，因此摄影棚应设置漏电火灾报警系统，即在楼层配电箱加装漏电火灾报警探测器，探测漏电电流值及箱内温度值，通过总线将报警信号引至消防控制室内的监控设备主机。

3.7 建成投入使用管理

摄影棚建成投入使用后能否实现安全目标，不仅需要前期完善的消防设计，还需要后期有效的管理措施。摄影棚火灾危险性大，在建成投入使用后，应建立完善的管理制度和措施。例如，在人员疏散路线方面，要根据摄影棚的布景情况，适时调整设置疏散通道和疏散指示标志，同时严禁布景影响消防设施的正常使用；同时，要加强摄影棚的使用管理，特别是有明火、高热、危险装置等特殊拍摄要求时，应制定特殊的应对方案，必要时请当地消防站予以现场协助。此外，要强调火种的管理，如不允许在摄影棚内吸烟，避免遗留火种，造成火灾灾害。

随着社会经济的发展，新型建筑、大型建筑将层出不穷，在工程实践时，应对项目的使用性质、建筑规模等进行综合研究、判定，进而完善建筑的消防设计，提高建筑的抗火灾能力。

参考文献

[1] GB 50016—2006. 建筑设计防火规范[S]. 北京：中国计划出版社，2006.

[2] GB 50084—2001. 自动喷水灭火系统设计规范[S]. 北京：中国计划出版社，2005.

[3] GB50338—2003. 固定消防炮灭火系统设计规范[S]. 北京：中国计划出版社，2003.

作者简介：吴思军，女，硕士研究生，海南省公安消防总队防火监督部高级工程师；主要从事建筑防火研究
　　　　　工作。

　　　　　通信地址：海南省海口市龙昆南路110号，邮政编码：571100。

古民居火灾消防安全分析与对策

徐 春

（四川省内江市公安消防支队）

【摘　要】　近年来，古民居火灾频发，这不得不引起我们对古民居火灾消防安全的思考。本文对古民居火灾消防安全分析进行了分析，并提出了相关消防安全对策。

【关键词】　古民居；消防安全；防火对策

1　前　言

近年来，古民居火灾造成了我国历史文化建筑的毁损、人民安居环境的破坏，这再一次对古民居的消防安全提出了更高的要求。我国是一个多民族的国家，因自然、历史、经济、社会等多方面的原因，少数民族地区多有民族特色的民居。云南西双版纳曼岗（哈尼族）民居、云南红河哈尼族民居、广西三江林溪侗族古村、湘西德夯苗族建筑、双江县布朗族古民居、四川羌族建筑、湖北恩施鄂西土家族建筑、贵州荔波水族古民居、贵州黔东州苗侗古民居、贵阳布依族传统建筑、贵州西江千户苗寨等，无一不独具匠心、风格独特。

2　古民居典型火灾

近年来，我国古民居典型的火灾情况如表 1.1 所列。

表 1　近年来典型火灾情况统计

时　间	地　点	描　　述
2009 年 1 月 3 日 7 时 20 分左右	福建永定大溪乡湖背村	由于电气线路短路造成火灾，过火面积 800 余平方米，12 户 40 余人受灾，房屋、稻谷、家电等财产被烧为灰烬，财产损失近 120 万元
2009 年 1 月 5 日 14 时 25 分左右	福建永定下洋镇上川村思九组	一栋二层土木结构民房因使用热水棒不当发生火灾，烧毁民房一栋及谷物、家电等财产，损失近 5 万元
2009 年 2 月 8 日	朝阳县王营子乡二道沟村中队组	因小孩燃放烟花，引发了一家的柴火垛着火，虽然农闲的人们都来救火，但因火势太大，人们靠不上前，眼睁睁地看着火从街西烧到了街东，所幸的是堆放的柴火垛离人家有一段距离，才没有造成严重的后果
2009 年 4 月 12 日 20 时许	内蒙古呼伦贝尔市扎兰屯市大河湾尖山村二组	草垛起火，起火面积约 200 多平米。接到报警后，远在数十公里外的消防官兵立即赶往现场扑救，在 1 个小时后大火被扑灭，火灾造成 100 多吨柴草被烧毁

续表1

时　间	地　点	描　述
2009年6月29日7时55分	内蒙古锡林郭勒盟西乌珠穆沁旗	一牧民家牛粪堆起火，火势向周围牛棚及民房蔓延。接到报警后，消防官兵立即驱车前往扑救。由于路途遥远加上天气不好，1小时后消防官兵才赶到现场进行了扑救
2009年10月12日16时许	包头市小巴拉盖村	500多平方米未收割的玉米秆起火。接警后，消防官兵立即前往现场扑救。据了解，一个月内，小巴拉盖村玉米田已经发生火灾10多起
2009年10月22日凌晨	福建福安甘棠镇	政府旁的民房突发大火，消防官兵花了近三个小时才将其扑灭
2009年10月23日下午3时30分许	福建福安市溪柄镇浦后村	发生一起火灾，大火持续了2个半小时，烧毁民房14座，造成直接经济损失达100多万元，全村近百户人倾家荡产、无家可归
2009年10月26日凌晨	福安往赛岐方向的104国道旁	一猪棚突发大火，7间猪圈内数十只猪苗葬身火海。
2009年11月10日14时	广南县者兔乡	那耐村民委员会阿歹村民小组发生火灾，村内98户人家有95户被烧毁，461人受灾，直接财产损失200余万元，过火面积4万余平方米，风光秀丽的阿歹村一时之间化为灰烬
2010年2月3日晚9点半	云南省鹤庆县松桂镇龙珠村委会军南村	发生一起特大火灾事故，10户村民共计76间房屋不同程度地被烧毁
2010年3月19日18点05分	内蒙古自治区乌拉特中旗乌加河镇双荣村	突发火灾，火势借着大风越烧越旺，转眼就烧到了几百米之外的村民罗茂华家。村民们的自行施救，在熊熊大火面前显得杯水车薪。转眼间，大火在8级大风下迅速蔓延，双荣村大半个村子顿时陷入了火海之中
2010年12月23日傍晚	浙江省台州市龙溪乡后坪村	8户人家屋连屋的17间民房全部被烧毁，村民自述其着火原因是电线老化
2010年12月31日	浙江省台州市天台县平桥镇	有人在田野里烧荒，因为没有注意大风天气的风向，火星飞腾，导致一企业废角料堆场起火
2010年12月31日	怀远县找郢乡陈家庄	村民陈某家的废弃猪圈突发火灾，3名儿童在火灾中被无情地夺走了年幼的生命
2011年1月5日	肥河乡邵楼村	火灾事故致一人死亡。经技术民警现场勘查后初步推定，事故原因为该村村民邵某酒后抽烟，不慎将烟蒂扔进家中存放的易燃物品内引发火灾
2011年1月8日	安徽省枞阳县藕山镇	早晨6时50分，家住巢山村破罡街二楼的刘某起床，突然屋内的灯灭了，当时她没有在意。可当她走到一楼刚要打开卷闸门时，看到西北靠楼梯间地面有一团火在燃烧，刘某随即呼喊丈夫李某救火，二人打开北面卷闸门向隔壁邻居借来水管，准备接西北角水龙头救火，但水龙头被冻住了。就在这个短暂的过程中，大火沿着一楼堆放的大量床单、枕头套、棉鞋等货物，蔓延至整个楼层
2012年2月13日下午2时左右	湖南怀化	独坡乡骆团村的支教点发生火灾，大火直至晚上7时才被扑灭。据悉，事故未造成人员伤亡，但骆团、新丰两村200多户着火，1 100多人受灾
2012年2月15日	湖南怀化通道侗族自治县	通道县原生态侗族村寨，拥有众多吊脚楼木屋的独坡乡新丰村、骆团村发生房屋火灾。据初步统计，火灾共烧毁房屋70多栋，直接受灾群众有500多人
2012年2月15日晚	黑龙江宾县农村陈某一家	因家中存放汽油引发火灾，一家三口被烧成重伤。

续表1

时　间	地　点	描　　述
2013 年 1 月 25 日晚	贵州报京侗寨	镇远县报京乡报京侗寨 25 日晚发生寨火，100 余栋房屋被烧毁。据当时的初步统计，火灾已致当地 1 184 名民众受灾，尚未发现人员伤亡，受灾直接经济损失达 970 万元人民币
2013 年，1 月 11 日凌晨	香格里拉县独克宗古城	被称为"月光之城"的香格里拉县独克宗古城发生火灾，直到当天中午，明火才被控制。独克宗古城火灾过火面积为 98.56 亩，占古城核心保护区面积的 17.81%，实际受损建筑面积为 59 980.66 平方米
2014 年 1 月 11 日 20 时 30 分左右	丽江古城	云南省丽江市古城景区发生火灾。火源位于丽江古城四方街红谷专卖店背面 20 米的房子处。明火烧至 11 日 22：30 分左右才被控制。火灾造成 13 户 103 间建筑被烧，过火面积 2 243.46 平方米，大火未造成人员伤亡，但不少商家损失不小

3　古民居的火灾危险性

古民居村寨的火灾危险性主要表现在三个方面：一是建筑结构耐火等级低；二是村寨内火灾荷载大；三是初期火灾的发现和扑灭困难。由于古民居的建筑多为木结构，按照《建筑设计防火规范》，这类建筑的耐火等级划分为三、四级，其耐火等级较低，因此建筑本身就很容易着火。另外，在民居内还有很多可移动的可燃物，与木质结构的建筑一起增大了古民居的火灾荷载，因而一旦失火极易酿成火灾。古民居为历史遗留的产物，通常没有像现代建筑一样按照建筑防火设计规范的要求安装火灾自动报警和灭火装置，因此着火后无法实现初起火灾的早期报警和自动灭火。

古民居火灾特点主要表现为易形成火烧连营，造成大面积灾害。由于古民居村寨属于高密集度建筑群，易燃的建筑一栋紧挨着一栋，单个建筑之间没有防火分隔，也没有未划分防火分区，一旦失火，极易形成火烧连营。另外，村寨内不仅没有专门的消防车道，而且巷道错综复杂和狭窄，村寨内发现失火后，从外部来救援的消防车很难进入村寨到达火灾现场，无法实施灭火救援；加上村寨内自身消防设施和器材的缺乏，致使灭火更加困难，火势难以控制，从而极易造成大面积灾害。

4　古民居的防火对策

古民居村寨是祖先留给我们的丰富的宝贵文化遗产。随着古村寨历史价值和文化内涵的发掘，这些地方的旅游业迅速发展，由此带来的不确定因素增加，也给古民居村寨带来了更多的火灾隐患，因此保护古民居村寨的重中之重是防火。古民居村寨的防火对策应从以下几个方面入手。

（1）在保证维持古民居村寨原貌的前提下，对村寨的整体消防安全布局进行合理规划。不能简单套用现代城市消防规划中的一贯做法，而应根据古民居村寨特有的消防安全现状和特殊性，制定科学、合理的规划方案。

（2）根据古民居村寨整体布局和建筑特点及风格，建设别具一格的小型适用的消防站。古民居村寨消防站的规划和建设，可以不完全按照《城市消防站建设标准》中规定的消防站的布局要求，而采用性能化的方法，在不破坏古民居村寨整体格局的前提下，以最小到达时间为目标进行消防站的规划和布局。而且，消防站的建筑形式也可不拘一格，可以与古民居村寨的建筑风格协调一致；消防站的规模也可因地制宜，建设小型适用的消防站。

（3）合理配备消防车辆，特别是适合在古民居村寨错综复杂而狭窄的巷道中通行的小型消防车，以满足当地实际的需要。

（4）根据古民居村寨大多为木结构建筑且具有文物价值的特点，为了不破坏其原有的价值，不宜设普通的喷淋系统或室内消火栓，宜多采用手持式或推车式灭火器，并设置用于古建筑的细水雾灭火系统。

（5）为了保证早期火灾能被及时发现，在不影响古民居建筑结构和美观的前提下，应增设火灾自动报警系统和消防通讯系统，从而尽早发现火情和通报火情，以便将火灾损失减到最小。

（6）由于古民居村寨远离城市，消防力量薄弱，因此还应立足自防自救，建立多种形式的消防组织，如义务消防队等，并制定切实可行的灭火预案，并且加强演练，以防患于未然。

（7）对村寨的村民进行消防安全宣传和教育培训，强化消防安全意识，提高村民的自防自救能力。

（8）加强用火用电的管理，消除人为因素带来的火灾隐患；增设建筑避雷设施，消除雷击这种自然因素引发火灾的可能性。

计算机模拟技术在性能化防火设计中的应用

周 隽

（四川省成都市公安消防支队）

【摘 要】 建筑体量大、使用功能复杂的大型建筑不断涌现，给防火安全带来很多新的问题。这些问题在现有"处方式"建筑防火设计规范难以处理的情况下，需要采用性能化设计方法进行解决。本文结合工程实例对某大型商业建筑中的超大中庭进行了分析，提出了"亚安全区"的性能化设计方法，并利用计算机模拟技术模拟了相邻商铺发生火灾时烟气蔓延情况以及其对亚安全区的影响，为今后解决这类问题提供了一种新的方法和思路。

【关键词】 计算机模拟；性能化防火设计；亚安全区；火灾场景；烟气分析

1 前 言

随着国内经济的发展和城市人口的快速增长，国内出现了大量已建或者在建的大型建筑，同时由于使用功能的需要，很多大型建筑均是具有多种功能的复杂的建筑群，而且现有建筑也在兼顾功能的同时采用更新颖的设计，以期体现建筑独特的个性。由于建筑体量大、使用功能复杂、人员密度高等多种因素同时存在，因而在项目设计中，设计师不但需保证建筑合理的利用率和合理减少资金投入，同时又需要保证建筑消防安全性。多种因素的综合必然导致建筑在设计过程中存在某些问题，而这些问题采用"处方式"办法[1]又难以解决，因而需要运用性能化防火设计方法进行论证分析并加以解决。

消防性能化防火设计[2-4]是采用工程化的方法，主要通过计算机模拟技术进行量化分析，评估建筑物的消防安全水平并提出合理有效的改进措施。通过性能化防火设计，既能够提高建筑物的消防安全水平，同时又不失设计的灵活性。

2 性能化防火设计中的计算机模拟技术

在性能化防火设计工作中，为了客观地对建筑内发生火灾时烟气的蔓延特性和人员疏散情况进行定量分析，需要借助相关的软件进行模拟计算，同时对消防设计方案做出科学的判断和优化建议也都必须依靠模拟软件的计算结果进行分析。模拟人员疏散行为通常采用 EVACNET4，STEPS 以及 SIMULEX 等软件，模拟火灾发展和烟气蔓延特性主要采用火灾动力学模拟模型（FDS）软件[5]。本文主要利用 FDS 软件来模拟火灾发生时的烟气蔓延情况。

FDS 是一个对火灾引起流动的流体动力学计算模型，由著名的美国国家标准与技术研究院（National Institute of Standards and Technology，NIST）开发，是专门从数值计算方面解决一系列适合于热驱动、低速流动的 Navier-Stokes 方程，主要适用于火灾导致的热烟传播和蔓延的数值模拟。FDS 利用了大涡流流体力学模型（Large Eddy Simulation，LES）来处理火场流体的紊态流动。

FDS 软件建立的模型能够体现火场的空间几何形状和尺寸，并能够借助 NIST 开发的前处理软件 DXF2FDS 来辅助建立几何形状复杂（如曲面和弧面）火场的模型。FDS 能够定义模型围护结构的热边界条件，确定构件的热物理参数，如导热系数等。FDS 还能够定义模型的速度边界条件，如通风口的位置及大小、计算域内的气流速度等。如有必要，FDS 甚至可以确定火场外环境的风的流动状态。利用 FDS 软件能够将实际消防安全工程中的一系列物理参数和设施，如火场温度及速度、火源、火灾探测器、风机、挡烟设施、喷头等在模型中建立，并能够在模拟中让它们再现实际火灾中的动作时序，与真实火灾的相似性很大。

FDS 模拟的结果主要通过该软件的后处理部分 Smokeview 来实现可视化输出，包括动画、二维图片和三维等值面，输出结果几乎涵盖所有必要的火灾物理参数，包括温度、速度、能见度、热辐射强度等。除此之外，FDS 模拟的结果还可以"热电偶"探测的方式通过 Excel 表格输出。"热电偶"所探测的物理量可以是温度、能见度、速度等，以此来进行较为深入的定量分析。

3　工程应用

本文研究的某商业中心作为商业部分面积达到 10 万平方米以上的大型综合商业建筑，还结合了超高层写字楼，而且商业部分布置餐饮、精品店、超市、影院等多种业态，这些区域不但使用功能复杂，而且建筑内日常容纳人员数量巨大。中部超大中庭（如图 1 所示）就是其中难以按现行防火设计规范进行设计的难题之一。

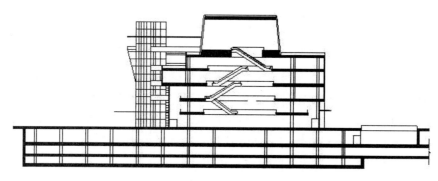

图 1　中庭最高处剖面图

按照规范要求[1]，中庭应使用耐火极限大于 3 小时的防火卷帘分隔，但在本工程中为了解决与中庭邻近的疏散宽度不足的防火分区人员疏散问题，性能化设计过程中决定把中庭及回廊作为亚安全区[6]使用（如图 2 所示），采取措施让该区域在火灾时成为能暂时供人员停留的疏散缓冲区域，以减小某些商业防火分区中楼梯不足对人员疏散带来的影响。

图 2　亚安全区平面示意图（2F）

要形成亚安全区，主要是使用有效的防火分隔措施把中庭（包括中庭回廊）与商业区域分隔，但由于本工程中需形成的亚安全区面积较大、结构复杂且形状极不规则，若全部使用防火卷帘进行分隔存在一定困难，所以性能化设计中拟采用防火墙分隔、防火卷帘分隔以及安全玻璃（钢化玻璃）+水喷淋保护分隔相结合的方式对将形成的亚安全区进行保护（防火分隔设置位置见图2）。同时，在疏散过程中人员由相邻防火分区疏散至亚安全区后最终仍需疏散至室外，而为了保证疏散至亚安全区的人员能顺利到达室外，要求在亚安全区内设计独立使用的楼梯（位置见图2中的圈示）。

鉴于亚安全区的重要作用，虽然提出了相应技术措施及管理措施，但由于本工程中亚安全区作为解决相邻防火分区疏散宽度不足的重要方式，两侧商铺不可避免地需向亚安全区开设出口，而一旦商铺发生火灾将有可能对亚安全区产生影响，因此需要着重对这一点进行计算模拟分析，以确定发生这种情况时亚安全区内的消防系统是否能有效地控制火灾及烟气的蔓延。

4 模拟分析

本文中模拟对象包含的区域为首层发生火灾的零售商铺以及整个亚安全区，如图3（a）所示。其中，首层店铺面积约为 117 m²，整个亚安全区（包括首层~五层）亚安全区总面积约 18 978.06 m²，主要是验证分析亚安全区两侧中小型商铺发生火灾时对亚安全区的影响。起火点在零售店铺中间位置，如图3（b）所示。在模拟中设置当店铺发生火灾时，店铺前门作为与亚安全区连通的开口面。根据建筑设计图，该开口面尺寸为 1.8 m×24 m。零售店铺层高约为 6 m，店铺内设置机械排烟系统，排烟量为 60 m³/min。同时，店铺内设置自动喷水灭火系统和火灾自动报警系统，喷水灭火系统喷头采用快速响应喷头。

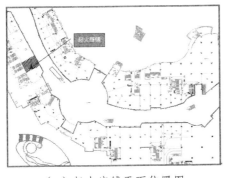

（a）起火店铺平面位置图

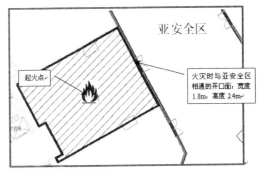

（b）起火店铺详图

图3 亚安全区及起火店铺示意图

火灾规模的确定参照了上海市地方标准《民用建筑防排烟技术规程》（DGJ08—88—2006）中对各类火灾规模的取值的规定[7]，如表1所示。本文中所考虑火灾场景为零售商店，参照表1中设有喷淋的商场确定其火灾规模为 3 MW。

表1 热释放量

	热释放量 Q（MW）
设有喷淋的商场	3
设有喷淋的办公室、客房	1.5
设有喷淋的公共场所	2.5
设有喷淋的汽车库	1.5
设有喷淋的超市、仓库	4
设有喷淋的中庭	1

续表1

	热释放量 Q（MW）
无喷淋的办公室、客房	6
无喷淋的汽车库	3
无喷淋的中庭	4
无喷淋的公共场所	8
无喷淋的超市、仓库	20
设有喷淋的厂房	1.5
无喷淋的厂房	8

注：设有快速响应喷头的场所可按本表减小40%。

根据模拟结果（见图4和图5），在商铺发生火灾时，有少量烟气进入亚安全区。通过分析模拟过程可知，这主要是由于在计算时把商铺与亚安全区连通的门设置为全开造成的。但这部分烟气在较短时间内即被亚安全区内的机械排烟系统排出，根据亚安全区内温度、能见度等参数分析，这种情况下烟气并未影响到亚安全区内人员的安全

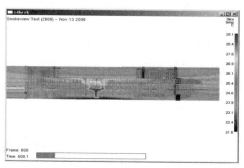

（a）火灾模拟进行到600 s时亚安全区内的温度场分布

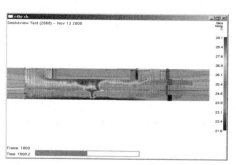

（b）火灾模拟进行到1 200 s时亚安全区内的温度场分布

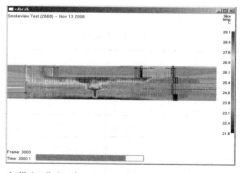

（c）火灾模拟进行到1 800 s时亚安全区内的温度场分布

图4 亚安全区火灾时温度模拟结果

从整个模拟过程中的温度场分布（见图 4）可以看出，在亚安全区距离着火商铺较近的一侧，由于受到火灾辐射的影响，温度有所上升；但在火灾进行到 600 s 时这种影响并不明显，亚安全区内大多数区域温度和模拟时设置的环境温度（24 ℃）仅有 1 ℃ ~ 2 ℃ 的差异。当火灾模拟到 1 800 s 时，由于受到热空气上升的影响，亚安全区靠近着火商铺一侧温度最高达到 29 ℃ 左右。亚安全区内的温度场分布相对稳定，显示出在亚安全区排烟系统的作用下，室内温度得到了控制且不影响人员生命安全。

火灾中亚安全区内其他参数方面，如能见度（见图 5），整个火灾模拟的过程中均未出现较大变化，这说明亚安全区及临近店铺内的防排烟系统有较好的排烟效果。

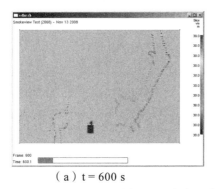 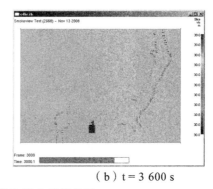

（a）t = 600 s　　　　　　　　（b）t = 3 600 s

图 5　亚安全区火灾时的能见度模拟结果

通过对模拟结果的分析可知，在消防设计满足要求的情况下，虽然仍有少量烟气进入亚安全区，但能较好地被亚安全区内排烟系统排出，商铺内发生火灾对亚安全区内人员的生命安全不会构成威胁。对于商铺内溢出的少量烟气，主要是由于商铺发生火灾时敞开的店铺门影响而造成的。针对此问题可以在开设有由商铺通向亚安全区的辅助疏散门位置处设置自动闭门器来加以解决。

5　结　论

传统的基于"处方式"规范的消防设计是否能够满足目前日新月异的各类建筑的需要，这是一个值得思考的问题。如果可以对每一个工程设计都进行现场试验，通过试验结果来校正设计，当然可以达到最好的安全性，然而这在现行的社会经济条件下是不可能完成的。而计算机模拟技术则提供了一种廉价的方法，它可以给我们在建筑设定的火灾条件下提供可能的火灾蔓延和烟气扩散情况，以验证建筑通过消防性能化设计达到的安全性和可靠性。

参考文献

[1]　GB5004—5—95. 中华人民共和国公安部. 高层民用建筑设计防火规范[S]. 2001.
[2]　梅秀娟, 兰彬, 张泽江, 等. 浅论建筑消防安全性能化评估技术[J]. 中国安全科学学报, 2005, 15（8）: 51-56.
[3]　庄磊, 黎昌海, 陆守香. 我国建筑防火性能化设计的研究和应用现状[J]. 中国安全科学学报, 2007, 17（3）: 119-125.
[4]　霍然, 袁宏永. 性能化建筑防火分析与设计[M]. 合肥: 安徽科学技术出版社, 2003.
[5]　许剑方. 福州海峡国际会展中心性能化防火设计与分析[J]. 消防科学与技术, 2010, 29（2）: 109-112.
[6]　王蔚, 张和平, 徐亮, 等. 大中庭建筑的性能化防火设计初探[J]. 建筑学报, 2006（7）: 48-49.
[7]　DGJ08-88-2000. 上海消防局. 上海市民用建筑防排烟技术规程[S]. 2000.

浅析能源化工企业消防安全现状及管理对策

康志强

（内蒙古自治区公安消防总队）

【摘　要】　随着"资源转换战略"的深入实施，内蒙古地区能源化工企业大量建设投产，为了确保其消防安全，笔者通过调研分析能源化工的消防安全现状，提出了有效的管理对策。

【关键词】　能源化工；消防管理；对策

内蒙古自治区位于中国北部边疆，由东北向西南斜伸，呈狭长形，横跨东北、华北、西北三大区，能源储备综合实力位居全国之首。近年来，内蒙古依托丰富的煤炭资源，能源化工企业发展迅速，而且随着全区"资源转换战略"深入实施，煤制油、煤制气等国家示范工程产业化进一步加快，国内第一套煤制烯烃装置、国内最大的煤制天然气装置、国内第一条煤间接液化生产线和世界第一条煤制油直接液化生产线、世界最大煤制乙二醇装置已经陆续投产或正在建设。为了深入贯彻落实《国务院关于进一步加强和改进消防工作的意见》，积极做好能源化工企业的消防安全管理，笔者深入全区部分能源化工企业开展了实地调研，归纳总结出了能源化工企业消防安全存在的问题，并结合工作实际提出相应对策。

1　近年来几起典型的火灾

1.1　内蒙古伊泰煤制油"4.8"油罐火灾

2009 年 4 月 8 日，内蒙古鄂尔多斯市伊泰煤制油有限责任公司中间罐区 4 号重质蜡罐发生爆燃，导致大量的重质蜡泄漏，造成大面积流淌火，使轻质油 1A，1B 和 1C 罐相继起火燃烧。此次火灾过火面积 1 400 平方米，烧毁油罐 4 个，直接财产损失 464.71 万元。

1.2　内蒙古宜化化工聚氯乙烯生产系统火灾

2011 年 10 月 6 日，内蒙古宜化化工有限公司聚氯乙烯老系统（系原收购的内蒙古海吉氯碱化工有限责任公司聚氯乙烯生产系统）聚合工段，因操作工人操作失误，导致氯乙烯泄漏发生火灾，造成 2 人死亡、3 人受伤，直接财产损失 150 余万元。

1.3　内蒙古汇金达清洁溶剂油公司储罐区爆炸事故

2014 年 1 月 21 日，内蒙古鄂尔多斯市汇金达清洁溶剂油有限公司储罐区发生爆炸燃烧事故。灭火救援出动了 3 个消防支队的 21 个消防中队和 5 个专职队，共 74 辆消防车、325 名消防员到场扑救。经过 10 个小时艰苦奋战，成功将大火扑灭，火灾未造成人员伤亡。

2　能源化工企业的火灾危险性及火灾特点

能源化工企业的原料、中间产品及成品多为煤气、甲醇、一氧化碳、氢气、甲烷、硫化氢、氨气等易燃易爆危险品（见表 1），其燃烧速度快、蔓延速度快，有时以爆炸形势出现；生产装置的高度的连续性，易形成连续爆炸，且生产装置内存有易流淌扩散的可燃性液体，有沸溢喷溅的可能，如果大量可燃液体流散，极易形成大面积流淌火；生产设备高大密集，框架结构空洞较多，相邻储罐管线纵横，会使火势向上下左右迅速扩散，易形成立体火灾；燃烧火势猛烈，火焰高达几十米至百米，火焰温度可达 2 000 ℃ 以上，辐射热极强，人员不能在近距离灭火，因而火灾扑救困难。

表 1　能源化工企业主要原料、中间产品及成品

序号	名称	熔点/℃	沸点/℃	闪点/℃	引燃温度/℃	空气中爆炸极限%		火灾危险类别
						下限	上限	
1	煤气				648.9	4.5	45	甲
2	甲醇	− 97.8	64.7	12	464	6	36.5	甲
3	一氧化碳	− 205	− 191.5	< − 50	610	12.5	74.2	乙
4	氢气	− 259.2	− 252.8	—	500 − 571	4.1	75	甲
5	甲烷	− 182.6	− 161.4	− 218	537	5	15	甲
6	硫化氢	− 85.5	− 60.3	− 106	260	4	46	甲
7	氨气	− 77.7	− 33.5	− 54	651	15	28	乙
8	丙烯	− 185	− 48	− 108	460	2.4	10.3	甲
9	石脑油	< − 72	20 − 180	< − 18	232 − 288	1.1	5.9	甲

3　能源化工企业消防安全现状

能源化工企业在内蒙古经济发展中的重要核心作用。据统计，2012 年内蒙古自治区能源工业实现工业总产值 6 247.2 亿元，占全区规模以上工业的 34.4%。内蒙古自治区党委、政府历年来十分重视能源化工企业的消防安全工作，在督促相关职能部门加强监管力度、企业自身加强安全生产、建立健全安全生产长效机制等方面做了大量卓有成效的工作，但随着这些项目设备设施逐步老化，发生重特大灾害事故的危险和概率也会越来越大，消防安全隐患越来越显现出来。

3.1　未经消防审验合格擅自投入使用违法行为严重

由于现在建设的能源化工工程多数为国家、自治区级的重点建设项目，一些在建的能源化工工程迫于建设工期紧，许多企业都是"先上车、后买票"，即先投产，后办理消防审验手续，无法做到先进行消防设计审核合格后再进行施工的法律层面上的要求，给消防安全工作带来巨大的挑战，也埋下了大量消防安全隐患。从总队 2011 年统计数据看，在内蒙古当时 136 家大型能源化工企业中，未经消防审核、验收即投入使用的有 58 家之多，占到企业总数的 42.6%。

3.2　消防设计审核参照依据不充分

随着我国的能源化工项目不断向大型、超大型的规模发展，特别是内蒙古近年来飞速发展的煤化工、天然气化工和盐碱化工企业，但相应的煤化工工程防火设计的专业规范却一直尚未出台，已建的煤化工工程的防火设计只能参照现行的国家标准（《建筑设计防火规范》、《石油化工企业设计防火规范》等）规范。由于这些规范制定的初衷就不是针对煤化工工程的，所有在实际工作中参照这些规范对煤化工工程进行审核，难免会出现标准不一致、不能涵盖、不适用的问题，因而无法进行实际操作。

3.3   专职消防队伍数量和质量与需求相差甚远

目前，内蒙古自治区的能源化工企业的专职消防队伍建设远远不能满足实战需求。一方面，企业在入驻某一工业园区时，由于规模相对较小，考虑到经费投入和资源共享的因素，一般情况下都是多家企业共同出资组建一个企业专职消防队，但随着各企业二期、三期及多期工程的不断建设投产，原有的一个专职消防队的保护面积在不断扩大，远远超出了其保护范围，导致专职消防队伍数量严重不足；另一方面，已建成的专职消防队的车辆装备配备也无法满足需求。以笔者走访调研鄂尔多斯某煤化工企业为例，该企业消防车辆器材装备多数已显老旧且多以水罐消防车为主，缺乏干粉、泡沫等针对煤化企业的特种消防车辆装备，消防队员的个人防护装备配备也不到位，远远不能适应现代能源化工企业的消防灭火救援要求。

3.4   单位消防安全管理基础薄弱

能源化工企业单位消防安全管理基础相对薄弱，部分单位消防安全责任制、消防安全制度、消防安全操作规程不能有效落实，消防设施不能保证完好有效，不开展应急和疏散演练，防火检查、巡查走过场，对火灾隐患视而不见。近年来，通过内蒙古总队不间断地开展能源化工企业消防安全专项治理，发现和消除了一大批火灾隐患。在这种高压态势下，火灾多发的势头得到了压制，火灾形势保持了相对平稳。但是，从根本上制约社会消防安全的机制、体制性问题还没有完全解决，火灾隐患治理陷入整治——反弹——再整治——再反弹的恶性循环，"政府领导、部门监管、单位负责、群众参与"的全社会防控火灾的格局还没有形成，缺乏火灾防控的科学、长效的机制。

3.5   现役消防灭火救援力量严重不足

按照《城市消防站建设标准》，全自治区 12 个盟市应建普通消防站 276 个，现实有 117 个，缺额 158 个，欠账 57.2%，消防站建设远远滞后于经济发展。全区 4 600 名现役警力，分散在 12 个盟市和 101 个旗县区，全区消防部队现有的 114 个大队和 117 中队中，警力不足 3 人的大队有 74 个，警力不足 15 人的中队有 45 个。特别是冬季火灾高发阶段，却正是老兵退伍、新兵尚未补入之时，警力更为紧张，一些执勤中队能够参加灭火救援的警力不足 10 人，一旦发生大火，后果不堪设想。

以上几方面的不适应，仅从规范、制度、技术、人员、装备等层面作了简单的分析，然而在实际能源化工企业的消防监督工作中，还有许多较为复杂的制约因素。

4   做好能源化工企业消防安全工作的应对措施

针对上述能源化工企业存在的消防安全隐患，我们必须切实提高对消防安全重要性的认识，把能源化工消防安全作为安全生产工作的重中之重，确保全区能源化工行业消防安全在有安全保障的前提下持续、快速、健康地发展。

4.1   尽快完善能源化工企业规范体系

编制能源化工企业消防安全技术规范，解决能源化工特别是煤化工程建设消防标准的瓶颈问题。针对目前没有直接针对煤化企业工程建设消防技术规范的情况，2008 年初总队与公安部天津消防研究所开展了前期初步调研和立项工作，承担了国家《煤化工工程设计防火规范》组织编制工作。目前，《煤化工工程设计防火规范》编制工作已送国家有关部门审批，待正式发布后，将成为中国第一部乃至世界第一部煤化工设计防火规范，填补煤化工工程标准体系的空白，使煤化工工程在防火设计、建设施工、消防审核和验收中做到有据可依、有章可循，这对服务新建煤化工企业建设具有重要意义。

4.2 提前介入，加强对能源化工企业消防安全管理的指导

当前，国内经济迅速发展，能源化工企业的发展已成为地方经济和能源建设的支柱性产业，受到地方党委、政府的高度重视。由于能源化工企业工程建设周期紧、进度要求快，因而不可避免地存在边摸索、边设计、边施工，边使用的情况。因此，作为消防监督机构要提前介入，主动与能源化工企业进行沟通交流，要求企业在工程项目建设流程上严格按照可行性研究、初步设计、扩大初步设计、施工图设计的流程报送有关方案、报告、消防设计专篇到公安消防机构进行审查；对于不能及时完成的工程设计，要提前把有关的消防设计方案及内容与公安消防机构进行研究探讨，以确定科学合理的消防设计；工程采用的新技术、新工艺、新材料等可能影响建设工程和消防安全的，要根据实际情况组织专家论证，确保工程建设科学合理。

4.3 制定并出台能源化工企业消防安全管理标准

为了提高内蒙古自治区能源化工行业消防安全管理水平，预防和减少火灾事故的发生，2013 年内蒙古消防总队抽调专门力量，深入能源化工企业深入开展调研，充分结合现代管理学原理，制定了一套完备的"能源化工企业消防安全管理标准体系"，选取典型能源化工企业进行推广试用，通过试用不断完善标准管理系统内容，并提请自治区政府以政府规章的形式出台《内蒙古自治区火灾高危单位消防安全管理规定》，该规定有望在 2014 年 6 月份前出台，《规定》的出台将给能源化工企业内部管理提供依据，做到消防安全管理有规可循，有章可依。

4.4 推行消防安全评估制度和火灾公众责任险

按照《消防法》和国务院《关于加强和改进消防工作的意见》（国发〔2011〕46 号）等文件要求，将能源化工企业列入火灾高危单位进行管理，依托今年在锡林郭勒盟和鄂尔多斯开展的火灾高危单位百名专家检查评价基础，逐步推广能源化工企业消防安全评估制度，由具有资质的机构定期开展评估，评估结果向社会公开，作为单位信用评级的重要参考依据；同时，积极鼓励能源化工企业以消防安全评价结果为依据，协调中国人保财险、平安保险等规模较大、实力雄厚的保险公司承保火灾公众责任险。

4.5 强化宣传教育，提高全民消防安全意识和素质

消防宣传教育是火灾预防工作的前提性工作，只有公众消防意识提高了，全民上下配合好，全社会都参与消防工作，火灾形势才能实现真正的好转。按照《全民消防安全宣传教育纲要》的要求，消防宣传工作要形成在政府主导下、紧紧依靠社会各部门、各行业以及全体公民的积极参与和支持，形成全方位地宣传和学习消防安全知识的宣传教育格局。要充分发挥各方面、各部门的优势，采取各种形式，全面营造消防宣传氛围，大力宣传消防知识，教育和指导群众遵守消防法律法规，履行消防义务，从而调度全社会支持、关心、参与消防工作的积极性，努力增强全社会抵御火灾的整体能力，达到消防工作社会化的目的。

4.6 加强多种形式的消防队伍建设，壮大消防保卫力量

2001 年至 2012 年间，内蒙古自治区火灾起数增加了 2 倍多，火灾损失增加了近 4 倍，公安消防部队接警出动由 2001 年的 4 102 次上升到 2010 年的 15 779 次，增长了近 4 倍，但此间自治区公安消防部队现役编制却增加较少，消防部队警力显得捉襟见肘。为此，建立以公安现役消防队伍为主体，合同制消防队、乡镇消防巡防队、保安消防队、企业专职消防队、群众义务消防队等多种形式的消防队伍势在必行，多种形式队伍的建成将最大限度地解决消防部队警力不足的突出问题；同时，消防部门应协助能源化工企业进一步加强多种形式消防队伍正规化、规范化建设，保障多种形式的消防队伍

执勤训练、灭火救援等工作的需要，切实提升队伍的综合战斗力，为构建城乡消防安全网络，提高抵御火灾能力做出应有的贡献。

参考文献

[1]　郭秀亮. 浅谈煤化企业消防安全管理工作应对措施[J]. 企业导报，2012（13）.

[2]　朱广科. 煤化工工程消防设计中存在的问题和建议[J]. 枣庄学院学报，2011（5）.

[3]　郭建洵. 陕西能源化工企业火灾危险性和特点及预防对策[C]. 2011 年中国消防协会科学技术年会论文集.

作者简介：康志强，男，内蒙古自治区公安消防总队防火监督部副部长；主要从事消防监督管理工作。
　　　　　　通信地址：内蒙古自治区呼和浩特市赛罕区苏力德街 9 号，邮政编码：010070；
　　　　　　联系电话：15326070079。

一起普通仓库火灾原因的调查认定

董长征

（山东省滨州市公安消防支队滨城区大队）

【摘　要】　本文通过总结分析一起普通彩钢板结构仓库火灾的调查过程，认真总结了走访询问、现场勘验及当事人提交视频监控过程中出现的偏差，剖析了火灾调查出现误判的原因，展示了视频监控证据的重要性，总结了火灾调查工作经验，以便为火灾事故调查和建筑防火工作提供借鉴。

【关键词】　火灾调查；仓库；原因；认定

1　火灾基本情况

2013 年 7 月 29 日 20 时 18 分左右，山东省滨州市一普通小农机配件仓库发生火灾。火灾烧损、烧毁彩钢板结构仓库建筑和商品及用具等物品，未造成人员伤亡。起火仓库为铁皮和聚苯乙烯彩钢板结构，南北走向，为主房主人依托二层主房搭建。仓库共有三道门，南门口处放有一废弃车厢，仓库北部连接一较矮附属仓库，设置有第一道门，内部放置杂物，经由此处到仓库第二道门（推拉门）后直接进入仓库（见图 1）。

图 1　仓库外观

2　走访询问和现场勘验调查情况

2.1　走访询问情况

经调查，最先发现起火的是当时在大街上卖板鸭的一个体老板，该个体老板陈述说：他当时发现仓库四周都往外冒烟，以为是仓库南边主房的厨房着火了，便通知仓库的主人去看厨房，结果后来发现是仓库里边着火了，当时没有发现明火，烟挺大，仓库南部的废弃车厢和北部较矮的仓库都是后来着过去的。仓库主人人缘不错，没有什么坏名声。

对仓库主人进行询问了解到，着火仓库里边大部分是农机配件，北边较矮仓库是气泵、切割机等维修工具，平时的维修操作在这里进行。着火仓库从第二道门进入之后，西侧是木质展示柜，西侧墙上是刀闸和三角带等货物，刀闸没有安装配电箱，直接安装在木板上后固定在墙上。门口东侧放置的是办公桌。仓库主人怀疑是仓库内的电气线路引起火灾。

对当地供电所农电工进行询问了解到，仓库内部的电气线路是仓库主人自己安装的，电线杆到仓库隔壁主房电表的主线路是农电工安装的。当时仓库主人为了省钱，没有在电表箱内安装漏电保护器。从电表箱到仓库的刀闸开关用的线路都是铝线，刀闸开关处是仓库主人自己安装了漏电保护器。

2.2　现场勘验情况

起火仓库位于主房东侧，在其东侧、北侧均为道路，主房为住宅和商铺合用建筑，周边环境未见异常。起火仓库为铁皮和聚苯乙烯彩钢板搭建，可见北部烧损较重，外部铁皮严重变色，南部较轻。仓库共有三道门，南门口处放有一废弃车厢，内部放置杂物，可见北部烧损较重，南部较轻。车厢上方为厨房窗户，可见由外及内烧损，厨房内部未见过火，仅窗户上部可见烟熏痕迹。仓库北部连接一较矮仓库，设置有第一道门，内部放置杂物，可见火势由第二道门向此处蔓延痕迹。进入仓库第二道门后进行勘验，整体可见仓库北部烧损较重，南部较轻，火势呈由北向南蔓延趋势（仓库内部过火情况见图2）。仓库东北角处烧损较重，推拉门可见烧黑痕迹，此处办公桌椅烧毁，货架变形。西墙（即主房东墙）烧损较重，第二道门后西墙处有一配电盘痕迹，底部可见烧损、烧毁的电气线路残留痕迹和展示柜台等残留痕迹，此处烧损较重，墙上货物挂架掉落或折断，南部货架则相对完好。

图 2　仓库内部过火情况

对仓库内外电气线路进行勘验，烧毁的配电盘上方可见残留的铝质线路及穿墙洞眼。主房内部隔壁墙上可见配电箱和电表，其上部洞眼为电源引入线穿过处，下部洞眼为仓库用电线路穿过处。对仓库内配电盘下方的残留物进行勘验，清理出较多铜质电气部件。一放置有螺栓的金属盒内发现有较多铝质熔痕，清理后发现大量细小断裂的铝质线路痕迹。搜寻仓库内残留的电气线路，可见部分铜质电气线路痕迹。

2.3　走访调查和现场勘验情况分析

根据走访调查情况，发生火灾时正值夏日晚上8点左右，当时街上人流较多，商户们正在营业，起火仓库正处于街角位置，而且仓库主人人缘不错，放火者不会选择这样的时间和地点放火，基本可以排除人为放火的可能。仓库内没有易燃易爆和可自燃物品，存放的大都是农机配件，不是烟头等引火源能轻易引燃的，而且仓库主人年龄较大，自称有病并不吸烟，也基本可以排除吸烟等原因引起火灾的可能。仓库内电气线路比较复杂，虽然仓库主人自己安装了漏电保护器，但是电表箱内没有按照农电工要求安装漏电保护器，电气线路故障引起火灾的可能性较大。

根据现场勘验情况，发生火灾仓库北部烧损较重，搜寻仓库内残留的电气线路，可见部分铜质电气线路痕迹，但未发现熔痕。仓库西墙（即主房东墙）烧损较重，西墙配电盘底部可见烧损、烧毁的电气线路残留痕迹和展示柜台等残留痕迹，此处烧损较重，墙上货物挂架掉落或折断，南部货架则相对完好。对配电盘下方的残留物进行勘验，清理出较多铜质电气部件。一放置有螺栓的金属盒内发现有较多铝质熔痕，清理后发现大量细小断裂的铝质线路痕迹。

综合分析以上情况，火灾调查人员倾向于是仓库配电盘处电气线路短路引燃周围可燃物所致。

3 当事人第一次提交监控视频情况

因仓库主人年龄较大，思维能力和语言表达能力比较弱，在火灾调查人员进行走访询问时对仓库安装有视频监控的情况只字未提，调查人员也未在现场发现视频监控设备残留物。后来仓库主人的儿子回到家中，想到了仓库推拉门上装有视频监控，用手机录制了火灾发生前的视频，后提交给了火灾调查人员。火灾调查人员和仓库主人的儿子一起观看分析了视频（见图3），因视频质量较差，可以看到仓库内发生了电气线路短路，有明显的闪光出现，但是不能直接看到光源位置，只是感觉光源位置在配电盘处。火灾调查人员更加倾向于是配电盘处电气线路短路引起火灾。同时要求仓库主人的儿子找视频监控安装人员配合，由大队火灾调查人员前去提取视频。

图3 视频监控截图

4 当事人第二次提交监控视频情况

仓库主人的儿子找到视频监控安装人员，但是安装人员表示不能导出。其遂将监控主机直接拿给了火灾调查人员。火灾调查人员仔细观看了视频监控后发现，光源方向却是在仓库东侧办公桌处。视频监控显示，19点52分开始，一直到19点56分，仓库东侧发生了多次闪光，照亮了仓库西侧货架，并有少量烟尘产生。19点57分，办公桌处产生明火火光，后持续照亮了仓库西侧货架，后烟雾逐渐增大，一直到视频消失（视频监控截图见图3）。至此，火灾调查人员认定，是仓库北部第二道门后东侧电气线路短路引燃周围可燃物后逐步蔓延扩大成灾。

5 火灾调查出现误判的原因分析

5.1 火灾现场破坏的影响

因火灾发现比较晚，持续时间较长，且当事人对现场有一定程度的挪动和破坏，火灾调查人员没有能够在现场提取到仓库办公桌处的电气线路短路熔痕，也没有发现仓库装有视频监控系统。

5.2 仓库安装的推拉门的影响

仓库安装的推拉门在着火时处于关闭状态，救火时处于打开状态，且无法关闭，影响了现场勘验时正确判断火灾蔓延痕迹。

5.3 仓库办公桌前放置的电解液的影响

仓库办公桌前放置了部分电解液，过火并不严重，造成了仓库东西两侧分隔的假象，影响了火灾调查人员对火灾蔓延情况的判断。

5.4 仓库西墙配电盘处痕迹的影响

仓库西墙配电盘安装的电气线路是铝线，存在大量的短路熔痕，且此处烧损较为严重，烧损痕迹符合由此向南蔓延的判断。

5.5 当事人所提供证据的影响

仓库主人一开始并未提及办公桌上有插座和日光灯，虽在现场勘验时发现有电气线路，但是未发现可疑熔痕，相反在西墙配电盘处却发现大量熔痕。仓库主人也始终未提及视频监控系统的存在，后来其子提供的视频监控为手机录制，清晰度较差，不能正确判断光源方向。

6 火灾调查工作经验总结

6.1 不能轻视小火灾的调查

这起仓库火灾是一起小火灾，损失不大，原因也比较简单。但是正是这一起小火灾，火灾调查人员差点错误认定起火点。这其中一个很重要的原因就是火灾调查人员在主观上轻视了这起火灾的调查，认为电气线路短路引起火灾的可能性较大，而且仓库配电盘处的蔓延痕迹符合起火部位和起火点的特征，于是轻率地倾向于是此处电气线路短路引起火灾。

6.2 要充分发掘火灾现场

火灾调查人员没有能够在仓库电脑桌处发现电气线路短路熔痕，这和火灾调查人员没有充分发掘火灾现场、认真搜寻痕迹物证有一定的关系。因此，勘验火灾现场必须要认真、仔细，即使是小火灾，也不要怕麻烦。试想，如果找到了办公桌处的电气线路一次短路熔痕，就不会产生对起火点的误判。

6.3 要高度重视视频监控的作用

近年来，视频监控技术有了长足发展。视频监控系统可以保存一定时间段内的本地视频监控录像资料，能方便地查询、取证，可以为火灾事故调查提供直接证据。近年来，利用视频监控查清火灾原因的案例已经屡见不鲜。此次仓库火灾调查正是因为有了视频监控才正确认定了起火点。因此，在以后的火灾调查中，要及时向当事人了解视频监控情况，及时调取视频监控证据，以及时便捷地认定火灾原因。

参考文献

[1] GA/T 812—2008. 火灾原因调查指南[S]. 2008.

[2] GA 839—2009. 火灾现场勘验规则[S]. 2009.

[3] 火灾事故调查规定[S]（2009 年 4 月 30 日中华人民共和国公安部令第 108 号发布，根据 2012 年 7 月 17 日《公安部关于修改〈火灾事故调查规定〉的决定》修订）.

[4] 公安消防行政执法证据规则[S]（公安部消防局，公消〔2013〕134 号关于印发《公安消防行政执法证据规则》的通知发布）.

作者简介： 董长征，男，山东省滨州市公安消防支队滨城区大队代理大队长、助理工程师；主要从事防火监督工作。

联系电话：18605430801；

电子信箱：116339133@qq.com。

喷水保护玻璃作为防火分隔的作用机理及应用

贺兆华

（四川省成都市公安消防支队）

【摘　要】　本文根据玻璃的物理性质，深入分析了玻璃在火灾中的破裂行为，找到了导致玻璃在火灾环境下破裂的主要因素，提到了玻璃在火灾中破裂的危害性，进而分析了喷水保护玻璃作为防火分隔的作用机理和可行性，最后分析了利用喷水保护玻璃作为防火分隔的应用前景，并提出了该技术在实际工程应用时应注意的一些问题。

【关键词】　喷水保护；玻璃；防火分隔；作用机理；应用

1　前　言

现代建筑中，玻璃广泛应用于门、窗、墙体和顶棚等部位，不仅改善了建筑环境，而且增强了建筑的通透感等特殊效果。特别是钢化玻璃，当其被外力破坏时，碎片会成类似蜂窝状的碎小钝角颗粒，不易对人体造成伤害，因而在建筑中应用更加广泛。

然而，玻璃毕竟是一种非晶态固体脆性材料。工业上大规模生产的玻璃主要是硅酸盐玻璃，由石英沙、纯碱、石灰石等主要原料与某些辅助材料经高温熔化、成型、退火、冷却而得。玻璃生产过程是将配合料熔融后再急速冷却而成固体的。在凝结过程中，由于黏度急剧增加，原子或离子来不及按一定晶格有序排列，形成无定型结构各向同性的玻璃体，从而在制造过程中形成了大量微裂纹，导致其热稳定性差，抗拉强度低。当建筑发生火灾时，无保护的玻璃在火焰和热烟气的加热作用下产生热应力，当热应力达到一定值时，玻璃便会破裂、脱落，从而失去防火分隔的作用。由于玻璃的耐高温性能差，使其在防火设计中的应用也受到限制。但是，如果对玻璃及时地进行降温保护，即能延长其在火灾中保持完整性的时间，同时也能降低玻璃背火面温度，达到防火分隔的要求。

2　玻璃的物理性质

玻璃的力学性质是由其化学组成、形状、表面性质和加工方法等因素决定的，若含有气泡、结石、未熔物、夹杂物等缺陷，会影响其各种力学性能。普通玻璃的力学性质为:抗压强度为 $88 \sim 930$ MPa，高温下抗压强度会急剧下降；抗拉强度为抗压强度的 1/15，约 $59 \sim 62$ MPa；抗弯强度取决于抗拉强度的高低，并随着承载时间的延长和制品宽度的增加而减少，约为 $40 \sim 60$ MPa；弹性模量受温度的影响较大，随着温度升高而下降，甚至会出现塑性变形，常温下接近其理论断裂强度，杨氏模量为 $67 \sim 70$ GPa；莫氏硬度为 $5.5 \sim 6.5$，肖氏硬度为 120。

玻璃的热稳定性是指其在温度剧烈变化时抵抗破裂的能力。玻璃热导率越高，膨胀系数越小，热稳定性就越高；玻璃制品体积越大、越厚，热稳定性就越差。玻璃的热学性质受温度的影响较大，普通玻璃的热学性质为：比热容随温度变化，在 $15 \sim 100$ ℃ 范围内，为 0.835 kJ/（Kg·K）；热导率随着温度的升高而增加，为 $0.756 \sim 0.823$ w/（m·K）；线膨胀系数为 $8 \times 10^{-6} \sim 10 \times 10^{-6}$ K^{-1}。

3 玻璃在火灾中的破裂行为

火灾时，由于玻璃中间部分直接暴露于火灾，被火焰和热烟气通过辐射和对流传热作用加热，而玻璃边缘部分被安装框架遮挡，没有受到火焰和热烟气的加热作用。玻璃是热的不良导体，暴露于火灾环境的玻璃吸收的热量不会很快传递到玻璃的边缘和背火面一侧，因而当玻璃暴露于火灾的中间部分温度迅速升高的同时，边缘和背火面的温度上升较为缓慢，最终在玻璃的中间暴露部分和边缘及背火面产生一定的温差。玻璃中间暴露部分受热膨胀，由于受到玻璃边缘及背火面的限制，结果在玻璃边缘区域和背火面产生了张力。当张力达到玻璃能够承受的临界值时，玻璃就会破裂。有实验研究表明，当玻璃中间暴露部分与边缘或者背火面的温差达到 60℃～80℃ 时，玻璃很容易就发生破裂。因此，导致玻璃在火灾环境下破裂的主要因素是受热不均匀。

火灾中玻璃会受到来自火焰和热烟气两个方面的非均匀加热，从而导致玻璃中间暴露表面与玻璃边缘遮蔽表面的受热不均匀，同时玻璃中间暴露表面和背火面的受热也不均匀，甚至玻璃暴露表面的垂直方向和水平方向的受热也不均匀。

在非均匀加热的作用下，玻璃上的温度分布和应力分布具有以下特点：玻璃中间暴露于火灾的部分在火焰和热烟气的作用下，温度迅速升高；而玻璃边缘部分受安装框架遮挡，只接受了从玻璃高温部分经过热传导得到部分热量，温度升高较慢；玻璃暴露表面从火灾环境吸收热量，通过背火面向周围环境中释放热量，因而暴露的表面比背火面温度高。

4 玻璃在火灾中破裂的危害性

尽管玻璃是不燃物，本身不会燃烧，但其破裂后对建筑火灾的发展和蔓延影响巨大。玻璃在建筑火灾中破裂行为的危害性主要表现在以下几个方面。

（1）玻璃在火灾中破裂后，会形成通风口而增加氧气供应，从而加速了火灾的燃烧过程，甚至引起轰燃、回燃，加大了火灾破坏作用。

（2）火灾及其产生的有毒烟气会通过玻璃破裂脱落后形成的开口向建筑内的其他区域蔓延，从而扩大了火灾规模，增加了火灾中的生命和财产损失。

（3）玻璃在火灾中破裂后，产生的玻璃碎渣会伤及人员，从而会对疏散中的人员造成二次灾害。

5 喷水保护玻璃作为防火分隔的作用机理

由于普通钢化玻璃在火灾条件下很容易破裂，因此在实际工程中的应用也受到限制。为了充分发挥钢化玻璃的优势使其起到防火分隔的作用，我们结合当前性能化防火设计的需要，提出对玻璃进行水保护，即运用满足一定要求的喷水系统，在玻璃暴露于火灾的一侧全面形成水膜，以避免玻璃直接受热，起到降低玻璃温度、保证其完整性的目的。玻璃分隔在火灾情况下受到水喷淋保护的设想如图1所示。

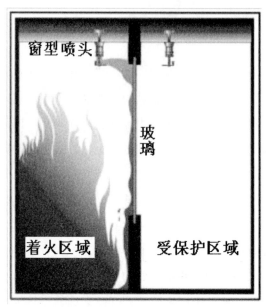

图 1　喷水保护玻璃防火分隔示意图

　　流体力学理论研究表明，当具有黏性且能润湿壁的流体流过物体表面时，黏滞力将制动流体的运动，使靠近壁的流体速度降低而形成具有很大速度梯度的流动边界层，直接贴附于壁的流体实际上将停滞不动。由于水流过玻璃表面时，虽然水的黏度较低，但因速度梯度较大，边界层内仍会有很大的黏滞应力，因此当采用合适的喷水系统时，可以在玻璃表面形成一层均匀的水膜。在火灾情况下，由于水膜的存在，火焰及其热烟气将不能直接对玻璃进行热辐射，其换热方式主要为火焰、热烟气与水膜之间的辐射换热和水膜与玻璃之间的对流换热。

　　从流动原因方面分析，对流换热可区分为自然对流和强制对流。自然对流是由于流体冷、热各部分的密度不同而引起的。如果流体的流动是由于风机或其他压差作用所造成的，则称为强制对流。喷水系统在泵压作用下并运用专用的窗型喷头在玻璃表面形成水膜亦属于强制对流。另外，对液体在热表面上沸腾及蒸汽在冷表面上凝结的对流换热问题，分别简称为沸腾换热及凝结换热，它们是伴随有相变的对流换热。水膜由于受到火焰、热烟气的辐射而温度将升高，当温度升高到一定值时，可能发生相变换热（如沸腾汽化为水蒸气），在常压下，即使玻璃表面的水膜发生汽化，汽化过程中的温度亦将维持在 100 ℃ 左右。

　　水膜流过玻璃表面时，流体被加热，其对流换热的基本计算式是牛顿冷却公式，即：

$$q = h(t_w - t_f)$$

式中：t_w，t_f 分别为壁面温度和流体温度（℃）；h 为表面传热系数，W/(m^2·K)。

　　表面传热系数的大小与换热过程中的许多因素有关。它不仅取决于流体的物性以及换热表面的形状、大小与布置，而且还与流速有密切关系。在对流换热过程中，水的表面换热系数大致在 200～1 000 W/(m^2·K)。

　　火灾发生后，火焰及热烟气会对玻璃进行辐射换热让其温度升高，为了保证玻璃表面各部分温差不至于太大，应及时启动喷水系统对其冷却。以钢化玻璃为例，假设环境温度为 20 ℃，要造成钢化玻璃破裂，其表面各部位的温差应不低于 60 ℃～80 ℃，同时考虑到钢化玻璃受到辐射升温过程中各部位之间的导热，则钢化玻璃破裂时其表面某部位的最高温度应大于 100 ℃，如能在钢化玻璃表面温度达到 100 ℃ 之前启动喷水系统对其进行全面保护，则钢化玻璃能起到防火分隔的效果。在这种情况下，钢化玻璃短时间内受到火焰辐射温度虽有所升高，但温度还达不到 100 ℃。理论上，只要保护钢化玻璃的喷水系统保证有足够的水量，将能维持钢化玻璃一直处于较低的温度而保证其完整性不遭到破坏。

6 应用前景及注意问题

在防火设计中，防火分隔是一种控制火灾蔓延的基本方式。目前，常用的分隔方式有很多种，包括防火墙、防火门、防火卷帘、水幕等。随着建筑特别是一些大型复杂建筑的发展，对防火分隔技术提出了新的要求，例如在划分防火分区时，全部采用防火墙会影响建筑的使用功能，而防火卷帘因产品质量、安装及维护问题，使得大面积采用防火卷帘的建筑在安全性方面不能得到保证。因此，在这种情况下，普通钢化玻璃以其透光、透视、隔音、隔热及降低建筑结构自重等优势，满足了现代建筑某些独特功能和审美的需求，从而备受人们喜爱。因此，在现代建筑中利用喷水保护玻璃作为防火分隔，将会有广阔的应用前景。然而，实际应用过程中应注意以下问题。

（1）在玻璃的选择方面，从安全角度考虑，应采用安全玻璃，包括符合现行国家标准的钢化玻璃、夹层玻璃及由钢化玻璃或夹层玻璃组合加工而成的其他玻璃制品（如安全中空玻璃）等。

（2）在喷头的选择方面，必须是专用的窗玻璃喷头，不能使用普通标准下垂型喷头代替，因为后者在玻璃表面上的布水效果不理想，布水不均匀，不能起到保护作用。

（3）在喷头安装位置方面，严格按照所用喷头技术说明书中的单个喷头保护宽度来确定喷头安装间距和距离玻璃的相对位置，否则对整个玻璃分隔达不到完全保护的目的，从而使玻璃分隔失效。

（4）在喷水系统的压力设置方面，建议参照所采用的喷头技术说明书进行压力设置，如果压力设置不合适，喷水系统在玻璃表面上的布水会不均匀。

参考文献

[1] GB15763.2—2005. 建筑用安全玻璃[S].

[2] 檀群，王伯牙. 钢化玻璃作为防火分隔物的可行性研究[J]. 福建建筑，2012（10）.

[3] 梅秀娟，张泽江. 喷水保护单片钢化玻璃作为防火分隔的有效性实验研究[J]. 消防科学与技术，2007（05）.

[4] 张一，路世昌. 商业综合体采用水系统保护的钢化玻璃隔断作为防火分隔实例研究[J]. 消防技术与产品信息，2013（09）.

木结构古建筑消防隐患分析及其安全对策

郭　营

（山东省济宁市公安消防支队）

【摘　要】　本文针对山东济宁东大寺木结构的消防安全现状，对其消防安全管理的特殊性进行了分析，提出了几点对策和方法

【关键词】　木结构清真寺；火灾危险；各种隐患；消防对策

山东济宁东大寺坐落于济宁南关回族聚居地，是鲁西南伊斯兰教活动中心。寺院始建于明朝宣德年间（1426—1435 年）。明朝以来的历代均有修葺，直到清朝乾隆年间敕建始成最后规模。东大寺规模宏伟高大巍峨，全寺面积 6200 多平方米，建筑面积 4 518 多平方米，坐西朝东，主体建筑石坊、大门、邦克亭、大殿、望月楼、后门牌坊均排列在东西轴线上，左右为南北讲堂、水房等。大殿建筑面积为 1 057 平方米，最宽处为 27.5 米，进深为 41.5 米，基座高为 1.3 米；殿内以 40 根光亮照人的朱红通天木柱和 12 根石柱支撑；全殿有卷棚店、前殿和后窑店三部分，以勾连搭形式组成，其中后窑店为 3 层阁楼，上复为 6 角伞盖形楼顶。1992 年由山东省人民政府公布为省级重点文物保护单位。

我国历史上众多的古建筑均毁于火灾，今天幸存下来的绝大多数古建筑也历经过火劫，究其原因，主要在于这些古建筑本身就具有很大的火灾危险性。济宁东大寺就经历过多次火劫，现对外开放，由于年代久远，致使部分建筑的使用性质已发生改变，使得清真寺木结构消防基础工作薄弱的问题日渐突出，火灾形势日趋严峻。因此，切实加强济宁东大寺消防工作已刻不容缓。

1　济宁东大寺的火灾危险性

1.1　火灾荷载大，耐火等级低

济宁东大寺大多数建筑为毗连建造的木结构或砖木结构的三、四级耐火等级的建筑，以木材为主要材料，以木构架为主要结构形式，火灾荷载远远高于现行的国家标准所规定的火灾负荷量，火灾危险性极大，耐火等级低。大殿及其他建筑中的木材，历经多年的干燥，含水量很低，因此极易燃烧，特别是一些枯朽的木材，由于质地疏松，在干燥的季节，即使遇到火星也会起火。建筑物的构建的木质材料，均经过多次涂刷油漆，一旦发生火灾，燃烧迅猛，且释放出大量可燃气体，快速形成状态燃烧，火场中心温度可达 1 200 ℃ 以上。此外，室内悬挂的字画、垂帷、幔帐、柱锦以及常用的香火蜡烛、油灯等也极易燃烧，这就进一步加剧了火灾增长速度。

东大寺中的各种木材构件，具有良好的燃烧和传播火焰的条件，一旦起火后，犹如架满了干柴的炉膛，而屋顶严实紧密，将导致在发生火灾时，屋顶内部的烟与热不易散发，温度快速积聚，迅速达到"轰燃"。大殿、邦克亭、水房的梁、柱、椽等构件，表面积大，木材的裂缝和拼接的缝隙多，并且大殿空间大、门窗多，大多数通风条件比较好，发生火灾后火灾室内空气受热膨胀向外扩散，室外冷空气通过空气对流，能大量向室内补充，致使火势燃烧得更加猛烈，起火室内温度随之迅速上升，因而导致火势蔓延快、燃烧猛烈、形成立体燃烧。

1.2 防火间距不足，火灾蔓延不易控制

　　东大寺寺院是以各样的单体建筑为基础所组成的庭院。在庭院布局中，基本采用的是"四合院"和"廊院"的形式。大殿和望月楼一东一西在一条主线上，而两者之间的间距还不足3米；大殿和水房一南一北在一条主线上，两者之间的间距也仅有2米多。这种布局形式缺少防火分隔和安全空间，如果其中一处起火，一时得不到有效控制，就会"城门失火，殃及池鱼"，毗连的木结构建筑很快就会出现大面积燃烧，形成"火烧连营"的局面。另外，清真寺大殿内无任何防火分隔。供信徒们做礼拜的大殿内使用几对对称的柱子支撑屋顶，没有任何防火分隔，没有划分为几个独立的防火分区，形成的是一个完整的大空间体系，发生火灾时很容易形成空气对流，由室内火灾发展为室外火灾，扩大火灾范围殃及周围建筑。

　　东大寺坐落于济宁市中区小闸上河西街，属于老城区，进入清真寺的街道、胡同宽度狭小。寺与其他建筑之间存在着防火间距严重不足的问题，特别是坐落在城区，又是古建筑，间距问题尤为突出。东大寺地处成片民居、闹市包围之中，南、北两面只有一墙之隔，一旦发生火灾事故，将会形成火烧连营之势。近期，竟然有一房地产开发商把寺院的多处附属用房规划到自己新近开发的项目上，随着城市建设的发展和房地产商的乱占土地，这使原本消防车就难进入的东大寺更是雪上加霜，而且寺内还设有门槛、台阶，消防车根本无法通行。

1.3 消防基础设施匮乏，火灾扑救难度大

　　东大寺缺乏自防自救能力，由于经费不足等原因，消防水池、消防器材、灭火设施等消防基础设施也极为缺乏，不能满足自救的需要。东大寺既没有足够的训练有素的专职消防队员，也没有配备安装有效的消防设施，一旦发生火灾，位于城镇的消防队鞭长莫及进不去，只有任其燃烧，直至烧完为止。寺内外缺乏消防水源，偌大个东大寺内竟没有一个室内外消火栓；寺院正门、后门均临小街，但门附近都没有市政消火栓。以上这些都给火灾扑救工作带来很大的困难。

1.4 管理和使用不善，问题复杂

　　（1）东大寺的管理人员和费用没有纳入政府的编制和预算之内。整个东大寺仅靠政府的维修拨款和社会各界的捐助才得以不断进行休整、维护。仅有的几个管理者均是不同单位退休的回族义务工作者，上级部门没有任何报酬。而且内部管理人员及信徒缺乏消防安全意识，防火管理无规可循，组织自救的灭火力量相对薄弱。

　　（2）电气线路设备存在诸多隐患。随着经济的发展，东大寺内部接进了电源，但这也影响到寺内的消防安全。电线存在的隐患主要有：电线老化、绝缘层破坏，长时间通电很容易造成短路、产生熔珠而引起火灾；有些保险丝采用钢丝、铁丝代替，发生火灾时，保险丝不能起作用，电源不能及时切断，会酿成可怕的后果。

　　（3）安全疏散难度大。大殿的进深远远大于开间，设置的安全出口在数量上、宽度上均不符合消防安全要求，而且东大寺内没有消防器材、火灾事故应急照明灯、安全疏散指示标志，加之朝拜的人员多数为老年人，行动困难，逃生能力弱，这些均给安全疏散带来了很大的困难。

　　（4）寺院没有固定的消防安全管理人和管理制度，更没有资金进行消防设施的装备，致使火灾危险因素大大增多。这些管理和使用方面存在的安全问题，也给东大寺的消防安全带来了严重的威胁。

2 东大寺的防火对策

2.1 对防火维修、阻燃处理的要求

　　由于东大寺的特殊性，要变更防火分区（分隔）、疏散手段和建筑结构是非常困难的，这是因为它

们是古建筑历史意义整体的一部分。因此，我们认为防火技术的重点是发展高效阻燃技术，从源头上遏制火灾的发生。这主要包括对可燃木质建筑物构件的阻燃处理和内部可燃物的阻燃处理。

东大寺的可燃建筑构件是指柱、梁、枋、檩和楼板等木质构件，可以在木材的表面涂刷或喷涂防火涂料，形成一层保护性的阻火膜，以降低木材表面的燃烧性能，阻滞火灾的迅速蔓延。有些木柱、楼板、楼梯等构件在尊重民族风俗，不损害建筑整体风格的基础上，可制作相应的防火保护层，以提高耐火等级。对于内部可燃物的阻燃，主要是指帏、帘、帐等织物、纤维，因此阻燃的重点是对这一类的聚合物材料进行阻燃设计。当然，不管采取何种阻燃技术，对于东大寺文物古建筑而言，要做到阻燃物质燃烧释放的物质不会损害文物与古建筑物本身。

2.2 东大寺周围的开发利用和消防安全布局、防火分隔应合理

（1）在城市建设、规划时要将东大寺周围的危险源逐步搬迁，影响东大寺消防安全的周边建筑，应下决心列入拆迁计划。东大寺周围进行开发和利用也应有科学规划，应该建立在保护文物的基础上，在相应历史、文化背景下进行。东大寺或者类似历史建筑，利用时应该参照它在古代时的使用功能，这是联合国教科文组织赞成的利用方式。不能合理地开发和利用，就会带来安全隐患。

（2）在东大寺的修复改造中如何满足现行规范的防火分区、防烟分区的要求，亦是一个十分重要的内容。东大寺没有防火分区和防烟分区的概念，而是按照使用功能、建筑结构、建筑特色来决定使用面积的大小。因此，在对其改造和修复中，应结合功能合理地进行防火分隔，可以根据改造后需增设的现代化使用功能的需求和火灾危险性，以及改造中消防设施的情况来确定防火分区的面积。同时，注意分隔与疏散的统一协调，即在分隔时，应以防火墙为主；对需要连续空间的场所不能简单地采取防火卷帘进行分隔，防止因卷帘下落后造成人员疏散出口减少或形成袋形走道等安全疏散上极不利现象的产生；有效增设排烟设施，提高对烟气的控制能力。根据建筑的实际情况，采用挡烟垂壁等措施划分防烟分区；对于建筑内部结构须大量保留的古建筑应尽量采用自然排烟方式，如确不能达到自然排烟方式的有关要求，而应按照现有规范设置排烟设施的场所和部位，应增设机械排烟系统。

（3）完善电气线路设计。当电气线路再吊顶内敷设时，应采用金属管保护；当照明灯具表面的高温部位靠近可燃物时，应用采隔热、散热等防火保护措施；超过 60 W 的白炽灯、卤钨灯等不应直接安装在可燃装修或可燃构件上；及时更换老化、绝缘层破损的电线，拆除私拉乱接的电线，配备合格的保险丝；给电热插座配金属接线盒，给用电回路安装断电漏电保护器。

2.3 增加消防基础设施建设

增设消防水源，完善东大寺的各种消防设施设备，确保清真寺的消防安全。东大寺应协调各届力量，通过自筹资金等方式，在实际条件成熟的条件下，以井水、自来水为水源，在东大寺的附近修建消防水池，设置手抬泵，确保消防用水。对后窑殿珍藏有经文、圣龛的场所配置二氧化碳灭火器，对大殿等场所配置干粉灭火器，对清真寺的各个主要通道配备火灾事故应急照明灯和安全疏散指示标志，购置手抬泵等消防器材，以确保在初期火灾时，东大寺内部人员可以利用这些消防器材进行扑救并引导人们安全疏散。

2.4 完善内部管理体制，提高安全性

实行消防安全责任制，落实管理职能，规范东大寺消防安全制度，坚持自查自纠。东大寺应建立完善的消防安全管理机制和健全的消防管理规章制度，确定阿訇为消防安全管理人和二阿訇为消防责任人，落实消防安全责任制，促进清真寺消防工作秩序化、规范化，强化自身消防安全责任主体意识，真正建立起"消防安全自查，火灾隐患自除，法律责任自负"的消防安全管理长效机制。同时，提高寺内人员的消防安全意识和消防安全管理能力。制定消防安全疏散预案，保证人员的安全。东大寺在

当地公安消防机构的帮助下，制定切实可行的消防安全疏散预案，定期组织信徒进行灭火疏散演练，使其在发生火灾时能掌握灭火器的使用，引导人员安全疏散、逃生自救等知识。

加强用火、用电的管理。在东大寺建筑内，对可能引发火灾的起火源进行严格管理，禁止在寺内圣龛、后窑殿处使用液化气、安装煤气管道、贮放易燃易爆物品；对生活用火、取暖用火的设置应经消防管理人员检查确定设置点，并指定专人负责，严禁私拉乱接；东大寺活动中的烧香等用火，应规定地点和位置，完善防火措施，确定专人看管。

3 消防部门加大对东大寺文物的监督管理力度

消防部门应加大宣传教育，落实管理措施。充分利用广播、录音、标语、专栏等宣传工具，采取各种形式向东大寺内工作人员、游客等进行消防法规、知识的宣传教育，开展岗位培训，不断增强相关人员的消防意识。古建筑范围内禁止堆放柴草、木材等可燃物，严禁存储易燃易爆物品，切实加强火源、电源管理。进行经常性的防火检查，积极整改火灾隐患。对查出的火灾隐患要及时进行整改，力争把隐患消灭在萌芽状态。

我们消防部门将进一步加强监督管理，降低济宁东大寺的火灾危险性，确保民族建筑的消防安全，促进民族团结、政治稳定和社会的发展。

参考文献

[1] GB50016—2006. 建筑设计防火规范[S].

作者简介：郭营，山东省济宁市公安消防支队防火处。

通信地址：山东省济宁市金宇路 34 号，邮政编码：272100；

联系电话：13563702119；

电子信箱：guoying_119@126.com。

某大型交易广场火灾性能化设计分析研究

王荣辉

（江西省公安消防总队）

【摘　要】　本文详细分析了某大型交易广场建筑特点和火灾危险性，针对其消防设计中的难点，采用性能化设计理念和技术，对中庭进行了合理的安全设计，提出了中庭可作为"亚安全区"的概念，优化了建筑的疏散设计，并运用模拟软件进行模拟计算验证。

【关键词】　交易广场；性能化；防火设计；分析研究

1　引　言

近几年来，我国大型交易广场重大火灾事故屡有发生，例如 2003 年 3 月 26 日，江西赣州兴国县贸易广场发生火灾，造成 7 人死亡 1 人受伤；2004 年 12 月 21 日，湖南常德桥南市场发生火灾，导致 69 人受伤。大型交易广场和其他建筑火灾相比有其特殊性，主要表现在以下几个方面。

（1）可燃物密集，商品种类繁多，储存量大，且大多具有可燃性，其火灾荷载较大。一旦发生火灾，这些材料燃烧猛烈，并产生有毒气体，给疏散和扑救工作带来很大困难。

（2）火灾扩散迅速，市场内摊位相连，火灾横向和纵向蔓延迅速，容易发生火烧连营。

（3）人员流动性大，进出频繁，对建筑物内的环境、出口和消防设施等情况不熟悉，人员密集，发生火灾时不易疏散，容易造成人员重大伤亡。

因此，商品贸易市场火灾防控已引起消防部门的高度重视，且火灾危险性和人员疏散问题业已引起更多的关注。采用性能化设计方法对商品交易广场进行消防设计是一个有效途径之一。

本文选取具有代表性的某中厅结构多层扁平大空间式商品贸易市场，利用性能化设计方法，对典型火灾场景、烟气扩散和人员疏散进行计算模拟，分析火灾发生后，火灾场景内的蔓延和烟气扩散、温度、有毒气体浓度以及能见度发展趋势，分析商场内人员疏散所需安全疏散时间及安全疏散行为方式，判断人员是否能够安全疏散，并提出相应的对策与措施。

2　性能化防火设计方法

性能化的消防设计方法，是建立在消防安全工程学基础上的一种新的建筑消防设计方法。通过运用消防安全工程学的原理与方法，首先确立消防设计的安全目标和达到安全目标所应满足的各项性能指标，然后根据建筑物的结构、用途、可燃物的性质和分布等方面的具体情况，对建筑的火灾危险性进行定量的预测和评估。性能化的消防设计综合考虑了火灾的发生发展、火灾及烟气的蔓延和控制、火灾探测和报警、主动和被动灭火措施，以及人员的疏散等各个方面，因此能够得出经济合理的消防设计方案。

性能化设计的总体目标基本包括三个方面。

（1）保障人员的生命安全。建筑物发生火灾时，整个建筑系统（包括消防系统）能够为建筑内的所有人员提供足够的时间疏散到安全地点，疏散时不应受到火灾及烟气的危害。

（2）保护财产安全。通过合理安排可燃物间距、合理策划防排烟系统方案等，控制火灾的蔓延，尽量减少财产损失。

（3）保护消防队员的安全。发生火灾后的一段时间内，建筑结构应保证进入到建筑物内部进行消防战斗的消防队员的生命安全。

根据性能化设计的总体目标，进而确定安全性能指标，对建筑物本身安全性的要求、对保护人员生命安全的要求、对保护财产的要求、对保护使用功能的要求，如保证人员不受火灾时烟气的危害、保护残疾人有安全的避难所、保护建筑的结构不受破坏等。

例如，对于人员疏散来说，一般采用以下的性能指标：

① 如果烟层下降到距离人员活动地板高度 2 m 以下，烟层的温度不应超过 60 ℃；

② 距离人员活动地面高度 2 m 以下的烟气能见度不小于 10.0 m；

③ 清晰高度确定原则，空间净空高度大于 6 m 的大空间场所，清晰高度按 $Z = 1.6 + 0.1H$ 公式计算即空间净空高度小于或等于 6 m 的场所，其清晰高度不应小于 2 m。

3　商品交易广场建筑情况及主要消防问题

本文选取某大型商品交易广场进行性能化设计研究工作。该商品交易广场总建筑面积 372 735 m²，地上四层，地下二层，占地面积为 71 635 m²，建筑高度为 21.25 m；拥有 2 个交易广场，1 号和 2 号交易广场的 2 ~ 4 层通过三部连廊连接；每个广场内通过建筑内设置的"四横一纵"的中庭空间将建筑分为十几个相对独立的部分，如图 1 和图 2 所示。

图 1　商品交易广场西立面图

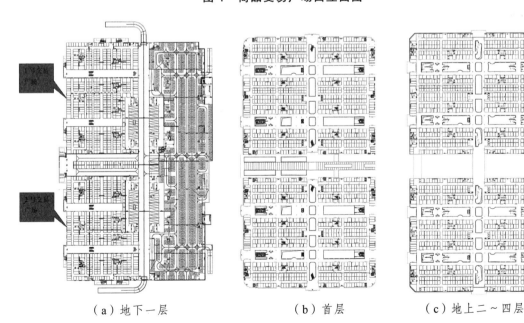

（a）地下一层　　　　　　　（b）首层　　　　　　　（c）地上二 ~ 四层

图 2　商品交易广场平面图

该建筑面临的主要消防难题主要有以下几个方面。

（1）人员安全疏散问题。由于建筑平面占地面积较大，内部设置的楼梯出口多数不能直接对外，为了解决该问题，中庭必须作为人员疏散的相对安全区，且应有保证疏散路径安全的措施与方案。

（2）防火分区的划分问题。建规规定：商业建筑的防火分区地上部分最大允许建筑面积为 5 000 m²，地下部分最大允许建筑面积为 2 000 m²。1号、2号交易广场建筑根据双首层的概念进行设计并且其内部设置的中庭具有接近室外空间的特点，因此其地下一层并不是完全意义上的地下空间，不能完全参照规范地下空间的要求进行防火分区的划分；与之相对应的每个防火分区的安全出口一般不应少于两个，若按照该项要求，本工程也无法严格按照规范执行。

（3）防火分区与中庭之间的防火分隔措施的设置问题。建规规定防火分区的开口应设置甲级防火门、耐火极限大于 3.00 h 的防火卷帘或者水幕等分隔措施。如果本工程严格参照规范的要求执行，将要设置大量的特级防火卷帘及防火门。由于本工程设置了一横四纵的中庭，中庭及中庭两侧走廊的宽度可以避免火灾蔓延到相邻防火分区，具有防火隔离带的作用，因而可替代二层以上部分面向中庭的防火卷帘。

4 性能化设计策略

针对以上问题，初步提出以下性能化设计的消防策略。

（1）1号、2号交易广场2~4层通过三部连廊连接；每个广场内通过建筑内设置的"四横一纵"的中庭空间将建筑分为十几个相对独立的部分。在建筑设计中，结合上述特点设置防火分区及疏散楼梯。2~3层利用中庭的宽度作为防火隔离带，以替代中庭边缘的防火卷帘。同时，为了保证人员疏散安全，可以考虑在地下一层和首层采用防火卷帘和防火门将商铺区与中庭主通道分隔开，使中庭主通道在地下一层和首层形成人员疏散的"亚安全区"。建筑中部凡不能开设直通室外出口的防烟楼梯间，均在首层开设通向"亚安全区"的出口。上层人员通过防烟楼梯首先疏散到首层"亚安全区"内，然后再沿首层"亚安全区"内直通室外的安全出口疏散到建筑物外的最终安全区域。

（2）"四横一纵"的中庭及被其分隔而成的相对独立区域的消防设计应保证任何区域发生火灾后，烟气均不能影响其他区域人员的安全疏散。

（3）各区域内部店铺的墙体应具有一定的耐火性能（至少1 h耐火极限），以保证火灾不会迅速在不同的店面间的蔓延。

（4）在排烟策略上，某一分区发生火灾后，首先应依靠本分区内的排烟系统将烟气排出。为了防止烟气蔓延至其他防火分区，将防火分区边缘的挡烟垂壁的高度设为 2.0 m，防火分区内部挡烟垂壁的高度为 1.2 m。防火分区内部设置格栅吊顶，且开口率应不低于25%。

（5）中庭不应作为营业空间，严禁设置任何可燃物，且应设置自然排烟（可失效打开的排烟百叶窗）设施。当烟气溢出着火防火分区而蔓延到中庭时，中庭上方的自然排烟窗打开，此时中庭变成了准室外空间，因而烟气不会在建筑内大量聚集，中庭可以作为建筑内部的亚（准）安全区，即各层人员从疏散楼梯间出来进入中庭后，再疏散至室外的整个疏散路线都是安全的。在中庭区域应设置合理的烟气导流路径，以引导烟气在中庭及时排出，防止烟气蔓延至与中庭相邻的其他区域。

（6）针对不能直接在首层通向中庭的部分楼梯，由于其疏散至中庭的路径上设有商铺，当此处商铺发生火灾时，会影响疏散至该楼梯处人员的疏散。因此，建议屋顶设置为上人屋面，允许火灾时人员向屋顶疏散，然后由安全的楼梯间下行疏散至室外。同时，应采用特级卷帘在其楼梯间首层开口处设置安全通道，以形成扩大的楼梯间，保证人员疏散至中庭准室外空间。

5 性能化设计验证

5.1 火灾场景设计

为了对该建筑的特点进行分析，我们设计了最不利的两个火灾场景。

火灾场景一：火源位于 2 号交易广场一层中庭，具体位置如图 3 所示，火灾规模为 8 MW。此场景用以验证中庭自然排烟的有效性、与其相邻的营业区受火灾及烟气的影响、各处挡烟垂壁的有效性和火灾营业区人员及全楼人员疏散的安全性。

火灾场景二：火源位于 2 号交易广场二层中庭旁侧的商铺内，火灾规模 20 MW。此场景用以验证中庭作为防火分隔的有效性、与其相邻的营业区受火灾及烟气的影响、各处挡烟垂壁的有效性和火灾营业区人员及全楼人员疏散的安全性。

依据上海市工程建设规范《民用建筑防排烟技术规程》（DGJ08-88—2000）中所给出的各类场所火灾模型，设有喷淋的商场火灾规模最大为 3 MW，无喷淋的公共场所为 8 MW，无喷淋的超市、仓库为 20 MW。在此考虑喷淋未控制火灾发展的不利情况下，将火灾规模增设为 8 MW，以验证中庭的排烟能力。同时，为了验证商铺火灾对相邻中庭的热辐射的影响，考虑了喷淋未能控制火灾发展的不利情况，将火灾规模设置为 20 MW，以验证中庭的隔火能力。火灾按照快速燃火进行设置，典型火灾增长曲线如图 4 所示。

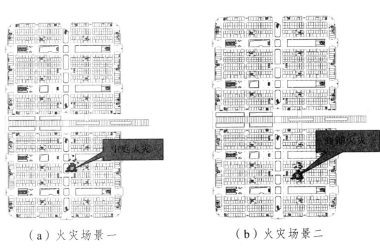

（a）火灾场景一　　　　　　　（b）火灾场景二

图 3　设计火灾场景位置

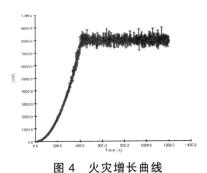

图 4　火灾增长曲线

5.2 人员疏散计算结果分析

本研究采用 STEPS 疏散模拟软件对人员疏散行动情况进行动态分析。此模型是专门用于分析建筑物中人员在正常及紧急状态下的疏散状况。适用建筑物包括大型综合商场，办公大楼，体育馆，地铁站等。此模型的运算基础和算法是基于细小的"网格系统"。

5.3 火灾计算结果分析

本文采用 FDS 火灾动力学软件对火灾蔓延情况进行动态分析，依照实际的建筑物构造情况建模，顶棚每侧沿建筑女儿墙侧向设置消防联动开启的排烟窗条带，有效开口净面积不低于 1.8 m/m 进行模拟分析。

在火灾场景一情况下，火源功率设为 8 MW，采用排烟窗自然排烟。在计算时间 300 s，600 s，900 s，1 200 s 时的烟气蔓延状态、特征面上的温度及能见度分布状况如图 5 ~ 图 7 所示。由模拟可见：① 在该工况下，火灾烟气沿着中庭一直向上扩散，商城中庭周边的区域受烟气影响很小，大部分都通过四层屋顶的侧部排烟窗排出。② 2 号交易广场一层中庭发生火灾区域及其以上各空间受烟气影响很小，通过温度和能见度的分布图我们可以知道，在各层人员疏散至本层防烟楼梯间的时间，其相对应的各层的温度和能见度均能保证人员的安全疏散。

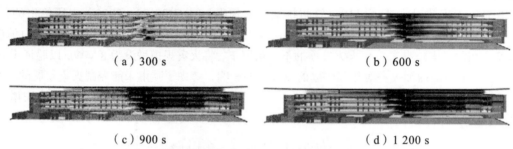

（a）300 s   （b）600 s

（c）900 s   （d）1 200 s

图 5   烟气蔓延过程（场景 1）

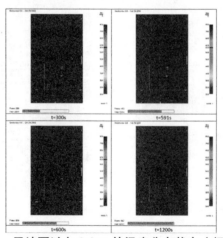

图 6   一层地面以上 2.0 m 的温度分布状态（场景 1）

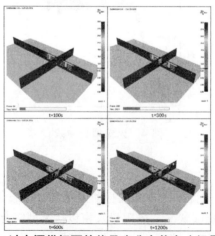

图 7   过火源纵切面的能见度分布状态（场景 1）

　　在火灾场景二情况下，火源位于 2 号交易广场二层，火源功率设为 20 MW，采用排烟窗自然排烟。在计算时间 300 s，600 s，900 s，1 200 s 时的烟气蔓延状态、特征面上的温度及能见度分布状况如图 8～图 10 所示。计算结果表明：① 在该工况下时，其所产生的烟气沿着中庭一直向上扩散，商城中庭周边的区域受烟气影响很小，大部分都通过四层顶部的侧部排烟窗排出。② 2 号交易广场二层中庭发生火灾区域及其以上各空间受烟气影响很小，通过温度和能见度的分布图可以知道，在各层人员疏散至本层防烟楼梯间的时间，其相对应的各层的温度和能见度均能保证人员的安全疏散。

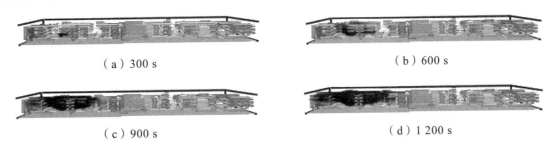

（a）300 s　　　　　　　　　　　　　　　（b）600 s

（c）900 s　　　　　　　　　　　　　　　（d）1 200 s

图 8　烟气蔓延过程（场景 2）

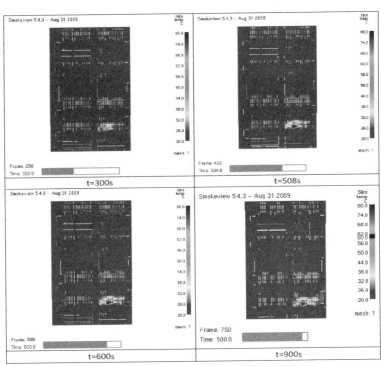

图 9　一层地面以上 2.0 m 的温度分布状态（场景 2）

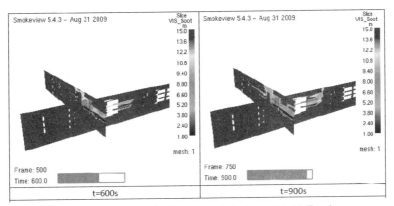

图 10　过火源纵切面的能见度分布状态（场景 2）

5.4　人员疏散计算结果分析

本文采用 STEPS 疏散模拟软件对人员疏散行动情况进行动态分析。此模型是专门用于分析建筑物中人员在正常及紧急状态下的人员疏散状况的，其适用的建筑物包括大型综合商场、办公大楼、体育馆和地铁站等。此模型的运算基础和算法是基于细小的"网格系统"，将建筑物楼层平面分为细小系统，再将墙壁等加入作为"障碍物"。模型中的人员则由使用者加入到预先确定的区域中。

疏散荷载参照《大中型商场防火技术规定》中关于设有固定分隔铺位的市场的规定，其人员总数按走道人数和各铺位人数之和计算，将其得到的人数与按照面积折算系数取得的人数相比较，所得到的人数与采用面积折算系数为 0.3，计算疏散人数得到全楼总人数为 59 873 人。

工程分析中人员疏散必需时间（RSET）由火灾探测时间（t_d），预动时间（t_{pre}）和疏散行动时间（t_{act}）三部分构成。采用 DETACTT2 工具可以计算火灾探测时间（t_d）为 70 s。参照英国 BS DD240，可以设定人员预动作时间为 120 s，即 t_{pre} = 120 s。疏散行动时间（t_{act}）由 STEPS 模拟计算得到。典型的计算结果如图 11 所示。

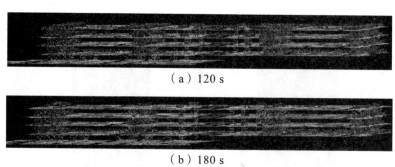

（a）120 s

（b）180 s

图 11　典型的 STEPS 模拟计算结果

通过 STEPS 疏散模型模拟，得到疏散场景中各层人员疏散行动时间（各层人员全部进入楼梯间或者对外出口的时间）如表 1 所示，计算得到的所需总的安全疏散时间（RSET）如表 2 所示。

表 1　疏散行动时间

疏散区域	疏散行动时间（s）
地下一层	85
一层	267
二层	212
三层	231
四层	215
全楼人员疏散到建筑物外安全区	310

表 2　所需总安全疏散时间 RSET

疏散场景	疏散开始时间（s）	疏散行动时间（s）	疏散行动时间（s）（安全裕度 S = 1.5）	RSET（s）
地下一层		85	128	318
一层		267	401	591
二层	190	212	318	508
三层		231	347	537
四层		215	323	413
全部人员疏散到建筑物外安全区		310	465	655

5.5 人员安全疏散分析

经过对全楼人员疏散分析，当全楼人员同时进行疏散时，全部人员疏散至室外安全场所的总时间约为 11 min。

火灾计算结果表明：在现有消防排烟系统作用下，在火灾发生后 11 min 内，当发生一般的火灾时，烟气能够被有效控制在本防火分区内，满足火灾营业区人员安全疏散要求，满足全楼人员安全疏散的要求，并能为消防救援赢得宝贵的时间。

即使发生较大规模的火灾，烟气蔓延至中庭，中庭的自然排烟系统启动后，着火楼层以上各空间也不会受到烟气的影响，在 11 min 内，整个建筑均能保证人员的安全疏散，并有较大的安全裕度。

6 结 论

本文对某大型商品交易广场提出了基于性能化的消防策略，同时利用性能化设计方法对该广场的火灾危险性和人员疏散安全进行了计算机模拟研究，并得出结论如下：

（1）在现有消防排烟系统作用下，在火灾发生后 11 min 内，当发生一般的火灾时，烟气能够被有效控制在本防火分区内；即使发生较大规模的火灾，烟气蔓延至中庭，中庭的自然排烟系统启动后，着火楼层以上各空间也不会受到烟气的影响，在 11 min 内，整个建筑均能保证人员的安全疏散。

（2）"四横一纵"中庭及中庭两侧走廊的宽度，可以避免火灾蔓延到相邻防火分区，具有防火隔离带的作用，可替代面向中庭的防火卷帘；在地下一层和首层采用防火卷帘和防火门将商铺区与中庭主通道分隔开，使中庭主通道在首层形成人员疏散的"亚安全区"；建筑中部凡不能开设直通室外出口的防烟楼梯间的，均应在首层开设通向"亚安全区"的出口。在满足上述消防安全设计要求的条件下，中庭能够作为人员疏散的相对安全区，满足建筑内部空间部分不直接对外楼梯出口处人员安全疏散的要求。

参考文献

[1] 霍然，胡源，李元洲.建筑火灾安全工程导论[M]. 合肥：中国科学技术大学出版社，1999.
[2] 霍然，袁宏永. 性能化建筑防火分析与设计[M]. 合肥：中国科学技术大学出版社，2003.
[3] GB50045—95 . 建筑设计防火规范[S]. 2005.
[4] 大中型商场防火技术规定[S]（沪消发[2004]352）.
[5] DGJ08—88—2000. 民用建筑防排烟技术规程[S].

作者简介：王荣辉（1968—），男，工程硕士，江西省公安消防总队防火部技术处高级工程师；主要从事建筑消防安全设计与管理研究。

关于重质油品扬沸火灾的时间计算及应用

张继明

（山东省滨州市公安消防支队）

【摘　要】　扬沸火灾是油罐火灾特有的临界燃烧现象，是一种极其严重的石化企业火灾事故形式，具有温度高、热辐射强的特点，还伴随着大量的沸溢油品，危害性极大。本文通过对扬沸火灾的基本理论的介绍，提出了扬沸时间预测模型和扬沸火灾预报系统，并分析了两种控制扬沸火灾形成的方法——沸石助沸法和冷却止沸法。沸石独特的内部结构可以使罐区水分提前沸腾，同时显著降低水分过热强度，有效阻止扬沸事故发生；盘管冷却法依据扬沸过程热波传热原理，能使热波层的热量传递到罐外，有效降低水垫层的吸收热量，能避免扬沸事故的发生。

【关键词】　消防；沸溢火灾；沸溢时间；防治对策

　　重质油品一般是指含水并在燃烧时具有热波特性的油品，如原油、渣油、重油等。这类油品含水率一般为 0.3% ~ 4.0%。原油等重质油品扬沸是指油罐火灾发生过程中，当达到某一特定的临界条件时，油品的燃烧状态发生突变，大量燃烧着的油品从油罐中溢出或飞溅出来，导致火焰温度和辐射强度急剧增加，使得火烧面积迅速扩大，伤害救援及现场人员，损坏救援装备，致使灭火工作无法正常进行。例如 1989 年 8 月 12 日，中国石油天然气总公司胜利输油公司黄岛油库一期工程五号油罐因雷击爆炸起火，由于 5 号油罐原油猛烈喷溅，导致 4 号油罐突然爆炸，近 4 万吨原油燃烧，形成了面积达 1 km^2 的恶性火灾，致使 13 名消防官兵及 6 名油库职工壮烈牺牲，81 名消防官兵和 12 名油库职工受伤，8 辆消防战斗车和 1 辆指挥车以及其他单位 3 辆消防车、2 辆吉普车被烧毁。火灾直接财产损失约 3 540 万元。

　　扬沸是一种较为繁杂的物理过程，近三十年来，世界各地的研究人员一直致力于对扬沸火灾的研究，也取得了不少的进展和成果。例如，Hasegawa 通过实验研究，发现了热区在水平方向和垂直方向上的组浓度都相同的特性。中国科学技术大学的花锦松图团队，用实验方法研究了油罐扬沸火灾，建立了基于微爆噪声预测扬沸火灾发生的预警系统[1][2]。

　　笔者根据在扬沸火灾相关基本理论和扬沸前兆中表现出显著的燃烧微爆噪音特性，通过建立专家库系统，从而达到预报扬沸火灾的目的。另外，还对主要火灾防治对策进行了理论基础分析，提出了技术实现途径，并给出了有关的初步结果，以供商榷。

1　理论模型

1.1　形成机理

　　在重质油品池火灾过程中，首先低沸点组分蒸发并开始火焰燃烧，油层吸收燃烧热量，引起相邻油品层升温及轻组分气化。液面温度在相平衡和热平衡的制约下会稳定在某热层温度下，在上一段时间内保持稳定燃烧状态。随着火焰热量从液面传入油层内部，轻重组分的分离越来越明显，从而引起油层内部湍流加强。油品内重组分升温至热层温度并自然下降，造成冷热油层界面向罐底的沉降，即热波作用，而且这种热波作用传播速度大于液面的燃烧速度。当热波达到罐底水层时，水层的部分水过热，短时间内大量蒸发，并发生蒸汽微爆现象，以致把水层上面的油层抛向空中和溢出，进而向外喷射，形成扬沸（也称沸溢或喷溅）。

1.2 热传播计算

通过试验，对直径大于 1 m 的油罐，火焰通过对油表面的辐射，对于处于油层深处的油水界面而言，其接受热量的方式主要是热传导。以拱顶罐（圆柱体）为例，火灾中油面接收的热量有三类：一是火焰对油面的辐射热；二是通过对流向油面传递的热量；三是油面以上罐壁对油面的辐射热量。在这三类热量中，火焰对油面的辐射热是主要热源，其热流占总热流的五分之四以上。

原油储罐发生火灾后，罐区油品的温度呈阶梯状分布，即油层表面温度很高，中部存在一定深度范围的恒温的油层，低层油温在一定时间内保持初始温度。随着燃烧的进行，恒温油层厚度逐渐扩大。由于水的沸点为 100 ℃，这里设 100 ℃ 的油层等温面为热波锋面，其下移速度即为热波传播速度（V）。

实际的油罐扬沸火灾可近似地看作一个无内热源、常物性的非稳态导热问题。设定一高为 H、直径为 D 的油罐，装满温度为 T_f 的油品（假设液面高度也为 H）。在 $t = 0$ 时突然着火，罐内点火前油品的初始温度为 T_0，则可以写出柱坐标系的非稳态导热微分方程[3]，即：

$$\frac{\partial^2 T}{\partial x^2} + \frac{1}{\gamma} \times \left[\gamma \frac{\partial T}{\partial \gamma} \right] = \frac{1}{\alpha} \times \frac{\partial T}{\partial t} \qquad (1)$$

2 预防方法

2.1 扬沸时间测算

从消防救援的角度考虑，扬沸时间是一个重要参数。理论上，它是从点火到 100 ℃ 的热波面到达水垫层上方的油水界面的时间。目前，通常采用下式来测算扬沸发生的时间[4]，即：

$$T = \frac{H - h}{V_0 - V_1} - k \times H \qquad (2)$$

式中：T——扬沸发生预测时间；

　　　H——储罐内液面高度；

　　　h——储罐中水垫层高度；

　　　V_0——油品燃烧速度；

　　　V_1——热波下移速率；

　　　k——提前系数，取 0.1。

2.2 扬沸火灾预警

2.1 中所介绍的通用模型虽然能对扬沸形成时间进行测算，但由于未考虑油品的黏度、导热系数和油罐的直径等影响扬沸形成的相关因素，因而对于大尺寸原油储罐扬沸火灾来说其计算结果误差比较大，不能够很准确的预测扬沸形成时间。因此，在原油储备库实际工作中需要结合其他计算方法来确保罐区安全。

重质油品扬沸火灾过程是很复杂的。为了能够准确的预报扬沸火灾的发生，指导油罐火灾预防工作的科学实施，有必要建立一个专家库系统，以便对影响扬沸火灾过程的多方面因素进行综合的分析判断，测试油品火灾的燃烧状态，运用人们的实践经验与理论分析相结合的方法指导火灾预防工作，预测扬沸火灾的发生时间。

2.3 扬沸火灾预防措施

2.3.1 沸石助沸

综前所述，由扬沸火灾基本理论的介绍可知，水层被加热后转化为蒸汽是油品扬沸的动力源，因此通过降低水层过热而剧烈沸腾的程度就可以降低扬沸的强度或防止扬沸的发生。防止水过热而剧烈沸腾的简单有效的方法是加入沸石。沸石是一种矿石，最早发现于 1756 年，即瑞典的矿物学家克朗斯提发现有一类天然硅铝酸盐矿石在灼烧时会产生沸腾现象，因此命名为"沸石"，其一般化学式为 $AmBpO_2p \cdot nH_2O$。因为沸石表面均有微孔、内有空气，所以能起到阻沸作用，从而防止水过热而剧烈沸腾。

谭家磊（中国科技大学）针对沸石对扬沸火灾防治作用进行了实验研究，通过观察实验发现，加入沸石后扬沸形成时间会缩短，但是加入沸石后扬沸阶段的沸溢油品质量明显减少，火焰热辐射强度降低；实验中还发现由于水过热和剧烈沸腾程度的降低，使得油品沸溢半径和喷溅距离减少[7]。

2.3.2 冷却止沸

重质油品在油罐中发生火灾后，若在高温油层向下传播的截面上进行循环冷却，使得通过该截面的热量能及时地通过冷却介质传输到油罐之外，就能阻止了扬沸火灾的形成条件，从而将其消灭在初始状态。循环冷却截面上的传热机制原理如图 1 所示，双列盘管式冷却法原理如图 2 所示。

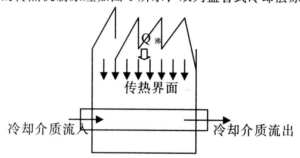

图 1 循环冷却截面上的传热机制原理示意图

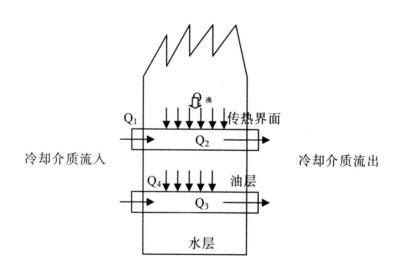

图 2 双列盘管式冷却法原理示意图

在某一截面油层由常温上升到高温油层的温度过程中所需的热流密度可由下式算出[5]，即：

$$Q = \int_{T_0}^{T_1} \rho V_{hz} C_{P_0} \mathrm{d}T \tag{3}$$

式中：T_0 与 T_1 为油品常温与高温油层的平均温度，其中 T_1 温度一般在 150 ~ 315 ℃ 之间；V_{hz} 为热波传播速度；C_{p0} 为油品介质的比热。

若冷却介质能输出的热流密度[6]，则有：

$$Q = mC_p(T_{out} - T_{in})/A \tag{4}$$

式中：m 为冷却介质在冷却管中的流量；T_{out}，T_{in} 分别为冷却介质的出口与进口的温度；A 为油罐的截面积。

设在该截面上由高温油层向下层的热通量密度为 Q_t，则满足条件：

$$Q_1 - Q_0 < Q \tag{5}$$

在该冷却传热截面下的油层就不可能被加热到高温油层的温度，从而就有效地阻止了热区的形成与传播。现以滨州某公司原油罐区为例对扬沸时间进行以下计算。

该公司的总储油量达到 16 万吨，共有立式储罐 21 座，现以容积最大和最小的油罐为例计算火灾扬沸时间，其中油品的比重（25 ℃ 时）是 0.883，黏度（25 ℃ 时）是 1.32，比热（25 ℃ 时）是 4 240 kJ·kg^{-1}·K^{-1}，导热系数是 0.132 kW·m^{-1}·K^{-1}，燃烧速率是 0.026 kg·m^{-2}·S^{-1}。

储罐的几何规格如表 1 所示。

表 1　最小和最大储罐的几何规格

几何规格	罐 min	罐 max
容积（m^3）	4 000	20 000
直径（m）	20	40
高度（m）	14	16
充装水平（%）	75	50

经计算后得出最大储罐和最小储罐的扬沸时间对比见表 2。

表 2　扬沸时间计算的结果对比

计算类别	罐 min	罐 max
油层高度（m）	12.3	8
第一阶段（min）	81	73
第二阶段（min）	264	216
总时间（min）	345	289

3　结束语

通过以上分析计算，笔者认为可以在原油库、大型罐区推广应用沸石助沸和冷却止沸的方法，如条件允许，可以写进规范并强制推广，条件不允许的，可在罐区设置安全标识牌，提前计算出每个油罐的扬沸时间，以示预警，给现场救援指挥人员以辅助计算和指挥，确保扬沸发生时，人员和装备不受到的伤害和破坏。

参考文献

[1] Hiroshi Koseki，Yasutada Naatume，Yasaku Iwata，et.al. A study on lame-scale boilover using crude oil containing emulsified water[J]. Fire Safety Journal，2003（38）：665-667.

[2] 花锦松，廖光煊. 扬沸过程中的噪音特性研究[C]// 全国高等学校第四届工程热物理学术会议论文集. 杭州：浙江大学出版社，1992.

[3] V.Babrauska. Estimation large pool fire burning rates[J]. Fire Technol-ogy，1983，9（4）：251-261.

[4] 廖光煊，姚斌，范维澄，等. 油罐扬沸过程中的噪音特性研究[C]// 全国高等学校第四届工程热物理学术会议论文集. 杭州：浙江大学出版社，1992.

[5] Mudan K S. Thermal radiation hazards from hydrocarbon pool fires[J]. Progress Energy Combustion Science，1984（10）：59-80.

[6] 李自力. 原油罐火灾中热波速度的计算模型[J]. 石油大学学报，1996（20）：40-43.

[7] 谭家磊. 油品扬沸火灾重构与防治对策研究[M].合肥：中国科技技术大学出版，2008.

作者简介：张继明，（1972—），男，武警山东省滨州市公安消防支队工程师，上校警衔；主要从事建筑工程防火审核及监督工作。

通信地址：山东省滨州市黄河四路 518-6 号，邮政编码：256600；

联系电话：0543-6999319；

电子信箱：bzzjm119@sina.com。

浅析电动自行车火灾成因及预防

董全国

（山东省滨州市公安消防支队）

【摘　要】　近年来，电动自行车以其经济、便捷、环保等特点，已成为城乡居民近距离出行的交通工具，目前社会保有量已达 1.5 亿辆。与此同时，电动自行车火灾也常有发生，火灾起数、造成的人员伤亡和财产损失逐年上升。从全国各地调查统计的电动车火灾情况来看，因电气故障引发火灾的占 90% 以上，尤其是充电时发生火灾的占 80% 以上，亡人火灾几乎全都发生在充电过程之中。本文在认真分析了电动自行车火灾成因的基础上，提出了预防此类火灾的几点措施，供大家商榷。

【关键词】　消防；电动自行车；火灾成因；预防措施

1　引　言

我国电动自行车制造业发展迅速。自 1995 年研制出第一辆电动自行车和 1997 年实现工业化生产以来，经过近 20 年的发展，已成为世界上电动自行车拥有量最大的国家。据有关资料表明，目前中国内地每百户居民中就拥有 31.2 辆电动自行车，社会保有量达 1.5 亿辆。电动自行车以其经济、便捷、环保等特点，已经成为城乡居民近距离出行的交通工具。随着电动自行车的增多，电动自行车火灾也常有发生，火灾起数、造成的人员伤亡和财产损失呈逐年上升趋势。例如，2013 年 10 月 11 日，北京市石景山区喜隆多购物广场发生火灾，直接原因为西隆多购物广场一层麦当劳（杨庄餐厅）甜品操作间（甜品站）内电动自行车蓄电池在充电过程中发生电气故障所致，事故直接财物损失达 1 308 万元，灭火过程中有 2 名消防警官牺牲；2011 年 4 月 25 日，北京市大兴区旧宫镇南小街三村一幢四层楼房内停放的电动自行车在充电时因电气故障引发火灾，造成 18 人死亡、24 人受伤；2006 年 10 月 21 日凌晨，浙江省湖州市织里镇一童装加工厂发生火灾，此次火灾也是由厂内停放的电动自行车因电瓶总成电源线接头在带电状态下接触电阻过大而发热，进而引燃电动车可燃构件和周围可燃物而引发的，事故造成 8 人死亡、6 人受伤。从全国各地调查统计的电动车火灾情况来看，电气故障引发火灾的占 90% 以上，尤其是充电时发生火灾的占 80% 以上，亡人火灾几乎全都发生在充电过程之中。电动自行车一旦发生火灾，不仅会使乘客的人身安全失去保障，而且会造成不可挽回的经济损失和社会影响，因而电动自行车火灾已成为我们当前所面临的一个严峻的问题。这就需要进一步研究如何加强电动自行车消防安全防范措施，以提高其安全性、可靠性，确保使用者安全、放心地出行。

2　电动自行车的基本性能介绍

电动自行车（electric bicycle），是指以蓄电池作为辅助能源，具有两个车轮，能实现人力骑行、电动或电助动功能的特种自行车，其电助动部分主要由充电器、电池、控制器、转阀把、助力传感器、电机以及灯具仪表等组成。

电动自行车整体构造基本上是在自行车的基础上加上电池、控制器系统、电机、充电器所组成。

它由蓄电池提供能源，通过控制器供给电机电能，电机把电能转换为机械动能，从而驱动电动自行车行驶。根据现行国家1999年制定的《电动自行车通用技术条件》（GB17761—1999），电动自行车归属非机动车管理范畴，并同时具备以必须具备的特征：① 脚踏行驶功能，蓄电池只作为辅助能源；② 必须具备两个车轮；③ 设计车速不大于 20 km/h；④ 整车重量不大于 40 kg；⑤ 轮胎宽度（胎内）不大于 54 mm；⑥ 电动机额定连续输出功率应不大于 240 W；⑦ 一次充电后的续行里程应不小于 25 km。

3 电动自行车火灾成因分析

3.1 电动自行车质量差致灾

3.1.1 产品质量参差不齐

由于市场准入门槛设置要求不高，加上行业监管不严，无证生产、超许可范围生产的现象比较普遍，整个电动自行车行业鱼龙混杂，致使电动自行车整车质量参差不齐。由于绝大部分生产企业自己不生产零配件，而从配件商采购零部件进行组装，且选用把关不严；有的设计存在缺陷，生产中偷工减料；部分厂家擅自降低质量标准，选用的电线线径小、质量差，敷设未按照规定进行捆扎固定，插接件质量低劣，插接件处未做防水防尘处理，线路受震动摩擦易破损发生短路，负荷较大时线路过负荷发热或线路连接处氧化污染电阻增大发热，甚至个别企业有省去安装蓄电池保险丝的现象，使蓄电池短路时得不到有效保护。

3.1.2 零部件采用易燃可燃材料制造，阻燃性能差

目前电动自行车生产执行的标准是《电动自行车通用技术条件》（GB17761—1999），该标准未对电动自行车防火性能提出要求。多数豪华型电动自行车的车把、仪表、坐垫、尾箱、电池盒、仪表盘、灯罩等零部件大多采用非金属材料，阻燃性能较差，在封闭空间内燃烧时释放的有毒烟气可致人中毒死亡。这也是电动自行车火灾事故亡人现象较为突出的原因之一。

3.2 电动自行车配件故障易致灾

3.2.1 充电器故障

（1）部分低成本的充电器安全性能得不到保证。由于这些充电器往往是非标的和质量低劣的，其插头（正负极）与整车电池的插座不配套。在充电过程中，因温度升高致使充电器内各活性物质的活动度增加、反应充分剧烈，充电时反应速度快、充电电流大，容易引起电池爆炸起火；还可能因散热不畅甚至部分电路原件松动脱落，导致接触不良、热量积蓄发生打火。

（2）充电时间过长是引起充电器故障的主因。部分车主不能按规定充电，往往是下班回家后就充电，一直到次日七八点上班时才拔下充电器，每次充电时间都超过了10小时，这样容易造成电线老化短路而引发火灾。这是因为部分充电器缺乏过充电、过电流保护装置，将蓄电池充满之后不能转入涓流充电模式，而是继续保持大电流充电，导致蓄电池高温、极板腐蚀，引起电池漏液或发热爆炸。

（3）部分车主将充电器电线反复缠绕，并将其放在电动自行车狭小的储物箱内，这样容易造成充电器电线内部损坏，或因骑行中颠簸造成充电器内部电路虚焊点脱焊等故障，进而在充电过程中容易起火。

3.2.2 电池故障

目前，市场上使用的电动自行车电池主要有铅酸电池和锂电池两种。其中，铅酸电池发生自燃原因主要是因电池组连接故障所致，如电极与导线连接不可靠、导线截面积过小、电池盒没有保险装置、导线绝缘皮磨损造成短路等。锂电池由于自身理化特性，也存在一定的火灾危险。因此，使用不合格

的电动车电池极易引发火灾。

3.2.3 线路故障

（1）电动自行车经常受到电机传导的热量以及行车时颠簸、振动的影响，其线路的绝缘层受损，或接插件松动导致接头处温度升高而形成短路、漏电、接触不良，甚至由此燃烧起火。

（2）存放场所充电线路故障。电动自行车存车棚内一般缺乏预设的充电设施，车主私拉乱扯充电线路的现象较为普遍。多辆电动车同时长时间充电时，如果充电线路选用导线线径过小、未安装短路和过载保护装置，极易造成充电线路过载、发热或短路，从而引起火灾。

3.3 用户使用不当易引发电动自行车火灾

3.3.1 长期过载使用

电动自行车长期带人载货运行，容易引起电机发热、磁钢退磁，进而导致电机效率下降、电流增大，并形成恶性循环，或是因线路发热老化，导致绝缘性能下降而引起短路，进而发生燃烧。

3.3.2 车辆存放不当

由于电动自行车需要定期进行充电，也需要防盗，因此车主通常都将其搬到住所内停放和充电，而停放地点又多选择在建筑的首层门厅、走道或楼梯间、储藏室内，加上电动自行车本身的塑料车壳和海绵坐垫燃烧时会产生毒气，再不注意车辆周围放有可燃物，一旦发生火灾，火焰和烟气很快就会封堵建筑的安全出口、逃生通道，造成其余楼层的居民逃生困难。

4 电动自行车火灾预防措施

4.1 尽快修订标准，提升其消防安全性能

由于电动自行车有关标准的滞后与不完善，因而造成了电动自行车在生产时就已存在大量火灾隐患。这需要相关部门尽快修订和出台新的生产标准，有针对性地提出预防和减少电动自行车火灾事故的技术建议，从源头上进行防范。应全面提高电动自行车电气安全水平，强制性规定电动车、蓄电池及其充电装置应具备欠压、过流、过热、过载、过充电和短路保护功能；加强电动自行车电气线路的防护措施，提高其防水、防潮和防撞击性能，避免因线路损伤而引发安全隐患；选用电容量大、自耗少的锂电池或密封性好的铅酸干电瓶，以避免漏电解液；限制电动车零部件使用易燃可燃材料，以提高阻燃性能，控制和减少电动自行车的火灾荷载。

4.2 正确使用，定期保养

车主在使用前要认真阅读说明书，了解电动自行车的性能，从而正确使用电动自行车。骑行车辆时尽量不得超载和带人；遇有坑洼路面时应当慢行，防止因颠簸造成电线松动；遇到水坑时尽量绕开行走，防止电机被水淹；给电动自行车充电应按照说明书的要求进行，要使用与车辆配套的充电器并要按照正确的顺序操作，应当先插电池后插市电，充电完成时应先拔市电后拔电池，发现异常和异味，及时断电并检修；准确把握充电时间，不能过长时间充电；要经常检查电池工况，绝不能私自改组、变更电池（电瓶），充电时不能覆盖电池；平时应定期维护保养，如有故障要到专业维修点进行维修。

4.3 合理规划，完善服务设施

由于电动自行车的使用量非常大，且分散充电的火灾危险性也大，所以应当在城市适当的位置增设统一、快捷的充电设施，能让群众享受到像汽车加油一样的便捷服务。应教育群众在为电动自行车充电

时及时清理电动自行车周围的可燃物。在规模较大、电动自行车较多的小区增设统一的停车库（棚），以方便群众。

4.4　加强管理，消除隐患

4.4.1　加强对物业服务企业的指导

公安消防部门和派出所要发挥其职能作用，加大对物业服务企业的指导和监管力度，督促物业制定落实相关的管理制度，建立由网格责任人、物业、保安等部门组成的消防安全巡防队伍；加强对小区内非机动车库、公共部位的安全管理；要明确管理职责，物业管理人员在发现安全出口、楼梯间、疏散通道等区域停放电动自行车时，应及时清理搬离；在发现公共部位乱接乱拉充电线路时，应责令相关人员及时改正。

4.4.2　扎实开展消防安全常识宣传

公安消防部门要结合消防宣传"六进"活动，通过媒体及公告、海报、宣传单等形式，加强对电动自行车消防安全常识和典型火灾案例的宣传，教育引导广大群众正确、安全地使用电动自行车；进一步加大"96119"火灾隐患举报投诉电话的宣传力度，形成正确的舆论导向，教育引导广大群众注意发现身边的火灾隐患并及时举报，切实提高广大群众的安全防范意识，从而避免火灾事故的发生。

参考文献

[1]　GB17761—1999. 电动自行车通用技术条件[S].

[2]　关于加强电动自行车火灾防范工作的通知（公消〔2012〕253 号）.

作者简介：董全国，男，山东省滨州市公安消防支队防火监督处工程师；主要从事防火监督工作。
　　　　　联系电话：18765432186；
　　　　　电子信箱：sdhmxf@126.com。

利用 Fluent 模拟四合院式古建筑火灾烟气蔓延

梅秀娟

（公安部四川消防研究所）

【摘　要】　本文以我国典型四合院式古建筑作为原始建筑模型，建立了四合院式古建筑简化模型；简单介绍了数值模拟软件 Fluent，说明了 Fluent 软件的组成及求解步骤；然后，利用 Fluent 软件对四合院式古建筑火灾烟气蔓延情况进行了数值模拟，根据模拟结果对四合院式古建筑各个房间（或区域）的温度、烟气流动速度、压力和 CO_2 浓度分布进行了详细分析，并得到了一些与四合院式古建筑火灾烟气蔓延规律有关的结论。

【关键词】　Fluent；火灾模拟；四合院；古建筑；烟气蔓延

1　前　言

四合院是我国古代住宅建筑中一种传统的布局形式。四合院历史很久，早在汉代，四合院就已经逐步形成，唐宋时已广泛使用，到明代已完整。现在北京大量存在的都是清代建造的四合院。

由于四合院式古建筑以院为中心，院在内而房在外，即房屋包围院子。房屋、墙垣等围合成院落，四合院周围建筑互不独立、相互联系，一旦发生起火，很容易造成大面积火灾，从而造成人员伤亡和严重的财产损失。因此，有必要对四合院式古建筑火灾烟气蔓延情况进行研究。考虑到现代数值模拟技术在建筑火灾模拟中应用的方便性和可行性，因此可以利用 Fluent 软件来模拟四合院式古建筑的火灾烟气蔓延。

2　四合院式古建筑简化模型的建立

现将我国一处保留完好的、最具典型特征的四合院建筑作为原始建筑模型。为了便于分析，我们对原型古建筑作出一定简化，建立了四合院式古建筑的简化模型，如图 1 所示。简化模型中将整个四合院式古建筑划分为九个区域，且相互连通，内部共设置了 9 个门洞。简化模型的平面图如图 2 所示。图中的阿拉伯数字表示区域（或房间）编号。区域 5 为庭院，顶部是敞开的，其他区域均为有顶的房间。除了房间 2 设置有对外开启的大门外，靠外墙的区域还设置了 4 个对外开口。

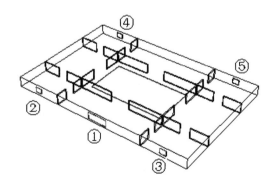

图 1　四合院式古建筑的简化模型

将对外开启的大门编号为开口①，尺寸为 5 m × 2 m；将房间 1，3，7，9 的对外开口分别编号为开口②、开口③、开口④、开口⑤，尺寸为 2 m × 1.5 m。建筑内部互通的 9 个门洞，除与区域 5（庭院）

相通的开口尺寸为 5 m×2 m 外，其余 5 个门洞的开口尺寸均为 0.3 m×0.2 m。四合院式古建筑模型的房间高度为 3.15 m。

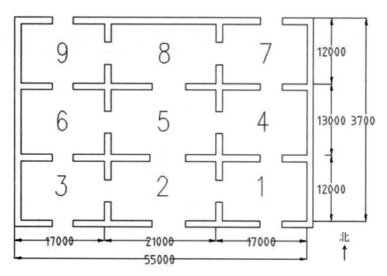

图 2　四合院式古建筑的简化模型平面图

3　数值模拟软件 Fluent 介绍

　　Fluent 是目前国际上比较流行的商用 CFD 软件包，只要涉及流体、热传递及化学反应等的工程问题，都可以用 Fluent 进行计算。它具有丰富的物理模型、先进的计算方法和强大的前后处理功能。在航空航天、汽车设计、石油天然气、涡轮设计、建筑火灾模拟等领域中有着广泛的应用。通过对国内外现有数值模拟软件的分析和选择，认为利用 Fluent 软件来模拟四合院式古建筑的火灾烟气蔓延是适合的。

3.1　Fluent 软件能解决的工程问题

　　Fluent 能够解决的工程问题包括以下几个方面：

　　（1）采用三角形、四边形、四面体、六面体及其混合网格计算二维和三维流动问题，且在计算过程中，网格可以自适应。

　　（2）可压缩与不可压缩流动问题。

　　（3）稳态和瞬态流动问题。

　　（4）无粘流，层流及湍流问题。

　　（5）牛顿流体及非牛顿流体。

　　（6）对流换热问题（包括自然对流和混合对流）。

　　（7）导热与对流换热耦合问题。

　　（8）辐射换热。

　　（9）惯性坐标系和非惯性坐标系下的流动问题模拟。

　　（10）运动坐标系下的流动问题。

　　（11）化学组分混合与反应。

　　（12）可以处理热量、质量、动量和化学组分的源项。

　　（13）用 Lagrangian 轨道模型模拟稀疏相（颗粒，水滴，气泡等）。

（14）多孔介质流动。

（15）一维风扇、热交换器性能计算。

（16）两相流问题。

（17）复杂表面形状下的自由面流动。

3.2 Fluent 软件的构成

Fluent 软件设计基于 CFD 软件群的思想，从用户的角度出发，针对各种复杂流动和物理现象，采用不同的离散格式和数值方法，以期在特定的领域内使计算速度、稳定性和精度等方面达到最佳组合，从而可以高效率地解决各个领域的复杂流动计算问题。因此，Fluent 开发了适用于各个领域的流动模拟软件，用以模拟流体流动、传热传质、化学反应等物理现象，各模拟软件都采用了统一的网格生成技术和共同的图形界面，它们之间的区别仅在于应用的工业背景不同，因此大大方便了用户。

Fluent 软件包由以下几个部分组成。

（1）前处理器。Gambit 用于网格的生成，它是具有超强组合建构模型能力的专用 CFD 前置处理器。Fluent 系列产品均采用 Fluent 公司自行研发的 Gambit 前处理软件来建立几何形状及生成网格。另外，TGrid 和 Filters 是独立于 Fluent 的前处理器，其中 TGrid 用于从现有的边界网格生成立体网格，Filters 可以转换由其他软件生成的网格从而用于 Fluent 计算。

（2）求解器。求解器是流体计算的核心，根据专业领域的不同，求解器可以细分为多种类型。

（3）后处理器。Fluent 求解器本身就带有强大的后处理功能。另外，Tecplot 也是一款比较专业的后处理器，可以把一些数据可视化，适用于数据处理要求较高的用户。

3.3 Fluent 软件求解步骤

一般来说应用 Fluent 软件求解问题需要以下几个步骤。

（1）确定几何形状，生成计算网格（利用 Gambit，也可以读入其他指定程序生成的网格）；

（2）选择 2D 或 3D 来模拟计算；

（3）输入网格；

（4）检查网格；

（5）选择解法器；

（6）选择求解的方程，如层流或湍流（或无粘流），化学组分或化学反应，传热模型等，确定其他需要的模型，如风扇、热交换器、多孔介质等模型；

（7）确定流体物性；

（8）指定边界条件；

（9）条件计算控制参数；

（10）流场初始化；

（11）计算；

（12）检查结果；

（13）保存结果，后处理等。

4 火灾模拟火源及初始条件设定

4.1 火源设定

在进行火灾模拟时，将火灾释热率的设定称为设定火灾功率。将释热率值作为模拟软件计算的最基本输入数据，并以此来决定火灾中质量发生速度、烟气发生速度、CO_2发生速度等参数。因此，火灾释热率对火灾研究具有极其重要的意义。但是，建筑内的释热状况通常是人们根据对火灾燃烧的认识（主要是对可燃物特性的认识）而根据火灾场景而假设的。此参数设定越合理，火灾模型就越能准确地反映真实火灾的状况。根据火灾场景的不同，目前主要有稳态和非稳态两种火源设定方式。计算时，火源考虑为非稳态火源进行数值模拟。

考虑到我国的四合院式古建筑的建筑材料通常为木材，因此模型火源应采用木质—挥发分—空气形式的材料，因为软件自带的可选材料没有代表火源的木制材料，而同等质量的木质—挥发分—空气形式的材料在燃烧热量上是一致的，故使用其进行数值模拟计算是适宜的。因此，火源质量设置为180 kg木材相当的质量，火源位置选择在房间1的中间部位，如图2所示。

4.2 初始条件设定

初始条件设定包括开口条件及边界条件的设定。

考虑到从室外进风的情况，模拟时大门与对外开口均设置负压进风状态，风速设置如下：开口①的入口速度设定为 – 1 m/s。开口②、开口③、开口④、开口⑤的入口速度设定为 – 0.5 m/s。

墙体采用对流换热边界条件，其换热系数为 20 k/m^2·s。

5 四合院式古建筑火灾模拟分析

利用 Gambit 软件对四合院式古建筑模型进行了绘制以及网格划分之后，按照上述的边界条件导入 Fluent 软件中进行了模拟计算，最终得到了基本反映实际情况的计算结果。通过计算机模拟，发现点火后 26 min 时，四合院式古建筑火灾基本达到了稳定燃烧状态，从而得到了稳定燃烧状态下四合院式古建筑各个房间（或区域）的温度、烟气流动速度、压力和 CO_2 浓度分布，下面对其进行具体分析。

5.1 温度分布分析

在 26 分钟之后，距地高度为 2.8 m 和 1 m 左右的温度场分布情况如图 3 和图 4 所示。火源位置设计在房间 1 的中间位置，从温度曲线的颜色变化可以看出，火源处温度最高。着火房间（即房间 1）的温度也是整个建筑中温度最高的，温度最低的是庭院（即区域 5）。

从温度分布图可以看出，除着火房间外，房间 2 和房间 4 的温度比其他房间高。这是由于房间 2 和房间 4 与着火房间 1 相毗邻，因此这两个房间的温度相对较高属于正常现象。因此，当四合院式古建筑某一房间发生火灾时，与之毗邻的房间是温度较高的危险区域。

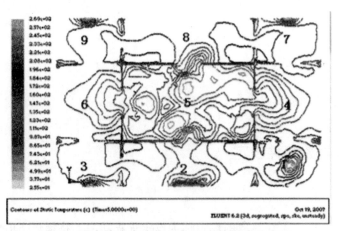

图 3 四合院式古建筑 1 m 左右的温度分布图

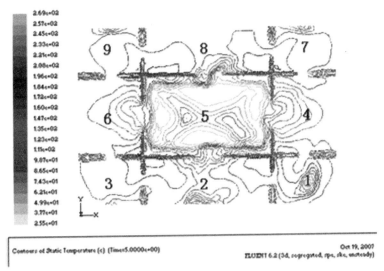

图 4 四合院式古建筑 2.8 m 左右的温度分布图

5.2 火灾烟气流动速度分布分析

四合院式古建筑不同高度上火灾烟气速度分布分别如图 5 和图 6 所示。

由图可以看出，在距地 1 m 左右，烟气在所有房间（或区域）均有流动；而在距地 2.8 m 左右，烟气基本上是在编号为 1，2，3，4，5，6 这六个房间（或区域）之间流动，编号为 7，8，9 的三个房间几乎没有烟气流动。所有房间（或区域）距地 1 m 左右的速度比距地 2.8 m 左右的速度都明显高。特别是房间 2，距地 1 m 左右的最高速度达 3 m/s 左右，距地 2.8 m 左右的速度还不到 2 m/s。这说明火灾时，下层烟气流动速度较快，而上部烟气流动速度较慢。

此外，房间 2 的烟气流动速度最快，因而大门开口处流速相对较大，这可能与房间 2 所处的位置和开口状态有关。由于房间 2 在四个方向上都有开口，且有一个较大的对外开口，而且在相对位置上，房间 2 位于整个建筑的大门开口处并处于着火房间 1 的隔壁，离火源很近，因此受火灾影响较大。这说明，火风压和室外的风速直接影响到火灾烟气在四合院古建筑中的速度分布。

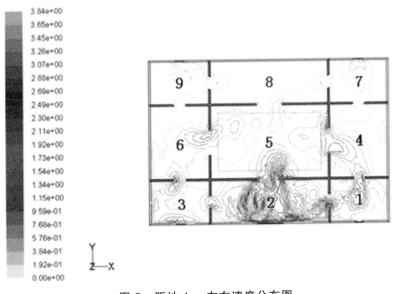

图 5 距地 1 m 左右速度分布图

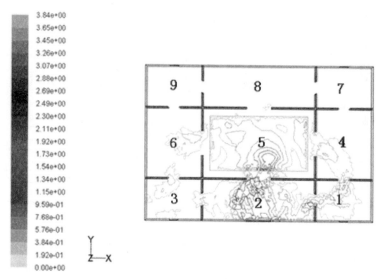

图 6　距地 2.8 m 左右速度分布图

5.3　火灾压力分布分析

通过模拟，得到四合院式古建筑不同高度上的火灾压力分布如图 7 和图 8 所示。

由两个图可以看出，除了房间 1 和房间 2 外，其余房间或区域距地 1 m 左右的压力与距地 2.8 m 左右的压力几乎相同，只有着火房间 1 的中间起火位置和房间 2 的大门入口处不同高度上的火灾压力略有微小差异。这说明四合院式古建筑火灾时同一区域（或房间）的压力在高度上的变化不大。

造成着火房间 1 的中间起火位置不同高度上的火灾压力略有微小差异的原因主要是由于火源的影响，即物质燃烧时产生的火风压使得着火房间的起火位置不同高度上的火灾压力略有变化。造成房间 2 的大门入口处不同高度上的火灾压力略有微小差异的原因主要是由于室外风压的影响，使得大门入口处不同高度上的火灾压力略有变化。

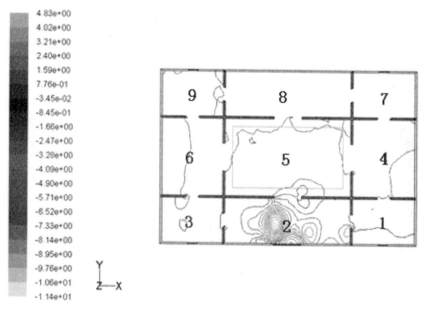

图 7　距地 1 m 左右压力分布图

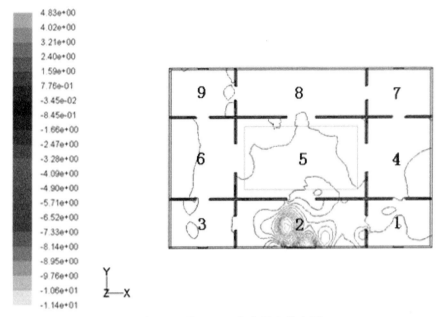

图 8　距地 2.8 m 左右压力分布图

5.4　CO_2 分布分析

通过模拟得到，四合院式古建筑不同高度上 CO_2 浓度分布如图 9 和图 10 所示。

由图可知，着火房间的 CO_2 浓度是最高的，火源中心处距地 2.8 m 处的 CO_2 浓度达到 2.73%，这主要是由于物质燃烧的产生了大量的 CO_2。对于着火房间，距地 2.8 m 处的 CO_2 浓度比距地 1 m 处的 CO_2 浓度高，说明着火房间的火灾烟气在高温的作用下首先向顶部蔓延，然后再从顶部向四周扩散。这些现象都表明，对于四合院式古建筑的着火房间，其烟气蔓延状态与单室火灾的蔓延状态是一致的。

此外，由图可以看出，CO_2 浓度除了在房间 1，2，8，9 和庭院 5 有显示外，其余 4 个房间（房间 3，4，6，7）均无显示；由图还可以明显看出，火灾产生的 CO_2 是从房间 1 开始的，然后蔓延到房间 2，再到庭院 5，然后又蔓延到房间 8，最后才蔓延到房间 9。

由此可以得出，四合院式古建筑烟气毒性的蔓延途径大致为：房间 1→房间 2→庭院 5→房间 8→房间 9。

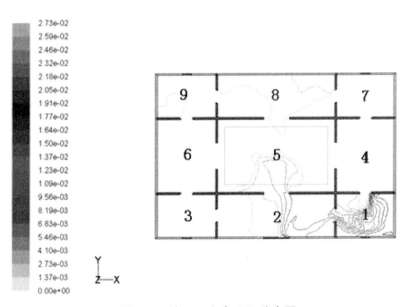

图 9　距地 1 m 左右 CO_2 分布图

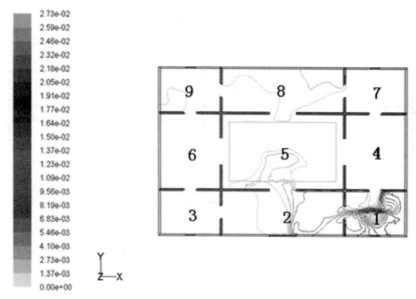

图 10　距地 2.8 m 左右 CO_2 分布图

6　结　论

利用 Fluent 软件对四合院式古建筑火灾烟气蔓延进行模拟，通过对四合院式古建筑各个房间（或区域）的温度、烟气流动速度、压力和 CO_2 浓度分布进行的详细分析，得到如下结论：

（1）四合院式古建筑火灾时，着火房间温度最高的，庭院温度最低。

（2）当四合院式古建筑中某一房间发生火灾时，与之毗邻的房间是温度较高的危险区域，应尽快离开。

（3）在四合院古建筑火灾中，下层烟气流动速度较快，而上部烟气流动速度较慢，很不利于人员疏散。

（4）火风压和室外的风速直接影响到火灾烟气在四合院古建筑中的蔓延速度。

（5）四合院式古建筑火灾中，大部分房间（或区域）的压力在高度上的变化不大，只有着火房间和对外开口较大的房间由于受到火风压和室外风压的影响，压力在不同高度上存在微小差异。

（6）对于四合院式古建筑的着火房间，其烟气蔓延状态与单室火灾的烟气蔓延状态是一致的。

（7）四合院式古建筑烟气毒性的蔓延途径大致为：房间 1→房间 2→庭院 5→房间 8→房间 9。

参考文献

[1]　方海鑫，曾令可，王慧，程小苏，刘平安.FLUENT 软件的应用及其污染物生成模型分析[J]. 工业炉，2004（03）.

[2]　刘志刚，游达，汪小志，顾保虎，孙欣杰. 基于 FLUENT 数值模拟的高层建筑排烟方式[J]. 消防科学与技术，2014（02）.

[3]　程卫民，姚玉静，吴立荣，周刚. 基于 Fluent 的矿井火灾时期温度及浓度分布数值模拟[J]. 煤矿安全，2012（02）.

高层建筑防火若干问题的探讨

陈湘华

（山东省威海市公安消防支队防火处）

【摘　要】　本文从高层建筑火灾预警、人员疏散等方面，结合民用建筑电气防火特性等诸方面探讨了高层建筑防火问题，并提出了一些与国际接轨的高层建筑防火理念。

【关键词】　高层建筑；建筑防火；火灾预警

高层建筑防火与其他防火一样，有火灾预警、火灾探测、人员疏散等几个方面，笔者就超高层建筑与电气防火相关的问题作以下相应的探讨。

1　高层建筑火灾预警及疏散

1.1　火灾的预警

火灾预警，应该包括建材的选择和专门的报警系统，目前比较成熟的有电子火灾监控系统和可燃气体报警系统。电子火灾监控系统是在电气故障（比如通常说的短路、漏电或者是打火）的时候，能够及时探测出并采取应对措施，这样就可以避免火灾的发生。

根据对火灾形成原因的调查，我国由电气原因引发的火灾占总火灾的比例在30%以上，居几种主要火灾引发原因之首；引发火灾的第二个大的原因就是生活用火不慎，占总火灾的比例为20%。我们在建筑火灾预警工作中，如果做好电气火灾预防，再做一部分燃气的探测，比如做好高层居民住宅的燃气报警，那么整个建筑的火灾预防工作就完成很大比例了。但是，并非所有的火灾因素都是可以提前预警的，对于不能预警的这些火灾，我们就要尽早去探测，也就是火灾发生之后进行火灾探测报警。现在世界各国通用的火灾探测技术都是用感烟探测器。感烟探测器报警是火灾初期最明显的征兆之一，即在绝大多数场所，火灾初期的特征参数就是感烟探测器给出的报警信号，也就是通常说的烟参数。

1.2　人员疏散

感烟探测器一旦报警就相当于确认火灾，一旦确认火灾就要马上组织人员疏散。目前，国内有一些学者认为在同一建筑中可以局部疏散，然而笔者并不认同。当然，有些发达国家有局部疏散的理念。但这要基于各方面条件成熟的时候才可以成立。而我国目前的建筑水平，包括对火灾的预防水平都无法满足局部撤离的需求。我们应该清楚，在我们的视野里许多火灾发生后的建筑本身剩下的只有水泥框架。所以笔者认为，在我国目前条件还不成熟的情况下，一旦确认火灾发生，还是要进行整体建筑的全楼疏散。

一般来讲，人员疏散阶段结束之后，如果火灾还处于发展状况，比如说温度达到68 ℃，可能喷淋系统就开始工作了。这个时候如果火灾区域里面滞留的人们还想存活，其唯一的指望就是靠消防救援人员把他背出去再做抢救，否则，基本没有自主逃生的可能。

那么，为什么用感烟探测器作常用的报警呢？因为报警时间是从后往前推的，就是说这个场所我们需要疏散多长时间、疏散准备需要多长时间，累加起来在这之前完成报警，这就完成了我们需要的报警功能。

2 高层建筑火灾预防及疏散

从一个建筑来讲，其防火可分为内部和外部两部分，且内外有别。

2.1 外部防火

首先，加强建设施工期管理。以往火灾案例表明，真正外部火灾发生的时候绝大多数是发生在施工过程中，如经常看到很多尚未交工的建筑发生火灾，所以对施工加强管理，可以有效地预防外部的火灾。其次，加强对烟花爆竹放区域的管理。2011年大年三十，沈阳有一起"万鑫酒店火灾"，就是由燃放烟花爆竹直接引起的。在我国由燃放烟花爆竹引发的火灾不在少数，尤其是农村特别多。第三，保证与其他有火灾隐患物体间的安全距离。很多建筑发生火灾并不是由建筑本身引起的，而是由周围的物体引起的。美国洛杉矶大火使众多豪宅全部烧掉，主要就是间距关系（当然与建筑物本身也有关系）。沈阳万鑫酒店，本来只有一栋楼着火，但是后来毗邻的两栋都受到了波及，就与安全距离不够即不符合要求有关。与建筑毗邻的堆垛、车辆、变压器等都是诱发火灾的因素。所以，物体的防火也应该统一考虑在建筑的外框的范围之内。另外，比较典型的是现在许多建筑上面悬挂着广告灯以及路面含有名牌标志的灯箱，这些灯箱的设置目前在我国没有约束，至今没有授权哪个部门对这些灯箱进行检测。无论是灯箱本身的质量、外壳的质量以及它的供电都没有完整的安全性标准。其实，灯箱的隐患非常大，灯箱着火的案例也非常多。青岛、香港等地都有灯箱引发火灾的案例。第四，外墙的材料与工艺，这条在目前的社会争议比较大。当然真正从外墙的保护来讲，材料本身是一方面，材料结合工艺只要能达到这种安全要求应该都是可以的。节能减排，就是说材料和工艺应该是并行的。

2.2 内部防火

内部防火是建筑防火的重点。我国现行的消防规范，要求建筑内部划分若干防火分区，另外也对各类防火门、各项设施有一些具体要求。这些主要是为了防止或减弱火灾的蔓延和扩散，是由结构性做出来的。在建筑里面，结构性保障完成（比如说做好防火隔墙）之后，接下来考虑的装饰装修材料以及日常用品，也都跟防火有关。国家内装修防火规范对装修及材料有具体的要求，但对生活用品目前还没有要求。这些材料在发生火灾的时候是不容易忽视的。如果选择不当，第一会产生大量的有害气体，第二会加速火灾地扩散，造成火灾初期的过程非常短。也就使人们疏散的时间变得非常短，我们离开危险场所剩的时间越少，生命也就离死亡也就越近。所以，在高层建筑里面，所有的装修装饰材料包括日常用品的防火性都是应该考虑到的。这类用品很多，包括日常穿的衣服、床上用品、办公用品，以及使用的各类电器产品，等等。从我们对电器火灾的研究来看，所有我们用到过的36V以上供电的电器产品都曾发生过火灾，包括电视机、传真机等，都有相关案例可查。据不完全统计，在我国，每年大概有3万～5万起由家用电器引发的火灾，数量非常惊人。

2.3 疏散走道

疏散走道对高层建筑来说非常重要。因为在发生火灾的时候，疏散走道是我们逃生的路径，是生命连接线。然而，现在的疏散走道只能起到60%的功能，因为很多疏散走道旁边跟楼层之间门的状态是没有监控的，原本应该关闭的没有关闭。这种状态很难保证烟尘不通过门进入疏散走道，烟尘一旦进入，整个疏散走道就不能再视为是安全的疏散通道了。所以，疏散走道在以后的高层建筑防火中应该给予极大的关注。

疏散走道要确保逃生通道有两个必要条件：第一，内部不能有可燃物，包括走道里使用的照明灯具、里面的电线电缆，都不应该有任何可燃的物件，使用的电缆起码是耐火或者无机电缆；第二，要保证防火门的状态能够闭合和监控，物业随时能掌握防火门的状态。该关的时候是不是关了，如果没关，就会有一些强制的机械性的手段或者是控制手段使这个门能强制关闭，从而保证疏散走道的安全性，使之成为高层建筑防火与人的生命最直接相关的一条生命通道。

3 高层建筑防火的电气要求

某地一栋高楼发生火灾，几分钟之内就从 17 层烧到 34 层，在整个电缆隧道里面 17 层到 34 层跨越楼层处一个封堵都没有，选择的电缆都是普通电缆。在这种条件下我们可以设想，如果 17 层到 34 层同时发生火灾并从竖井中蔓延出来我们怎么救？对消防来说是多大的挑战，能救得起来吗？非常困难。消防局作过一个火灾统计，重特大火灾里面电气火灾占到 80%。为什么是这样？电气火灾尤其是配电线路火灾，基本属于隐蔽工程，往往是在发生之初还是小火的时候人们看不到，一旦察觉就已是很大的面，且多点开花。目前，我们在编制《民用建筑电气防火规范》，这个规范将来出台实施，会对不同类别的建筑选择的电线电缆以及封堵有一个比较严格的要求。严格地说，有条件的单位和有识之士在所有高层建筑隐蔽工程所使用的电线电缆应该要充分考虑到耐火与阻燃这种特质。当然，配电线路有消防用电和日常用电两种，两者之间可以允许有些差异。对于日常用电，我们可以在封堵条件做得很好的条件下，适当的放低要求，但对于消防用电绝不能放低要求。

在新编的《民用建筑电气防火规范》里面，已经明确了消防用电与日常用电之间的差异。虽然在建筑里面很多地方要求消防用电与其他用电的配电枢纽不走同一个线路，但是往往很难实现。绝大多数建筑的用电线路是在同一个竖井里面走的，既然在同一个竖井里面走，常用电的电线电缆很少是耐火的，即便是阻燃的，有些可能有一点阻燃性能，但是到了一定程度它也仍然会燃起来的。但是，为了保障消防用电的需求，就只能从消防用电本身下功夫。新的《民用建筑电气防火规范》编制出台实施后，所有的消防设备的供电线缆必须是耐火的，只不过根据消防用电的时间不同，耐火的等级有差异而已。

4 满足防火要求的电气设备和专用配电

前面都是从电气的本体安全的角度来考虑的，但还应考虑借助外部的因素。外部因素也就是说与火灾探测报警系统基本是一个类型的，但这个是附加的内容。为什么会有这些，也是不得已而为之。因为如果我们真正把线路本体做好了，包括每个配电柜都有相应防火功能，那就不用再做电气方面的防护了，但在目前所有的线路还不能够选择耐火线缆、在我们配电柜里面没有相应的防火措施的情况下，外部的探测报警技术还是需要的。近几年大家都知道电气火灾监控系统，根据这几年我国所有做电气火灾的企业在调试过程中所反馈的情况来看，电气施工里面有 90% 的工程存在着施工接线错误或者接线不合格的情况。所以，电气火灾监控在我国必须要有。

消防的专用配电非常重要。很多火灾在火灾初期以及扑救过程中都没有顺利地完成初期消防系统应该起作用的功能，主要就是消防配电未起到应有的作用。比如说，某商厦发生火灾之后，管理员马上就把所有电源都切掉了，包括消防用电也切掉了，为什么？因为没有专门的消防配电，而是使用了同一个配电柜，加之里面的标识又不清楚，在场面混乱的状态下，很难仔细、冷静地做出分辨，无法做到只切断生活用电，而保证消防用电。因此，在今后的建筑中，消防配电要根据建筑的级别，要独立配电；在小建筑中虽然没有配电柜，但是也应该有专用的回路，而且这个专用的回路必须有明确的标识，以保证消防用电是单独的体系。从配电防火方面来讲，这些很多都是我们建筑自身的问题。现在建筑自身的问题不能够完全解决，所以就只能加一些外在的辅助手段，即在建筑里面附加消防设施：一是预警系统；二是探测报警系统；三是疏散系统。疏散系统包括很多的内容，起点是火灾报警系统的火灾声光警报器，火灾声光警报器是第一个告诉大家发生火灾的消防设备，然后就开始了应急照明、广播等一系列的疏散，接下来就是自动灭火系统和人工灭火系统。

作者简介：陈湘华，男，山东省威海市公安消防支队防火处高级工程师；主要从事建筑防火、消防监督工作。

　　　　　通信地址：山东省威海市古寨西路 159 号，邮政编码：264200；

　　　　　联系电话：13863156116；

　　　　　电子信箱：chenxianghua119@sina.com。

从多起亡人火灾分析出租屋的火灾防控

周白霞

（公安消防部队昆明指挥学校）

【摘　要】　出租屋消防安全条件差，火灾隐患多，火灾危险性和危害性大，是火灾防控的重点难点区域，也是火灾高发的场所。近年来，各地采取了一系列的措施加强出租屋的消防安全治理，但由于历史欠账等原因，出租屋火灾形势依然严峻.本文分析了出租屋的火灾危险性及引发因素，提出了以党委、政府领导，职能部门监管，街道、居（村）委会直接管理，租赁双方明确责任的立体治理格局。

【关键词】　消防安全；出租屋；火灾危险性；火灾防控

2014 年 5 月 1 日下午，上海市徐汇区龙吴路一栋高层住宅内的一户出租屋发生火灾，扑救中，消防员钱凌云和刘杰受热气浪推力影响，从 13 楼坠落，经抢救无效牺牲。在沉痛悼念牺牲的消防战士的同时，我们也不得不反思出租屋的消防安全问题，研究出租屋火灾防控措施。

1　我国出租屋火灾形势严峻

近年来，由于社会经济的快速发展和商业的日渐发达，外来流动人口、进城务工人员不断增加，城镇房屋出租数量也与日俱增。然而出租屋在建筑物性质、消防基础设施、租房人员、安全管理等方面均存在先天性不足，致使租赁房屋中消防安全问题非常突出，全国各地出租屋火灾事故呈多发的趋势，亡人火灾更是屡屡发生，严重影响了社会的稳定和人民的安居乐业。表 1 是近年来我国发生的部分亡人出租屋火灾统计，从中可以看出出租屋火灾的频发为出租屋消防安全管理的严峻形势敲响了警钟。认真分析出租屋的火灾危险性，研究出租屋火灾预防措施，是各级政府、公安消防部门必须认真研究的一个重要课题。

表 1　近年来部分亡人出租房火灾统计

时间	地点	用途	火灾原因	建筑情况	死人	伤人
2014 年 2 月 27 日 1 点左右	上海浦东新区高东镇珊黄村万家宅 21 号	住宅	电瓶车充电	两层农村居民住宅，过火面积约 200 平方米	2	
2013 年 5 月 7 日 4 时左右	东莞市虎门镇一居民楼	商用		一栋独立民居	8	3
2013 年 2 月 2 日 2 时 59 分	浙江省台州温岭市泽国镇牧屿管理区牧西村中行西路一出租房	住宅	人为纵火	地上 5 层（局部 6 层）砖混结构民房、过火面积约 120 平方米	8	2
2013 年 3 月 2 日 14 时 54 分	广东深圳松岗街道红桥头村委后面一两层出租屋	住宅			1	1
2011 年 5 月 29 日 3 时 01 分	新乡市开发区牧野路张庄一出租屋	住宅		着火建筑为二层楼房，建筑面积约 90 平方米	7	2
2010 年 7 月 9 日 10 时 29 分	广东江门市蓬江区杜阮镇上巷村一出租屋	住宅		单层、砖瓦结构出租屋、过火面积约 10 平方米	3	

2　出租屋火灾危险性分析

据统计，近年来全国有超过三亿农民转移到城镇和乡镇企业就业，他们大多租住居民住宅或租用一些违章建筑用做临时生产或住宿。由于出租屋消防安全系数低、管理不到位，违章用火、用电、用气现象大量存在，因而火灾频发，导致人员伤亡数量居高不下，出租屋的火灾危险性主要可概括为以下几个方面。

2.1　出租屋的消防安全系数不高

我国大部分地区的大量出租屋是处于城中村的建筑，建筑密集成连片状，建造间防火间距不符合规范要求，且城中村内消防水源不能满足火灾扑救需要。另外，受经济条件的限制，出租屋的群租现象较为突出，一间房用三合板、木板等易燃、可燃材料分隔后几人甚至十几人居住，疏散通道内堆放各种杂物，有的出租屋为了防盗，窗户用铁栅栏或防盗设施封堵，一旦失火，火势蔓延快，人员无法逃生。

2.2　出租屋消防安全责任主体不明确

我国房屋出租合同中没有明确消防安全责任的条款，导致出租方普遍认为房屋一旦出租就只管收租，消防安全问题等都是承租人的事情；承租人普遍认为自己只使用房屋，房屋的安全问题应由出租方负责。因此，造成出租屋消防安全责任主体不明确。

2.3　出租屋消防安全管理上有真空

面对出租屋严峻的火灾形势，公安消防部门采取了专项整治和清剿火患等一系列治理措施，但由于出租屋租赁双方均不具备法人主体资格，发现隐患后整改难度大，且整治主要靠查、抓、登记并驱散一些租户，易引起群访群诉案件；其他职能部门存在畏难情绪，因而互相推诿。目前，仅靠公安消防部门对出租屋进行管理的情况还普遍存在，导致消防管理难以形成整治合力，失控漏管现象严重。

2.4　出租屋诱发火灾的因素众多

一是电气因素。出租屋内人员多且比较杂乱，电气管理难度大，线路老化、乱拉乱接现象较为严重，配电箱内空气开关选型不当，没有可靠的漏电保护、过载保护和短路保护措施，有的将大功率用电设备直接安装在可燃材料上。二是燃气因素。部分租户为图便宜，买回那些劣质的，不是正规厂家生产的液化气瓶、炉，因使用时操作不当，引起的火灾事故也时有发生。三是明火因素。有的租户在房间内使用明火照明、取暖，有的租户在建筑内焚烧物品。

2.5　出租屋消防设施器材缺乏

我国大量的处于城中村的出租屋，因历史遗留问题的原因，周围缺乏充足的消防水源，造成消防水源严重不足；消防通道狭窄又导致消防车根本无法进入，延误扑救初起火灾的最佳时机。大部分的出租屋的房东只求经济效益而不顾安全，忽略防火管理，连起码的灭火器都未配置，一旦失火，就无法及时控制火势，造成较大火灾事故。

2.6　租房人员消防安全意识淡薄

经调查发现，租住房屋的很多外来务工人员消防安全意识淡薄，消防知识匮乏，缺乏安全用火用电常识，一些基本的防火、灭火常识都没有掌握，甚至有的人连火警电话是多少都不知道。由于自防自救能力弱，一旦发生火灾，极易造成人员伤亡。

2.7　出租屋使用功能复杂混乱

部分出租屋在未经消防审批的情况下擅自改变使用功能，有些租给别人做仓库，有些当做加工场所，有些房东甚至不问承租者的用途，就随便出租用于小档口、小作坊、小娱乐等场所，且大多数是无牌无证非法经营，留下了许多先天性的火灾隐患。

3　出租屋存在火灾危险性的原因分析

由于出租屋严峻的火灾形势，近年来我国公安消防机构开展了一系列的消防专项整治活动，在公安部布置的清剿火患战役中，也重点整治了出租屋的消防安全问题。出租屋火灾危险性大的原因除了管理机制、整治方式滞后外，还有以下几个方面的原因值得分析。

3.1　管理体制不清，政府履职不到位

按照"政府统一领导，部门依法监管，单位全面负责，公民积极参与"的消防工作原则，政府应主动承担出租屋消防安全管理的组织领导工作，协调各相关职能部门履职尽责，明确出租方和承租方的消防安全责任，但很多地方的领导忽视了出租屋的消防安全管理。

3.2　部门监管不力，齐抓共管合力不足

有些地方出租屋大量的消防管理工作主要依靠当地街道、社区居民委员会和村民委员会进行，但按照现有出租屋和暂住人口数量，单靠政府机构根本无法完成这么多出租屋的消防监管工作，涉及出租屋管理的相关职能部门尚未完全跟上，未能形成齐抓共管的局面。

3.3　单位职责不明，安全责任制不落实

多数出租屋单位没有与出租人签订防火安全责任书，有的虽然签订责任书，但消防责任流于形式，有的不能发现消防隐患，有的发现消防隐患不知道怎样治理。

3.4　重视房租收费，轻视安全治理

由于认识的误区，我国多数国民重视经济收入忽视安全投入，导致多数出租屋主只顾收取房租，不重视消防安全设施设备配置，不主动配合消防安全监管，不积极整改火灾隐患，导致出租屋内消防安全条件差。

4　出租屋消防安全治理措施分析

近年来，各地采取了一系列措施整治出租屋的火灾隐患，提高出租屋的消防安全水平，但由于历史欠账或其他遗留问题，出租屋火灾依然频频发生。如何做好出租屋消防安全整治工作，增强出租屋防控火灾的能力，确保社会安全稳定，是一项艰巨而复杂的工作。根据出租屋火灾危险性和火灾多发的原因分析，出租屋可采取以下消防安全整治措施，提高消防安全水平。

4.1　政府重视，部门联动，形成出租屋消防安全整治合力

按照"党委政府领导、职能部门监管"的综合管理模式，建立健全以党委、政府主抓，建立公安、消防、综治、房地产管理、劳动保障、民政、工商、城管等职能部门联动配合的出租屋消防管理网络；各职能部门应严格履行职责，制定出台完善的出租屋消防安全管理制度，抓好管理工作的落实。

4.2 提高认识，加强监管，发挥基层派出所点多面广的优势

基层派出所责任区民警可联合居（村）委会对本辖区外来人员、出租房屋和中介机构的情况，尤其是对群租屋以及群租人员等情况进行全面的排查摸底，掌握情况，加强监管。

4.3 强化责任、落实措施，明确出租屋消防安全的法律责任

出租屋管理难度大集中体现在消防安全责任主体不明确，当符合消防安全要求的房屋出租时，租赁双方必须在合同中明确双方的消防安全责任，即租赁期间由谁负责房屋的消防安全，确保万无一失。

4.4 突出重点，标本兼治，防止出租屋成为"三合一"场所

出租屋如果出租用作生产和经营性场所，必须确保生产、经营、仓库和员工住宿分开布置，如果同处一幢建筑，应该有彻底的防火分隔和不同的疏散楼梯。

4.5 加强宣传，提升能力，提高群众防控火灾的水平

出租屋的居民消防安全意识普遍淡薄，出租屋管理部门可有针对性地开展形式多样的消防安全宣传工作，使其了解消防安全基本知识和消防器材装备的使用；掌握防火、扑救初期火灾和火场逃生自救等技能。

4.6 严格规范，科学指导，加强对出租屋的检查指导力度

为了提高建筑消防安全水平，应按照消防规范的要求，加强消防安全检查。防火检查的内容主要包括以下几方面：一是检查出租屋的防火间距、消防通道和消防水源建设及管理情况；二是检查建筑物的耐火等级，出租屋的建筑耐火等级应不低于一、二级；三是检查建筑物内灭火器材设施的配置，出租屋必须按规范配齐消防器材；四是检查出租屋安全疏散情况，尤其对企业职工简易集体宿舍设置必须与其他场所严格分开，并确保疏散条件满足消防安全要求；五是检查承租人员用火、用电、用气的安全管理，在集体宿舍内严禁使用液化气、电炉。

5 结束语

近年来，全国各地频繁发生的出租屋火灾事故，造成重大人员伤亡和社会影响。出租屋消防安全条件差，是城市消防安全管理的边缘地带，具有较高的火灾危险性和火灾危害性，我们应该本着对生命负责、对事业负责的态度，采取有效措施，推动当地党委，政府开展出租屋消防安全治理，建立公安、消防、综治、房地产管理、劳动保障、民政、工商、城管等部门信息沟通和联合治理机制，对于目前还不能规范化管理的出租屋，要通过采取"人防、物防、技防"等综合措施，全面改善出租屋的消防安全条件。

参考文献

[1] 马凯. 浅析私房出租屋的消防安全现状及防治对策[J]. 福建建材，2012（7）：102-104.

[2] 刘勇. 对整治三小场所及出租屋消防安全隐患的思考[J]. 武警学院学报，2009（8）：48-50.

[3] 何孟桐. 工业区周边出租屋消防安全现状及对策[J]. 亚洲消防，2008（3）：100-102.

[4] 公安部消防局. 公安部消防局要求加强出租屋消防安全管理[J]. 劳动保护，2006（6）：61-61.

作者简介：周白霞（1969—），女，公安消防部队昆明指挥学校训练部副部长，副教授。
　　　　　通信地址：云南省昆明市大石坝消防指挥学校训练部，邮政编码：650208；
　　　　　联系电话：13708435253；
　　　　　电子信箱：119xiaobai@163.com。

解析地下商场火灾危险性及消防监督管理对策

苏广权

（黑龙江省公安消防总队哈尔滨市消防支队）

【摘　要】　随着城市化进程的不断推进，人们对土地资源的需求量越来越大，应运而生的地下人防工程和高层建筑缓解了土地资源的压力。然而地下人防和商场主要在向地下空间拓展的同时，其消防安全问题也日益凸显。由于地下建筑的特殊构造和复杂的地理环境等因素，使其火灾事故发生时的严重性相比地上建筑要更大。尤其是地下建筑人员密集、可燃物较多，一旦发生事故，将造成更严重的损失。对地下建筑的火灾危险性评估和日常的监督检查工作一直是消防工作的重点之一，而如何有效、及时敦促整改，是消防监督工作的突破点，也是确保群众生命财产安全的重要环节。

【关键词】　人防工程；消防；监督；执法；分析

1　地下商场火灾危险性综述

地下商场作为城市商业体的一部分，其火灾危险性高于地面上的商业建筑。认清地下商场的火灾危险性，是消防监督执法工作的基础，也是预防火灾事故的根本。只有分析地下商场的特殊性和火灾危险性，才能更好地防范和监督。

1.1　疏散困难

地下商场的功能复杂，除负担人防工程任务外，有的还代替过街天桥，因而人员密集，特别是每逢节假日来临的时候，大量人员聚集，商场内的物品种类繁多，造成火灾的因素增高。一旦发生火灾事故，人口的疏散是个严重问题。地下商场的疏散距离长，安全出口少，被困人员想要安全撤离，必须通过限定的出入口进行疏散。在疏散过程中，由于地下商场的采光不足，给疏散中的人员带来了视觉上的阻碍，完全依靠灯光照明来引导方向。但是，由于火势的不可控性，为了防止火势的蔓延，又经常需要切断电源，这样就为疏散带来了更大的难度，会造成大量人员伤亡的可能性很大。

1.2　烟尘等有毒气体的危害大

火灾事故中，人员伤亡的主要因素就是有毒气体和烟尘的产生。地上建筑可通过多设置排烟口和机械排烟的方式来排放烟尘；而地下商场发生火灾时，燃烧的氧气只能通过与地面相通的通风道和其漏洞补充。由于排烟通道的面积受到限制，无法有充足的氧气供给，故处于不完全燃烧状态，阴燃时间长，极易产生大量的浓烟，即产生大量的 CO 和 H_2S 等有毒气体，直接危害人民的生命安全。加之，地下建筑的密封性，也为消防救援带来了阻碍。

1.3　火势蔓延速度快

由于地下商场堆放的可燃物较多，一旦发生火灾，火势蔓延的速度快，易发生连锁反应，形成大规模的灾害事故。形成火势无限蔓延的因素主要有以下几点。

（1）耗电量大。由于地下商场的封闭性，采光通风等都要依靠电力的供应。由于商场的面积大，用电需求大，对电力供应有着特殊的要求。我国市场上采用的电线、电缆等设备缺乏质量把关，加上地下环境潮湿，线路检修困难，维护人员缺乏安全意识，极易诱发事故。

（2）人员流量大。人员过多过杂也使随机起火的因素增多。例如，吸烟者乱扔烟头曾是多起火灾的直接原因。另外，商场内容易产生大量的细碎垃圾，在明处一般会被较快消除，而那些在隐蔽角落的垃圾却常常不被人注意，一些火灾正是由于这类垃圾引起的。

（3）空间大、可燃物多。地下商场是人员密集型消防场所，商品种类繁多，加上使用大量的装修材料，其多数都属于可燃材料，所以火灾发生时，火势就会迅速蔓延成大灾。

（4）高温影响。由于较多的可燃物，火灾荷载大，地下建筑的排烟又受到局限，因而导致内部空间温度上升快，极易产生"轰然"。产生的高温还将对建筑结构及防火分割产生更大破坏，造成建筑倒塌、引起火灾蔓延，从而缩短疏散允许时间。

（5）火灾隐患多。由于地下建筑内部潮湿，易加速各种电器设备绝缘老化，通风不良又造成柜台内部各种射灯等局部烘烤的热量难以散发，极易烤燃商品。许多地下商场疏于管理，将大量的货物堆积，造成的火灾隐患增多。

（6）扑救难度大。相对于地上建筑，地下商场的火灾事故中，由于消防救援工作无法直观的进行，火灾的具体位置与情节很难掌控，而只能通过地下建筑物设定的出入口进入，经常是冒着浓烟往里走，加上照明条件极差，不易迅速接近起火位置。

2　地下商场的消防监督管理对策

对地下商场的火灾危险性认识，有利于灭火救援的同时，更重要的是便于日常的监督管理。消防监督、执法、管理工作的有序推进，可以有效地防患于未然，为地下商场的消防安全提供有力保障。

2.1　加强地下商场消防管理制度的建设

从典型的地下工程火灾案例中可知，制定完善的地下人防等工程的消防管理法律法规至关重要。这是解决人防工程消防安全的关键步骤。消防管理是一项同火灾作斗争的行政和技术管理手段。在消防监督检察工作中，对地下商场、人防、地铁等工程的排查是工作的重点。为了实现消防工作者对多数人员和工程的管理这一职能和原则，应制定和完善地下商场消防管理制度，依靠法律法规的强大约束力。针对地下商场的建设和消防监督，我国执行的是已颁布的《人防地下工程防火设计规范和维护管理规定》，虽然该规定已经经过不断的推敲和修改，但就其监督管理的全局性而言，尚缺少一个系统的人防工程消防安全管理法规，这就使经常性的消防管理无法可依，成为消防监督中的盲点。因此，应尽快制定人防工程消防管理法规，从生产、储存、使用等各个方面，制定详细的管理规定，使消防检查有章可循，从根本上保证消防安全。

2.2　地下商场的审批、验收应从严把关

针对地下商场的消防设计审核和验收工作，国家颁布实施了《人民防空工程设计防火规范》（GB 50098—2009）这一强制性国家标准。而严格把关地下商场的消防设计、验收等工作，是减少火灾危险性、防止火灾事故的根本。我国地下空间可利用率还很高，随着城市化的进程，地下商场将成为商业的主要形式之一。对地下商场的消防设计审核和验收工作应纳入监督视线之中，严格审查，科学设计，对所需要设计的消防设施，应加以明确，与开发工程同步设计、同步施工、同步验收、同步使用，以杜绝遗留安全隐患。审核、验收人员应接受相关部门的检查和督导，作为建筑方应自觉履行法律法规的要求。

2.3 消防监督管理常态化

消防监督管理工作琐碎而复杂，涉及的范围大，对隐患的排查需做到要经常性。对地下商场开展监督管理工作应常态化，这也是消除事故隐患、强化安全管理的重要手段。人防商场的建设和发展过程中，涉及多种行业、多个部门、多种门类、多种功能，不同的经营方式决定着监督管理工作方式的差别。消防监督的常态化进行，需要将众多行业特点归属到地下消防安全管理上来，按照"预防为主，消防结合"的要求，组织人员经常性地进行检查和督导，并对每次检查进行详细记录，规定限时对火灾隐患进行整改，若限期不改，应进行处罚。尤其是综合性较强的地下商场，更应加强经常性的消防监督。消防部门要对生产、经营使用单位建立登记立案制度，要监督落实各项消防安全制度，适时进行检查，逐项研究加以整改。例如在检查中，涉及规定时间内无法整改或整改困难的问题，要制定出整改计划，定出整改期限，期限内敦促商场管理者整改。

地下商场由于其特殊性，应培训或配备专门性的消防监督管理员，以保证时时有人监管；设立商场应急联系卡和制订应急预案，保证地下商场的安全使用。

2.4 管理与安全常识教育相结合

消防安全的监督管理工作其根本是"以人为本"，保障人民的生命财产安全。人民群众的生命财产安全安，人民群众对消防安全的掌握情况，也是监督管理工作的一个重要分支。群众缺乏了解和预防的常识，易在地下商场这样的特殊场所造成次生危险。因此，普及消防常识教育，是减少火灾灾害的重要措施。

在消防监督管理的过程中，消防从业人员应及时纠正地下商场的火灾隐患，对业主和群众进行消防安全引导教育，如设立警示牌、消防宣传板、三提示等。将消防安全常识的宣传作为监督工作的一部分推进，制订有效的灭火疏散预案，及时有效地通过地下有线广播、防火橱窗等方法，向顾客宣传地下防火、灭火和紧急疏散逃生的常识，并经常有计划、有组织地进行模拟演练，保障人员在火灾事故发生时，有充分的时间疏散和撤离，避免造成踩踏事件。

3 结束语

消防监督管理工作需要从业人员深入基层一线，不断掌握地下商场的消防安全情况，及时有效地发现问题、解决问题，只有不断地探索各类灾害事故的处置方法，才能更好地完善监督管理制度，形成一支无形的战斗力，将隐患消灭在萌芽状态，确保防火灭火和救援为中心的各项工作的顺利完成，为地下商场的发展提供良好的消防安全环境，为推进社会化消防而不懈努力。

参考文献

[1] GB 50098—2009. 人民防空工程设计防火规范[S]. 北京：中国计划出版社，2009.

作者简介：苏广权（1967—），男，黑龙江省公安消防总队哈尔滨市消防支队消防监督工程师；主要研究方向为火灾现场勘验及防火监督检查工作。

城市外墙保温材料的火灾危险性及火灾防范措施对策

苏广权

（黑龙江省公安消防总队哈尔滨市消防支队）

【摘　要】　本文通过对建筑外墙外保温材料的概述，结合近几年来，我国因建筑外墙外保温材料防火安全问题而导致的典型特大火灾事故案例，分析了高层建筑外墙外保温材料的防火性能以及火灾危险性，提出了外墙外保温材料的防火安全措施，为建筑外墙外保温材料的发展提供参考。

【关键词】　外墙保温材料；火灾危险性；防火措施

1　建筑外墙外保温材料的发展现状

外墙保温一般分为外保温和内保温两种方式，使用较广的是外保温方式。外保温的具体形式是在建筑物外墙的外表面上铺设保温层。保温材料（thermal insulation material）一般是指导热系数小于或等于 0.2 的材料。在进行外保温工作时，通常会将保温、装饰材料等按一定方式复合在一起，既可以起到美化建筑物的作用，又可以起到隔热保温的作用，实现节能减排的功效。

国外发达国家对外墙保温系统均有严格的防火安全等级要求，不同的外墙保温系统和保温材料设有防火测试方法和分级标准（考虑燃烧是烟气及毒性释放），并对不同防火等级的外墙保温系统的使用范围有严格规定。发达国家对聚苯板的使用范围有严格的限制；而国内高层、超高层建筑采用聚苯板薄抹灰网格布粘贴面砖的外墙外保温做法相当普遍，主要原因是国内没有标准对此作出限制规定。例如，我国现有的《建筑设计防火范》（GB50016—2006）和《高层民用建筑设计防火规范》（GB50045—95，2005年版）只规定了建筑构件的燃烧性能和耐火极限，对外墙的规定均为不燃烧体，但是其中却没规定外墙保温材料的燃烧性能。为此，2009 年 9 月 25 日公安部、住房和城乡建设部联合制定的《民用建筑外保温系统及外墙装饰防火暂行规定》（公通字〔2009〕46 号），要求民用建筑外保温材料的燃烧性能宜为 A 级，且不应低于 B2 级；2011 年 3 月 14 日，公安部消防局下发了《关于进一步明确民用建筑外保温材料消防监督管理有关要求的通知》（公消〔2011〕65 号），要求将建筑外保温材料的燃烧性能纳入民用建筑消防审核和验收内容。

2　建筑外墙保温材料的种类和性能

目前，我国外墙外保温材料主要分为三类：一是热塑性保温材料；二是热固性保温材料；三是无机保温材料。其中，无机保温材料的防火性能最好，其本身属无机质硅酸盐纤维、不可燃，而且具备了 A 级防火的特点。然而，在我国市场上普遍流通的外墙保温材料多为有机类热塑性保温材料，主要来源于石油副产品，包括膨胀聚苯板（EPS）、挤塑聚苯板（XPS）、聚氨酯喷涂（SPU）以及聚苯颗粒等。这些保温材料占据了我国当前外墙外保温市场 75%以上的份额。EPS 板，其燃烧等级是 B2 级，由于目前国内把 EPS 板做到 B1 级都比较困难，因此在各地方规程和国标中要求是 B2 级防火。EPS 板做好抹面砂浆后的防火性能大大改观，防火等级可达到 A 级不燃，但是 EPS 板的变形温度仅为 70～98 ℃，当饰面层外温度高于这个温度时，EPS 板就会软化、变形，此时便很有可能参与燃烧。而 EPS 板的燃烧性能到 B1 级就能很好地起到阻燃效果。XPS 板也是同样的道理。可见，通过抹面砂浆提升材料本身防火性能无论在造价还是稳定性方面都有一定的缺陷，因此笔者认为玻化微珠、闭孔膨胀珍珠岩、岩棉、矿棉、玻璃棉、水泥基或石膏基的无机保温砂浆及轻质砌块等燃烧性能为 A 级的无机类外墙外保温材料应该更多地受到人们的关注。

3　建筑外墙外保温材料引发的典型火灾案例

近几年来，因建筑外墙外保温材料选用易燃、可燃性的保温材料而导致大火的案例屡有发生，不仅给人民生命财产造成了重大损失，还造成了严重的社会影响。

3.1　央视新址北配楼火灾

2009 年 2 月 9 日，央视新址北配楼发生火灾，造成 1 名消防队员牺牲，6 名消防队员和 2 名施工人员受伤，直接经济损失达 1.64 亿元。央视新址北配楼由烟花点燃屋顶有机聚苯泡沫，引发顶层局部燃烧，随即导致高温钛锌板金属向低位流淌，引燃下层保温板，造成火势向下蔓延，导致内部装修二次燃烧，中庭形成"烟囱效应"，从而引发了幕墙整体轰燃并最终发生爆炸。事后分析，该起火建筑使用的有机保温材料在起火时不具备阻燃效能。但问题在于央视新大楼施工前，使用的有机保温材料（EPS 和 XPS）都是国家重点推荐的高效有机保温材料，并已经拿到符合国家防火标准的报告和符合国家防火标准的检测报告，而这个已被检测的合格材料遇到大火时，不但不是什么难燃材料了，而是变成过火极快、酿成大火的易燃材料。

火灾中，大量金属面层在高温下熔化、滴落，引发火灾蔓延，无机保温材料玻璃棉、岩棉在火灾高温作用下脆化、变成粉末。有机保温材料酚醛泡沫、改性聚氨酯泡沫，虽在火灾初级阶段也会被点燃，但可迅速形成碳化层结构，不仅能阻挡火势蔓延，并且有隔热作用而保护建筑物。有机保温材料在高温中形成碳化层结构，具有抗火灾功能，因而在火灾中的发展阶段，具有抗火灾功能的不是无机保温材料，而是有机保温材料。

3.2　上海"11·15"火灾

2010 年 11 月 15 日，上海静安区胶州路 728 号高层住宅楼发生特别重大火灾，造成 58 人死亡，71 人受伤，直接经济损失 1.58 亿。该起火灾事故的一个重要原因就是施工现场使用大量聚氨酯泡沫等易燃材料。大量尼龙网以及目前广泛使用的诸多外墙保温材料等，燃烧时毒性很大的浓烟，正是这些烟气的毒性和窒息性造成了人员的伤亡。

上海"11·15"高楼火灾的火势蔓延非常之快，一是因为高楼火灾有烟囱效应，所以烟气上升快，而且楼层有七八十米高，风力会比较大，火借风势，风借火威，供氧充足，使火猛烈燃烧，致使整幢大楼顷刻间成为一片火海。二是因为高楼在装修，搭满了脚手架，而且防止装修材料撒落和人员跌落的尼龙网是可燃的，踏脚板也是可能存在可燃的竹片板，导致火势迅速上下左右蔓延。三是居民家庭中的可燃物比较多，管道燃气关闭后还有一定余量，燃烧迅速。一般情况下火势是从里往外烧，而这次是火势从外往里烧，火灾在外立面迅速蔓延，形成了一个典型的立体火灾，使得人员疏散非常困难，这可能是这次伤亡较重的原因。

4　建筑外墙外保温材料的火灾危险性

随着国内外经济的迅猛发展，我国对建筑的环保、节能要求不断提高，外墙外保温材料被广泛应用。当外墙外保温系统的保温材料采用不燃性材料或不具有传播火焰的难燃性材料时，外墙外保温系统几乎不存在防火安全性问题。

4.1　建筑外墙外保温材料的分类

从燃烧特性方面划分，可将用于建筑外墙外保温系统的保温材料分为三大类：第一类是无机类复合保温材料，是以矿物棉、玻璃棉、膨胀玻化微珠保温浆料等为主的无机保温材料，通常认定为不燃性材料；第二类是有机无机复合保温材料，是以胶粉聚苯颗粒保温浆料为主的保温材料，通常认定为难燃性材料；第三类是有机高分子保温材料，是以聚苯板（热塑性）、聚氨酯（热固性）和酚醛为主的有机保温材料，通常认定为可燃性材料。

4.2　建筑外墙外保温材料的火灾危险性

外保温材料系统一般采用聚苯乙烯泡沫塑料等有机保温材料，并可能添加卤系阻燃剂，因而在火灾中由于不完全燃烧和热解会产生较多的烟尘和 CO 和 HCN 等有毒气体。烟和有毒气体在火灾中危害极大，火灾中80%的死亡事故均是由于烟和有毒气体造成的。因此，一些施工单位在高层建筑中大量使用燃烧值较高、火灾蔓延速度快的聚苯保温材质作为外保温材料，再加上这些建筑金属幕墙内部也采用了本身就含有大量可燃物的聚乙烯塑料的复合铝塑板，造成了高层建筑外墙经装饰装修，外墙保护皮由原来的不燃烧体变成了易燃烧体。这样的外墙保护皮一旦被引燃，火灾蔓延速度极快。有机保温板燃烧产生的有毒气体和火焰不但会给逃生者带来巨大危险，而且还会因聚苯板受热产生的热熔缩变形以及网格布过热折断而导致瓷砖坠落，对逃生人员和救助人员造成的伤害也是致命的。

5　外墙外保温材料的防火安全措施

5.1　提高外墙保温材料的防火性能，设置相应的防火构造物

对于新建建筑，建议在修订的标准中对外墙保温材料燃烧性能等级的规定应能满足外保温系统具有阻止火焰传播的能力。消防部门应加强对外墙保温材料防火性能等级的监管和测试。对于已采用可燃材料做保温层的建筑，保温层应采用不燃烧材料做水平和竖向分隔，建筑外墙转角两侧和门洞、窗口等开口周围应采用不燃烧材料进行分隔，建筑外表层应采用不燃材料将保温层完全覆盖。当建筑外墙采用幕墙时，幕墙与每层楼板、隔墙处的缝隙应采用防火材料封堵。

5.2　单位应加强消防安全管理，消防部门应加强监管

单位要加强消防安全管理，认真开展消防安全自查自纠，针对自查中发现的用火用电不规范、胡乱堆放杂物等问题，必须立即排除。同时，单位要加强对员工的消防安全培训，特别是特殊工种，必须保证员工持证上岗，确保用火用电安全，预防火灾事故的发生。

消防部门应加强监管，定期深入到各单位进行监督检查，对存在的问题要及时指出，并要求单位落实整改。对拒绝整改或整改不到位的单位，消防部门将依法给予处罚。监管的内容包括施工现场、施工工人的生活区、明火作业区和外墙保温材料、木料等易燃物品堆放区的消防设施的配备及监管情况，临时用电设施的防火、防水、防触电装置，外脚手架搭设和安全网的防火情况等。

5.3 严格建设工程施工现场管理

强化施工现场管理应根据现有的消防条例和保温工程施工消防安全管理规定并结合实际情况制定出消防安全管理制度，认真贯彻执行。保温板材进场后，不宜露天存放，应远离火源。保温板材应在电焊等工序结束后进行铺设。确需在保温板材铺设后进行电焊等工序的，应将电焊部位周围应采用防火毯进行防火保护，或在可燃保温材料上涂刷水泥砂浆等不燃保护层进行保护。不得直接在保温板材上进行防水材料的热熔、热黏结法施工。

6 结 语

一系列重特大火灾的沉痛教训，使人们不断反思在广泛应用建筑外墙外保温材料时，建筑防火安全问题既要注重建筑内部防火，还应兼顾建筑外部防火。目前，外墙外保温系统复合在结构墙体外侧，其本身燃烧性能和耐火极限无论是抵抗相邻建筑火灾侵害，还是阻止本身建筑火势的进一步蔓延，都是远远达不到火灾安全要求的。今后，要在全国建筑节能中大规模应用，则必须解决其防火安全问题，并结合我国可利用的资源条件和实际工程需要进行技术完善。

当前，我国外墙保温技术发展很快，这是节能工作的重点，然而在设计节能的同时还考虑到外墙保温系统的防火安全问题。因此，在将重点放在对提高保温材料本身防火性能的开发研制的同时，更应该关注保温系统的防火性。

参考文献

[1] 关于进一步明确民用建筑外保温材料消防监督管理有关要求的通知. 公消〔2011〕65 号）.
[2] 夏朝晖. 建筑外墙外保温材料防火安全的选型设计探讨[J]. 建筑实践，2011.
[3] 李京. 建筑外墙外保温材料的火灾危险性与防火措施[J]. 安全、健康和环境.
[4] 杨宗焜. 从建筑保温材料的源头遏制建筑火灾隐患的设想和建议[J]. 建筑节能，2009，9（37）.
[5] 上海高层住宅火灾提出保温材料新课题[J]. 建筑节能，2010，12（38）.

作者简介：苏广权（1967—），男，黑龙江省公安消防总队哈尔滨市消防支队消防监督工程师；主要研究方向为火灾现场勘验及防火监督检查工作。

建筑防火

人员密集场所火灾危险性分析及
消防安全评估探讨

马玉河
（天津市公安消防总队）

【摘　要】　本文以天津市某大型超市为例，从火灾三要素、人员风险、建筑防火及安全疏散等方面分析了其火灾危险性，并确定了重点防火部位；针对此类人员密集场所火灾危险性特点，提出了 ABC 分级消防安全检查项目评估的一般步骤和等级划分标准，并进行实例分析。

【关键词】　消防；人员密集场所；危险分析；安全评估

1　引　言

为了改善人员密集场所消防安全状况，预防和遏制群死群伤火灾事故的发生，2007 年年初公安部发布实施了《人员密集场所消防安全管理规定》（GA654-2006）和《重大火灾隐患判定方法》（GA653—2006）[1, 2]。2011 年 12 月，国务院印发了《关于加强和改进消防工作的意见》（国发〔2011〕46 号）中明确要求，对容易造成群死群伤火灾的人员密集场所等高危单位，要实施更加严格的消防安全监管，建立火灾高危单位消防安全评估制度。

人员高度聚集且流动量大、疏散困难的商场超市是典型的人员密集场所，近年来群死群伤特大火灾事故频频发生，如唐山林西百货大楼火灾、郑州天然商厦火灾、沈阳商业城火灾、洛阳东都商厦火灾、吉林中百商厦火灾等。在 1991 年至 2006 年《全国特大火灾案例选编》[3]的 123 起火灾中，人员密集场所发生的火灾就多达 97 起，占火灾起数的 79%。笔者以天津市某大型超市为例，剖析该类场所的火灾危险性特点并进行消防安全评估，对提升社会公共消防监督管理水平具有指导作用。

2　大型超市火灾危险性分析

2.1　天津市某大型超市概况

天津市某大型超市处于繁华地段的某商业广场 A 座。超市客流量大，每天接待顾客高达 20 余万人。该超市使用从地下一层到三层。地下一层为停车场和存货库房，一层为电器类商品，二楼为食品区，三楼是生活用品区和小型仓库。超市每层为两个防火分区，用防火卷帘分割。每个防火分区有两个以上出口，采用自动电磁门。

超市在负一层设消防控制室，其消防系统包括火灾报警系统、自动喷淋系统、广播系统（背景音乐、紧急广播）、闭路保安监控系统、电话系统、计算机网络系统等；给水泵房及消防泵房也坐落在负一层；具有室内室外消火栓系统，各处干粉灭火器共计 119 个；有火灾事故应急照明、疏散指示标志和消防备用电源。

2.2　火灾危险性分析

2.2.1　火灾三要素辨识

该超市属于百货类超市，营业面积大、可燃物多、电气照明设备多。经营商品包括食品、日用商品、家用电器、服装鞋帽等物品，其中大多数商品及各类包装为易燃固体、易燃液体等，一旦接触到点火源或高温表面就可能被引燃。火灾三要素辨识见表1。

表 1　某大型超市火灾三要素辨识

要　　素	明　　细
点火源	吸烟用物品，如顾客的香烟、火柴和打火机及丁烷打火机气体； 明火，如熟食操作间的明火设备、烹饪设施等； 误用或滥用的电器设备； 照明设备，如卤素灯，或者将照明设备过分接近储存的物品； 电、气体或油点火的加热器，如展卖的电器设备常常都处于工作状态； 纵火等
可燃物	易燃固体：如乒乓球、眼镜架、塑料尺、手风琴外壳、库房堆积以及可燃固体装修的墙壁、柜台、货架等； 易燃液体：如白酒、食用油、摩丝、发胶、指甲油、煤油、调和漆、树脂及油墨等和油漆等； 自然物品：如麻纤维、野生纤维等
助燃物	空气中的氧气、可能生成氧气的化学物品等

2.2.2　火灾事故人员风险辨识

由于超市地处市区繁华地带，营业期间人员高度集中，密度非常大，一般情况下同时容纳人员数以千计，在节假日营业高峰时则可达数千人之多。而且，人员种类复杂，各类人员消防安全素质良莠不齐。对于健康人员，在火灾发生时有及时发现火情并报警的能力，同时也有及时接收报警信号并独立逃生的能力；对于有很大比例的老年人、孩子和残疾人，在火灾发生时其报警和逃生能力较差，发生火灾后，如果未接受过超市进行的消防培训及应急救援演习，对逃生路径不熟悉，因而在火灾中易产生恐慌和骚乱情绪，会造成夺路而逃、相互挤压、相互践踏，极易造成人员群死群伤。

2.2.3　建筑防火及安全疏散辨识

该超市建筑面积大，采用大开间和多跨度，每层的建筑高度在 5 m 以上，且安装有自动扶梯，层层连通。防火分隔设施采用的是防火卷帘，一旦发生火灾，如果防火卷帘功能不能正常发挥，极易导致大火迅速蔓延扩大，造成严重损失。超市营业区内部货架林立，大多数都高于 2 m，上方摆满了各类商品，而且摆放方式单一。悬挂于走道上方的广告明显大于疏散指示标志灯，大部分疏散指示标志被遮挡，不好辨认，顾客根本无法根据疏散指示标志灯迅速准确判断安全出口所在位置。应急照明和发光疏散指示标志亮度不够，也加大了人员疏散的难度。超市的主出入口设有收银台，每个出口宽度在 0.6 m 左右，并且只能单向出入，不利于人员疏散。

2.3　重点防火部位

2.3.1　货架及库房

超市内商品量大，而且大部分货物为易燃物品，堆积密集，遇火源或者阴燃都能造成火灾。由于仓储超市内货架高、层数多，一般都安装在建筑物顶部，如果发生燃烧会迅速蔓延到顶部。

2.3.2　电器设备部位

超市内空调、照明、装饰等电器设备多，用电量大，电气火灾隐患尤为突出。

2.3.3 人员疏散区

大型仓储式超市，其建筑物外墙开口面积小、数量少，购物者高度集中；人员密度大；安全出口数量少、疏散条件差。同时，其安全疏散指示标志设置不明显，疏散指示标志多设在内墙上，因建筑空间大、距离远，加之悬挂各种广告，疏散指示标志不好辨认。

3 消防安全状况评估方法

针对大型超市等人员密集场所的火灾危险性特点，从消防管理、建筑防火、安全疏散、消防设施、用火用电、防烟排烟、易燃易爆危险品及其他方面进行快捷的消防安全评估，建立 ABC 分级消防检查项，并涉及不同检查结果的相对影响水平，可较客观地评估该类场所的消防安全状况。

消防安全检查项采用 ABC 分级评定法，以区分不同检查项的重要程度，A 项最重要，B 项、C 项依次次之。A 项为重点检查项，要求为"很严格，非这样做不可"，其中"A0"为符合条款的检查项，"A2"为不符合条款的检查项。B 项为次重要项，分为三种情况：符合为 B0，不完全符合为 B1，完全不符合为 B2；C 项依次类似。该分级评定方法既体现了不同检查项的相对重要程度，又反映了同一检查项不同检查结果的相对影响水平，可以较客观地评估该类场所的消防安全状况。

3.1 评估步骤

第一步：根据人员密集场所特点，合理确定消防安全检查项，并给出检查项的级别（A，B，C）。

第二步：确定每类检查项的检查结果情况，确定符合项为情景 0，不完全符合项为情景 1，完全不符合项为情景 2。例如，检查项级别为 B 级，检查结果为完全不符合，则为 B2。

第三步：编制消防安全检查表，进行现场检查。检查项包括消防管理、建筑防火、安全疏散、消防设施、防烟排烟、用火用电、易燃易爆危险品和其他等，统计检查结果并汇总。

第四步：给出评估结论。根据人员密集场所的实际消防安全检查状况，以实际检查项的合格率来进行分级，共划分为四级，其分级标准见表 2。通常 A 项为强制合格项，且 4 个不合格 C 项相当于 1 个不合格 B 项，两个不完全合格项相当于一个完全不合格项。

表 2 消防安全状况评估等级划分

消防安全等级	人员密集场所消防安全检查项合格率范围	解释说明
一级	1. A 项全部合格； 2. B 项合格率≥90%	消防安全状况优秀，但需要持续改进和维护，不合格项需要限期整改
二级	1. A 项全部合格； 2. 80%≤B 项合格率<90%	消防安全状况较好，但不合格项必须尽快整改达到消防安全要求
三级	1. A 项全部合格； 2. 70%≤B 项合格率<80%	消防安全状况一般，不合格项需要当场改正或限期整改
四级	至少有一个不合格 A 项，或 B 项不合格率>30%	消防安全状况差，不合格项需要当场改正或立即拆（清）除，或建议依法给予行政处罚或采取强制性治理措施

3.2 评估方法

评估采用资料核对、抽查考核和现场查证的方法，其主要检查形式包括访谈、查阅文件和记录、现场观察、仪器测量等。抽样检查的原则主要是对人员抽查考核数量不少于现场（或在册）数量的 10%；对消防设备设施检查，按消防设施及物品的拥有量（H）比例抽样：

（1）H<10，全部抽样；

（2）10<H<100，抽 10 台；

（3）100<H<500，抽 10%；

（4）H>500，抽 5%且不少于 50 台。

如果该类人员密集场所已有消防检测、电气检测报告，可考虑减少抽样个数。

3.3　消防安全状况评估软件

人员密集场所消防安全状况评估软件选用 Access2000 作为数据库，以 Visual Basic 6.0 构建用户界面，可快速生成消防安全检查表，实现查询、添加、删除指定检查条目；可实现统计不合格项，确定消防安全等级，给出整改意见及建议，存储并打印检查表及检查结果文档等功能，满足基本消防安全检查要求，可快捷有效地进行消防安全评估。

4　应用实例

根据该大型超市的实际消防安全检查状况，应用评估软件进行检查项判定分析，具体如图 1 所示。

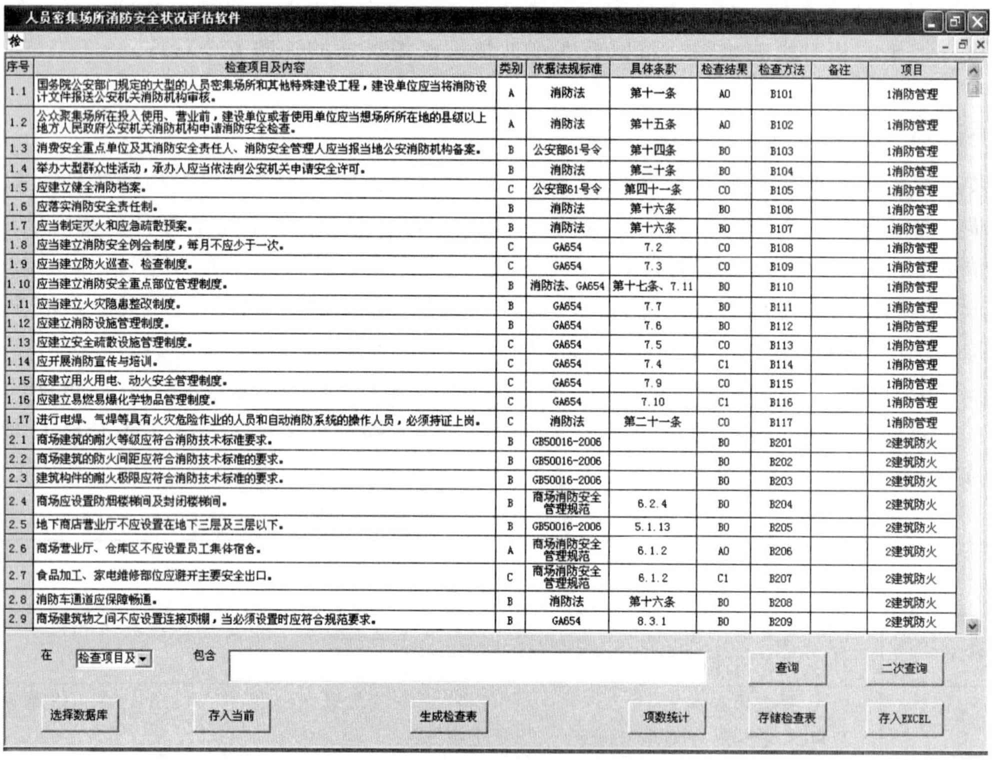

序号	检查项目及内容	类别	依据法规标准	具体条款	检查结果	检查方法	备注	项目
1.1	国务院公安部门规定的大型的人员密集场所和其他特殊建设工程，建设单位应当将消防设计文件报送公安机关消防机构审核。	A	消防法	第十一条	A0	B101		1消防管理
1.2	公众聚集场所在投入使用、营业前，建设单位或者使用单位应当想场所所在地的县级以上地方人民政府公安机关消防机构申请消防安全检查。	A	消防法	第十五条	A0	B102		1消防管理
1.3	消费安全重点单位及其消防安全责任人、消防安全管理人应当报当地公安消防机构备案。	B	公安部61号令	第十四条	B0	B103		1消防管理
1.4	举办大型群众性活动，承办人应当依法向公安机关申请安全许可。	B	消防法	第二十条	B0	B104		1消防管理
1.5	应建立健全消防档案。	C	公安部61号令	第四十一条	C0	B105		1消防管理
1.6	应落实消防安全责任制。	B	消防法	第十六条	B0	B106		1消防管理
1.7	应当制定灭火和应急疏散预案。	B	消防法	第十六条	B0	B107		1消防管理
1.8	应当建立消防安全例会制度，每月不应少于一次。	C	GA654	7.2	C0	B108		1消防管理
1.9	应当建立防火巡查、检查制度。	C	GA654	7.3	C0	B109		1消防管理
1.10	应当建立消防安全重点部位管理制度。	B	消防法、GA654	第十七条、7.11	B0	B110		1消防管理
1.11	应当建立火灾隐患整改制度。	B	GA654	7.7	B0	B111		1消防管理
1.12	应建立消防设施管理制度。	B	GA654	7.6	B0	B112		1消防管理
1.13	应建立安全疏散设施管理制度。	C	GA654	7.5	C0	B113		1消防管理
1.14	应开展消防宣传与培训。	C	GA654	7.4	C1	B114		1消防管理
1.15	应建立用火用电、动火安全管理制度。	C	GA654	7.9	C0	B115		1消防管理
1.16	应建立易燃易爆化学物品管理制度。	C	GA654	7.10	C1	B116		1消防管理
1.17	进行电焊、气焊等具有火灾危险作业的人员和自动消防系统的操作人员，必须持证上岗。	C	消防法	第二十一条	C0	B117		1消防管理
2.1	商场建筑的耐火等级应符合消防技术标准要求。	B	GB50016-2006		B0	B201		2建筑防火
2.2	商场建筑的防火间距应符合消防技术标准的要求。	B	GB50016-2006		B0	B202		2建筑防火
2.3	建筑构件的耐火极限应符合消防技术标准的要求。	B	GB50016-2006		B0	B203		2建筑防火
2.4	商场应设置防烟楼梯间及封闭楼梯间。	B	商场消防安全管理规范	6.2.4	B0	B204		2建筑防火
2.5	地下商店营业厅不应设置在地下三层及三层以下。	B	GB50016-2006	5.1.13	B0	B205		2建筑防火
2.6	商场营业厅、仓库区不应设置员工集体宿舍。	A	商场消防安全管理规范	6.1.2	A0	B206		2建筑防火
2.7	食品加工、家电维修部位应避开主要安全出口。	C	商场消防安全管理规范	6.1.2	C1	B207		2建筑防火
2.8	消防车通道应保障畅通。	B	消防法	第十六条	B0	B208		2建筑防火
2.9	商场建筑物之间不应设置连接顶棚，当必须设置时应符合规范要求。	B	GA654	8.3.1	B0	B209		2建筑防火

图 1　某大型超市消防安全检查项判定

评估软件可以直接生成 Word 版本的检查结果说明，具体消防安全评估结果如下。

不合格项统计：

A2 项：共 0 项。

B1 项：共 4 项。

（1）常闭式防火门应经常保持关闭；需要经常保持开启状态的防火门，火灾时能自动关闭；自动和手动关闭的装置应完好有效。

（2）商场的适当位置应当设置符合标准的火灾事故应急照明，且应急照明除正常电源外，应有另一路电源供电。

（3）手提灭火器配置应符合要求。

（4）灯具安装符合相关规范。

B2项：共1项。

商场内恰当位置应设置符合标准的安全疏散指示标志，保证标识清晰完整，未被遮挡。

C1项：共6项。

（1）应建立消防安全教育、培训制度。

（2）应建立易燃易爆化学危险物品管理制度。

（3）食品加工、家电维修部位应避开主要安全出口。

（4）防火卷帘的设置应符合要求。

（5）灭火系统喷头周围应无遮挡物。

（6）开关、插座应安装在B1级以上的材料上；开关、插座和照明灯具靠近可燃物时，应采取隔热、散热等防火保护措施。

C2项：共4项。

（1）各楼层的明显位置应设置安全疏散指示图，指示图上应标明疏散路线、安全出口、人员所在位置和必要的文字说明。

（2）疏散走道与营业区之间应在地面上应设置明显的界线标识。

（3）火灾探测器及手动报警按钮功能应正常。

（4）电器设备周围应与可燃物保持0.5 m以上的间距。

等级确定：

全部A类检查项为9项，不合格A项为0，A类不合格项为0；

全部B类检查项为44项，B1项为4，B2项为1，共计不合格B项为3；

全部C类检查项为26项，C1项为6，C2项为4，共计不合格C项为7，折算成不合格B项为1.75；折算后B项合格率为90.59%；

消防安全状况等级一级，但需要持续改进和维护，不合格项需要限期整改。

5 结束语

大型超市属于人员高度聚集、流动性大且火灾隐患多的人员密集场所，消防安全工作尤为重要。防患于未然，开展消防安全评估有利于强化人员密集场所消防安全监督与管理，确保大型超市消防安全，并采取有效防火措施减少群死群伤火灾事故的发生。同时，实例分析表明该评估方法具有一定的实用性和可操作性。

参考文献

[1] 中华人民共和国公安部. GA654—2006. 人员密集场所消防安全管理规定[S].
[2] 中华人民共和国公安部. GA653—2006. 重大火灾隐患判定方法[S].
[3] 公安部消防局. 全国特大火灾案例选编（1991—2006）[M].

作者简介：马玉河，男，天津市公安消防总队高级工程师；主要从事消防监督管理工作。

通信地址：天津市南开区南马路708号，邮政编码：300090；

联系电话：022-27359955，手机：13803035778；

电子信箱：mayuhe23@126.com。

关于家具商场疏散指标超规范问题的
审查技术实例

王海祥

（山东省德州市公安消防支队）

【摘　要】　现代大型家具商场由于体量大、进深大，消防设计时经常面临疏散宽度不足、疏散距离过大等问题，因此在进行消防设计审核时需要充分论证、严格审查，必要时通过组织专家评审的方式解决。本文主要是从审查程序入手加以举例说明。

【关键词】　消防；家具商场；疏散；审查技术

1　审查项目基本情况

　　德州红星国际广场项目位于山东省德州市的主城区，是德州市较有影响的拟建城市综合体，项目一期用地面积 40 931 m²，总建筑面积为 213 785 m²，其中地上面积为 146 314 m²，地下面积为 67 471 m²。项目一期的红星美凯龙家具商场主营高端大件家具、建材陶瓷、灯具灯饰等，商场在地上有 5 层，在地下有 2 层，建筑总高度为 26.3 m，建筑面积为 77 500 m²。

2　消防审查技术难点

　　该项目因功能需要，在建筑消防设计方案中，主要存在以下几方面的技术问题。

2.1　疏散宽度不足

　　按照现行《建筑设计防火规范》（GB50016—2006）和《高层民用建筑设计防火规范》（GB50045—95，2005 年版），该家具商场每层疏散总宽度的计算值均较大，而实际设计时的设计值偏小。

2.2　疏散距离超过规范要求

　　按照现行《高层民用建筑设计防火规范》（GB50045—95，2005 年版）第 6.1.7 条规定，高层建筑内的观众厅、展览厅、多功能厅、餐厅、营业厅和阅览室等，其室内任何一点至最近的疏散出口的直线距离均不宜超过 30 m，而该工程由于体量大、进深大，部分区域至最近楼梯口的疏散距离为 42 m，超过规范要求。

3　该项目拟采取的特殊消防设计方案

3.1　采用较低的折减系数计算实际疏散总宽度

　　由于红星美凯龙家具商场主营大件家具建材类商品，营业厅顾客人数远远少于规范规定的其他百货商场人数，根据红星美凯龙在全国已建成的商场人数统计及其他同类型专业商场人数统计，家具类型卖场人流量为普通商场的 30%~40%，参考《建筑设计防火规范》（GB50016 报批稿）第 5.5.21 条："对于建材商店、家具和灯饰展示建筑，其人员密度可按表 5.5.21-2 规定值的 30% 确定。"该工程拟采用的折减系数为 50%。

3.2 视相邻防火分区为辅助安全区域来解决疏散距离过大问题

由于大多数防火分区内个别区域疏散距离超过规范规定的 30 m 距离要求，考虑到相邻两个防火分区同时起火的可能性较小，拟利用通向相邻防火分区的防火门作为辅助安全出口，将大于 30 m 疏散距离区域的人流疏散至相邻防火分区，且超过 30 m 疏散距离的区域面积小于该防火分区面积的 30%，每个防火分区直通室外的安全疏散出口多于 3 个。

3.3 拟采取的其他强化措施

（1）在满足国家消防技术标准的前提下增加排烟量，并根据经营商品的火灾危险性合理确定各层业态分布，将火灾危险性较小的瓷砖、卫浴和五金商铺布置在排烟、火灾扑救较为困难的地下区域。

（2）在营业厅内疏散走道和主要疏散线路的地面或靠近地面的墙面上增设能保持视觉连续的电光源自发光一体型或蓄光疏散指示标志。

（3）建筑内安装电气火灾报警系统。

（4）严格控制中庭的固定火灾荷载及限制在中庭内的商业活动，禁止在此区域布置摊位、展品等火灾荷载，保证将中庭发生火灾的危险性降到最低。

（5）按照相关规范制定详尽的消防设施管理和维护措施，对消防设施要进行定期维护，确保消防设施正常工作。

4 采取的审查程序

4.1 市级公安消防机构及时确定是否需要组织专家评审

根据《建设工程消防监督管理规定》（公安部令第 119 号）第十九条规定，对具有该规定第十六条情形之一的建设工程，市级公安消防机构应当在受理消防设计审核申请之日起 5 日内将申请材料报送省公安消防总队组织专家评审。而该建设工程具备第十六条规定的情形之一，即"消防设计文件拟采用的新技术、新工艺、新材料可能影响建设工程消防安全，不符合国家标准规定的"，需要报送省公安消防总队组织专家评审。

4.2 省公安消防总队组织召开专家评审会

省公安消防总队在收到申请材料之日起 30 日内会同省住房和城乡建设厅召开专家评审会，对建设单位提交的特殊消防设计文件进行评审，并出具专家评审意见。省公安消防总队在专家评审会后 5 日内将专家评审意见书面通知报送申请材料的市级公安消防机构，同时报公安部消防局备案。

4.3 设计单位结合专家评审会会议纪要对设计方案进行修订完善

对三分之二以上评审专家同意的专家评审会会议纪要，可以作为设计单位进行深化设计的依据。

4.4 市级公安消防机构负责出具审核意见

市级公安消防机构根据专家评审会会议纪要和特殊消防设计文件进行消防设计审核并出具审核意见。

5　该建设工程的最终设计方案

经专家组评审，认为提交的消防设计方案基本可行，同时提出以下意见：

（1）鉴于该工程为家居型商场，人流量较少，其人员密度可按现行《建筑设计防火规范》（GB50016—2006）规定值的50%确定，但营业性质不得改变，且内部不得设置其他商业用房。

（2）营业厅、主要疏散路线的地面上应设置嵌入式灯光疏散指示标志，标志之间间距不得大于10 m，以保持视觉连续。

（3）相邻防火分区防火墙上开设的甲级防火门可作为应急疏散出口，但不计入本防火分区的疏散宽度、疏散出口数量；相互借用时，两个出口的间距不得小于5 m。

（4）每层沿水平方向，每隔20 m设置一处逃生救援入口，并在外墙设置明显标志，入口的净高尺寸不得小于0.8 m、净宽尺寸不得小于1 m，且每个防火分区不应少于2个。家居商场的室外救援场地不小于15 m×8 m。

（5）中庭不得布置可燃物，且机械排烟系统应在底层设置专用补风管道。中庭排烟量按其体积6次/h换气量进行设计。

（6）消防设备配电干线应采用柔性矿物绝缘电缆。

（7）地下一层仅限经营瓷砖、卫浴和五金等火灾危险性小的商品。

6　设计方案审查应注意的问题

6.1　应最大限度地控制性能化防火设计的运用

对于国家法律法规和现行国家消防技术标准有明确规定的，特别是强制性条文和有必须、严禁要求的条文，能够通过现行防火设计规范解决的防火技术问题，要尽可能在技术规范许可范围内进行防火设计，不能随意扩大性能化防火设计的运用范围。

6.2　应严格把好建筑消防设施的质量关

对目前投入使用的经过性能化防火设计的建设工程进行现场消防监督检查情况看，普遍存在自动消防设施故障频发、甚至瘫痪的突出问题。究其原因，主要是建设单位只重视经济效益、轻视消防安全，招投标过程中只注重产品价格、忽视质量保证，因而造成能够正常运行超过10年的自动消防设施不多。

6.3　设计方案应充分考虑我国经济条件限制和人员素质较低这一基本事实

设计方案过于理想化，但真正实施起来难度较大，主要是消防设施维护保养因缺乏资金等原因不到位，消防设施被人为隔离、停用现象较为普遍，消防控制室值班人员素质低或无证上岗或不会操作，发生火灾时不能及时有效处置。例如，在2013年北京喜隆多商场"10·11"火灾中，消防自动控制系统设置在手动状态，消防控制室的值班人员听到自动报警后不是马上启动自动喷淋系统，而是消音后继续打游戏，导致火势蔓延成灾。北京的消防安全管理人员素质尚且如此，其他地区的便可想而知。因此，性能化设计的应用应慎重稳妥、循序渐进，以避免遗留新的先天性重大火灾隐患。

作者简介：王海祥（1971—），男，山东省德州市公安消防支队高级工程师；从事建设工程消防验收工作。

　　　　　通信地址：山东省德州市德城区大学西路1235号，邮政编码：253020；

　　　　　联系电话：13583417281；

　　　　　电子信箱：wanghx911@163.com。

不同城市商场建筑火灾荷载分布规律研究

卿婉丽

（四川省绵阳市公安消防支队）

【摘　要】　火灾荷载是进行工程建设防火标准的制修订以及消防安全设计所必需的基础数据。本文以我国五个不同地域城市的部分商场为代表进行了火灾荷载调查，获取了商场内常见可燃材料数量、热值等数据以及不同类型商店的火灾荷载。结果表明，不同经济发展水平、生活习惯、文化和社会因素等会导致不同地区同类建筑的火灾荷载出现差异。同类型商店由于商品数量和装修水平不同其火灾荷载密度也有较大区别。

【关键词】　商场建筑；不同城市；火灾荷载；分布规律

1　引　言

火灾荷载是衡量建筑物室内所容纳可燃物数量多少的一个参数，是研究火灾全面发展阶段性状的基本要素，是指涉火空间内所有可燃物燃烧所产生的热量值。在建筑物发生火灾时，火灾荷载直接决定着火灾持续时间的长短和室内温度的变化情况。因而，在进行建筑结构防火设计时，要合理地确定火灾荷载数值。

世界各国都开展了大量不同功能建筑火灾荷载调查[1-2]，并颁布了火灾荷载的统计数据。我国在相关领域也开展了有针对性的研究工作，但是至今未有系统性的统计发表。随着现代建筑相比传统建筑在使用功能、建筑材料、结构形式、空间大小、配套设施等方面的变化，火灾荷载的分布相比以前也出现了很大差异。因此，通过试验和统计的方法尽快获得适合我国国情的典型的公共场所火灾荷载密度数据，对我国工程建设防火标准的制修订以及消防安全设计工作具有重要的现实意义。

2　火灾荷载调查

根据研究目标，作者选择了五个能代表我国不同地域和经济发展水平的调研城市，分别为西南地区的成都市、华东地区的上海市、华南地区的深圳市、东北地区的沈阳市以及西北地区的西安市。每个城市分别选取 2~3 个典型的商业场所进行火灾荷载调查。

2.1　火灾荷载定义

火灾荷载是指起火空间内所有可燃物燃烧所产生的热量值[3]。在建筑物发生火灾时，火灾荷载直接决定着火灾持续时间的长短和室内温度的变化情况。在计算建筑物内火灾荷载时，可燃物的属性起着关键的作用，如材质、重量、厚度以及存放位置等。建筑物内的可燃物一般可分为固定可燃物和活动可燃物两类。固定可燃物是指装修使用的、位置基本保持不变的可燃易燃材料以及建筑结构中的可燃易燃材料，如吊顶、墙体软包、地板和木质门窗等；活动可燃物是指为了建筑正常使用而布置的、位置与数量会发生变化的可燃物品，如家具、书籍、衣物、寝具、摆设等构成的可燃物。固定可燃物数量一般通过建筑物的设计图纸求得；活动可燃物却很难准确计算，一般由调查统计确定。

2.2 可燃物统计方法

根据火灾荷载定义可知，商场建筑内可燃物包含可移动可燃物和固定可燃物两种。其中，固定可燃物主要为商场内的装修材料以及壁面货架等；可移动可燃物主要为出售的商品、陈列货品的可移动货架以及沙发座椅等。在调查数据中所用的几种统计方法主要有以下几种。

（1）质量法：即直接称出其质量，这主要适用于体积较小、质量较轻的可燃物，如椅子、衣物、日用品等。

（2）体积法：即通过测量可燃物的具体尺寸，结合可燃物质的密度，从而推算出可燃物的质量。这主要适用于体积较大、质量较重的可燃物，如桌子、货架等。

（3）文献法：对于某些特定可燃物直接取文献值，如饮水机、电脑等。

2.3 可燃物特性参数

由于火灾荷载调研涉及大量不同种类的可燃材料，在研究过程中主要通过文献法[4-6]、材料燃烧特性数据库和实体火灾试验获取数据分析时需要用到的材料密度及燃烧热值。

3 结果及对比分析

调研的商场建筑中主要包含服装、玩具、床上用品、鞋、餐饮以及图书六种商店类型。商店的使用用途不同，造成店铺内充斥着不同的可燃物质，可燃物种类以及数量不同又导致火灾荷载密度的统计结果不同。将五个城市的调研数据汇总，通过统计分析，结果如表 1 所示。根据所调查的不同类型商店的平均火灾荷载可知，玩具店的火灾荷载最大，这主要是由于玩具店内可燃物主要为塑料玩具，且放置密集、数量多，同时塑料燃烧热值较大。

表 1 不同类型商店火灾荷载密度统计结果

商店类型	火灾荷载密度（MJ/m^2）			
	最小值	最大值	平均值	标准差
服装	140	2 490	566.6	343.7
玩具	770	1 604	1 176.8	315.9
床上用品	291	777	574.6	128.9
鞋	98	1 097	497.6	297.1
餐饮	50	937	321.9	262.2
图书	448	563	505.5	81.3

图 1 至图 5 是对应直方图。从图中结果可以看出，火灾荷载密度在 1 000 MJ/m^2 内的服装店占据调研对象的 90%左右；火灾荷载密度在 1 100 MJ/m^2 内的玩具店占据调研对象的 70%左右；火灾荷载密度在 700 MJ/m^2 内的床上用品店占据调研对象的 80%左右；火灾荷载密度在 1 000 MJ/m^2 内的鞋店占据调研对象的 90%左右；火灾荷载密度在 900 MJ/m^2 内的服装店占据调研对象的 90%左右。

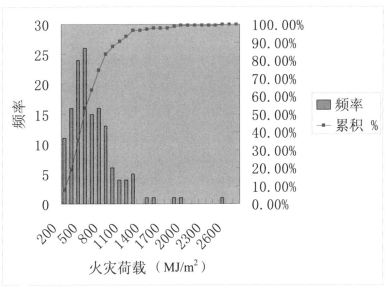

图 1　服装店火灾荷载分布直方图和累积分布函数图

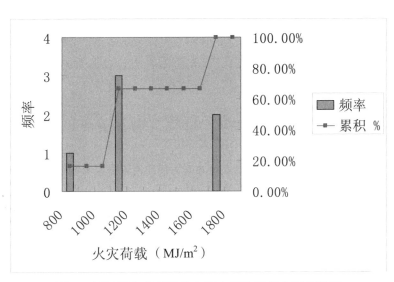

图 2　玩具店火灾荷载分布直方图和累积分布函数图

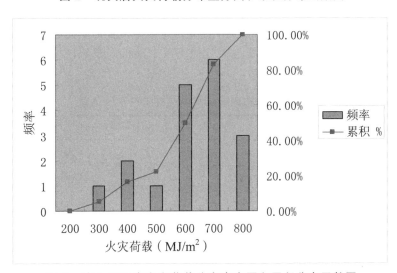

图 3　床上用品店火灾荷载分布直方图和累积分布函数图

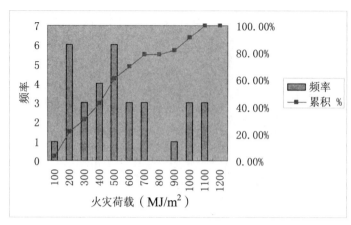

图 4   鞋店火灾荷载分布直方图和累积分布函数图

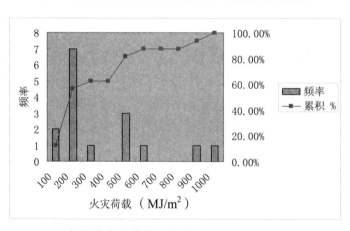

图 5   餐饮店火灾荷载分布直方图和累积分布函数图

不同经济发展水平、生活习惯、文化和社会因素等会导致不同地区同类建筑的火灾荷载出现差异。服装店作为大型商业综合体中一种最普遍的业态，表 2 对比了不同城市服装店的火灾荷载密度。从表中统计的调研结果可以看出，作为中国经济最发达的两个地区的深圳和上海所调研的服装店平均火灾荷载密度较大，其余依次为成都、沈阳，而西安的最大火灾荷载密度以及平均火灾荷载密度均最小，即火灾荷载大小与当地经济发展水平存在一定关系。同时，不同服装店之间的火灾荷载密度也存在很大差异。这主要有以下两方面原因：一方面，不同服装店的货品数量不同；另一方面，不同服装店装修水平以及采用的装饰材料不同，有的店铺采用金属货架放置衣服，因而固定火灾荷载小；而有的店铺不仅全部采用木质或者可燃材料制作货架，而且使用了木地板以及地毯等装饰材料，因而固定火灾荷载大。

表 2   不同城市服装店火灾荷载密度统计结果

城市	火灾荷载密度（MJ/m²）			
	最小值	最大值	平均值	标准差
成都	151	1 493	595	325.03
上海	150	2 490	635.2	447.4
深圳	365	1 150	770.2	251.7
沈阳	140	1 079	435	233.6
西安	157	770	414.6	162.2

4 结 论

本文通过实地调查，获取了国内不同地域的五个城市典型的商业综合体的火灾荷载数据，统计分析了不同功能商店的火灾荷载密度以及分布规律，其主要结论如下。

（1）基于五个城市的调查结果，灾荷载密度在 1 000 MJ/m² 内的服装店占据调研对象的 90%左右；火灾荷载密度在 1 100 MJ/m² 内的玩具店占据调研对象的 70%左右；火灾荷载密度在 700 MJ/m² 内的床上用品店占据调研对象的 80%左右；火灾荷载密度在 1 000 MJ/m² 内的鞋店占据调研对象的 90%左右；火灾荷载密度在 900 MJ/m² 内的服装店占据调研对象的 90%左右。

（2）不同经济发展水平、生活习惯、文化和社会因素等会导致不同地区同类建筑的火灾荷载出现差异。根据对服装店的调研结果，深圳和上海平均火灾荷载密度较大，其余依次为成都、沈阳，而西安的最大火灾荷载密度以及平均火灾荷载密度均最小。

（3）同类型商店的火灾荷载密度也存在很大差别，主要有两方面原因：一方面是不同商店的货品数量不同，导致活动火灾荷载存在较大差异；另一方面则是不同服装店装修水平不同，导致固定火灾荷载也出现比较大的差别。

参考文献

[1] Chow，W. K. Zone Model Simulation of Fires in Chinese Restaurant in Hong Kong[J]. Journal of Fire Sciences，1995，13（3）：235-253.

[2] Barnett，C. R. Pilot Fire Load Survey Carried Out for the New Zealand Fire Protection Association[M]. MacDonald Barnett Partners，Auckland，1984.

[3] 李国强，蒋首超，林桂祥. 钢结构抗火计算与设计[M]. 北京：中国建筑工业出版社，1999.

[4] 李天，张猛，薛亚辉. 中原地区住宅卧室活动火灾荷载调查与统计分析[J]. 自然灾害学报，2009，18（2）：39-43.

[5] 王金平，朱江. 常用建筑材料及家具的热值及其火灾荷载密度的确定[J]. 建筑科学，2009，25（5）：70-72.

[6] 高伟. 不同功能建筑火灾荷载分布规律分析[D]. 合肥：中国科学技术大学火灾科学国家重点实验室，2009.

大型商业综合体火灾危险性和消防安全对策

罗 洪 波

（湖北省武汉市公安消防支队）

【摘　要】　本文通过分析大型商业综合体火灾危险性和消防安全存在的主要问题，提出了针对大型商业综合项目的消防安全对策和建议。

【关键词】　商业综合体；火灾危险性；消防安全对策

1　前　言

随着市场经济的快速发展以及人民生活水平的提高，我国传统商业建筑在功能和形式上已发生了很大的变化。为了满足人们对购物环境及消费品质的更高要求，各地出现了很多大型商业综合体。该类综合体建筑功能复杂，集购物、餐饮、娱乐、文化等功能于一体，且体量大、建筑面积大、人员密集。为了追求视觉上的通透性，常采用大空间、室内步行街等形式，多利用扩大防火分区、设置亚安全疏散区、新型防火分隔等特殊措施解决消防设计难题。这一方面支持了现代化大型商业综合体的发展，另一方面，由于大型商业综合体特殊的火灾危险性，又采用了新的消防设计理念，相比传统的商场，出现了很多新问题，更需要加强对大型商业综合体建成后的消防安全监管。

2　火灾危险性

2.1　易形成大面积火灾

大型商业综合体内可燃物集中，其内部良好的对流条件极易使火势蔓延扩大。百货商场的主力店、室内商业步行街两侧的商铺以及内部超市的可燃物摆放连续，防火分区内除了走道，基本无其他分隔可燃物的措施。因此，一旦发生火灾，极易迅速向四周延烧和扩散，形成大面积火灾。

2.2　易形成立体火灾

大型商业综合体建筑空间高大，中庭部分上下贯通，垂直蔓延途径多。共享空间、管井、电梯井、玻璃幕墙缝隙等，都为火灾和烟气的竖向蔓延提供了通道。一旦由于竖向防火分隔处理不当，烟囱效应则可能会导致火灾发生竖向蔓延，从而形成立体火灾。

2.3　易造成人员重大伤亡

大型商业综合体内人员密集，疏散路径复杂，与地面垂直疏散距离大，因而导致疏散难度增加。此外，商场内存有大量的棉、毛、化纤织物和塑料制品等，燃烧时会产生大量烟雾和有毒气体，如一氧化碳、氯化氢、氰化氢、二氧化硫等，从而导致能见度下降和人员中毒，严重威胁人员疏散和消防队员的生命安全。

2.4 灭火救援难度大

火灾扑救往往受现场条件、救助对象和内部环境等因素的影响，大型商业综合体一般位于繁华地带，建筑物和人员密度大，对消防车的通行、消防人员扑救作业等都带来了很大的影响。同时，大型商业综合体内部布局复杂，这也增加了灭火战斗行动以及救援行动的难度。

3 消防安全存在的主要问题

3.1 防火分区

商业综合体的防火分区设计如果按规范要求将其用防火墙进行分隔，则完全破坏了这种大空间通透性的视觉效果，也影响了该类商业综合体的使用功能。为此，为了保证满足相关规范的要求，同时保证这种大空间通透性的视觉效果，目前多数商业综合体采用防火卷帘作为防火分区的防火分隔措施，规范规定在确实难以用防火墙进行防火分隔时可以采用防火卷帘代替防火墙，如武汉市武商集团国际广场中庭周围就是全部采用防火卷帘进行防火分隔。而防火卷帘在设计、控制、使用和维护管理中存在很多不确定性，且有的卷帘为异形卷帘，如果大量使用，很难保证其在火灾时能够全部及时关闭。部分商业综合体更是采用性能化设计扩大防火分区面积。这些都成为建筑火灾防控的不确定因素。目前，商业综合体防火分区存在以下几种情况。

（1）防火分区面积超规范。《高层民用建筑设计防火规范》和《建筑设计防火规范》将建筑内的商业营业厅、展览厅等地上部分防火分区的允许最大建筑面积在满足一定条件时扩大 4 000 m^2，但部分大型商业综合体根据建筑设计和使用功能的要求往往又进一步放大。

（2）大量使用防火卷帘进行防火分区的有效性问题。如果单从耐火时间来看，特级防火卷帘可以达到 3.0 h 的耐火极限，满足规范对防火墙耐火极限的要求。然而，大量的防火卷帘能否在发生火灾时正常工作？受到管理、维护、正确使用等多方面因素的影响，越来越多的人也开始关注大量使用防火卷帘作为防火分隔的危险性。这种不确定性增加了火灾突破设定防火分区发生大面积蔓延的危险。

（3）使用新型防火分隔措施的风险性问题。如果严格按照规范对其内部进行划分，会大大增加楼梯间、安全出口等的数量，还会影响商业综合体内部布局，影响大型商业综合体的使用功能。但对于使用新型防火分隔措施，如中庭或室内步行街周围商铺采用钢化玻璃加喷头保护分隔的方式，可能会增加火灾蔓延风险，一旦发生火灾，烟气将在中庭内向上蔓延，影响多个楼层。

3.2 安全疏散

大型商业综合体的特点决定了其安全疏散距离过长、疏散宽度不足或者首层疏散楼梯没有直通室外的出口，这些都是大型商业综合体消防设计中面临的最典型问题。《高层民用建筑设计防火规范》规定：高层建筑内的观众厅、展览厅、多功能厅、餐厅营业厅和阅览室等，其内任何一点至最近的疏散出口的直线距离不宜超过 30 m。但是，大型商业综合体建筑高度较高，单层建筑面积大，体量大。按照通常做法，即使在商业综合体周边设置疏散楼梯，较大的单层建筑面积也不能保证建筑内任一点至最近疏散楼梯的直线距离不超过 30 m。从目前已建的大型商业综合体的安全疏散设计来看，多数采用建筑内部设置安全走道（亚安全疏散区）的方式来解决，由于采用了这样的疏散形式，因此增加了日常管理难度。同时，由于体量大，按照疏散宽度指标要求，其疏散楼梯、出口数量就多。以武汉市武商集团国际广场为例，其疏散楼梯数量就达 26 部之多。如此多的楼梯要保证正确地引导人流疏散，那么如何确保疏散路线畅通就成为了管理的重点。

3.3　可燃物及用火控制

商业综合体功能复杂，尤其在投入使用后，商铺业态会根据需求不断调整，如果二次装修控制不好将增加可燃材料的使用，火灾荷载明显提高。特别是餐饮场所的增加，更加大了建筑内明火使用的范围，增大了火灾防控的难度，因为餐饮厨房中多使用天然气、柴油、酒精炉或电加热方式，由于餐饮店铺数量多，监管容易缺失，影响火灾防控，因而增加了火灾发生的可能性。

3.4　日常监管中性能化设计贯彻

新建的大型商业综合体多采用性能化设计，即采用亚安全疏散区、扩大防火分区等设计，但是业主在消防管理中能否始终如一地执行性能化要求存在问题。这些要求不是规范的规定，是特定建筑的特定要求，综合体建设方与管理方是两套人，公安消防机构消防审批与监督也是两套人，即支队负责审核验收，大队负责监督管理，交接不好将对始终贯彻性能化要求产生较大影响。例如，武汉市菱角湖万达广场，在店铺改造时就有发生拆除钢化玻璃分隔系统的情况。而一些经过性能化设计年代较长的建筑，受消防监督员与社会单位管理人员更换的影响，更是未能始终贯彻执行当时性能化消防设计的要求，造成消防管理缺失，因而滋生了隐患。例如，武汉国际会展中心，地下展厅已变更为地下商场，上部会议区、展示区已变更为宾馆、餐厅、教育机构和KTV。由于消防审核人员更替问题，二次审核没有很好掌握该建筑的原性能化评审意见，因此消防安全状况不容乐观，如原有安全疏散缓冲区被破坏、扩大的防火分区改变了其使用功能等。

3.5　室内固定消防设施及用电设备管理

大型商业综合体由于建筑体量大、功能复杂，根据国家规范要求设置的消防设施较多。以武汉菱角湖万达广场为例，设有火灾自动报警、自动喷水灭火、防排烟、消火栓、疏散指示、应急照明、遥控水炮、气体灭火、电动排烟窗、燃气浓度报警等系统，且其系统规模较大，维护、检查技术要求高，点多面广，对管理者及从业者专业技术要求较高；商铺改造中也容易出现消防设施被破坏的问题，如商家擅自改造消防系统，造成系统故障等，这些都是容易出现管理缺位的方面。另外，综合体内用电量大，用电设备多、分布广，且电线敷设复杂，也使诱发电器火灾的可能性增大。

4　加强大型商业综合体消防安全的对策和建议

4.1　建立科学的消防设施管理体系

通过消防设施标识化管理，准确定位设施部位、责任人，建好检查记录台账，责任到人；消防机构对这类建筑的消防系统操作及日常维护人员应实行更为严格的培训及职业资格认证制度；抓好年度消防检测工作，消防机构应做好督导，提高检测质量；鼓励单位建设漏电报警装置，开展电器线路年度检测。

4.2　实行更为严格的消防管理制度

建立商铺改造装修及用火申报制度，商铺改造应采用实体墙进行分隔，控制可燃装修材料，消防设施由物业管理单位确定的维保单位维护，物业管理单位审定把关后统一报消防机构进行备案抽查；设置消防户籍化管理员，定期将变更后的平面布置图上传至消防户籍化系统，及时更新消防管理各类数据，完善消防监督机构对场所的实时管理，如武汉菱角湖万达广场采用这种方式进行试点，效果良好。另外，管理单位应建立科学的消防管理绩效考评制度，量化考评，责任到人；建立灭火及应急疏散预案演练制度，每年应与辖区消防中队开展两次（上下半年）消防灭火及疏散的联合演练；消防中队应要求辖区每个大型商业综合体均制定专项灭火应急预案。

4.3 加强防火分区的有效监控

一是加强防火卷帘的日常维护。划定警戒线，防止圈占。建好责任牌，定期启动维护；歇业期间，可将其降至距地面 1.8 米，既起到运行维护的作用，又可有效防火防烟；定期开展防火卷帘的联动测试，保持准工作状态。二是注重商铺改造中防火分隔的改造，在不影响使用功能情况下，尽量使用实体防火墙替代防火卷帘。三是加强采用性能化设计的防火分隔措施的管理。对于钢化玻璃加侧喷头保护的分隔系统，应建好系统设置说明，单位安保、商管部门应统一管理尺度，保证分隔有效性始终落实。在这类新型分隔措施处应设置明显标识，并防止被破坏。

4.4 加大对疏散通道的有效管理

大型商业综合体平面尺度长宽均较大[1]，如何保证有效疏散至关重要。一是针对疏散楼梯多的问题，应科学管理、实行编号标识、疏散诱导图准确标注的方式，增强疏散示意的直观性。有条件的单位应将多媒体导购屏与疏散路线图合二为一。二是加强疏散楼梯、出口的日常管理，做到标识明显，定岗定责，保持畅通及出入口防火门完好；充分利用视频监控系统，抽查疏散通道、疏散楼梯情况。三是对采用性能化设计的疏散系统（亚安全疏散区）必须采取严格的消防管理措施来确保"亚安全区"的安全性：① 对可燃物进行严格控制。不得在亚安全区内布置可燃物，不得摆摊设点，不得设置阻碍人员安全疏散的物品；该区域内的装修和装饰材料应采用燃烧等级为 A 级的材料或制成品；电气线路均要求使用低烟无卤绝缘电缆并进行漏电保护，避免建筑使用年限增加后由于电气线路老化等原因引起火灾的发生。② 加强人员安全疏散指示引导。中庭公共走道部分的消防应急照明的应急工作时间不应小于 1.5 h，并设置为连续可视的发光疏散指示标志。

4.5 建章立制做好日常性能化设计贯彻

一是对进行性能化设计的大型商业综合体要每年进行性能化设计评估，由消防机构验收部门组织开展，保证性能化要求始终得到贯彻执行。二是建立性能化设计建筑挂牌管理，在消防监督管理系统户籍化项目中应开发子系统，专门针对已投入使用的采用性能化设计的建筑明确要求，建立完整的平面图及使用功能说明；在消防机构验收时验收部门负责录入户籍化系统并移交监管单位（消防大队），在户籍化中明确性能化设相关情况（防火分区、亚安全疏散区、防火分隔措施、扩大防火分区等），以利于监督单位持续管理，由监督单位建立本辖区采用性能化设计建筑的专门档案。三是综合体管理单位建好性能化设计说明及竣工图相关资料台账，并将性能化要求落实到各个职能部门，要整合工程、设备、保安部职能，实行综合火灾防控治理；店铺改造报批，设备改动，实行日常监管三合一，商管在招租时，工程、设备及保安部要同时介入，明确要求，严格审批关，确保对建筑原有消防设计体系没有产生影响。

4.6 加强商业综合体用火管理

商业综合体内的餐饮场所是消防监管的重点，是火灾多发地点。例如，武汉广场的美食城和武汉国际广场顶层餐厅都发生过火灾事故。综合体内餐饮场所，要实现集中区域、集中管理、重点部位突出，管理重点是厨房用火区，做到实体墙与经营区完全防火分隔到位，油烟管道定期清洗，强化责任管理。例如，武汉菱角湖万达广场采取歇业时关气、关水、关电，炉灶及油烟管道设置自动灭火系统，在营业区实行严格的明火控制（不得使用明火），在每个餐厅厨房出入口设置用火、用电管理公示牌，以方便物业部门督导，实行餐厅管理与广场物业管理双管齐下等措施，效果较好，值得借鉴。

4.7　完善商业综合体商铺改造装修消防审批制度

《建设工程消防监督管理规定》(公安部 119 号令)规定了总建筑面积大于 10 000 m² 的商市场属于消防审核范畴,但是未明确这类大体量建筑内商铺改造是实行审核还是备案。由于建筑面积普遍不大,消防监督机构基本上实行的是备案抽查。但是,商业综合体的许多消防隐患的产生,尤其是涉及结构的隐患,多半是在日积月累的商铺、店面装修时造成的,如改造中可能会破坏原有的防火分隔设计、改变使用性质、占用疏散路线等。针对这些问题,应出台具体解释说明,以明确将大型商业综合体内的商铺改造纳入消防审核范畴,从源头上加以监管。

5　结　论

大型商业建筑高度高、体量大、功能复杂、人员密集,且内部可燃物多,火灾时疏散困难。因此,应开展专题研究,制定更为严格的消防管理标准,整体提高商业综合体的消防安全水平,才能有效预防和减少该类建筑火灾的发生,保障人身和财产安全。

参考文献

[1]　谢元一,张晓明,方正. 利用"亚安全区"解决大型商业建筑消防设计难题的可行性分析[J]. 武汉大学学报(工学版),2012,45(3):370-373.

作者简介:罗洪波(1974—),男,湖北省武汉市公安消防支队江汉大队大队长;主要从事消防监督管理工作。
　　　　　通信地址:湖北省武汉市前进五路 4 号,邮政编码:420100;
　　　　　联系电话:15607186177。

公路隧道顶棚部位最高温度模型与相关分析

李 达

（四川省成都市公安消防支队）

【摘　要】　在公路隧道火灾中，不仅存在烟气对于人员生命安全的威胁，也同样存在过高温度对隧道结构稳定性的影响，而后者所造成的后果往往十分严重。由于温度过高而引起隧道结构失效，导致隧道垮塌，造成群死群伤并中断交通，从而造成无法估量的间接损失。因此，结构防火保护是隧道消防安全工作的一个重要部分。通常，采用的结构防火保护措施是在结构材料上喷涂防火涂料，但由于防火涂料种类的差异以及效果的未知，研究公路隧道火灾中顶棚处特别是火源上方顶棚处最高温度具有重要的意义。目前，在隧道顶棚附近最高温度方面的研究相对较少。本文主要通过数值模拟结果与 Kurioka 最高温度模型进行比对分析来进行进一步研究隧道顶部最高温度规律。

【关键词】　公路隧道火灾；烟气蔓延；数值模拟

1　隧道顶棚处最高温度模型以及预测

1.1　Kurioka 隧道拱顶附近最高烟气温度模型

2003 年，Kurioka 等人通过开展比例尺寸隧道模型试验，对不同通风风速条件下隧道火源附近最高烟气温度进行了研究，提出了隧道顶棚附近最高温度的计算模型；中国科学技术大学胡隆华等人利用全尺寸模型予以了验证。此模型是目前在研究隧道顶棚附近最高温度方面具有一定认可度的模型。在模型提出前引入了两个物理量，分别为无量纲火灾热释放速率 Q' 和无量纲弗劳德数 Fr，其表达式为：

$$Q' = Q/(\rho_a C_P T_a g^{1/2} H_d^{5/2})$$

$$Fr = u^2/(gH_d)$$

式中：ρ_a，C_p，T_a，H_d，u，Q 分别为流入空气的密度、比定压热容、温度、火源面到隧道拱顶的高度、纵向速度和火源功率。

Kurioka 等人依据火羽流结构模型，提出了隧道顶棚附近最高温度模型公式，即：

$$\frac{\Delta T_{max}}{T_a} = \gamma \left(\frac{Q'^{2/3}}{Fr^{1/3}} \right)^{\varepsilon}$$

式中：ΔT_{max} 为拱顶处最高烟气温度变化值；T_a 为隧道初始空气温度，两种温度均使用开尔文温度单位。

而经验参数 γ，ε 按如下条件确定，即：

$$Q'^{2/3}/Fr^{1/3} \geqslant 1.35, \quad \gamma = 2.54, \quad \varepsilon = 0$$

$$Q'^{2/3}/Fr^{1/3} < 1.35, \quad \gamma = 1.77, \quad \varepsilon = 6/5$$

对于 Kurioka 模型采取理论分析可知，在通风风速较小的情况下，尤其是在自然通风情况下，该模型存在较大的问题（本文后续会利用小模型重新确定在低通风风速情况下隧道最高温度的模型）。

1.2 模拟工况设置与最高温度模型预测

通过对主体模型数值模拟的方法，运用两种火源功率下不同通风风速工况所获得的隧道顶棚最高烟气温度与依据 Kurioka 模型所预测的结果（见表 1）进行比对分析，来验证 Kurioka 模型在公路隧道上的适用性；此外本文利用辅助小模型针对性研究火源热释放速率、火源高度、通向通风风速对于顶棚附近最高温度的影响，以及针对低通风风速开展数值模拟研究。

表 1　模拟工况与 Kurioka 模型最高温升预测表

火源热释放速率（MW）	通风风速（m/s）	火源距顶棚高度（m）	Kurioka 最高温升（℃）	最高温度（℃）
15	1	7	435.7	455.7
15	2	7	250.2	270.2
15	3	7	180.9	200.9
15	4	7	143.7	163.7
15	10	7	69.1	89.1
30	1	7	744.6	764.6
30	2	7	435.7	455.7
30	3	7	315.0	335.0
30	4	7	250.2	270.2
30	10	7	120.2	140.2

2　数值模拟结果分析

2.1 隧道火源上方温度变化过程分析

如图 1（15 MW 火源功率自然通风情况下，火源正上方 6 米处热电偶测得的温度时间曲线）所示，火源上方温度变化过程类似于 t^2 形式变化，首先开始阶段随着时间的增加温度增加，而后在热释放速率达到最大值恒定后温度呈现波动变化，波动幅度很大。另外，分析图 2（30 MW 火源功率 1 m/s 通风风速情况下）同样验证了上面分析的温度随时间的变化过程。

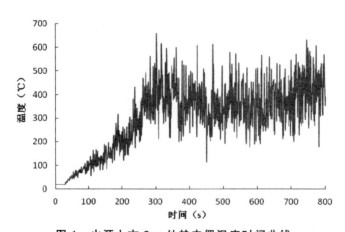

图 1　火源上方 6 m 处热电偶温度时间曲线

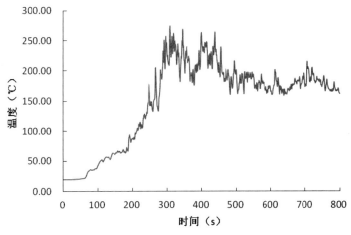

图 2　火源上方 5 m 处热电偶温度时间曲线

按照理论分析可知，本文数值模拟火源设置为极快速 t^2 火，在达到最高值前温度随着热释放速率的增加而增加，达到最高值后火源热释放速率处于动态稳定状态（实际火源热释放速率同样处于波动状态）详见图 3（15 MW 火源功率自然通风条件下），但就波动幅度而言温度波动幅度明显大于热释放速率的波动幅度，这是因为由于隧道火灾导致的浮力羽流效应使得实际通风风速处于变动过程，但在整体平均水平上接近纵向通风风速，故下面在计算最高温度时采用了纵向通风风速。

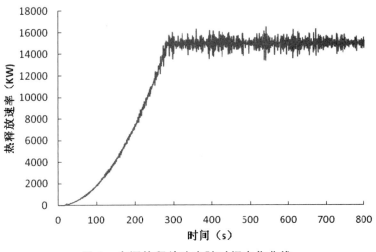

图 3　火源热释放速率随时间变化曲线

2.2　隧道顶棚附近最高温度模型分析

就数值模拟主体模型而言，经过数据提取获得不同工况下公路隧道火灾顶棚附近最高烟气温度（后文简称为最高温度）详见表 2。

表 2　公路隧道火灾顶棚附近最高烟气温度数据表

火源热释放速率（MW）	通风风速（m/s）	火源距顶棚高度（m）	数值模拟最高温度 T_{max}（℃）	出现位置
15	1	7	259	400 m 处
15	2	7	238	400 m 处
15	3	7	213	405 m 处
15	4	7	165	410 m 处

续表 2

火源热释放速率（MW）	通风风速（m/s）	火源距顶棚高度（m）	数值模拟最高温度 T_{max}（°C）	出现位置
15	10	7	74	420 m 处
30	1	7	470	400 m 处
30	2	7	370	410 m 处
30	3	7	324	405 m 处
30	4	7	267	410 m 处
30	10	7	103	435 处

将数值模拟得出的结果同表 1 进行对比分析可知，Kurioka 模型在公路隧道火源顶棚附近最高烟气温度上有所偏差，但总体规律在 15 MW 和 30 MW 火源功率上体现出了较好的趋势一致性，具体对比分析详见图 4（15 MW 火源热释放速率条件下最高温度与通风风速的关系曲线）、图 5（30 MW 火源热释放速率条件下最高温度与通风风速的关系曲线），在通风风速大于等于 2 m/s 时证明了 Kurioka 模型在一定火源功率下的有效性。但在火源功率为 200 MW 的条件下，数值模拟与模型预测存在较大差异，因此有必要进一步验证 Kurioka 模型的使用条件以及做出相应的修正。下文中为了合理开展针对性研究，采用辅助小模型进行了研究。

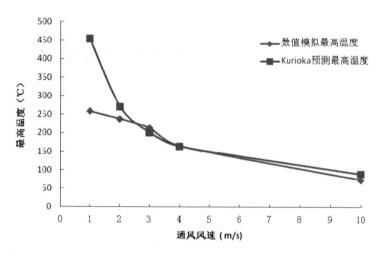

图 4   15 MW 火源热释放速率条件下最高温度与通风风速的关系曲线

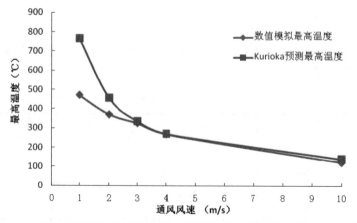

图 5   30 MW 火源热释放速率条件下最高温度与通风风速的关系曲线

对于上述数值模拟数据中火源附近最高温度的出现位置进行一定的分析后做出如下合理解释：对于一般火源功率条件在通风风速较小情况下，顶棚附近最高温度出现在火源上方处，由于较大通风风速（大于 3 m/s）会导致热量发生一定距离的偏移，因此其顶棚附近最高温度出现在火源下游 10 m 距离处甚至更远。

2.3 辅助小模型针对性研究

根据对 Kurioka 模型的分析可知，影响隧道顶棚最高烟气温度的因素有火源热释放速率、纵向通风风速以及火源面与顶棚的相对高度。因此本文分别就三个变量进行研究，来进一步验证 Kurioka 模型的有效性。

2.3.1 火源热释放速率影响分析

本部分利用小模型数值模拟对火源热释放速率进行了针对性研究，具体研究过程与研究结果如表 3 和图 6 所示。通过研究结果可以看出，Kurioka 模型在 3 m/s 通风风速条件下、火源热释放速率在 5～35 MW 情况具有较好的有效性，但火源热释放速率超过 35 MW 时 Kurioka 模型数值模拟显现出一定的差异，这种差异随着火源功率的增大而增大，如上文中的 200 MW 火源功率条件下所获得最高温度远远小于数值模拟中的最高温度。对出现最高温度的部位小模型进行了更加详细的测量，结果符合上述的分析结果，即在火源功率较小的情况下通风风速会对中心热量产生一定的偏移，这种偏移随着火源功率的增大其效果会慢慢减小。图 7 是不同火源热释放速率条件下温度比对分析图，通过比对可以看出热释放速率是影响最高温度的主要因素之一，同时可以看出最高温度的出现位置。

表 3 基本小模型研究工况

基本条件	通风风速：3 m/s；火源面与顶棚距离：8 m；极快速 t^2 火		
火源热释放速率（MW）	隧道顶棚附近最高温度（℃）	火源热释放速率（MW）	隧道顶棚附近最高温度（℃）
5	75.07（出现在 107 m 处）	25	243.39（出现在 102 m 处）
10	116.03（出现在 104 m 处）	30	283.06（出现在 103 m 处）
15	169.13（出现在 106 处）	35	431.67（出现在 102 m 处）
20	193.72（出现在 108 m 处）	40	576.55（出现在 103 m 处）

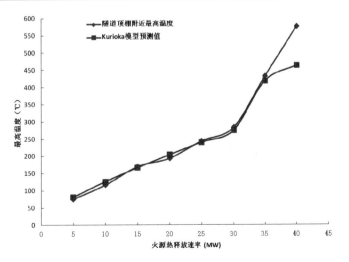

图 6 不同火源热释放速率下数值模拟与 Kurioka 模型预测结果对比图

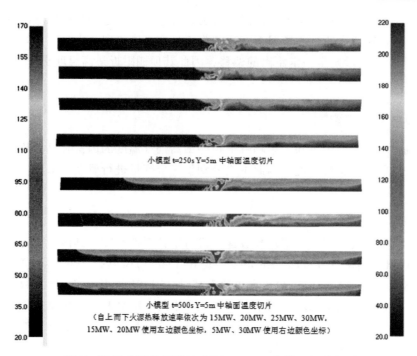

图7 不同火源热释放速率下 Y=5 m 中轴面温度切片

2.3.2 距火源面高度 H_d 影响分析

通过上文对于 Kurioka 模型的分析可知，隧道顶棚与火源面的距离也是影响顶棚附近最高温度的重要因素之一，故本节通过小模型对距火源面的高度 H_d 进行针对性研究，研究中火源功率为 10 MW，通风风速为 2 m/s（见表 4 和图 8）。通过分析可知，在所研究高度在 3~8 m 之间时，Kurioka 模型值与数值模结果具有较好的趋势吻合度，故其适用性较高，无需修正。（由于一般公路隧道火源面与顶部相对高度大于 2 m，故本文主要研究相对高度大于 2 m 的隧道工况。）

表4 火源面距离顶棚高度对于最高温度影响研究工况

距火源面高度 H_d（m）	最高温度 T_{max}（℃）	距火源面高度 H_d	最高温度 T_{max}（℃）
8	116（出现在 104 m 处）	5	388（出现在 104 m 处）
7	273（出现在 106 m 处）	4	453（出现在 107 m 处）
6	311（出现在 105 m 处）	3	648（出现在 107 m 处）

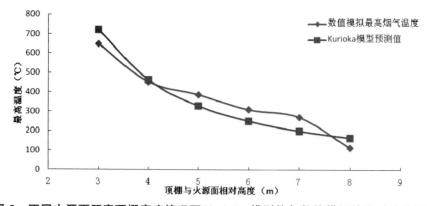

图8 不同火源面距离顶棚高度情况下 Kurioka 模型值与数值模拟结果对比分析图

2.4 低通风风速条件下顶棚附近最高温度分析预测

上面研究的是 Kurioka 模型对相关变量因素的有效范围，但就模型整体而言，在自然通风条件下其数学表达式上的接近是无意义的，因此有必要对于较低通风风速条件下开展单独研究。本研究采用辅助小模型，在火源功率为 10 MW、火源面距顶部 8 m 条件下开展研究，相应数据如表 5 和表 6（说明：由于 FDS 产生的 csv 数据文件采用科学技术法，本文在数据提取中为了便于统计温度故取整数，特殊情况下修改格式精确到小数点后两位）、图 9 所示。

表 5　低通风风速条件下隧道顶棚附近最高烟气温度表

通风风速（m/s）	最高温度 T_{max}（℃）	通风风速（m/s）	最高温度 T_{max}（℃）
0	257	0.8	176
0.2	235	1.0	159
0.4	213	2.0	118
0.6	195	—	—

表 6　Kurioka 模型在小模型条件下部分数据计算表

通风风速（m/s）	最高温度 T_{max}（℃）	通风风速（m/s）	最高温度 T_{max}（℃）
1.0	261.2	1.8	179.0
1.2	228.4	2.0	166.1
1.4	204.3	3.0	125.6
1.6	185.6	—	—

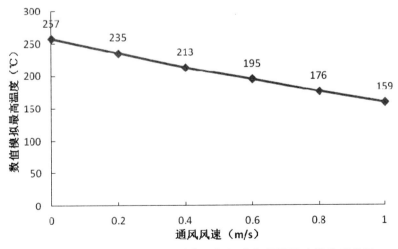

图 9　较低通风风速条件下最高烟气温度与通风风速的关系曲线

通过与 Kurioka 模型对比分析可以发现，数值模拟测得的结果与模型预测值存在着一定的特殊关系，即 Kurioka 模型沿 X 轴横向向右平移一个单位（即 1 m/s 通风风速）后与所测得的数据基本吻合（见图 10）。因此，提出在低通风风速条件下（$u<2$ m/s）的修正模型，有如下表达式，即：

$$\frac{\Delta T_{max}}{T_a} = \gamma \left\{ \frac{Q^{*2/3}}{\frac{(u+1.0)^{2/3}}{g^{1/3}H_d^{1/3}}} \right\}^{\varepsilon} \quad ; \quad Q^* = \frac{Q}{\rho_a C_P T_a g^{1/2} H_d^{5/2}}$$

式中：Q^*为无量纲热释放速率；

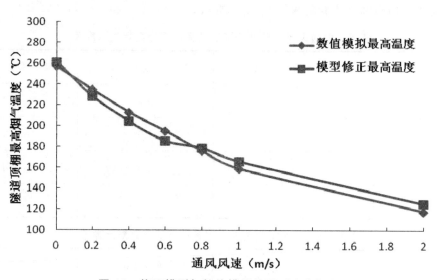

图 10　修正模型与数值模拟结果对比分析图

修正模型在 FDS 主体模型上的验证：见表 7，经过验证误差在 5%以内，故验证了修正模型在主题模型的有效性。

表 7　修正模型在主体模型数值模拟对比分析表

火源热释放速率（MW）	通风风速（m/s）	火源距顶棚高度（m）	数值模拟最高温度 T_{max}（℃）	修正模型温度（℃）	误差（%）
15	0	7	442	455.6679	3.09
15	1	7	259	270.2255	4.33
30	1	7	470	457.3962	-2.68

3　小　结

通过数值模拟结果分析以及与 Kurioka 模型公式的对比分析研究了公路隧道顶棚处最高温度模型，经过主体模型（18 个工况）的总体研究与辅助小模型（24 个工况）的针对性研究对 Kurioka 最高烟气温度模型的适用条件进行了分析研究，此外还修正了低通风风速条件下的最高温度模型。

（1）Kurioka 顶棚附近最高烟气温度模型适用条件（吻合度较高）：纵向通风风速不小于 2 m/s；火源热释放速率不大于 35 MW；顶棚与火源面距离大于 3 m 而且小于 8 m。

（2）修正后模型整体表示式为：

$$\frac{\Delta T_{\max}}{T_a} = \gamma \left\{ \frac{Q^{*2/3}}{\frac{(u+1.0)^{2/3}}{g^{1/3}H_d^{1/3}}} \right\}^{\varepsilon} \quad (u < 2.0)$$

$$\frac{\Delta T_{\max}}{T_a} = \gamma \left\{ \frac{Q^{*2/3}}{\frac{(u+1.0)^{2/3}}{g^{1/3}H_d^{1/3}}} \right\}^{\varepsilon} \quad (u \geqslant 2.0)$$

$$Q^* = \frac{Q}{\rho_a C_p T_a g^{1/2} H_d^{5/2}}$$

$$\frac{g^{1/3}H_d^{1/3}Q^{*2/3}}{u^{2/3}} \geqslant 1.35 \ (\gamma = 2.54, \ \varepsilon = 0)$$

$$\frac{g^{1/3}H_d^{1/3}Q^{*2/3}}{u^{2/3}} < 1.35 \ (\gamma = 1.2, \ \varepsilon = 1.77)$$

（3）通过数值模拟分析温度随时间的变化过程和隧道顶棚附近达到最高温度的位置等，对火源热释放速率较大的情况下可通过修正 ε，γ 分界数值来进行进一步的研究。

作者简介：李达（1982—），工程硕士，四川省成都市公安消防支队防火处监督指导科副科长。

关于小型旅馆疏散楼梯间防火设计的几点思考

孟　琮

（山东省青岛市公安消防支队）

【摘　要】　在日常消防监督检查和实施行政许可工作中，笔者发现小型旅馆疏散楼梯的防火设计普遍存在难点，主要集中在设置于多层建筑的小型旅馆的疏散楼梯间形式和设置于高层建筑裙房的小型旅馆的疏散楼梯间数量这两个问题上。本文因此提出了大胆假设，即通过分析、计算，为无法完全达到国家技术标准的小型旅馆提出了疏散楼梯间防火设计的合理化建议。

【关键词】　小型旅馆；疏散楼梯间；防火设计；思考

1　小型旅馆的概念

在现行消防法律法规和国家消防技术标准中没有"小型旅馆"或"小型宾馆"的定义，虽然在《山东省公安派出所消防监督管理规定》中将"小旅馆"定义为："设置床位数不大于 50 个的旅馆"，却没有在建筑面积、建筑层数等技术指标上加以界定。所以，笔者根据实际监督检查和实施行政许可中遇到的问题将"小型旅馆"界定为耐火等级为一、二级，建筑面积不超过 300 m²，层数为 3 层及其 3 层以下的旅馆。

2　分析小型旅馆疏散楼梯防火设计难点及对策

2.1　多层建筑中小型旅馆的疏散楼梯形式

《建筑设计防火规范》（GB50016—2006）（以下简称《建规》）[1]第 5.3.5 条规定：旅馆的室内疏散楼梯应采用封闭楼梯间；第 7.4.1 条规定：楼梯间应能天然采光和自然通风，并宜靠外墙设置。能天然采光是为了确保楼梯间内良好的视线；自然通风是为了在火灾时能够排出进入楼梯间的烟气；楼梯间封闭是为了防止火灾蔓延和保证人员安全疏散。但实际情况是，小型旅馆设置封闭楼梯间有一定难度。小型旅馆多位于已建成建筑物内，与其他区域进行分隔后改建而成。如果旅馆所在建筑物建于现行《建规》之前，楼梯间无天然采光和自然通风条件且未靠外墙设置，那么在此基础上改建的小型旅馆的疏散楼梯便存在"先天性火灾隐患"。《建规》第 7.4.2 条规定：封闭楼梯间当不能天然采光和自然通风时，应按防烟楼梯间的要求设置；第 7.4.3 条规定：防烟楼梯间当不能天然采光和自然通风时，应按规定设置防烟和排烟设施。按以上条文要求，将不具备天然采光和自然通风条件的疏散楼梯封闭，那么接下来应设置防烟楼梯间，相应的要设置防烟排烟设施。这样的设计对于后期改建的小型旅馆来说施工难度大，建造成本高，不符合现实情况。

通常情况下，小型旅馆建筑面积小、层数低、结构简单明了、内部空间一目了然。如果将不具备天然采光和自然通风条件的疏散楼梯做开敞式设计，便可以避免人群通过两道乙级防火门时的短暂停顿，以保证人员疏散的速度和流畅性。笔者认为，在无法设置封闭楼梯间的情况下，可以根据烟气流动方向应与人员疏散方向相反的设计原则，在疏散楼梯的反方向位置设置排烟窗口，或增设独立式火灾探测报警器、简易自动喷水灭火系统、防毒面具等设施和器材来弥补建筑构件的不足，这对小型旅馆的防火设计来说更具可操作性和现实意义。

2.2 高层建筑裙房中小型旅馆的疏散楼梯数量

随着高层建筑数量迅速增长，在高层裙房开设小型旅馆的现象非常普遍。《高层民用建筑设计规范》（GB50045-95，2005 版）（以下简称《高规》）[2]第 6.1.5 条规定：高层建筑的安全出口应分散布置，两个安全出口之间的距离不应小于 5.00 m。也就是说，高层建筑中无论是主体还是裙房均应设置不少于两个保证人员安全疏散的楼梯或直通室外地平面的出口。假设一个层高为 2.7 m 的 3 层小型旅馆，其标准层为 100 m²，根据《高规》第 6.2.9 条规定的高层建筑疏散楼梯最小净宽为 1.2 m，《民用建筑设计通则》（GB50352—2005）[3]第 6.7.3 条规定的梯段改变方向时，扶手转向端处的平台最小宽度不应小于梯段宽度，并不得小于 1.20 m，以及第 6.7.10 条规定的旅馆楼梯踏步最小宽度为 0.28 m、最大高度为 0.16 m 的数据，计算出楼梯间最小水平投影面积为（1.2 + 2.52 + 1.2）× 2.4 = 11.8 m²（见图 1）。

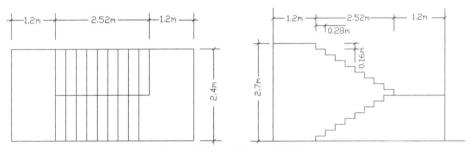

图 1　楼梯间平面、剖面图

根据小型旅馆普遍的平面布局形式，其标准层如图 2 所示。由此可见，两部疏散楼梯之间的距离为 4 m，那么"出口应分散布置且间距不小于 5 m"的要求便没有实际意义。假设的情况只是布局形式的一种可能性，但由此说明无论任何规模的旅馆均按《高规》要求设置两个以上安全出口的做法不完全合理。再做一个假设，根据《高规》第 4.2.2，4.2.3，4.2.4 条的规定，高层建筑与一、二级耐火等级多层民用建筑的防火间距在一定条件下可以减少为 0 或 4 m。笔者认为，裙房中的小型旅馆所处位置满足以上条文规定的条件，且旅馆与相邻区域用防火墙进行分隔后，可以将该旅馆定性为多层民用建筑，根据《建规》第 5.3.2 条只设置一部疏散楼梯的规定，在这个前提下，取小型旅馆标准层最大面积 300 m²，《建规》中对房间疏散门距安全出口距如图 2 所示。

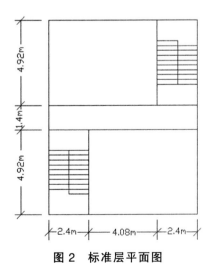

图 2　标准层平面图

由图可知，离得最远距离值 22 m 和疏散走道、疏散楼梯的最小宽度值 1.1 m 作为最不利因素，假设平面布置如图 3 所示，该楼层容纳人数为 26 人，疏散走道面积为 25.41 m²，走道内的人群密度为：26人/25.41 m² = 1.023 ≈ 1 人/ m²。根据人员疏散速度模型分析，即使该层所有人员都处于疏散走道内，人流迁移流动仍然呈自由流动状态，[4]可以做到正常疏散，所以这个假设是可行的。

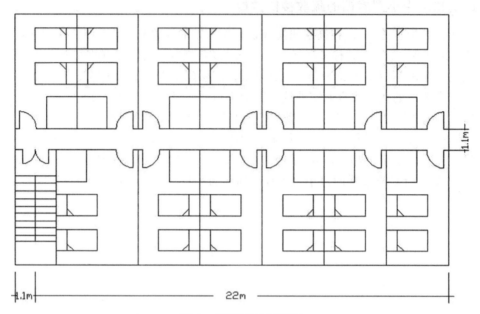

图 3　假设平面布置图

3　实施监督检查和行政许可时存在难度

在实际工作中，对小型旅馆的消防监督监管存在一定难度，集中表现在两个方面。一方面，在监督检查中发现，小型旅馆所处的多层民用建筑、高层建筑裙房建设工程多属于备案抽查且未抽中和工程建设年代久远两种情况。主体建筑未经消防审核、检查，或不符合现行消防技术标准，建于其中的小型旅馆在改造时则面临诸多建筑构造上的问题难以解决。另一方面，实施行政许可时，根据《中华人民共和国消防法》规定，旅馆无论规模大小均属于公众聚集场所，投入使用、营业前应申请消防安全检查，办理消防行政许可。《建筑工程施工许可管理办法》(中华人民共和国建设部令第 91 号)第二条第二款规定："工程投资额在 30 万元以下或者建筑面积在 300 m² 以下的建筑工程，可以不申请办理施工许可证"，即小型旅馆可以不进行消防设计备案和竣工验收备案，工程改造完毕后往往出现缺少一部疏散楼梯或未设封闭楼梯的"硬伤"。

4　结　语

在政府部门鼓励和扶持小微企业创业发展的社会大背景下，小型旅馆因其投资回报效率高、管理简单等特点，数量逐步上升。但规模无论大小，一律严格遵守技术标准设置封闭楼梯间或两部疏散楼梯的要求，给小型旅馆带来了很大困难。笔者认为，小型旅馆受面积、层数的限制，万一发生火灾，人员疏散不会存在太大障碍；在监督检查和实施行政许可时，可以建议小型旅馆增设独立式火灾探测报警器来提高预警能力，也可以增设简易喷水灭火系统、缓降器等设施和器材来保障人员疏散自救。这些方法对于小本经营的小型旅馆来说更具可操作性。

参考文献

[1] GB50016—2006. 建筑设计防火规范[S].

[2] GB50045—95. 高层民用建筑设计规范[S]. 2005.

[3] GB50352—2005. 民用建筑设计通则[S].

[4] 陈曦. 人员疏散速度模型综述[J]. 安防科技，2010（3）：46-48.

作者简介：孟琮（1981—），女，山东省青岛市公安消防支队；从事消防监督检查、建筑审核工作。

通信地址：山东省青岛市崂山区银川东路 15 号，邮政编码：266061；

联系电话：13869841909；

电子信箱：mcong31@163.com。

某度假酒店森林防火设计探讨

郑 锦

（贵州省黔东南州公安消防支队）

【摘 要】 本文针对凯里市某度假酒店占地面积较大、建筑物较多、依山而建、所处区域具有高密度的森林覆盖率等特点，从该酒店森林火灾报警系统及灭火系统等方面开展了其森林防火设计的探讨。在充分考虑与该酒店的建筑火灾自动报警系统充分集成的基础上，从前端图像采集及传输系统、存储及显示系统、烟火识别系统和室外声光警报系统对其森林火灾报警系统进行架构，即应对其森林火灾扑救的灭火系统主要从自动射水装置、专门的室外消火栓系统和建筑物屋顶消火栓的加强等方面进行设计，而且以上各灭火装置的消防给水均通过临近建筑的消防水泵实现临时高压供水。文章最后的结论是：在森林火灾多发、易发的地区，应从安全、经济、适用和保护生态的角度，对规模较大的林区度假酒店的森林防火与其建筑防火进行统筹考虑是十分必要和可行的。

【关键词】 度假酒店；森林防火；火灾报警系统；消火栓；集成；设计

1 引 言

某国际度假酒店位于凯里市迎宾中路（13 号路）南侧的商务核心区，是黔东南州的重大招商引资项目。该酒店总建筑面积为 16.58 万平方米，总投资为 8 亿元，由一栋建筑面积约 7 万平方米的主楼（A 楼）、一栋建筑面积约 4 万平方米的次楼（B 楼）、一条建筑面积约 3 万平方米的文化街（C 楼）、一座建筑面积约 1 万平方米的会议中心（位于 A 楼西南侧）和若干栋休闲别墅区组成，是一家集客房、会议、餐饮、娱乐、度假及公园为一体的综合性（白金五星级）酒店。整个酒店开业后，预计将有 100 余家商户进驻营业。该酒店占据一座小山，占地面积约 33.35 万余平方米，各建筑坐落于高密度的华山松树林间的布局是其独一无二的原生态特色和环境格调（其效果图见图 1），但也给该酒店的建筑消防安全和森林火灾防控带来了新的挑战。

图 1 某国际度假酒店效果图

森林火灾具有突发性强、频发率高、危害面积广、破坏性大、火势迅猛、扑救困难等特点，是发生频繁的灾害之一。长期以来，在包括凯里市在内的贵州省黔东南地区苗族、侗族等少数民族居住的山区，木质结构村寨房屋火灾和森林火灾的发生一直呈严峻态势。特别是每年风干物燥的时节，因建筑房屋失火引发森林火灾，或因树林失火引发建筑房屋火灾的情况并不鲜见。该酒店依森林覆盖率达90%的山坡而建，且占地面积较大和建筑物较多。酒店所在小山为一座独立山峰，坐南朝北，南高北低，山顶的南面即为断崖，高密度的华山松树林主要分布于该小山的南部和东部。酒店的所有建筑物，均分布于该小山的北面、东面区域内，每栋建筑都严格按照国家消防技术标准设置有十分完善的消防设施。该酒店建成后又是客人及市民消费、休闲的场所，其林区防火安全至关整个酒店的消防安全。鉴于此实际问题和对原生态树林的保护，该酒店的消防设计过程中开展了对建筑防火与森林防火集成设计的有益探讨，专门的森林火灾报警系统及灭火系统的设计可谓是该酒店工程建设中的最大亮点之一。

2 工程概况

该酒店森林火灾报警系统包括前端图像采集部分和传输部分，后端控制与显示部分以及软件系统、室外声光警报系统。该报警系统的覆盖范围包括该酒店所在整个小山的林区，共建有7个前端视频图像采集站，并借助于现代的通讯、精密光学、数字处理和分析、新能源、软件平台等技术，将实现整个林区火灾报警系统的数字化、信息化，提高了其森林火灾的防控水平。森林防火的要求是"打早、打小、打了"。该酒店的森林防火报警系统正是一个能够在第一时间发现火警，并能及时发出警报，并利用烟火识别软件，及时响应处理火警。处理时主要依靠酒店林区道路两侧的室外消火栓、主要楼栋屋顶专用消火栓及室外自动射水装置等灭火设施进行扑救，实现了扑救初期火灾的目标。

3 森林火灾报警系统设计

3.1 系统架构

该度假酒店森林火灾报警系统由前端图像采集系统、显示及存储系统、烟火识别系统和室外声光警报系统等4个子系统组成（见图2）。计划在该酒店所处小山后坡（山顶南部）的4个制高点及北部3栋主要建筑的屋顶分别选取1个点，建立7个前端视频采集点，每个点的监控半径不大于1km。因酒店防雷系统已在建筑物的防雷设计中考虑，所在的小山较之一般的林区而言，其面积不是太大，从经济和实用的角度考虑，该系统未设计一般森林防火预警系统应具备的防雷系统、地理信息系统（GIS系统）。

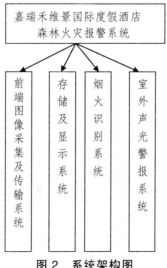

图2 系统架构图

3.2 前端图像采集系统及传输系统

为了实现该酒店森林火灾报警系统的数据采集，计划在该酒店所处小山后坡（山顶北部）的4个制高及南部A楼、B楼、C楼3栋主要建筑的屋顶上，共建设7个前端视频图像采集站。后端，即整个系统的控制中心位于建筑群的总消防控制中心所在的房间内，以利于建筑防火与森林防火的集成监控。小山北部4个制高点分别建立一个不低于6米的铁塔，利用风光互补发电系统供电。A楼、B楼、C楼3栋主要建筑的屋顶上的采集站，利用所在建筑的消防供电系统供电。7个前端视频图像采集站的视频信号、控制信号、报警信号通过光纤传回该酒店的消防总控制中心。每个采集点均采用375 mm大焦距电动镜头，1 km识别烟火，0.5 km发现人物活动。该子系统涉及的设备主要有以下几种。

（1）摄像机。设计选用透雾摄像机，应是一款高性能的智能化监控彩色摄像机，具有透雾功能，能够在任何照明条件下提供杰出的图像品质，特别适合室外远程监控；其最低照度应大于 0.003Lux F1.2（night，IR under 0Lux）、0.02Lux F1.2（DAY），支持远程切换滤光片。

（2）镜头。设计采用具备"ED"（Extra-low Dispersion）镜头的镜头，能有效解决色散问题，以提供高品质成像画质。在同一画面中，针对同时出现近、中、远景目标，镜头可自动聚焦。

（3）重型数字回显云台。设计采用变速高精度云台，该云台辅之专门的视频
服务器，其角度值应能实时回显。

（4）铁塔。本子系统在小山南部的制高点建立6米角钢铁塔4座，其地跨1.5米、地基深1.5米，钢筋混凝土浇筑。塔上设置有操作平台，方便设备安装，同时设立有瞭望岗，以方便林业巡山人员瞭望作业，方便设备的安放与维护。根据本项目实际情况，选用非金属型接地材料，在铁塔周围做环形地网，要求接地阻值小于4 Ω，专门对铁塔进行了防雷处理。

该森林防火报警系统的传输部分采用光纤传输方式，通过光端机和VPN专网，将信号传回酒店消防控制中心。

3.3 存储及显示系统

（1）存储服务器。该森林防火视频监控预警系统的录像可保存30天，通过前端网络视频服务器和后端酒店消防控制中心服务器实现双向存储，保证录像不流失。

（2）显示器。该系统位于酒店消防控制中心的显示器拟采用单屏高分辨率不低于 1 366×768 或 1 920×1 080，整屏高分辨率不低于 1 366×M×768×N 或 1 920×M×1 080×N 的显示器，为监控人员提供一个超高分辨率、超大显示面积的液晶显示屏。

3.4 烟火识别系统

（1）森林火情自动报警软件系统。该烟火识别系统设计采用了中国科学院自动化所光电信息研究室开发的"森林火情自动报警软件系统"。该软件以"森林防火及生态保护数字化监控系统"为平台，从而使该系统具有自动火情识别和预警功能。应用先进的数字图像处理和模式识别算法和技术对视频数据流进行分析，在森林背景下，提取烟火目标有效图像特征，使该软件系统实现了高概率的森林火情的自动识别，并具有较低的火情虚警率。软件可自动实时读取和控制各云台当前状态，在发现火情时，将云台自动停在对应的位置，在实时视频图像中自动用红框标出火情发生的位置，并向值班人员发出报警信号。

（2）烟火信息的发出。烟火识别系统为整个系统发出的报警信号，经值班人员确认火情后，自动将火情发生的图像位置、云台位置编号、水平角度和俯仰角信息，经监控人员根据酒店地图确定火点位置，并由系统自动向有关领导和辖区消防部门火灾报警信息。通过软件的交互界面，总控制室值班人员可以切换自动识别状态和为人工识别状态，也可以通过界面上的云台控制面板控制云台的运动状态。该酒店的此软件系统可同时显示7个点的云台视频图像。

（3）实时识别烟火目标。该软件系统应用图像分割和识别技术，自动区分并标记出森林区域和天际线，这样做的目的是为了降低火情虚警率。对视频图像中非火情区域（如游泳池、商业广场等）的烟火目标不进行报警，但同时可以对建筑物火灾的烟火目标进行报警。在自动监测状态下，云台自动转动，对一定的俯仰角，每隔10度云台停止，程序实时地抓取基本照片、比较图片，经图像处理提取烟火特征（如烟火的灰度分布特征、形状和烟火的运动特征等）后，应用模式识别技术进行烟火自动判别。通过相应的算法，其他的非烟火目标（如飞行物、车辆等）将被排除。另外，在该系统中，通过相应的算法消除其他一些因素（风、光照和虚像等）对烟火自动识别的影响。图3为出了烟火自动目标识别及其轮廓信息。

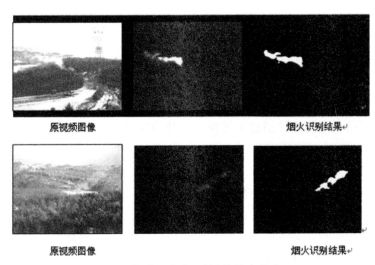

图 3   烟火目标识别及其轮廓信息

（4）烟火报警信息的确认。当软件识别出森林烟火目标时，向值班人员发出报警信号（声音信号），同时软件界面报警状态部分发出红色闪烁信号。报警状态中，每个圆点对应一个监测点。值班人员可根据实时视频图像确认是否为火警。此时，值班人员可根据实际情况，将自动监测状态切换为人工监测状态，并可通过云台和镜头的控制面板用鼠标方便地调节云台和镜头参数。当值班人员确认火情后，依据该酒店的地图精确地确定出火情的地理位置，并自动向有关领导和酒店消防队员发布火情警报。为了再次对森林火警的确认，该酒店林区的各个路段均设置有安防监控系统的视频探头，该系统的控制室与消防总控中心合用。对于树林内部的地表火火情，可以及时通过本区域内的安防监控系统的视频探头进行查看，以便最大限度地减少误报率。

3.5   室外声光警报系统

在确认酒店的林区火警信息后，系统直接通过能实现集成控制的消防控制主机，及时启动该酒店的各个主、次道路旁边的声光警报器、室外喇叭，引导人员按照疏散指示牌安全有序地疏散和撤离。若确认火情的地方邻近建筑物，则还能及时启动有关建筑内的火灾报警系统的声光警报系统及相应的防火灭火设施。

4   灭火系统设计

该酒店森林火灾灭火系统的设计主要基于其各栋建筑物（共有3个独立的水泵房）的消防水泵房的临时高压给水来实现，并力争任何一处树林失火均能有2个以上灭火设施的充实水柱到达，再次实现森林防火与建筑防火的有机集成。

4.1　自动射水装置

为了从最大程度上实现对林区火情的第一时间扑救,该度假酒店在所在小山南部 4 个制高点的铁塔和 A 楼、B 楼、C 楼屋顶上,以及森林火灾报警系统前端的 7 个前端视频图像采集站上设置有自动射水装置。具体设计是在 4 个制高点的铁塔分别设置有一门自动射水装置的水炮,在 A 楼、B 楼、C 楼屋顶,按照间隔 100 m 的距离,分别设置有 2 门自动射水装置的水炮。其中,B 楼、C 楼屋顶的射水装置已设置成职能向北部的林区射水。以上拟采用的自动射水装置应保证其保护半径大于 80 m,其工作压力不低于 1.0 MPa,射水流量 30 L/s,具有能喷雾供水的功能。所有自动射水装置的供水均由临近、相连的各建筑的消防泵进行临时高压供水。

4.2　室外消火栓系统

该酒店区域内规划有基本呈南北向布置的供车辆行驶的主要道路 3 条,专门供人员行走的小路若干条。为了实现在树林发生火灾时,能有最基本的扑救设备。在各个主路、小路边设计有保护半径在 80 ~ 90 m 内的室外消火栓共有 48 具,每具室外消火栓旁均设置有水带、水枪,以便及时取用。该室外消火栓平时的静水压由山顶的高位消防水池保证,使用后由相连消防泵进行临时高压供水。

4.3　屋顶消火栓的强化

为了实现对该酒店的林区火灾的全面扑救,在该酒店的 A 楼、B 楼、C 楼屋顶上,除建筑物本身所具备的一具专门供试验用的消火栓外,另外在每座楼顶上分别按照不大于 60 m 的间距,设置了专门扑救森林火灾的屋顶消火栓,以便于从屋顶向林区的着火点射水。具体做法是在 B 楼屋顶设置 3 具、C 楼屋顶上设置 4 具,因 A 楼处于整个酒店的中心,便于覆盖整个酒店区的大部分区域,其屋顶上的屋顶消火栓共设置了 6 具,每 3 具一排按照南北侧布置。所有扑救森林火灾的屋顶消火栓均与所在建筑的消防水泵连接,其供水方式同供试验用的消火栓。

另外,投入营业后,该酒店的管理单位将组建不少于 15 人的消防队、购置一辆大功率的消防车和配备若干专业的灭火器材。诚然,只要经过专业且经常性的训练,这支消防队伍将为整个酒店的消防安全再添加一道坚固的屏障。

参考文献

[1]　陈吉潮,王克印,韩星星,尚超,刘耀鹏. 树林灭火机械抛投平台的原理设计[J]. 消防科学与技术,2012,31(8):837-840.

[2]　郑锦,傅勤勇,张建平. 凯里民族文化宫消防设计探讨[J]. 消防科学与技术,2012,31(8):829-831.

[3]　李经明. 民族民居火灾危险性及预防对策[J]. 消防科学与技术,2012,31(7):753-756.

[4]　黄宝华,孙治军,周利霞,史淑一,马玉强. 基于综合火险指数的森林火险预报[J]. 消防科学与技术,2012,30(12):1181-1185.

[5]　杨久红,王小增. 森林火灾定位及自动报警系统设计[J]. 消防科学与技术,2010,29(5):410-413.

[6]　侯德元. 高扬程森林消防泵的理论设计与试验[J]. 消防科学与技术,2010,29(12):1108-1109.

某商业综合体性能化防火设计初探

张 华

（陕西省西安市公安消防支队）

【摘 要】 某商业综合体由于建筑体量较大，使用功能较复杂，工程在设计中出现了防火分区无法按常规设计等消防问题。本文将尝试根据工程实践中存在问题，有针对性地进行性能化防火设计，分析评估了工程实践过程中发现的问题，提出了一些改进意见，以探索解决消防工程设计中的问题。

【关键词】 商业综合体；防火分区；性能化

1 工程简介

某商业综合体建筑呈长方形布置，裙房地上 5 层、地下二层，地上办公楼含裙房共 24 层至 29 层，建筑高度在 100 m 左右，为一类商业综合楼。建筑的地下第二层为汽车库及设备用房，地下第一层为大型超市、家电商场和汽车库及设备用房；地上商业裙房分为 3 部分，分别为位于西南侧的 5 层百货、位于西北侧的 5 层娱乐和成 U 字形布置的商业室内步行街。商业室内步行街的一层为百货、次主力店、室内步行街和外铺；二层为百货、电玩、室内步行街和外铺；三层为百货、KTV 和室内步行街；四层为百货和影城；五层为百货和影城夹层。主楼部分为 2 栋公寓楼，为 4 ~ 29 层，3 栋甲级写字楼，为 6 ~ 24 层。

2 防火设计中存在的问题

根据现行国家标准——《高层民用建筑设计防火规范》（以下简称《高规》），该商业综合体属于一类高层建筑，耐火等级为一级。鉴于该工程商业部分使用功能的需要及其体量和造型设计的独特性，其主要存在一些消防设计难点。根据《高规》规定："高层建筑内的商业营业厅、展览厅等，当设有火灾自动报警系统和自动灭火系统，且采用不燃烧或难燃烧材料装修时，地上部分防火分区的允许最大建筑面积为 4 000 m²；地下部分防火分区的允许最大建筑面积为 2 000 m²"。

本工程的室内步行街是由若干个大小不一的中庭和环廊组成。步行街一、二、三层之间通过楼板分隔，楼板的不同部位有开口，形成了若干个建筑面积不同贯穿 3 层的中庭，使步行街面积远超过了规范规定的 4 000 m² 防火分区的要求。目前，现行的国家标准尚无相关防火设计方面的规定。

按照现有建筑布局，各层回廊在疏散过程中起到关键作用，如果按防火分区划分要求加设防火卷帘，必然会使回廊分隔成许多不贯通的走廊，在人员疏散时造成视线不通，违背人员从哪里来返回时还往哪里走的行为习惯，容易造成人员混乱，不利于疏散。

3 性能化防火设计目标及解决方案

建筑物的消防安全目标应包括人员生命安全、财产安全、建筑结构安全、建筑使用或商业运行的连续性和环境保护等。根据建筑物使用功能和结构形式、建筑高度等，不同建筑的消防安全目标有所不同，其性能目标也有所差异。针对本工程需要，本文尝试进行性能化防火设计，提出具体的性能化防火设计调整方案。

3.1 安全目标

3.1.1 设计目标

商业综合体应具备足够的安全疏散设施，并保证人员生命安全和限制火灾大规模蔓延。防火分区划分应能有效降低火灾危害，将火灾损失控制在可接受的范围之内。

3.1.2 功能目标

商业综合体的安全疏散设施应确保在发生火灾时，建筑内的人员在规定时间内能够安全疏散至安全地点；采取的防火隔断措施，应能将建筑火灾控制在设定的防火空间内，而不会经水平方向和竖向朝其他区域蔓延。

3.1.3 性能目标

① 防火分隔构件应具有足够的耐火极限，并满足控制火灾的要求；
② 着火空间内不会发生轰燃；
③ 火灾可以控制在设定的防火区域内；
④ 火灾不会发生连续蔓延；
⑤ 火灾的可能过火面积与满足规范要求的防火分区过火面积基本相同。

3.1.4 安全判据

人员生命安全标准是根据火场环境达到人员不可耐受极限而确定的。根据国际上普遍采用的判定条件，考虑热烟层的辐射、对流热，人员在烟气中的能见度、烟气的毒性等达到临界特性，本文人员生命安全标准如表 1 所示。

表 1　人员生命安全标准

标准	特性界定
热烟层辐射热	热烟层在 2 m 以上，烟气温度低于 180 ℃
人员在烟气中疏散的温度	热烟层降到 2 m 以下，温度低于 50 ℃
能见度	热烟层降到 2 m 以下，光密度高于 0.1 m^{-1}，即 10 m
一氧化碳浓度（中毒）	热烟层降到 2 m 以下，浓度低于 2 500ppm
二氧化碳浓度（窒息）	热烟层降到 2 m 以下，浓度低于 1%（体积百分比）

（1）烟气沉降高度。

只有控制烟气维持在人员头部以上一定的高度，才能使人员在疏散时不会从火灾烟气中穿过或受到热烟气流的热辐射和对流影响。本文选择的判据标准是：烟气层在人员疏散过程中维持在距地面 2 m 以上的位置。

（2）烟气热辐射。根据人对热辐射的耐受能力研究，人体对烟气层等火灾环境的热辐射耐受极限为 2.5 kW/m²，相当于上部烟气层的温度约为 180 ℃ ~ 200 ℃ 时的烟气热辐射量，如表 2 所示。

表 2　人体对辐射热的耐受极限

热辐射强度	<2.5 kW/m²	2.5 kW/m²	10 kW/m²
耐受时间	>5 min	30 s	4 s

（3）烟气对流热。在研究中发现，高温空气中的水分含量对人体的耐受能力有显著影响，即人在呼吸和接触过热的空气都会对人体造成一定的损害。人体只能短时间承受 100 ℃环境对流热，较长时间承受小于 60 ℃环境的对流热，如表 3 所示。

表 3　人体对对流热的耐受极限

温度和湿度条件	<60 ℃，水分饱和	60 ℃，水分含量<1%	180 ℃，水分含量<1%
耐受时间	>30 min	12 min	1 min

（4）烟气毒性。火灾中的热分解产物及其浓度与分布因燃烧材料、建筑空间特性和火灾规模等不同而有所区别，其物质的组成成分和分布也是很复杂的，主要考虑烟气中的一氧化碳和二氧化碳对人体的危害，如表 4 所示。

表 4　人体所能忍受的某些燃烧产物的最大剂量及浓度

火灾产物	5 min 暴露时间		30 min 暴露时间	
	暴露剂量（浓度×时间）%min	浓度最大值 %	暴露剂量（浓度×时间）%min	浓度最大值 %
CO	1.5	1	1.5	1
CO_2	25	6	150	6
Low O_2	45（耗尽）	9（耗尽）	360（耗尽）	9（耗尽）
HCN	0.05	0.01	0.225	0.01
HCL	—	0.02	—	0.02
HBr	—	0.02	—	0.02
HF	—	0.012	—	0.012
SO_2	—	0.003	—	0.003
NO_2	—	0.003	—	0.003
丙烯醛	—	0.000 2	—	0.000 2

（5）烟气能见度。能见度的定量标准应根据建筑内的空间高度和面积大小确定。表 5 给出了适用于小空间和大空间的最低光密度和相应的能见距离。

表 5　建议采用的人员可以耐受的能见度界限值

参　数	小空间	大空间
光密度（OD/m）	0.2	0.1
能见度（m）	5	10

4　计算机模拟软件

FDS 是场模拟软件，数值模拟计算方式为大涡模拟，对处理火灾烟气流场具有较好的精度和较准确的计算结果。

由于 FDS 在建模时，只能建立矩形模型。因此，对于本建筑的弧形部位，采用了以折线代替弧线的处理方式。图 1 为模型效果图。

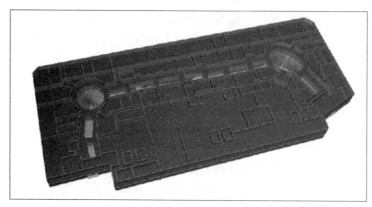

图 1　计算机模型

火灾场景设定初始条件：火源位于首层中庭，对应火源位置 A；火灾按 t^2 火发展，火灾增长系数 = 0.046 89 kW/s²；自动灭火系统有效启动控制火灾，火灾最大热释放速率控制在 2.2 MW；中庭内机械排烟系统在火灾自动报警系统报警后有效启动，模拟结果如图 2 所示。

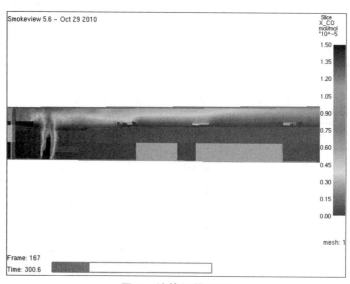

图 2　计算机模拟图

5　结论及调整方案

针对该商业综合体室内步行街建筑特点，从防火分隔、人员疏散、消防设施等方面，按照性能化防火设计方法，提出消防设计建议方案，既要兼顾《规范》的要求，又要满足防火分区、人员疏散等消防安全，为下一步开展防火和灭火救援提供工作思路和建议。

5.1　防火分区

由于建筑和商业布局特点，如按《规范》要求的每 4 000 m² 划分为一个防火分区，如果在连通各层的中庭开口处设防火卷帘，这在商业街中实施有很大困难，会造成人流通行空间隔断和使用大量大面积、大跨度的防火卷帘，增加消防设施本身的不可靠性。因此，需要在性能化分析评估的基础上对其提出相应的调整方案，以确证其消防安全功能是否可达到规范要求的同等水平。

根据火灾蔓延、烟气扩散机理，考虑本建筑布局特点，建议室内步行街两侧的商铺相互之间及与步行街公共区之间采取防火分隔措施，并符合下列规定：

（1）步行街两侧商铺与步行街公共区之间应采用钢化玻璃等分隔物进行分隔（见图3）。

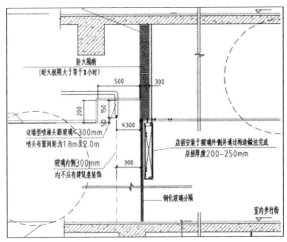

图 3　室内步行街两侧商铺采用钢化玻璃的防火分隔图示

（2）步行街两侧以精品店为主的小商铺，建筑面积不大于 300 m²，其面向步行街的部分可采用自动喷水系统冷却保护下的钢化玻璃进行分隔。

（3）步行街两侧建筑面积大于 300 m² 商铺，面向步行街的部分采用自动喷水系统冷却保护下的钢化玻璃分隔，防火卷帘设置在玻璃外侧。当此类店铺需要通过室内步行街疏散时，商铺开向步行街的出口位置应设计防烟室，采用实体墙与周围区域进行分隔。

5.2　安全疏散

位于建筑平面中部区域的楼梯在首层不能直接通向室外。在步行街满足"亚安全区"的条件下，可控制其首层内任一点通向室外安全出口的疏散距离不大于 60 m，除首层步行街公共区外，步行街其他各层商业区域人员最大疏散距离均不大于 37.5 m。

步行街出入口应与步行街宽度、疏散楼梯直通室外出口的宽度相匹配，连接步行街公共区及商铺的疏散走道宽度应与其连接的楼梯间前室门及梯段宽相匹配。商铺通向走道的门向外开启时不得占用疏散走道的宽度，步行街两侧的单个单层店铺，当建筑面积大于 120 m² 时，每间店铺应至少设置 2 个距离大于 5 m 的疏散出口。位于一层的次主力店和主力店应设置直通室外的疏散出口，如图4 所示。

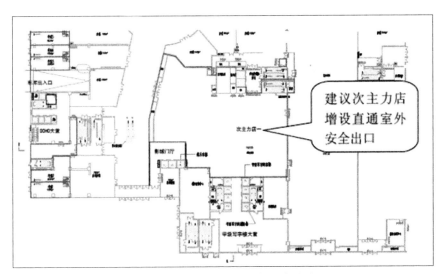

图 4　室内步行街首层次主力店改进图

5.3   消防设施

为了保证火灾初期的消防用水，建议增大高位水箱的容量，屋顶高位水箱的容量不小于 36 m³。针对室内步行街 1~3 层区域，提出"三级排烟"的建议，即步行街两侧店铺内排烟、步行街各层公共区域走道排烟和步行街顶部排烟。

（1）步行街两侧各店铺内设置机械排烟设施，排烟量按 60 m³/h·m² 计算确定。

（2）步行街各层公共区域走道设置排烟设施，保证人员在步行街各层公共区域安全疏散。各层公共区域走道按不大于 500 m² 划分防烟分区，排烟量按 60 m³/h·m² 计算确定。

（3）步行街内顶部设机械排烟系统的排烟量不小于 506 000 m³/h，且换气次数不小于 6 次/h。

参考文献

[1]   GB 50045—95. 高层民用建筑设计防火规范[S]. 2005.
[2]   GB 50084—2001. 自动喷水灭火系统设计规范[S]. 2005.
[3]   GB 50140—90. 建筑灭火器配置设计规范[S].
[4]   GB 50116—98. 火灾自动报警系统设计规范[S].
[5]   GB 4717—93. 火灾报警控制器通用技术条件[S].
[6]   GB 50354—2005. 建筑内部装修防火施工及验收规范[S].

作者简介：张华，陕西省西安市公安消防支队助理工程师；从事消防监督管理、火灾原因调查、建设工程消防设计审核等工作。

联系地址：陕西省西安市方新村政法巷 21 号，邮政编码：710016；

联系电话：13119128138。

隧道横通道防火门设置的思考

贺兆华

（四川省成都市公安消防支队）

1 前 言

2011 年 6 月 19 日，地铁新宫站至公益西桥站区间隧道联络通道防火门变形脱落，造成三轨对走行轨短路停电，致使地铁高米店桥北站至公益西桥站之间发生停运，造成区间阻塞，停运时间长达 3 小时。在公益西桥站，数百名乘客一直滞留在站内。据一名乘客介绍，他在站里已经待了两个多小时，"平时都是坐地铁，出去了不知道怎么坐公交车。"在站内的购票窗口，乘客排起长队，办理退票手续。随着站台积聚的乘客越来越多，地铁工作人员开始劝说乘客改乘公交车或出租车，但是很快出租车也变得一车难求。

无独有偶，2013 年，1 月 8 日上午，昆明轨道公司地铁运营分公司乘务中心司机陈俊民、李涛担任 00755 次列车（0113 号车）值班司机，由大学城南站开往晓东村站。9 时 09 分，列车行至春融街站至斗南站上行区间百米标 DK30 + 905 处时（距离斗南站 500 多米处），与轨道左侧掉落并侵入行车线路限界的防火门体发生碰轧。调查发现，高架与地下隧道过渡段处防火门坠落，侵入行车线路的限界，是导致列车脱轨的直接原因。而防火门坠落的原因，初步确定是施工单位没有严格按照施工规范要求进行安装造成的。在这次事故中，空载列车与 3 扇门发生 3 次碰擦。最后一次碰擦使列车驾驶室顶上的通风单元坠落，最终导致两名司机一死一伤。

为了防止火灾在隧道中蔓延扩大，需要采取必要的防火分隔措施，而防火门能在一定的时间内满足耐火稳定性、完整性和隔热性要求，把隧道的双洞分隔成若两个防火分区，使每个防火分区一旦发生火灾时，能够在一定的时间内不至于向另一个分区蔓延扩大，以此来有效地控制火势，为扑救火灾创造良好的条件。虽然防火门在隧道工程消防设计中被广泛采用，但在消防实践中因设计不合理、选型不当、安装不规范，在正常使用或发生火灾后不能及时有效地发挥作用，造成事故或火灾蔓延扩大。

2 联络通道及防火门的作用

联络通道，就是设置在两个隧道之间的一条通道，若一条隧道出现火灾，乘客可通过联络通道转移到另外一条隧道，对于火灾逃生具有重要的意义。同时，联络通道也可供消防人员使用及作为两条区间隧道间消防水管的过管通路。

《地铁设计规范》（GB 50157—2003）19.1.22 规定：两条单线区间隧道之间，当隧道连贯长度大于 600 m 时，应设联络通道，并在通道两端设双向开启的甲级防火门。可见在地铁隧道中的联络通道有着极其重要的意义，即当列车在地下区间隧道发生火灾而又不能牵引到车站时，乘客可从首节列车端头门下至区间隧道，此时可利用两条区间隧道之间的联络通道通过防火门将乘客疏散到另一条区间隧道内，使乘客迅速得到安全疏散。

防火门是指在一定时间内能满足耐火稳定性、完整性和隔热性要求的门，是设在防火分区间、疏散楼梯间、垂直竖井等具有一定耐火性的防火分隔物。防火门除具有普通门的作用外，更具有阻止火势蔓延和烟气扩散的作用，可在一定时间内确保人员疏散。符合要求的防火门应具有良好的耐高温、隔热及防烟雾穿透的性能，并应具备在火灾时人员通过后自行关闭的功能，确保发挥其防火分隔作用。当隧道发生火灾时，若联络通道不设置防火门，两条隧道完全连通，烟气会通过联络通道进入另一隧道，即使通过加大区间事故风量的方法保证另一隧道具备火灾临界风速，但人员在另一隧道内也只能向区间某一端疏散，疏散速度大幅降低，增加人员的危险性，而且增加了系统的负荷。隧道发生火灾时，联络通道设置的防火门关闭时两个隧道是独立的，人员就可以从另一隧道向两边车站进行安全疏散。

3　现有防火门设计形式

随着人类社会文明的发展，人们建造了各种各样的建筑物、构筑物，并相应地开发了各种各样的防火技术，防火门就是防火技术中的一种。防火门是指在一定时间内能满足耐火稳定性、完整性和隔热性要求的门。按开启方式划分，防火门可分为平开、推拉、卷帘等；按门扇数量划分，一般可分为单扇、双扇及多扇门。其中，平开式单扇、双扇门操作简单方便，使用较广。平开式防火门是由门框、门扇和防火铰链、防火锁等防火五金配件构成的，以铰链为轴垂直于地面，该轴可以沿顺时针或逆时针单一方向旋转以开启或关闭门扇的防火门。

防火门按其开启状态又可分为常闭式和常开式防火门。常闭式防火通道门一般由防火通道门扇、门框、闭门器、密封条等组成，双扇或多扇常闭防火通道门还装有顺序器；常开式防火通道门除具有常闭防火通道门的所有配件外，还得增加防火通道门释放开关。按开启方式来分，防火通道门有平开式、滑动式、双开式、双向双开式、卷帘门等形式。按控制方式来分，防火通道门有手动控制形式和自动控制形式。隧道横通道防火门的作用主要有：运营时可防止上下行隧道中的气流通过通道引起的回流；火灾时，防止左右上下行隧道中烟气的相互蔓延；可用来阻断火和烟雾，帮助人员逃生。隧道内的防火横通道门为了防止运营时上下行隧道中的气流通过通道引起的回流，只能采用常闭防火通道门。

《建规》第7.5.2条：防火门的设置应符合下列规定：应具有自闭功能。双扇防火门应具有按顺序关闭的功能；常开防火门应能在火灾时自行关闭，并有信号反馈的功能；防火门内外两侧应能手动开启；设置在变形缝附近时，防火门开启后，其门扇不应跨越变形缝，并应设置在楼层较多的一侧。第7.4.11条：建筑中的封闭楼梯间、防烟楼梯间、消防电梯前室，不应设置卷帘门。疏散走道在防火分区处应设置甲级常开防火门。《火灾自动报警系统设计规范》第6.3.7条规定：消防控制设备对常开防火门的控制，应符合以下要求：门任一侧的火灾探测器报警后，防火门应自动关闭；防火门关闭信号应送到消防控制室。

目前，在民用建筑中，常闭式防火通道门一般采用木质结构的双开门，通过两个闭门器，能够实现双向开启，且能自动复位。而在隧道内的人行通道中，由于防火横通道门在运营时要承受隧道中的气流气压作用，且门洞的尺寸更大，所以对门的可靠性和耐久性要求更高。现有的隧道内横通道防火门一般均采用的是卷闸门。虽然隧道内一般设有比较完善的消防安全设施，但火灾时，只有当这些设施都处于正常运行状态时，才能发挥预期的灭火作用。火灾发生时，在没有专业人员指导下，如发生电源故障等，只能通过防火通道门的机械开启和关闭来达到逃生和防火的目的。对于目前普遍采用的卷闸门而言，门虽然可以通过电机自动开启和关闭，但在隧道内发生火灾后，外线电源一般会被烧断，在此情况下，逃生人员只能非常费力地撬开卷闸门，而且还得在慌乱中寻找工具，这就浪费了非常宝贵的逃生时间，且逃生后，一般会忘记关上防火门，使其起不到防火隔烟的作用。

隧道人行横通道门的具体特点：常闭式防火门，运营时能承受一定的压力；在通道两端都能通行，即能够双向开启；火灾时系统稳定、可靠，且开启后能够自动复位。

表 1　防火门开启方式比较

开启方式	设置方式	火灾中作用	缺点	优点	满足规范情况
平移门	横向移动式，用横向移动门容易密封；采用横向移动门不必另设锁紧机构；采用横向移动门打开后可隐蔽在墙壁内不占通道流通空间；采用横向移动门结构更为简单；横向移动方式中，可以采用对开移动式或整体移动式	采用了平移门，门扇通过滑道向俩边平移进入墙壁内的深槽，进行封闭	有时无安装位置	横向移动门在承受热力流压力或冲击时，由上下两条边作为支撑，门的刚度大从门的关闭和承受热气压冲击等稳定性考虑是横向移动式防火通道门	不符合《建规》，不符合《地铁设计规范》
卷闸门	可阻安箍在洞内，当卷闸门卷起时，能让出通道的使用空间不影响通行	火灾时下降以形成封闭空间	目前的防火卷闸门都是从建筑业防火的层而考虑，比如：库房、车间、商业，在抗风方面只考虑了单方向抗风的能力。另外，在手动利电动操作的设置上，也只能在单向操作	可阻安箍在洞内，不影响通道的使用空间。当卷闸门卷起时，能让出通道的使用空间不影响通行，当卷闸门下降时能封闭通道，安装也不破坏洞壁	不符合《建规》，不符合《地铁设计规范》

4　新型防火门

　　双向隧道中防火门的设置因双向隧道的固有特征而具有一定的偏重点。首先，隧道是双向的，防火门设于中隔墙，防火门应具备任何一侧向另一侧疏散的功能；其次，防火门在这样一个相对密闭的隧道中应达到一推即开的超简单使用要求；最后，考虑到隧道中疏散的人员数量以及疏散时另一侧隧道中正处于行车状态，为了安全起见，门扇不宜过于宽大，以防止开启后给另一侧隧道的正常行车带来不利影响；当然防火门还要保证足够的疏散能力。

　　所以，隧道中防火门应在两边进入主隧道处同时设置。

试论性能化防火设计在我国的局限性

王海祥

（山东省德州市公安消防支队）

【摘　要】　近年来，随着我国城市化进程不断加快，超大体量建筑逐年增加，性能化防火设计作为处方式防火设计的补充完善，应用日益广泛，基本达到了建筑防火设计科学化、合理化、成本效益最优化的目标，弥补了现行消防技术规范的不足。但是，性能化防火设计也有其局限性和不足之处。因此，应防止性能化防火设计的滥用，杜绝形成新的不安全因素。

【关键词】　消防；性能化设计；局限性

1　性能化防火设计的应用现状

性能化防火设计起源于西方发达国家，并逐步得到推广运用。在我国，性能化防火设计的大量运用始于 2008 年北京奥运会场馆。随后，上海、重庆等大型城市开始进行性能化防火设计的应用，目前已经推广到地市级城市和县级经济发达城市，而且呈逐年上升趋势。但是，近几年的实践证明，部分性能化设计的建设工程存在超范围运用专家评审以规避国家标准规定的现象，有的性能化设计专家评审流于形式，不同程度地放宽了对建设工程的消防安全要求。另外，性能化防火设计并不完全适合我国国情，具有很大的局限性，尤其是中小城市，性能化防火设计受投资者经营状况、外部环境的干扰、建筑消防设施质量、使用单位自身素质、维护保养企业服务质量、消防监管部门执行力、建筑物使用性质变更频繁等人为和环境因素影响较大，忽视了我国国情，理想化地进行性能化防火设计，或对未经审核验收投入使用的大型建设工程通过性能化评估论证的手段来解决存在的问题，过分依赖后期消防管理，极易留下先天性火灾隐患。

2　性能化防火设计的局限性分析

2.1　应用地域的局限性

性能化防火设计在国外发达国家的应用比例在 1% ~ 2% 左右，且集中在较大城市。我国进行性能化防火设计的建设工程也大多集中在港澳台地区、直辖市、省会城市等一线城市，在二、三线城市应用较少，主要是大型客运站、飞机场候机厅、体育馆、展览馆等公共建筑物。

2.2　应用范围的局限性

（1）《建设工程消防监督管理规定》（公安部令第 119 号）第十六条明确规定，具有下列三种情形之一的，建设单位应当提供特殊消防设计文件，或者设计采用的国际标准、境外消防技术标准的中文文本，以及其他有关消防设计的应用实例、产品说明等技术资料："国家工程建设消防技术标准没有规定的；消防设计文件拟采用的新技术、新工艺、新材料可能影响建设工程消防安全，不符合国家标准规定的；拟采用国际标准或者境外消防技术标准的。"

（2）《建设工程消防性能化设计评估应用管理暂行规定》第四条规定，具有下列情形之一的工程项目可采用性能化设计评估方法："超出现行国家消防技术标准适用范围的；按照现行国家消防技术标准进行防火分隔、防烟排烟、安全疏散、建筑构件耐火等设计时，难以满足工程项目特殊使用功能的。"第五条规定，下列情况不应采用性能化设计评估方法："国家法律法规和现行国家消防技术标准有严禁规定的；现行国家消防技术标准已有明确规定，且工程项目无特殊使用功能的。"

（3）综合分析近年来的性能化防火设计实例，性能化防火设计主要集中在大型共享空间的防火分隔、安全疏散、防排烟、钢结构防火保护等技术设计，以及新型材料及其应用技术等方面，局限性较大。

2.3　经济发展水平的局限性

近年来，我国经济快速发展，但各地区发展不平衡，发达地区的经济支柱产业也仅局限于大中城市和极少数乡镇，消防基础设施建设真正能够跟上经济发展的地区很少，贫困地区的经济收入少，消防设施投入和维护管理经费无法保障，也直接制约了性能化防火设计的推广和应用。性能化防火设计设定的安全目标要求消防设施在火灾时能够保证正常运行，但近年来媒体曝光的大量"豆腐渣"工程、"烂尾楼"工程从侧面反映出一个现实问题：现阶段，经性能化防火设计的建筑消防设施的质量受经济条件限制或存在监管漏洞，因而还难以保证。

2.4　社会环境的局限性

性能化防火设计方案的实施，受政府及监管部门对建设工程的干涉、政府经济政策的调整、投资环境的改变等外部环境的影响较大。有些地区的政府官员以招商引资为由参与建设工程的案件时有发生；有的建设工程是政府形象工程，根据当地政府领导的主观臆断超规范设计，或先建后审，成为既成事实后再通过性能化设计评估来弥补。例如，某大型综合性商场按照建筑设计防火规范完全可以设计成 4 个独立的商场，每个 $15 \times 10^4 m^2$，但因政府领导追求外观效果，通过所谓"共享空间"的超大中庭连为一体，整体面积达 $60 \times 10^4 m^2$，使商场之间的消防车通道变为所谓人员疏散用的"亚安全区"，随之产生疏散距离过大、防火分区超标、防排烟困难等一系列问题。

2.5　公民素质的局限性

我国人口众多，公民素质参差不齐，社会单位消防安全管理能力较差，任意改变建筑使用性质或布局结构、随意装修、常闭式防火门处于开启状态、锁闭安全出口、占用疏散通道、消防设施随意关停、消防控制室值班人员无证上岗和随意脱岗的现象在中小城市普遍存在（见图1、图2）。而从事消防安全管理、消防设施监控和维护的人员素质普遍不高，且流动性非常大，对消防设施的操作和运用不熟练，遇到突发火情无法及时处置，无法适应通过性能化防火设计的超大规模建筑物的管理和维护、操作要求。例如，2013 年 10 月 11 日北京喜隆多商场的火灾中，起火部位的麦当劳餐厅店长和一名员工发现险情后既未处置也未提醒顾客疏散，而是自行逃离；火灾发生时，商场值班人员没有将消防自动控制系统设置在自动状态，而是设在手动状态；消防控制室的值班人员听到火灾报警后不是马上启动自动喷淋系统，而是消音后继续打游戏，导致火灾蔓延成灾。北京市的商场管理尚且如此，其他地区消防安全管理人员的素质和管理水平便可想而知了。

图 1   某商场营业期间 4 个安全出口锁闭 3 个，另一个设置门帘

图 2   某商场业主随意占用疏散通道

2.6   建筑物使用性质的局限性

性能化防火设计是针对特殊建设工程的特殊设计，尤以商业建筑居多，且商业建筑具有"局部装修经常性、经营模式调整频繁性、商品储存布设流动性"等特点，经过性能化防火设计的建筑物一旦局部或全部改变其使用性质，性能化防火设计初设的各种前提条件也不复存在，将直接导致性能化防火设计方案的失效。如果改变使用性质的建筑物不能重新通过性能化防火设计评估，就可能产生新的重大火灾隐患。例如，某商场使用性质为大型物流批发市场，其人员密度大、流动性大，因而管理难度大，尤其是作为"亚安全区"的连廊、中庭按照性能化设计方案是不允许设置可燃物的，但投入使用后，使用单位擅自在连廊、中庭内设置可燃商品摊位，改变了商场局部的使用功能，降低了人员疏散的能力（见图 3）。

图 3   某商场"亚安全区"设置可燃商品摊位，改变了商场局部的使用功能

2.7 引用数据的局限性

我国进行性能化防火设计引用的设计数据和计算方法多从发达国家引进，对其是否适应我国国情却缺乏验证，且性能化防火设计仅考虑防火方面的问题，却忽略了灭火和抢险救援方面的问题，没有针对超大规模的公共建筑实施火灾扑救和抢险救援的计算机模拟分析、科学实验的数据、方案和模板，没有形成系统的防火、灭火相结合的性能化防火设计理论和体系。有"防"无"消"的性能化防火设计理念，从"防消结合"的本质上来讲，既不科学，也不完整。

3 结 论

通过以上分析可知，性能化防火设计在我国目前还不具备全面推广的条件，必须慎重稳妥、循序渐进，避免遗留新的先天性重大火灾隐患。同时，应防止性能化防火设计。

参考文献

[1] 《建设工程消防监督管理规定》(公安部令第 119 号).
[2] 《建设工程消防性能化设计评估应用管理暂行规定》.

作者简介：王海祥(1971—)，男，山东省德州市公安消防支队高级工程师；从事建设工程消防验收工作。
        通信地址：山东省德州市德城区大学西路 1235 号，邮政编码：253020；
        联系电话：13583417281；
        电子信箱：wanghx911@163.com。

浅析高层建筑常见火灾隐患及应采取的对策

郭　营

（山东省济宁市公安消防支队）

【摘　要】　随着国民经济的迅速发展，结构复杂、人员密集的高层建筑逐渐增多。高楼大厦的大量涌现，为城市的经济发展和现代化建设带来了生机与活力，但同时也给消防工作带来了困扰和危机。本文通过消防监督人员在近几年的消防监督管理过程中逐步发现的高层建筑消防安全存在的问题，并提出了下一步的解决方法。

【关键词】　高层；建筑；火灾隐患；对策

随着城市化进程的加快，象征着经济与财富的高层写字楼、酒店、商贸中心等公共建筑一栋栋拔地而起。高层建筑数量逐年增多，建筑高度也不断增加。由于高层建筑容纳人数多，纵向交通容量有限，且外部开放空间面积较少，因此在发生突发灾害时，避难和消防难度较大极易造成大量的人员伤亡和财产损失。所以，现在高层建筑的火灾问题及其防治措施越来越受到人们的关注。

1　高层建筑消防安全存在的主要问题

1.1　擅自改变建筑周边的消防设计

一是消防通道不畅。不少高层建筑周边消防通道窄，违章建筑和室外广告牌多，致使建筑四周的消防车通道、登高作业场地无法满足要求。二是人为设置障碍。目前，很多消防车道出入口处都设置有路桩等障碍物，造成消防车无法进入，因而不能迅速开展灭火救援。三是消防设计改变。不少高层建筑在消防车通道和消防登高作业面上设置绿化、停车位等，改变了原有的消防车环行、回转或登高的场地性质，一旦发生火灾，功率再大、"登高"能力再强的消防车也只能"袖手旁观"、望"火"兴叹。

1.2　建筑消防设施完好率不高

经统计，目前高层建筑的消防设施完好率不高，坏损现象较为严重。其中，各种消防设施损坏而不能正常使用；火灾自动报警系统中还存在大量探测点被隔离屏蔽的现象，个别单位报警系统的火警及故障报警长期存在，不能及时被复位、排除。从系统的联动功能来看，抽查的单位中能通过消火栓远程启泵按钮、自动喷水灭火系统末端试水装置分别启动消火栓泵、喷淋泵，能通过探测器启动相关的防排烟、事故广播等系统的所占比例较低，系统合格率较低。

1.3　擅自更改建筑使用性质或建筑结构

一是擅自改变部分区域的使用性质。检查中发现，不少住宅楼的部分楼层被用作办公场所，有的地下车库被改成仓库甚至是公众聚集场所，这些使用性质的改变，使得原有防火分区、疏散通道以及消防设施的设置满足不了改造后场所的要求。二是擅自改变建筑内部的结构布局。部分多产权、多使用权的公共建筑，场所之间随意用实体墙分隔或把通道封死，造成安全出口封闭、疏散楼梯不足的隐患；部分高层住宅业主为了自身利益，擅自将防火门撤换为普通防盗门，将门前疏散通道和前室"改建"成储藏室，大大降低了消防安全系数。另外，部分顶层住户为了扩大使用面积，占用屋顶公共疏散平台，搭建违章建筑，一旦发生火灾，人员疏散势必受到影响。

1.4 消防设施管理制度不到位

有些单位未制定消防管理、设施操作维护制度，有些单位虽有管理制度但不健全，制度的落实也缺少力度，消防控制室值班人员持证上岗证率低、消防系统操作能力差，有些持证人员对建筑内部消防设施操作也不够熟悉，在系统的操作、维护上只知道一些简单的操作，一旦发生火警、出现故障缺少快速处理的能力，设施管理力量依然薄弱。

1.5 在建高层建筑火灾隐患比较突出

检查中发现，不少在建高层建筑现场消防安全管理混乱，随处堆放可燃材料，没有按要求设置消防临时用水和临时消防车道，现场施工用电、用气等管理制度形同虚设，一旦发生火灾事故，后果不堪设想。

2 高层建筑消防设施问题突出的原因分析

纵观高层建筑消防设施中存在的问题，通过调查了解，这些问题的产生既有管理方面的原因，也有监督方面的原因，既有主观方面的原因，也有客观方面的原因。归纳起来，主要有以下几个方面。

2.1 先天性火灾隐患大量存在

部分建筑由于建造年代比较久远，当时的审批依据与现有规范相比存在一些差距，这些差距的存在，导致部分建筑存在一些先天性遗留隐患；部分单位违章加层、扩建，人为地造成了一些不必要的火灾隐患，而且这些隐患的整改由于涉及建筑结构等问题，因而整改的难度很大。

2.2 建筑消防设施损坏严重

火灾自动报警系统属于电子产品，随着运转周期的增长，会出现自然老化现象；有部分产品已经被淘汰，必须整体更换。但是，由于部分单位经费保障力度不够，特别是多产权单位，不能及时维修更换的现象相当普遍。目前，消防产品市场还比较混乱，消防产品质量不高，施工单位使用的产品达不到国家规定的要求，导致投入使用后经常出现故障。

2.3 消防管理制度落实不严

目前，高层建筑消防安全管理职责不明确，开发商只建设、不管理；街道、社区认为消防安全管理是物业管理公司的事；作为自负盈亏的服务机构，物管管理公司更重视经济效益，在缺乏维护保养、更换消防设施资金的情况下，认为消防管理是个"麻烦事"而不愿去管。此外，大多数物业管理公司也缺乏消防管理经验，从业人员业务素质偏低，对消防安全管理无从下手，发现不了存在的消防违法行为和安全隐患，甚至有的高层建筑整个消防设施处于无人管理的状态。

2.4 维修经费不能保障

高层建筑特别是多产权、多使用权的高层公共建筑，由于产权复杂、责任不明，往往是在投入刚开始使用的1—2年内，消防设施的维修、更换还能依赖开发商及施工方、供货商的保修维持着，但保修到期后，业主和使用单位之间就会出现相互扯皮、推诿责任的现象，物业管理费用收取变得极其困难，维护消防设施就成了纸上谈兵。

3　加强高层建筑消防设施管理的对策与建议

目前，高层建筑火灾主要依靠建筑自身的消防设施进行扑救，其好坏将直接关系到建筑的消防安全。因此，加强高层建筑消防设施的维护与保养，确保建筑消防设施的完好有效，对构建和谐社会、保障经济快速健康发展具有极其重要的意义。

3.1　加大源头管理力度

加强对消防工程审验人员资格的审定和消防专业培训工作，提高审验人员业务素质和工作责任感；提高审验人员法律意识，使高层建筑工程消防设施的设计必须符合国家工程建设的消防技术标准。

3.2　强化责任主体意识

加强消防法律、法规的宣贯工作，使广大业主充分认真到加强建筑消防设施维护保养的重要性和必要性，督促多业主单位成立业主委员会，定期组织对建筑消防设施的检查和必要的消防演练，自觉主动地做好建筑消防设施的维护保养工作，把建筑消防设施的管理由现在的物管单位管理维护上升为各业主的自觉检查维护

3.3　严格持证上岗制度

高层建筑消防设施的操作、控制人员不仅关系到消防设施的维护保养，而且直接关系到初起火灾能否得到及时有效的控制。因此，必须严格实施消防控制室人员的持证上岗制度，对未取得上岗证的人员，一律严禁上岗；强化人员的培训与考核，合理调整培训内容，针对不同类型的产品进行介绍，注重消防控制室值班人员实战动手能力和故障排除能力的考核，确保他们能熟练运用消防系统。

3.4　开展消防安全整治

由于各地高层建筑的数量、性质、功能及消防设施存在的问题不尽相同，应结合本地高层建筑的特点，对消防设施严重瘫痪、产品质量低劣、施工质量不合格等问题，有针对性地开展专项整治，并进行严厉查处。对消防设施严重瘫痪的高层建筑，将其列入重大火灾隐患单位，实施政府挂牌、部门督办，并进行新闻曝光，切实加大整治力度，确保消防设施的完好率和运行的有效性。

3.5　开展灭火实战演练

高层建筑消防设施施工期间的检查必须有消防监督员参与，建筑工程消防验收应有辖区中队人员参与，以保证工作上的有效衔接，使辖区防火、灭火人员及时掌握相关情况。辖区中队要结合各个高层建筑自身特点，扎实开展"六熟悉"工作，制定操作性、应用性、适应性较强的灭火作战预案，有针对性地开展高层建筑的灭火演练，以练代训，提高基层消防部队应对高层建筑火灾的实战能力。

参考文献

[1]　GB50016-2006.建筑设计防火规范.
[2]　GB50045-95.高层民用建筑设计防火规范.

作者简介：郭营，山东省济宁市公安消防支队防火处。

通信地址：山东省济宁市金宇路34号，邮政编码：272100；

联系电话：13563702119；

电子信箱：guoying_119@126.com。

亚安全区一致性管理探讨

陈 昂

（陕西省公安消防总队）

【摘 要】 本文分析了亚安全区一致性管理的需求，明确了亚安全应当遵循的约束；讨论了亚安全区一致性管理的基本内容及在不同阶段的重点，从责任体系、备案管理、消防评估和监督检查等方面提出了亚安全区一致性管理的措施。

【关键词】 亚安全区；管理；一致性

1 引 言

近年来，亚安全区在大空间场所的应用日渐增多，较好地解决了大型综合性商业建筑、综合性交通枢纽等的安全疏散距离过长、安全疏散宽度不足等问题，适应了社会经济发展和人们的需求。亚安全区作为一种基于性能化防火设计的方法，在设计阶段，遵循现行的性能化设计、设计评估、复核评估、专家论证、设计审核等一系列程序和技术规定，一般可以保证其功能和性能要求，但其后续管理，特别是施工、使用阶段与设计阶段的一致性管理亟须进一步探讨和加强。

2 亚安全区的约束

亚安全区是指在建筑内部构建的一定区域，在此区域内，通过对内部可燃物进行控制，并与周围邻近区域进行严格的防火、防烟分隔，严格控制火灾和烟气侵入区域内，成为满足一定性能指标的相对安全的区域。发生火灾时，人员做出响应，从所在区域通过疏散走道疏散至亚安全区，临时性脱离火灾危险，然后借助于亚安全区直接疏散或者二次疏散至绝对安全区域，并为消防扑救力量侦察并展开火情扑救提供暂时安全的场所。

2.1 功能约束

安全疏散是亚安全区的基本功能。安全疏散要求着火建筑物内的人员在火灾发展至威胁到人员安全的情况之前到达安全区域，也就是人员的疏散时间小于危险情况的来临时间。就亚安全区而言，为实现建筑物或场所的整体安全，必须要保证人员两阶段的疏散安全，见表1。

表 1 亚安全区的功能约束

第一阶段的安全疏散	人员从着火区域安全疏散到亚安全区
第二阶段的安全疏散	亚安全区的人员及从其他区域临时疏散到亚安全区的人员从亚安全区安全撤离

2.2 性能约束

亚安全区的功能约束可以具体化为性能指标。火灾中威胁火场内人员疏散和生命安全的因素主要有火源热辐射、有毒烟气以及烟气能见度等。

（1）烟气层高度。火灾中的烟气层具有一定的热量，成分包括固体颗粒、胶质、毒性分解物等，是影响人员疏散行动和救援行动的主要障碍。在疏散过程中，烟气层只有保持在疏散人群头部以上的一定高度，使人在疏散时不但要不受到热烟气流的辐射热威胁，而且要避免从烟气中穿过。在人员疏散过程中其烟气层高度定量判断准则应满足 $H_s > H_c$，其中 H_s 为烟气层高度，H_c 为危险临界高度，一般取 $1.2 \sim 2.0$ m。

人体呼吸或接触过热的空气会导致热冲击和皮肤烧伤。空气中的水分含量对这两种危害都有显著影响（见表2）。对于大多数建筑环境而言，人体在 100 ℃ 环境下仅能维持很短的一段时间。因此，通常选择空气温度在 60 ℃ 作为判断是否危险的标准。

表 2　人体对热空气的耐受极限

温度与湿度	<60 ℃，水分饱和	60 ℃，水分含量<1%	100 ℃，水分含量<1%
耐受时间	>30 min	12 min	1 min

（2）毒性。火灾中的热分解产物及其浓度因燃烧材料不同而有所区别。各种组分的热解产物生成量及其分布比较复杂，其不同组分对人体的毒性影响也有较大差异，在消防安全分析预测中很难比较准确地定量描述。因此，工程应用中通常采用一种有效的简化处理方法。如果烟气的减光度不大于 0.1 m^{-1}，则视各种毒性燃烧产物的浓度在 30 min 内将不会达到人体的耐受极限。

（3）能见度。一般烟气浓度较高则可视度降低，逃生时确定逃生途径和做决定所需时间都会延长。表3给出了适用于小空间和大空间的最低减光度。由于大空间内为了确定逃生方向需要看得更远，因此要求减光度更低。

表 3　适用于小空间和大空间的最低减光度

位　　置	小空间（5 m）	大空间（10 m）
与可视度等值的减光度/m^{-1}	0.2	0.1

综上，亚安全区的性能约束见表4。在人员疏散的两个阶段，人员所在区域必须满足性能约束。

表 4　亚安全区的性能约束

在一定的时间内如果烟层下降到距离人员活动地板高度 2.0 m 以下	
空气温度	<60 ℃；
能见度	>10.0 m

2.3 指令约束

为了达到应用亚安全区的目的，必须给出符合上述功能约束、性能约束的实现方式，即具体化为指令约束，这个过程就是性能化防火设计的过程。指令约束等同于处方式规范的条文，必须严格执行。

亚安全区的指令约束就每个工程来说是不同的，一般有以下几种。

（1）建筑的使用功能。建筑的使用功能关系到整个建筑的火灾荷载和需要疏散的人数及人员特征，是整个建筑进行性能化设计中需要预先确定的事项。

（2）亚安全区的位置和范围。综合考虑火灾荷载、人员交通、防烟排烟、灭火救援等条件，确定亚安全的合理位置、具体范围和尺寸。

（3）火灾荷载控制和火源管理。明确亚安全区火灾荷载控制要求、装修装饰材料燃烧性能要求、禁火禁烟要求、电气防火保护措施以及货物中转的管理规定。

（4）防火分割。确定亚安全区与相邻防火分区的防火分割措施，以及可能对亚安全区造成火灾威胁的相邻部分的防火措施。

（5）消防设施。按照性能约束的要求，确定在亚安全区设置的具体建筑消防设施，给出具体的性能要求。

（6）安全疏散。满足二阶段安全疏散要求，确定安全出口和疏散楼梯的具体位置、形式、数量和宽度。

（7）灭火救援。考虑建筑物的长度，合理设置通过亚安全区的消防车通道及亚安全区内的灭火救援窗等。

表 5 给出了亚安全区指令约束的举例。

表 5　亚安全区指令约束举例

项　目	要　求
建筑的使用功能	家具卖场和小型零售百货店、小型餐饮店
位置和范围	首层至三层中庭及回廊
净宽	>13 m
消防车道	首层沿亚安全区长边中间位置
消防救援窗	每层的两个尽端
火灾荷载控制	杜绝固定的火灾荷载，提供给顾客使用的桌椅等公共设施应采用不燃材料制作
防火分割	与相邻商业防火分区之间，采用防火墙分隔、防火卷帘分隔以及钢化玻璃＋水喷淋保护分隔相结合的方式对形成的亚安全区进行保护
装修装饰材料	采用不燃材料
消防设施	设置自动喷水灭火系统，喷头采用快速响应喷头
火源管理	杜绝使用明火，禁止吸烟
电气线路防火	使用耐火电缆并进行漏电保护
货物中转	与营业时间错开
防排烟	在顶部设置可开启的天窗，可开启天窗面积>地面面积的 70%

3　亚安全区一致性管理的内容

3.1　指令约束在施工中的实施情况

包含指令约束的消防设计文件经过审查同意后，建筑施工的所有项目和环节应当符合消防设计文件的要求。现实中，有的单位为了美观，将原来明挂在墙上的室内消火栓箱暗设在隔墙内，使得墙体的耐火极限降低，不能达到指令约束中采取防火墙进行防火分割的要求；有的单位为了节约成本，将指令约束中的自动喷水灭火系统的快速响应喷头改为标准喷头，降低了系统的控火能力；有的单位从防雨保温等考虑，将可开启天窗的面积从地面面积的 70% 改为到地面面积的 50%，降低了亚安全区的防烟排烟能力。这些变更可能只是对建筑设计的小变更，但设计阶段定义的一些先决条件被忽略了，没有按指令约束的要求处理，使得亚安全区的性能降低，达不到安全疏散功能，留下严重隐患。如果

违反指令约束施工，最后提交给使用单位的就是一个不能满足安全疏散功能的亚安全区，其所在建筑整体上将不具备消防安全条件

3.2　指令约束在使用中的保持情况

亚安全区投入使用后，应按照指令约束及防火设计文件中的其他要求进行维护，使建筑物的开口、室内装饰和防火防烟分隔以及消防设施等与性能化设计要求的性能水平相当。现实中，有的单位违反指令约束中亚安全区禁止存在固定火灾荷载的要求，在亚安全区设置商业营业区，形成商业长廊；有的商业运营管理部门违反指令约束，擅自合并亚安全区相邻的商铺，增加火源，加大了亚安全区的火灾威胁；有的单位改变建筑物的用途，使得性能化设计中对使用人员特征、火灾荷载的设定无效，亚安全区保障安全疏散的功能失效；有的建筑中，亚安全区与相邻商铺之间虽然按照指令约束的要求采用防火卷帘分隔，但商铺为了便于自己管理并方便顾客，设置了开向商铺内侧的平开门，而防火卷帘也设置在商铺门的内侧，这样就会对防火卷帘的下降造成影响，火灾时将使得亚安全区无法形成。总之，在使用中不能保持指令约束，使得亚安全区的性能约束乃至功能约束都无法保持，整个建筑的消防安全受到严重的破坏，建筑中人流、物流均处在火灾危险之中。

4　亚安全区一致性管理的措施

4.1　建立亚安全区一致性管理的责任体系和备案制度

落实建设单位、施工单位、监理单位和使用单位的消防安全责任制，明确各方在亚安全一致性管理中的角色和任务，各负其责。建设单位不得要求施工单位违反指令约束施工；施工单位不得违反指令约束及消防设计文件、消防技术标准施工，降低施工质量和亚安全区的性能；工程监理单位不得与建设单位或者施工单位串通，违反指令约束，降低消防施工质量。要强化信息沟通和业务训练，使建设单位、施工单位、监理单位和使用单位相关部门和人员知晓指令约束的具体要求，掌握实现指令约束的具体方法和技术。要完善各类单位内部有关亚安全区一致性管理的规章制度、作业标准和操作规程，保障指令约束以及性能约束、功能约束的实现，保持亚安全区在各个阶段的一致性。设立亚安全区一致性管理阶段性备案制度，要求建设单位在建设工程竣工时将指令约束在施工中的实施情况报公安消防机构备案，要求使用单位每年将指令约束在使用中的保持情况报公安消防机构备案

4.2　实行亚安全区一致性管理评估制度

建立亚安全区一致性管理评估制度，由具有资质的机构分阶段开展评估，并将评估结果向社会公开。评估的内容应当包括指令约束在施工阶段的实施情况以及指令约束在使用阶段的保持情况。评估的方法宜采用定性分析与定量分析相结合的方法，评估前要明确被评估对象和范围，收集相关消防法律法规、技术标准及工程、系统技术资料。针对被评估的亚安全区及其所在建筑物，识别和分析火灾危险危害性，考察可燃物种类，计算火灾荷载，确定危险因素存在的部位和方式、火灾事故发生的原因和形成机制，在此基础上，划分评估单元，选择合理的评估方法，对评估对象进行定性、定量评估，并提出相应的措施。亚安全区一致性管理评估可以针对亚安全区专题进行，也可以结合对整体建筑的消防安全评估一并进行。亚安全区投入使用前应当进行一致性管理评估，使用后应当每年至少进行一次一致性管理评估。

4.3　加强亚安全区一致性管理的监管

公安消防机构应按照施工进度对亚安全区实施指令约束情况进行监督检查，及时发现和纠正违反

指令约束的行为。在建设工程消防竣工验收中，将指令约束提出的要求列为关键项目进行评定。公安消防机构要根据亚安全区一致性管理评估情况，加大对亚安全区及所在建筑的消防安全检查频次。同时，要加强对消防安全评估机构的严格管理，督促其依法、独立、如实地从事评估活动，以保证评估结果的真实性、准确性。

5 结 语

亚安全区的一致性管理涉及建筑物设计、施工、使用等各个阶段，需要整体规划、逐步实施。本文提出了亚安全区约束以及功能约束、性能约束、指令约束的概念，给出了亚安全区功能约束、性能约束的指标，明确了指令约束的要求，在此基础上探讨了亚安全一致性管理的内容和措施，对加强亚安全区一致性管理具有指导意义。

参考文献

[1] 霍然，袁宏永. 性能化建筑防火分析与设计[M]. 合肥：安徽科学技术出版社，2003.
[2] 祁晓霞. 大型商业综合体建筑"亚安全区"设计探讨[J]. 消防科学与技术，2013，32（1）：26-27.

作者简介：陈昂（1966—），陕西省公安消防总队高级工程师；从事消防监督管理工作。
         通信地址：陕西省西安市经济开发区凤城二路 15 号，邮政编码：710028；
         联系电话：13891800297。

用于分析火灾烟气中有机毒害物的
气质联用技术的优化研究*

甘子琼　刘军军　何　瑾　唐胜利　郭海东

（公安部四川消防研究所）

【摘　要】　气质联用（GC-MS）技术是一种利用气相色谱的分离能力让混合物中的组分分离，并用质谱鉴定分离出来的组分的高效分析技术。本文针对火灾烟气中的有机毒害物，对气质联用技术进行了优化研究，建立了一种适合火灾烟气中有机毒害物的特殊取样技术，并进行了分析条件的优化选择，实现了火灾烟气中有机毒性组分的分离，为气质联用技术用于火灾烟气中有机毒害物的定性定量分析奠定了坚实的基础。

【关键词】　气质联用；火灾烟气；取样；优化；慢性毒性

1　前　言

近十年来，据不完全统计，国内外的大型、特大型火灾伤亡人员中，有 70% 以上是因烟气中毒丧失逃生能力而死亡的。因此，火灾中烟气对人的生命所造成的危害比燃烧所造成的危害更大。火灾烟气毒性危害问题已经成为当代消防急需解决的重大课题之一，而对材料燃烧烟气毒性进行评价是解决火灾烟气毒性危害问题的关键。为了遏制火灾烟气对人的生命安全造成进一步的威胁，世界各国消防科研人员展开了对火灾烟气的分析研究。

目前，这些研究都是针对火灾烟气中的无机小分子和丙烯醛对人体产生的急性中毒开展的。然而，我们近期在进行火灾烟气毒性的研究工作中，发现高分子材料高温热解后，气流物中还有有机小分子存在，这类毒害物使人体产生慢性中毒后，毒性具有累积效应，时间长了就会对人的生命造成危害，对环境也存在着一定的威胁。消防队员和接触者都可能因接触这些有毒有害物质而影响健康，引起以呼吸道症候群为主的疾患。比如，长期接触苯会对血液造成极大伤害，即引起慢性中毒；苯还可以损害骨髓，使红细胞、白细胞、血小板数量减少，并使染色体畸变，从而导致白血病，甚至出现再生障碍性贫血。因此，对这类烟气毒害物进行有效的评估与控制已迫在眉睫，并将为研究火灾对人员安全的影响和对环境的威胁奠定坚实的技术基础。

由于有机化合物种类多，同分异构体也多，目前针对火灾烟气毒害物中的无机小分子和丙烯醛等建立的火灾烟气成分分析方法不能有效地对其进行分析，为此我们只得寻求另外的成分分析方法。结合气相色谱法的高效能分离混合物的特点与质谱法的高分辨率鉴定化合物的特点的气质联用（GC-MS）技术，开始用于组成复杂的有机化合物成分分析，使对火灾烟气中有机化合物的分析成为可能。气相色—质谱联用系统具有很高的灵敏度和信噪比，匹配有功能强大的数据处理系统，因此非常适合于火灾烟气成分的分析。

＊　本文由"十二五"计划"材料及制品的防火阻燃性能及火灾危险性评价新技术研究"和基金项目"火灾烟气中典型有机毒性组分的研究"资助。

然而，将气质联用技术用于分析火灾烟气中有机毒害物也面临着两个关键性的技术难题：一是对火灾烟气中有机毒害物的取样；二是对火灾烟气中有机毒害物的分离。为此，针对火灾烟气中的有机毒害物，我们对气质联用技术进行了优化研究，建立了一种特殊的取样技术，并进行了分析条件的优化选择，实现了火灾烟气中有机毒性组分的分离，为气质联用技术用于火灾烟气中有机毒害物的定性定量分析奠定了坚实的基础。

2 适合火灾烟气中有机毒害物的特殊取样技术

在环境监测中,通常对空气中的有机毒害物的取样(针对空气中需要监测的低浓度的有机毒害物)，采用吸附-解吸附方式，即使用专用的采样管以低流速、长时间（24 h）富集取样，然后经过加热将吸附的有机毒害物导入气相色谱进行分析。这种取样方法前处理程序繁琐，且样品的损失大。

然而，空气中的有机毒害物组分浓度低且处于常温下，而火灾烟气中的有机毒害物具有组分复杂、浓度高等特性且处于高温环境下，因此急需建立一种适合火灾烟气中有机毒害物的特殊取样技术。经过反复试验和研究，我们采用如图 1 所示的溶剂吸收方式，把三级吸收所取的样全部转入容量瓶定容待测。由于待测的有机毒害物在溶剂中溶解性好，因而这种取样方法前处理简单，样品的损失很小，吸收率在 95% 以上。

图 1　火灾烟气中有机毒害物取样图

3 分析条件的优化选择

经过反复试验和研究，我们发现影响火灾烟气中有机毒害物分析的主要因素是进样口温度、分流比、升温方式、检测器温度和溶剂去除时间。为此，我们从以下几方面进行了分析条件的优化选择。

3.1 进样口的温度

火灾烟气中的有机毒性组分沸点从 60 °C ~ 220 °C 不等。如果温度设置过低，样品中高沸点物质不挥发而在进样口聚集下来，长期下去，会使进样口的衬管和毛细管柱污染；如果温度设置过高，会使低沸点样品在瞬间汽化而流失，不利于样品分析；同时，设置中还要求进样口温度必须比样品中的最高沸点组分高 20 ℃~30 ℃，因为这样最有利于样品分析。在这种情况下，为了使进样口温度适合大多数样品，我们将温度选择在 250 ℃。

3.2　分流比

火灾烟气样品分析时大多数样品经浓缩后浓度都较大，要求进入到进样口的样品不能全部进入色谱柱，必须分流出去一部分，这就需要选择分流比。由图 2（a）、图 2（b）、图 2（c）可以看出，将分流比设为 10∶1 时各组分分离效果好，响应也好，因此我们将分流比设为 10∶1。

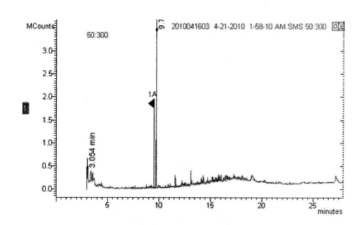

图 2（a）　PVC 热解产物的 TIC 图（分流比 1∶1）

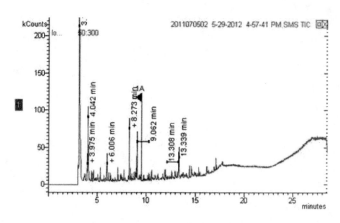

图 2（b）　PVC 热解产物的 TIC 图（分流比 10∶1）

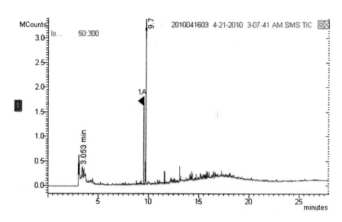

图 2（c）　PVC 热解产物的 TIC 图（分流比 100∶1）

3.3 色谱柱的升温方式

气质联用（GC-MS）仪的气相色谱柱升温方式一般分为恒温和升温两种。恒温方式是针对单一分析组分，对于复杂分析组分则采用升温方式。

由于火灾烟气中组分复杂、组分沸程宽，为了使样品中的各组分能逐一被洗脱，需要对色谱柱进行阶梯升温。为了使样品中的各组分能被全部检测到，优化后的升温条件为：以 25 ℃/min 的升温速率开始升温，升到 100 ℃ 后平衡 2 min，然后以 10 ℃/min 的速率一直升到 300 ℃ 再平衡 2 min。在这种程序升温下，样品中所有的组分都能被很好地分离，分离度较高，并且重现性也很好。

3.4 质谱的检测器温度

对于质谱检测器有两种温度需要设置：一是接口温度设置，二是离子源温度设置。在分析实验中要求接口温度同进样口温度一致，以保证样品顺利流出，因此将接口温度设置在 250 ℃。而对于离子源温度的选择，本仪器对离子源温度的上限设置为 350 ℃，超过此温度会使离子源损坏，在此情况下，同进样口温度的选择一样，通过试验对比，将离子源的温度设置为 250 ℃。在实验中要求接口温度同进样口温度一致，以保证样品顺利流出，因此将接口温度设置为 250 ℃。而对于离子源温度的选择，在不损坏离子源的情况下，同进样口温度的选择一样，将离子源的温度设置为 250 ℃。

3.5 溶剂去除时间

大量存在的溶剂分子如果进入到质谱检测器中会使离子源污染，使灵敏度下降，本底增高。为了保护检测器，要求溶剂在出峰时关闭检测器，但同时又不能影响样品组分的检测。本方法中所使用的溶剂为 68.7 ℃ 的正己烷，这种溶剂的出峰时间在 1.6 min 左右。因此，将溶剂切除时间设置为 2 min。

4 下一步工作

我们将选取更多的建筑材料，采用《材料产烟毒性危险分级》（GB/T 20285—2006）规定的材料产烟标准实验装置进行材料燃烧热解产烟，采用优化的气质联用技术对材料热解烟气中有机毒害物组分进行定性定量分析。

5 结 论

气质联用技术（GC-MS）是一种高效的分析技术。该技术利用气相色谱的分离能力让混合物中的组分分离，并用质谱鉴定分离出来的组分（定性分析）。针对火灾烟气中的有机毒害物，我们建立了一种特殊的取样技术，并从进样口温度、分流比、升温方式、检测器温度和溶剂去除时间等方面进行优化选择，解决了气质联用技术用于分析火灾烟气中有机毒害物的关键性的技术难题，实现了有机组分的分离，为气质联用技术用于火灾烟气中有机毒害物的定性定量分析奠定了坚实的基础。由于质谱仪的强定性能力，可较容易地排除相邻组分及其他杂质的干扰，加上气相色谱的强分离能力，可获得满意的分离度和定量结果。相信随着气质联用分析技术的发展，气质联用技术将会在火灾烟气分析中得到广泛的应用。

参考文献

[1] 张健. 木质装修材料燃烧烟尘气体的热解吸 GC-MS 分析[J]. 武警学院学报, 2011, 27(12): 8-10.

[2] Agilent Technologies. 240 IT GCMS 用户培训手册. 2010.

[3] 甘子琼, 刘军军. 气质联用分析技术在火灾烟气苯及其同系物分析中的应用研究[M]. 第四届全国建筑防火及防火材料学术研讨论文集: 73-75.

[4] 甘子琼, 刘军军, 何瑾. 气质联用法分析 u-PVC 阻燃电工套管热解烟气毒害物[M]. 第五届全国建筑防火及防火材料学术研讨论文集: 179-180.

[5] 甘子琼, 刘军军. 阻燃电工导管热解烟气毒害物分析[J]. 消防科学与技术, 2004 (1): 96-98.

作者简介: 甘子琼（1974—）, 女, 公安部四川消防研究所副研究员; 研究方向为建筑防火。

通信地址: 四川省成都市金牛区金科南路 69 号, 邮政编码: 610036;

联系方式: 028-87511960;

电子信箱: 5955077@qq.com。

基于大涡模拟的建筑室外烟流"短路"现象研究*

唐胜利　　卢国建　　胡忠日　　甘子琼

（公安部四川消防研究所）

【摘　要】　本文针对建筑机械排烟系统中产生的室外烟流"短路"现象，开展了一系列的大涡模拟实验。通过对这些室外烟流"短路"实验进行研究，得到了火灾烟气在室外机械排烟口和室外机械进风口出现烟流"短路"的几种情形，揭示了烟气在室外机械排烟口和室外机械进风口产生"短路"的规律。

【关键词】　大涡模拟；烟流"短路"

1　引　言

在建筑机械排烟系统方面会产生一种现象，就是室外排烟口排出的烟气被建筑机械排烟系统的室外进风口吸入的现象，即类似于"短路"现象，我们称之为室外烟流"短路"现象。火灾中一旦出现室外烟流"短路"现象，那么我们的防烟排烟系统的排烟效率必将大大降低，造成火灾产生的烟气不能及时排出，正压送风系统从室外进风口吸入的烟气则会使安全区域内流入火灾烟气，严重影响人员疏散，危害人员生命安全。因此，我们需要对室外烟流"短路"现象进行研究。

本文主要针对室外烟流"短路"现象进行了大涡模拟研究。在大涡模拟实验方面，根据《建筑设计防火规范》的标准要求，我们分别建立了水平距离 0.0 m，5.0 m，10.0 m，15.0 m，20.0 m 和垂直距离 0.0 m，3.0 m，5.0 m，6.0 m 的几种不同组合情况，并对其展开实验研究。我们主要研究了经过机械防排烟系统室外排烟口排出的烟气的流动规律，同时也对烟气经由机械防排烟系统室外排烟口排出后，对于机械排烟系统和正压送风系统的室外进风口吸入后的危险性做了一定的研究。这些研究和大涡模拟数据对于建筑防排烟的设计、火灾事故情况下的人员的安全疏散和消防救援、火灾安全风险评价以及防止和减少火灾的危害、保障社会的公共安全具有十分重要的意义。

2　大涡模拟实验设计

2.1　大涡模拟简介

我们的研究采用的是大涡模拟技术 LES（Large eddy simulation）。大涡模拟是近几十年才发展起来的一个流体力学中重要的数值模拟研究方法。它区别于直接数值模拟（DNS）和雷诺平均（RANS）方法，其基本思想是通过精确求解某个尺度以上所有湍流尺度的运动，从而能够捕捉到 RANS 方法所无能为力的许多非稳态、非平衡过程中出现的大尺度效应和拟序结构，同时又克服了直接数值模拟由于需要求解所有湍流尺度而带来的巨大计算开销的问题，因而被认为是最具潜力的湍流数值模拟发展方向。

＊　本文由国家科技支撑项目"高大综合性建筑及大型地下空间火灾防控技术研究"（2011BAK03B01）和公安部四川消防研究所基本科研业务费专项项目"地下建筑机械排烟系统室外出烟口与取风口的优化研究"（20128807Z）资助。

由于大涡模拟耗费依然很大，目前大涡模拟还无法在工程上广泛应用，但是大涡模拟技术对于研究许多流动机理问题提供了更为可靠的手段，可为流动控制提供理论基础，并可为工程上广泛应用的 RANS 方法改进提供指导。

2.2　大涡模拟设备

本文的大涡模拟设备主要采用的是高性能计算集群。该集群由 240 个运算节点组成，运算能力为每秒 4.0 万亿次浮点运算。本文所做的研究均是通过该高性能计算集群完成的，如图 1 所示。

图 1　大涡模拟实验使用的设备

2.3　实验平台的建立

我们根据需要研究的内容，将建筑机械排烟室外烟流"短路"平台建立为如图 2 所示的结构，分别建立了 4 个排烟口和 3 个进风口。

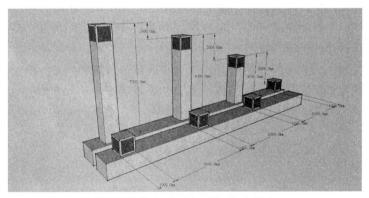

图 2　室外烟流"短路"实验平台

3　大涡模拟实验

通过高性能计算集群，我们对建立的建筑室外烟流"短路"实验平台进行大涡模拟实验。我们要开展的实验工况分别为：室外进风口和室外排烟口垂直距离 0.0 m，3.0 m，5.0 m，6.0 m，水平距离 0.0 m，5.0 m，10.0 m，15.0 m 几种不同情况的组合。查阅相关文献和规范，结合对全国各地进行的实地调研工作情况，并经整理分析研究后，我们最终选取了八种模式进行大涡模拟实验。室外排烟口和取风口具体位置如表 1 所示。

表 1 实体火灾实验工况列表

工 况	水平距离	垂直距离
1	0.0 m	3.0 m
2	0.0 m	5.0 m
3	0.0 m	6.0 m
4	5.0 m	0.0 m
5	5.0 m	3.0 m
6	10.0 m	0.0 m
7	10.0 m	5.0 m
8	15.0 m	0.0 m

通过高性能计算集群，我们对建立的建筑室外烟流"短路"实验平台进行大涡模拟实验。针对 8 种工况，通过试验后，我们得到烟气粒子分布图，如图 3 所示。

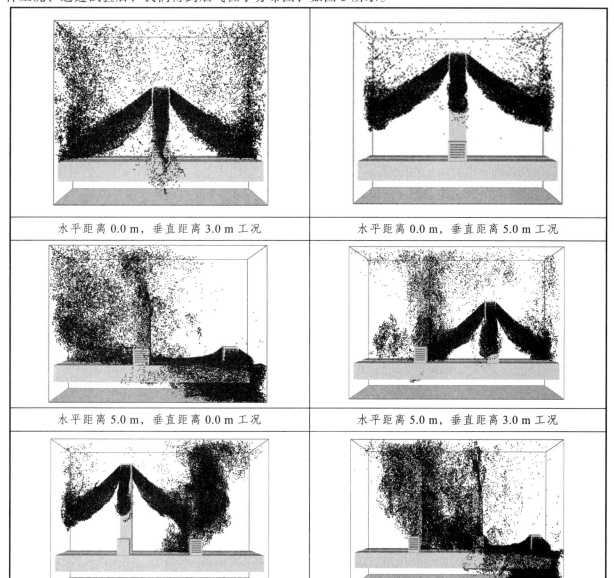

水平距离 0.0 m，垂直距离 3.0 m 工况

水平距离 0.0 m，垂直距离 5.0 m 工况

水平距离 5.0 m，垂直距离 0.0 m 工况

水平距离 5.0 m，垂直距离 3.0 m 工况

水平距离 5.0 m，垂直距离 5.0 m 工况

水平距离 10.0 m，垂直距离 0.0 m 工况

| 水平距离 5.0 m，垂直距离 5.0 m 工况 | 水平距离 0.0 m，垂直距离 6.0 m 工况 |

图 3　烟气粒子分布图

从以上实验结果可以清晰地看到建筑室外烟流"短路"现象，在不同的实验中产生了不同的效果，室外烟流"短路"现象产生的程度也不尽相同。

4　大涡模拟实验分析

根据我们的大涡模拟实验结果，我们分别把室外机械排烟口和室外机械进风口的水平距离是 0.0 m，5.0 m 和 10.0 m 的数据分类整理，比较分析后得到了以下结果。

4.1　水平距离为 0.0 m 的模拟

我们将机械排烟系统的室外机械排烟口和室外机械进风口的水平距离均为 0.0 m 的三组模拟数据进行比较后，得到的实验结果如图 4 所示。

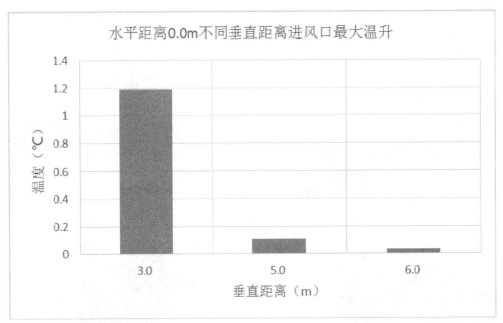

图 4　水平距离为 0.0 m，垂直距离分别为 3.0 m，5.0 m，6.0 m 的进风口最大温升

分析上图的数据，可以得出：当室外机械排烟口和室外机械进风口的水平距离均为 0.0 m 时，随着室外机械排烟口和室外机械进风口的垂直高度的增加，室外机械进风口的最大温升逐渐减小。

4.2 水平距离为 5.0 m 的实验

我们将机械排烟系统室外排烟口和室外进风口的水平距离均为 5.0 m 的四组实验数据进行比较后，得到的实验结果如图 5 所示。

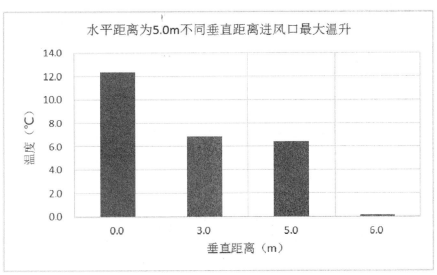

图 5 水平距离为 5.0 m，垂直距离分别为 0.0 m，3.0 m，5.0 m，6.0 m 的进风口最大温升

分析上图的数据，可以得出：当室外机械排烟口和室外机械进风口的水平距离均为 5.0 m 时，随着室外机械排烟口和室外机械进风口的垂直高度的增加，室外机械进风口的最大温升逐渐减小。

4.3 垂直距离为 0.0 m 的实验

我们将机械排烟系统室外排烟口和室外进风口的垂直距离均为 0.0 m，垂直高度均为 0.0 m 时的三组实验数据进行比较后，得到的实验结果如图 6 所示。

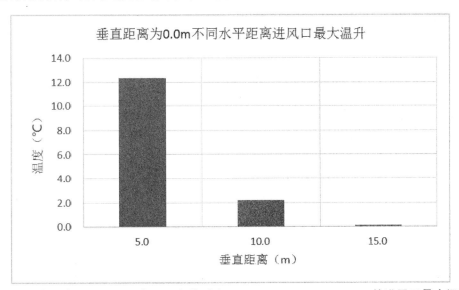

图 6 垂直距离为 0.0 m，水平距离分别为 5.0 m，10.0 m，15.0 m 的进风口最大温升

分析上图的数据，我们可以得出：当室外机械排烟口和室外机械进风口的垂直距离均为 0.0 m 时，室外机械排烟口和室外机械进风口随着水平距离的增加，进风口最大温升逐渐减小。

5 结 论

针对建筑机械排烟系统室外烟流"短路"现象，我们通过开展了一系列的大涡模拟实验分析研究后对实验数据进行整理分析后，我们初步得出以下结论：

（1）室外机械排烟口和室外机械进风口的水平距离 0.0 m 时，垂直距离分别是 3.0 m，5.0 m 的情况下，室外进风口产生了一定程度的温升；当垂直距离达到 6.0 m 时，室外进风口均产生的温升接近于零；

（2）室外机械排烟口和室外机械进风口的水平距离 5.0 m 时，垂直距离分别是 0.0 m，3.0 m，5.0 m 的情况下，室外进风口均产生了一定程度的温升；

（3）室外机械排烟口和室外机械进风口的水平距离 15.0 m 时，垂直距离是 0.0 m 的情况下，室外进风口均产生的温升接近于零；

（4）室外机械排烟口和室外机械进风口的水平距离一定时，随着垂直距离的增加，室外进风口产生的温升越来越小；

（5）室外机械排烟口和室外机械进风口的垂直距离和水平距离变化同样的数值时，水平距离对于进风口的温升影响较垂直距离的影响较为小些，而室外进风口对垂直距离的变化更敏感。

参考文献

[1] 兰彬，钱建民. 国内外防排烟技术研究的现状和研究方向[J]. 消防科学与技术，2001（2）：17-18.

[2] 上海市建设和交通委员会. 建筑防排烟技术规程[S].

[3] 中华人民共和国建设部. 建筑防火设计规范[S]. 北京：中国计划出版社.

[4] 杜兰萍. 正确认识当前和今后一个时期我国火灾形势仍将相当严峻的客观必然性[J]. 消防科学与技术，2005（1）：1-4.

[5] 史聪灵，霍然，李元洲，王浩波，周允基. 大空间火灾实验中温度测量的误差分析[J]. 火灾科学，2002（3）：157-163.

作者简介：唐胜利（1977—），男，硕士，公安部四川消防研究所建筑防火研究室助理研究员；从事建筑防火工作。

联系电话：13666209175；

电子信箱：tangfee@hotmail.com。

浅谈工业建筑的耐火设计

吴庆驰

（浙江省温州市公安消防支队平阳大队）

【摘　要】　本文首先阐述了建筑耐火设计的基本概念及方法，然后以工业建筑为例，结合相关规范，从火灾危险性、建筑耐火等级、构件的耐火极限、允许层数和防火分区面积几个方面分析和总结了工业建筑耐火设计中的审核要点，希望能给工业建筑的防火设计提供参考。

【关键词】　工业建筑；火灾危险性；耐火设计

当前，我国的工业仍处于快速发展阶段。工业化在带动经济发展的同时，也使工业建筑类火灾处于频发时期。据相关统计，2014 年 1 月 1 日至 5 月 24 日，浙江省工业建筑类火灾发生了 1 903 起，占火灾总数的 10.51%，直接财产损失高达 8 407 万元，共造成人员伤亡 28 人。瓯海"八·五"事故，温岭"一·一四"火灾等，均暴露出工业建筑火灾后果严重、伤亡惨重，同时引起了社会对工业建筑消防安全的广泛关注。如何运用建筑耐火设计的关键技术，提高建筑结构的耐火性能，从源头上预防火灾的发生，应成为设计和消防部门重视的研究课题。

1　建筑耐火设计的基本概念及方法

1.1　建筑耐火设计的基本概念

根据建筑物常用的几种结构形式，可按其耐火性能划分成四级：一级耐火等级建筑为用钢筋混凝土结构楼板、屋顶、砌体墙组成；二级耐火等级建筑和一级基本相似，但所用材料的耐火极限可根据所在部位适当降低；三级耐火等级建筑为用木结构屋顶、钢筋混凝土楼板和砖墙组成的砖木结构；四级耐火等级建筑为木结构屋顶，难燃烧体楼板和墙的可燃结构。

建筑材料按其燃烧性能分为不燃烧材料、难燃烧材料和可燃烧材料三类。而建筑构件的燃烧性能是指不燃烧体、难燃烧体和燃烧体三种。建筑构件的耐火极限指的是在标准耐火试验条件下，建筑构件、配件或结构从受到火的作用时起，到失去稳定性、完整性或隔热性时止的这段时间，一般用小时（h）表示。

1.2　耐火等级、建筑构件燃烧性能及材料燃烧性能的区别和联系

建筑物由各类建筑构件组成，而建筑构件则是由不同类型的建筑材料构成，因此材料的燃烧性能、构件的燃烧性能及建筑的耐火等级之间既有各自明确的分级分类，又有不可分割的联系：建筑材料的燃烧性能决定了材料本身的燃烧性能的分类；建筑构件所采用的建筑材料决定了构件的燃烧性能分类；建筑的耐火等级的划分则应考虑该建筑基本构件的燃烧性能。它们这种层层递进的关系最终归结为建筑的耐火能力，并在建筑耐火设计中赋予具体的技术指标。

1.3　建筑耐火设计的基本方法

建筑耐火设计的依据是《建筑设计防火规范》（GB50016—2006）和《高层民用建筑设计防火规范》

（GB50045—1995，2005年版），其中对建筑物的耐火等级以及相应建筑构件燃烧性能和耐火极限做了详细划分。建筑耐火设计的基本方法是：第一步，根据建筑物重要性、火灾危险性、周边建筑防火间距等情况选定建筑耐火等级；第二步，依据规范确定构件的燃烧性能和耐火极限；第三步，设计构件。防火规范附录中已列出了各种构件的耐火极限，如有实质性差别时，需对构件进行耐火试验。涉及新型技术和新型材料的重大工程项目，还需通过专家论证。

2 工业建筑耐火设计的审核要点

2.1 确定火灾危险性与建筑物的耐火等级

工业建筑的火灾危险性决定了建筑物所需要达到的耐火等级，而其火灾危险性和耐火等级又决定了建筑物的层数、防火分区面积和防火间距。因此，确定火灾危险性是工业建筑审核中最关键最首要的环节。厂房的火灾危险性根据生产中使用或产生的物质及其数量等因素划分为甲、乙、丙、丁、戊5类。仓库的火灾危险性应根据储存物品的性质和储存物品中的可燃物数量等因素也分为甲、乙、丙、丁、戊5类，但其中甲、乙、丙类储存物品不仅要明确其分类，还要同时确定其属于哪一类的哪一项。

防火规范中明确了甲、乙类厂房的耐火等级不应低于二级，丙类厂房的耐火等级不应低于三级；高层厂房则要求采用不低于二级耐火等级的建筑；甲类仓库的耐火等级不应低于二级，其中甲类第3和第4项仓库的耐火等级应采用一级，乙、丙类仓库的耐火等级不应低于三级。

2.2 核定建筑物的耐火等级与构件的耐火极限

建筑构件的耐火极限与其断面大小有关。防火设计时，必须按照构件耐火极限的要求，选定合理的尺寸、材料和构造做法。墙、柱和楼板都是建筑物承重的主要构件，其耐火极限对整体建筑的耐火性能均起着非常关键的作用。因此，消防设计审核中应重点核对建筑物的耐火等级与构件的耐火极限不应低于规范的规定。然而，也有几种需要依据相应规定提高要求或给予适当放宽的情况。

提高相应构件的耐火极限主要是满足生产工艺、建筑物耐火性能和局部防火分隔等要求：① 防火墙在甲、乙类厂房和甲、乙、丙类仓库的设置中应采用耐火极限不低于4h的不燃烧体；② 二级耐火等级且未设置自动灭火设施的多层和高层工业建筑内存放可燃物的平均重量每平方米超过200千克的房间，其梁、楼板的耐火极限应符合一级耐火等级的要求；③ 当办公室、休息室必须与甲、乙类厂房贴邻建造时，应采用耐火极限不低于3h的不燃烧体防爆墙隔开和设置独立的安全出口；在丙类厂房内设置办公室、休息室，应采用耐火极限不低于2.5h的不燃烧体隔墙和耐火极限不低于1h的楼板与厂房隔开；④ 厂房内设置丙类仓库时，必须采用防火墙和耐火极限不低于1.5h的楼板与厂房隔开；设置丁、戊类仓库时，必须采用耐火极限不低于2.5h的不燃烧体隔墙和1h的楼板与厂房隔开。

降低相应构件的耐火极限主要考虑到建筑物火灾危险性、建筑材料节能和利用以及国内外实际应用情况等因素：① 耐火等级为二级的单层丙类厂房，其梁、柱可采用无防火保护的金属结构，其中能受到甲、乙、丙类液体或可燃气体火焰影响的部位，应采取外包敷不燃材料或其他防火隔热保护措施；② 承重构件为非燃烧体的工业建筑（甲、乙类仓库和高层仓库除外），其非承重外墙为非燃烧体时，其耐火极限可降低0.25 h；为难燃烧体时，可降低0.5 h；③ 二级耐火等级建筑的楼板（高层工业建筑的楼板除外），当采用预应力和预制钢筋混凝土楼板时，其耐火极限可降低0.25 h。

2.3 审核建筑物的耐火等级、允许层数和防火分区面积

建筑物的危险性和耐火等级决定了建筑物的层数、防火分区面积。审核工业建筑的耐火等级、允许层数和防火分区面积时，应注意核对厂房的耐火等级、层数和每个防火分区的最大允许建筑面积，

以及仓库的耐火等级、层数和面积。但同时应注意以下几类情况。

（1）工业建筑内设置自动灭火系统时，其防火设计要求标准可适当降低；厂房内每个防火分区的最大允许建筑面积可按规定增加 1 倍；如仅在局部设置自动灭火系统时，其防火分区增加面积按该局部面积的 1 倍计算；而丁、戊类的地上厂房每个防火分区的最大允许建筑面积则不限；仓库内每座最大允许占地面积和每个防火分区的最大允许建筑面积可按规定增加 1 倍。

（2）小型企业的耐火等级可适当放宽：建筑面积不超过 300 平方米的独立甲、乙类单层厂房，可采用三级耐火等级的建筑；使用或产生丙类液体的厂房和有火花、赤热表面、明火的丙类厂房的建筑面积小于等于 500 平方米，或上述丁类厂房的建筑面积小于等于 1 000 平方米时，也可采用三级耐火等级的单层建筑。

（3）特殊贵重物品建筑耐火等级要求高：特殊贵重的机器、仪表、仪器等应设在一级耐火等级的建筑内，因为货币、邮票、重要文物、资料档案库以及价值特高的其他物品库等一旦起火，容易造成巨大的损失，因此要求此类仓库的耐火等级必须达到一级。

（4）设备用房必须采用实体墙分隔：锅炉房（总蒸发量大于 4 t/h 的燃煤）、油浸变压器室、高压配电装置室应采用为一、二级耐火等级的建筑；变配电所不应设置在甲、乙类厂房内或贴邻建造。

（5）建筑层数的限定：甲、乙类生产场所和甲、乙类仓库不应设置在地下或半地上；甲类除生产采用多层者外，宜用单层，而甲类仓库只能设置在地上一层；二级耐火等级的乙类厂房不应超过六层，三级耐火等级的乙类仓库建筑层数不应超过一层。

3 建筑耐火设计的重要意义

随着社会和经济的不断发展和人们安全意识的逐步提升，建筑耐火性能不仅仅是消防和设计部门重视的课题，更是会成为人们普遍关注的问题。建筑耐火设计是在建筑设计中为火灾设置的最后一道防线，一旦失效，特别是钢结构的工业建筑，火灾发生后容易引发坍塌现象，给其内部人员的安全疏散和消防官兵的灭火救援造成了极大的困难和危害，甚至引发严重的后果。设计和消防部门应严格执行好消防技术规范，在源头上对建筑耐火设计做到从严把关。只要建筑耐火性能和整体结构安全性能提高了，即使失火，建筑良好的耐火性能既为消防官兵灭火救援提供宝贵的时间，也能最大限度地保护人民生命财产安全。因此，建筑耐火设计在建筑和结构安全方面具有十分重要的意义。

参考文献

[1]　蔡芸. 建筑工程消防审核与验收实务[M]. 北京：国防工业出版社，2012.
[2]　靳玉芳. 图释建筑防火设计[M]. 北京：中国建材工业出版社，2008.
[3]　GB50016-2006. 建筑设计防火规范[S]. 北京：中国计划出版社，2006.
[4]　GB50645-95. 高层民用建筑设计防火规范[S]. 北京：中国计划出版社，2005.

作者简介：吴庆驰，男，浙江省温州市公安消防支队平阳大队参谋，助理工程师；从事防火监督工作。
　　　　　通信地址：浙江省温州市鹿城区县前大楼 A 幢 306 室，邮政编码：325000；
　　　　　联系电话：13858829259；
　　　　　电子信箱：wqc2003@163.com。

某大中型体育场的安全疏散仿真设计

张　彤

（贵州省黔南州公安消防支队都匀大队）

【摘　要】　当今的大中型体育场由于功能复杂，空间巨大、可容纳几万到几十万人，因而存在一定的人员疏散危险性。计算机仿真模拟可以对体育场的安全疏散给出合理的评估和建议，以作为人群疏散主要的研究手段。本文主要运用 STEPS 软件对某大中型体育场疏散策略进行研究，结果表明，有组织疏散可以大幅度提高疏散效率，节省疏散时间。

【关键词】　人员疏散；STEPS 仿真软件；体育场

1　引　言

随着我国经济的发展，大中型体育场的数量和规模都大幅提高。当今的大中型体育场，由于其功能复杂、空间巨大、可容纳几万到几十万人，因而存在一定的人员疏散危险性。因此，大中型体育场必须做好各种应急疏散预案。否则，一旦发生事故，往往会造成群死群伤的严重后果。因此对于人群在应急情况下进行疏散动态的研究，具有极其重要的意义。

2　研究方法

大中型体育场的人群疏散很难用试验进行研究。第一，大中型体育场的疏散人数几万到十几万，远远超过了一般试验的规模；第二，人群疏散往往和事故的情况有所关联，试验时无法真实反映突发事故状态；第三，试验中存在着安全风险，一旦场面失控，极易引发伤亡事故。所以，不能用试验的方法对大中型体育场的疏散进行研究。[1]然而，计算机仿真可以作为其主要的研究手段，即通过建立人员疏散模型来模拟火灾情况下体育场内人员的疏散动态。计算机模拟不仅节省经费和资源，更重要的是不存在事故发生的可能，对体育场的安全疏散给出合理的评估和建议。

就目前而言，国际上已有较多通过认证的疏散软件可供直接利用，其中开发利用较早或较为常见的软件有 NFPA 的 EXIT89，佛罗里达大学的 EVACNET4[2]，德国 Integrierte Sicherheits-Technik 的 ASERI、SimCo Consulting 的 EgressPro、NIST 的 EXITT、英国 AEA Technology 的 EGRESS，苏格兰 IES 的 SIMULEX 和英国格林威治大学的 EXODUS 以及英国 Mott MacDonald 开发的 STEPS 等。相比于以往的软件，STEPS 更加形象、模型更加逼真，可用于模拟办公区、体育场馆、购物中心和地铁站等人员密集区域在紧急情况下的快速疏散。通过与基于建筑法规标准的设计作比较，STEPS 的有效性已经得到了验证。所以在本研究中，选择 STEPS 作为人群疏散研究的仿真软件。

STEPS（Simulation of Transient Evacuation and Pedestrian MovementS）是一种应用在个人计算机中的模拟软件，此模型是专门用于模拟人员在建筑物中紧急状态下的疏散状况。模型适用于大型综合商场、办公大楼、体育场及地铁站等建筑物。此计算机模型是基于以下三项资料作分析的，即楼层平面及疏散途径的联系网络、人员特性、人员在模型中的移动情况。楼层平面及疏散途径的联系网络，是以细小的"网络系统"作为运算基础，再配合模型中人员的行动决定来分析各种建筑平面，即模型将建筑物楼层平面分为细小的网络，再将墙壁等加入成为网络中的障碍物；模型中的人员则加入在预设的界限里；人员能够在网络系统中自由走动，且每个格子只可站立一人，因此人员密度的最大值取决于格子大小。模型内的每个人员将对所在楼层的疏散出口计算积分，积分越高，人员便越大机会选择此方向疏散至出口。出口的疏散距离、对此出口的熟悉程度、出口附近的拥挤程度及出口本身可容纳的人员流量等参数，均会用作计算疏散出口的积分。疏散出口的积分在每一时间间距中重复计算，直至所有人员离开模型总出口。模拟所考虑的人员特性包括人员种类、人员体积和行走速度等。在选用合适的人员种类、配以不同连接线上的行走速度、人员对路径的熟识程度及人员耐性等因素后，便可对多种火灾发生时的疏散情况进行分析。

3 工程案例分析

3.1 某大中型体育场的工程概况

体育场占地面积为 45 284.16 m²，总建筑面积为 57 255.65 m²，屋面最高点的高度为 49.5 m；建筑地上 3 层，局部 3 层夹层，主要为体育比赛功能房间、休息室、设备间等辅助用房；在房间的上面设置有观众看台，看台区域分为 2 层，总座位数为 38 086 座，沿比赛场地四面周圈布置；下层看台各朝向排数较为均匀，上层看台沿东西方向布置排数较多，南北方向布置排数较少，下层看台西侧布置为主席台。该体育场作为可承接省级和全国综合运动会及国际单项体育比赛的级别较高的体育建筑，在其看台上方设置了防风雨的罩棚，如图 1 所示。

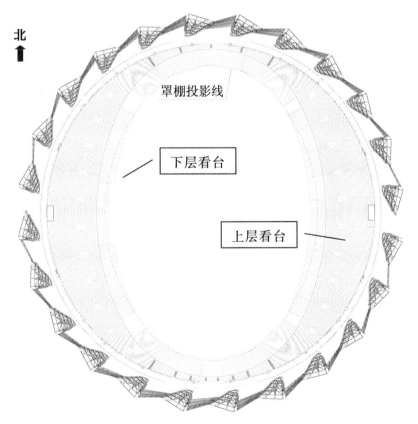

图 1 体育场罩棚及看台平面布置图

3.2 人员疏散设计方案

场芯区域人员通过体育场一层4个主出入口通道进行疏散。

一层看台的人员通过看台纵走道，沿着疏散通道进入+6 m平台，通过+6 m平台进入安全地带。

二层看台的人员有两种疏散途径：一是通过看台纵走道进入看台中部的安全出口，从而进入+10.8 m平台，通过8个开敞楼梯疏散到+6 m平台，再进入安全地带；二是通过看台走道向上疏散到顶部疏散走道，沿着走道通过4个开敞楼梯进入+6 m平台，再进入安全地带。

上、下层看台疏散路线如图2所示。

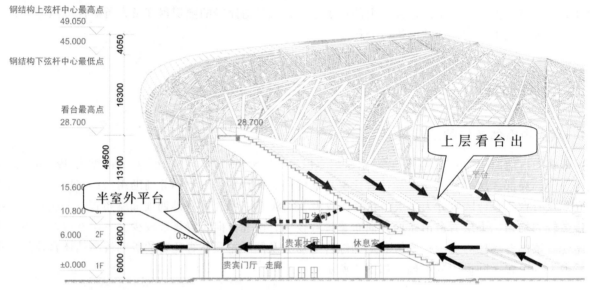

图2 上、下层看台疏散路线示意图

3.3 疏散仿真模拟

3.3.1 疏散参数设定

（1）疏散人数确定：该体育场中人员主要集中在看台以及室内房间区域，疏散平台一般无人员停留。考虑到疏散平台区域面积较大，本文参考新西兰的《火灾工程设计指南》对大厅人员密度的规定（0.10人/m²）[3]，以及美国NFPA101对中央大厅人员密度的规定（9.3 m²/人），保守地按9.3 m²/人进行取值，对场芯区域按照娱乐场所人员密度0.5人/m²的取值。各区域的疏散人数详见表1。

表1 建筑各部位人员数目

位　置		人　数
室内房间	首层	2 711
	二层	460
	三层	61
看台区	上层	23 856
	下层	14 230
半室外疏散平台	6.000 m标高	1 123
	10.500 m标高	488
场芯区域（按娱乐演出算）		11 000
合　计		53 304

（2）人员体积（计算中采用 Simulex[4]所建议的人员体积）：

① 成年男性 = 0.52 m 宽 × 0.32 m 厚 × 1.75 m 高；

② 成年女性 = 0.46 m 宽 × 0.28 m 厚 × 1.65 m 高；

③ 儿　　童 = 0.38 m 宽 × 0.24 m 厚 × 1.00 m 高；

③ 老　　人 = 0.48 m 宽 × 0.30 m 厚 × 1.60 m 高。

（3）疏散速度：在人员平面行走速度方面，本文参考了 SFPE Handbook 及 Simulex 的建议，即平面上人员自由移动速度：成年男性取 1.1 m/s；成年女性 1.0 m/s；儿童取 0.8 m/s；老人取 0.6 m/s。

（4）平面上人员出口流量：取值范围 1.3 ~ 2.2 人/（m·s），本项目中疏散宽度足够但看台上人员较集中，计算中保守选取出口流量为 1.3 人/（m·s）。[5]

（5）计算假设条件：

① 疏散人员具有相同的特征，并且都具有足够的身体条件疏散到安全地点；

② 疏散人员按相同密度均匀分布；

③ 疏散人员在疏散开始的时刻能一起开始疏散，且人员在疏散过程中不会中途退回选择其他疏散路径；

④ 人员在疏散过程中，其人流量与门扇宽度成正比分配，即从某一出口疏散的人数按其宽度占出口总宽度的比例进行分配；

⑤ 人员从各个疏散门扇疏散且所有人的疏散速度一致且保持不变。

3.3.2　STEPS 模拟分析

对于 STEPS 模型，将计算对象区域的平面图经过优化处理后，在 STEPS 中建立好疏散模型，并设置好上述的输入参数和相关的元素，其中人员的布局将根据建筑平面图进行分布疏散，其模型如图 3 所示。

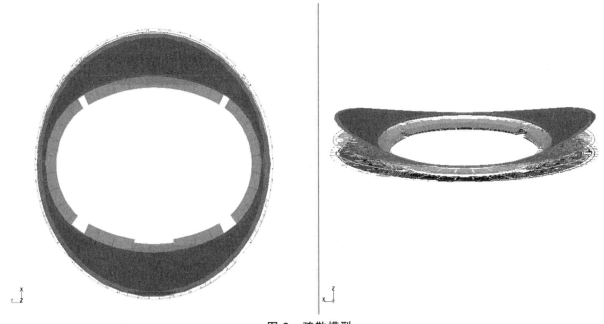

图 3　疏散模型

（1）无组织自由疏散模拟：利用 STEPS 对该体育场进行整体疏散模拟，不对人员指定疏散出口，经过模拟，各位置疏散时间见表 2。

表 2　无组织自由疏散各位置的疏散时间

位　　置	疏散结束时间
+10.8 m 平台	9：50
+6 平台	10：05
一层看台	4：26
二层看台	9：20
场芯区域	3：20
整体	10：45

结合模拟情况对自由疏散分析如下：

① 场芯区域和一层看台各出口未出现出口利用不足的情况，人员分布比较均匀；

② 二层看台中部的安全出口疏散分布不均，东西部的安全出口疏散压力过大人员比较拥挤，偏南北侧的安全出口利用不充分。这是由于二层看台沿东西方向布置排数较多，南北方向布置排数较少，安全出口上部的大部分人员没有按照设计向顶部疏散走道疏散，导致中部的安全出口过于拥挤，使疏散时间延迟。

（2）有组织疏散模拟：鉴于无组织自由疏散中二层看台中部安全出口和顶部安全出口疏散严重失调，疏散时间显著增加的模拟情况。对疏散策略进行调整，观察疏散效果。疏散策略调整如下：

① 体育场场芯区域和一层看台人群保持自由疏散状态；

② 对体育场二层看台各区域的人员指定疏散出口，使得看台中部和上部的大部分人员通过顶部安全出口进入开敞楼梯疏散到室外安全区域。

有组织疏散时间如表 3 所示。

表 3　有组织疏散各位置的疏散时间

位　　置	疏散结束时间
+10.8 m 平台	6：35
+6 平台	9：30
一层看台	4：25
二层看台	6：20
场芯区域	3：18
整体	9：50

有组织疏散后的分析：

① 由于合理分配了二层看台的人员走向，使得二层看台各安全出口充分利用，人员离开二层看台的疏散时间由 560 s 提高到 380 s；

② 同时，整体疏散时间也由 10：45 减少到 9：50。

4　结　论

STEPS 模拟软件采用与实际建筑尽可能相符的空间结构，采用事故状态下具有代表性的人群作为模拟对象，经过模拟反映事故状态下人群的响应特性，得出人群离开各看台的疏散时间以及整体疏散时间，通过模拟也可以看各个出口的利用情况。本文主要针对某体育场在不同疏散策略的情况下的疏散过程，得出了通过有组织疏散可以使疏散时间、疏散效果得到大幅度地改善。为了更好地做到有组织疏散，建议在本体育场看台区疏散地面设置疏散指示标志，以引导人员在紧急情况下的疏散；在东西侧二层看台中部通道设置栏杆对观众区进行分隔，以引导人员疏散；栏杆处位置应安排工作人员，以便在紧急情况下引导人员向最安全的出口疏散。

参考文献

[1] 黄希发. 大型场馆内突发事件情况下人员应急疏散仿真研究[D]. 哈尔滨工程大学硕士学位论文，2005.

[2] TM K isko，R L Francis，C R Nobel. EVACNET4 user's guide[M]. University of Florida，October 1998.

[3] Fire Engineering Design Guide. University of Canterbury，New Zealand，1994.

[4] SFPE Handbook of Fire Protection Engineering，3rd Edition，Society of Fire Protection Engineers[S]. USA. 2002.

[5] 黄强. 城市地下空间开发利用关键技术指南[M]. 北京：中国建筑工业出版社，2005.

地下商业建筑防火设计问题探讨

陈湘华

（山东省威海市公安消防支队防火处）

【摘　要】　本文透视了地下商业建筑防火设计的现状和难点，分析地下商业建筑防火设计的一些措施，如结合平面功能采取防火分隔措施、合理运用下沉广场和防火隔间等，以便有效地抑制火灾蔓延。

【关键词】　地下商业建筑；防火分隔；设计

1　引　言

随着城市化进程的加速，带来了城市人口的急剧增长，导致城市规模迅速膨胀。从生活空间来看，要容纳不断增加的人口和提高生活质量都需要大量的土地。因此，地下空间的开发利用，在解决城市化所带来的交通、环境、生态等问题方面有着一定的优势和潜力。在我国，许多大中城市中心区不仅用地极为紧张，而且人、车交汇区也带来了很高的商业价值，于是地下商业建筑便应运而生。地下商业建筑的开发与城市交通紧密联系构成了地下综合体，真正成为了立体化都市中的活跃元素。

地下商业建筑空间封闭、物流大、火灾荷载大，着火后烟气大、能见度差、疏散和扑救困难，容易造成重大人员伤亡和财产损失。因此，地下商业建筑的防火设计研究极为重要。本文以某火车站广场综合交通枢纽项目等工程设计为例，对地下商业建筑防火设计问题进行探讨。

2　地下商业建筑防火设计现状及难题

近年来在我国许多大城市结合城市环境和城市地下交通设施的改造，都进行大规模地下空间的开发利用，地下商业建筑的开发利用在空间形式上更加立体化，在功能上更加复杂化。例如，某火车站广场综合交通枢纽项目，地下第二层为汽车库、地下第一层为集商业、地铁、城际铁路出站、车库等功能于一体的综合体。地下空间各功能连接为一个商业综合体，其中地下第一层一期为沃尔玛超市及仓储卸货区、二期和三期为商店、餐饮、汽车库、电影院等。

地下商业建筑的规划建设不仅需要与其他建设项目有机地结合起来，而且地下商业建筑内部不同的平面布置，具有不同的空间导向性和识别性，如果空间布局不清晰就容易使人们迷失方向，影响火灾时的疏散。由于对地下商业建筑的火灾危险性的认识上尚未达到应有的高度，同时地下商业建筑没有相关的规范和标准，《商店建筑设计规范》（JGJ48—88）（以下简称《商规》）已明显不适应当前发展的需要，现行的《建筑设计防火规范》（GB50016—2006）（以下简称《建规》）[1]中关于地下商业建筑部分也没有具体明确的规定，因而地下商业建筑设计上普遍存在缺乏合理的平面布局、可靠的防火分隔措施、内部交通流线组织不流畅和出入口设计不合理等问题。

地下商业建筑的防火设计难点主要表现在以下几方面。

2.1 地下商店建筑面积超过 20 000 m² 的防火分隔

《建规》第 5.1.13 条规定：地下商店总建筑面积大于 20 000 m² 时，应采用不开设门窗洞口的防火墙分隔。相邻区域确需局部连通时，应选择采取下沉式广场等室外开敞空间、防火隔间、避难走道、防烟楼梯间等措施进行分隔。应处理好商业效果和防火分隔措施的矛盾、下沉式广场和防火隔间的形式和面积的确定、通向下沉广场及防火隔间的疏散楼梯的设置、下沉广场是否可以设置风雨棚及如何设置风雨棚、防火隔间是否设置正压送风系统等问题。

2.2 地下商业等开发区域与地铁的防火分隔

《地铁设计规范》（GB50157-2003）第 19.1.9 条规定：地铁与地下及地上商场等地下建筑物相连接时，必须采取防火分隔措施。因此，存在是否可以大面积连通，并且采用防火卷帘门分隔；采用防火卷帘分隔时，属于地铁还是商业部分控制；商业等开发区域可否与地铁站厅层采用敞开楼梯、自动扶梯等上下连通的开口部位或中庭共享空间形式连通等问题。

2.3 地下商店向综合性服务发展

目前，商场已向综合性服务发展，如商场内有停车场、咖啡馆、健身俱乐部、美容美体、餐饮、电影院，以及银行、邮政等各种服务设施，形成较大规模的综合性商用地下建筑。因此，存在增加了餐饮、健身俱乐部等功能后，是否仍然能按照地下商店营业厅的要求划分防火分区；地下餐饮场所是否能够使用天然气；商店、电影院、停车场、办公附属用房等总建筑面积大于 20 000 m² 时，是否应采用不开设门窗洞口的防火墙分隔等问题。

2.4 地下商业建筑疏散通道和出入口

地下商业建筑内部格局复杂，使购物、娱乐人员经常摸不清方向，特别是环型地下商城，给购物人员造成的方向性模糊程度更为严重；通道和出口设计为单向或尽端型，甚至在有些不该设置柜台的地方增设柜台或设临时促销货架，挤占通道或出口，严重影响安全疏散；地下商业建筑出入口镶嵌在地面建筑内时，存在如何解决疏散楼梯间在首层设置直通室外出口的问题。

3 地下商业建筑防火设计的研究

3.1 结合平面功能布局采取防火分隔措施

（1）分析商业功能和用途，尽可能在仓储、卸货、附属办公等其他功能和商业空间之间采取不开设门窗洞口的防火墙分隔，采用防烟楼梯间和防火隔间等形式局部连通。例如，某商城地下第一层原设计一期为沃尔玛超市约 20 500 m²，通过"瓶颈"空间与三期步行街区域连通（瓶颈宽约 20 m、深15 m），左右两侧为防火墙[2]。由于"瓶颈"不仅不能够满足规范要求，而且不利于商业效果，因此后续调整设计，把沃尔玛的仓储区与营业区采用防烟楼梯间和防火隔间形式分隔，利用室外下沉广场作为一期与三期的局部连通。

（2）地下商业建筑相互贯通，纵深大，甚至各部分属于不同的业主开发，平面布局缺乏整体的规划和协调，容易造成防火分隔和出入口设计与商业效果之间的矛盾。因此，整体分析地下建筑的使用功能，尽可能利用下沉广场、通道等容易采取防火分隔措施的部位，整体规划地下商业空间的防火分隔。

（3）确定地下商店超过 20 000 m² 防火分隔措施时，应当将商店、电影院、餐饮、地铁、商店辅助功能用房等的建筑面积总和计算。能够采用防火墙和少量的甲级防火门与地下商店区完全分隔,且疏散完全独立的车库、办公等区域建筑面积可不计算。这样能够更有效地控制火灾蔓延。

(4)地下商业建筑应当结合使用性质正确地划分防火分区。健身房、美容院等非歌舞娱乐游艺放映场所性质的公共娱乐场所、无明火餐饮、茶室等可以与商店布置在同一防火分区内,歌舞娱乐场所、有明火的餐饮场所、电影院等应形成独立的防火分区,并应满足《建规》等相关规范的要求。餐饮等场所燃气的使用和燃气供给管道的敷设应符合现行国家的《城镇燃气设计规范》(GB50028)的有关规定。

3.2　正确设计下沉广场和防火隔间

(1)下沉广场。下沉广场是一个围合式的开敞的公共空间,有利于防火分隔和人员疏散。笔者认为,下沉广场的防火设计主要应把握以下几点:一是下沉广场规定短边尺寸是必要的,但是圆形、月牙形等不规则的下沉广场很难把握其短边尺寸,可将圆的直径、椭圆或月牙形的短轴作为短边;二是规定广场内疏散区的最小净面积,同时还应规定下沉空间疏散区净面积按 5 人/m² 计算,人数按相邻最大防火分区 1/2 疏散人数计算,以便使得下沉广场能有足够的人员疏散和滞留的空间;三是规定不同防火分区通向下沉式广场安区出口最近边缘之间的水平距离不应小于 13 m 是十分必要的,这样能够有效地防止火灾的蔓延和人员疏散的相互干扰;四是下沉广场的顶部开口面积不得小于疏散区域净面积,因为通向下沉式广场安全出口或开向下沉广场的商铺疏散门要靠近广场顶部开口投影边界确有困难,所以直线距离不宜大于 15 m(参考 4 层以下建筑室外出口距离楼梯间的最小距离);五是下沉广场不宜加设风雨棚,如确需加设雨棚,可按照《人防规范》第 3.1.7 条执行。

(2)防火隔间。防火隔间一般是用防火墙和火灾时能自行关闭的常开式甲级防火门构成的局部连通相邻区域的隔间,主要是起防火分隔的作用,不具备安全疏散的要求。因此,只有在通道或狭窄的连接部位使用防火隔间分隔较为有效。

3.3　地下商店等开发和地铁站厅之间应以通道形式相连

地下商店等开发应与地铁站厅(站台)层之间应采取防火分隔措施。一是地下商店等开发和地铁的疏散体系应分别独立设置,不得相互借用。地下商店等开发不得利用地铁疏散通道作为火灾情况下人员疏散的出口;二是地下商业等开发区与地铁站厅(站台)层应分隔成不同的防火分区,相连接处应以通道形式相连,通道内设两道防火卷帘,其距离不应小于 6 m,且分别由地铁站厅与开发层分别控制;三是与车站站厅公共区呈上、下层商业等开发层时,严禁采用中庭形式相通,站厅与开发层之间的联络楼扶梯间应采取防火分隔措施,在上、下层梯洞口均设防火卷帘,且由地铁站台与开发层分别控制,当站厅层到达站台层穿越开发层的穿越空间应采用无门窗洞口的防火墙分隔;四是当开发空间与地下车站站厅公共区全长相接时,地下商店等开发与地铁站厅(台)层之间临界面应采取防火墙、防火卷帘、甲级防火门进行分隔,而且每档防火卷帘的宽度不宜超过 8 m,每侧防火墙上相邻防火卷帘之间应设置宽度不小于 24 m 的防火墙。

3.4　地下商业步行街商铺防火分隔,抑制火灾蔓延

地下商业步行街既要满足商业购物活动的需求,也要保证过街通道畅通,因此需要规定地下商业步行街过街通道的最小净宽度,限制商铺的面积,商铺之间采取必要的防火分隔措施,形成独立的防火单元,有效抑制火灾的蔓延。另外,过街通道上不得设置固定或流动的货摊和货柜,不得堆放货物和其他与疏散无关的设施。

4 结　语

　　地下商业等的开发利用已成为城市建设发展的必然趋势，建设规模日趋庞大，同时不再是单一的购物场所，已经成为具备多元化功能、多样化体验和乐趣的现代商业综合体。这必然大大提升了人员的密集度和火灾危险性，给火灾扑救和人员疏散带来了许多的难题，因此有效的防火分隔、合理的布局、人性化的疏散设计、必要的消防设施，是地下商业建筑消防安全的有力保障。

参考文献

[1]　中华人民共和国公安部. GB50016—2006. 建筑设计防火规范[S]. 北京：中国计划出版社, 2006.

[2]　庄磊, 杨庆云, 孙志友, 陆守香. 某地下大型商业建筑防火分隔方案设计和评估[J]. 火灾科学, 2007, 第 16 卷第 3 期（7）, 166-169.

[3]　国家人民防空办公室, 中华人民共和国公安部. GB50098—2009. 人民防空工程设计防火规范[S]. 北京：中国计划出版社, 2009.

[4]　机械工业第三设计研究院, 重庆市公安消防局. DBJ50-054—2006. 大型商业建筑设计防火规范[S]. 重庆：2006.

作者简介：陈湘华，男，山东省威海市公安消防支队防火处高级工程师；主要从事建筑防火、消防监督工作。

　　　　　通信地址：山东省威海市古寨西路 159 号，邮政编码：264200；

　　　　　联系电话：13863156116；

　　　　　电子信箱：chenxianghua119@sina.com。

某农产品加工配送中心性能化
设计评估案例分析

周伦[1]　高平[2]

（1. 公安部四川消防研究所；2.四川法斯特消防安全性能评估公司）

【摘　要】　本文运用性能化设计评估方法对某农产品加工配送中心占地面积和防火分区面积进行了分析，并结合工程实际提出了相应的性能化设计方案。通过设定相关火灾场景和疏散场景，进行火灾烟气数值模拟计算和人员疏散模拟计算，分析了农产品加工配送中心消防性能化设计的可行性。

【关键词】　加工配送中心；性能化设计；数值模拟

1　概　述

随着我国经济的持续快速发展，消费需求日益提高，使得物流行业的发展速度也随之加快，建立大型的配送中心和物流中心成为发展的一种趋势。目前，部分大型物流仓储建筑物的设计在满足使用需求和体量需求的同时，也带来了部分消防设计难以满足现行国家规范的难题。如何在满足功能和体量需求的同时，保证建筑消防的安全水平，成为当前需要大家共同探讨的课题。笔者结合工程实例，探讨物流仓储性能化设计的可行性。本项目为配送中心，属于物流仓库，建筑设计参数如表 1 所示。

表 1　项目建筑物消防特征一览表

子项名称	建筑分类	层数 */*	消防高度（m）	建筑基底面积（m²）	建筑面积（m²）	防火分类	耐火等级	灭火器配置场所	
								火灾种类	危险等级
生鲜配送中心	配送仓库	2F	12.45（檐口高度）	11 676.72	17 739.68	丙类2项	一级	A 类	中危险级
常温配送中心	配送仓库	2F	11.10（檐口高度）	13 600.44	23 574.67	丙类2项	一级	A 类	中危险级

2　存在的消防问题及性能化设计方案

2.1　存在的消防问题

《建筑设计防火规范》（GB50016—2006）关于仓库的条款规定：

第 3.3.2 条　仓库的耐火等级、层数和面积除本规范另有规定外，应符合表 2 的规定。

表 2　仓库的耐火等级、层数和面积

储存物品类别		仓库的耐火等级	最多允许的层数	每座仓库的最大允许占地面积和每个防火分区的最大允许建筑面积（m²）						
				单层仓库		多层仓库		高层仓库		地下、半地下仓库的地下室、半地下室
				仓库	防火分区	仓库	防火分区	仓库	防火分区	防火分区
丙	1 项	一、二级	5	4 000	1 000	2 800	700	–	–	150
		三级	1	1 200	400	–	–	–	–	–
	2 项	一、二级	不限	6 000	1 500	4 800	1 200	4 000	1 000	300
		三级	3	2 100	700	1200	400	–	–	–

注：独立建造的硝酸铵仓库、电石仓库、聚乙烯等高分子制品仓库、尿素仓库、配煤仓库、造纸厂的独立成品仓库以及车站、码头、机场内的中转仓库，当建筑的耐火等级不低于二级时，每座仓库的最大允许占地面积和每个防火分区的最大允许建筑面积可按本表的规定增加 1.0 倍。

同时第 3.3.3 条规定：仓库内设自动喷水灭火系统时，仓库的最大允许占地面积和防火分区最大允许建筑面积可按第 3.3.2 条规定增加 1.0 倍。

配送中心是储存众多物品、且将储存周期较短的众多物品配送给众多零售店（如专卖店、连锁店、超市等），从事货物配备（集货、加工、分货、拣选、配货）和组织对用户的送货，以高水平实现销售和供应服务的现代流通设施。本工程中最大占地面积 13 600.44 m²，最大防火分区面积 4 692.54 m²。

如果配送中心按照一般仓库设计，为丙二类多层仓库占地面积按大于 9 600 m² 控制，防火分区面积按不大于 2 400 m² 控制，则生鲜配送中心、常温配送中心仓库内各个防火分区面积以及各个仓库占地面积不能满足规范要求。如果配送中心按照中转仓库设计，占地面积按不大于 19 200 m² 控制，防火分区面积按不大于 4 800 m² 控制，则本项目可满足规范要求。

但由于现行规范中并未对物流仓库是否属于中转仓库作明确说明，所以在设计中是否可以按照中转仓库进行设计存在争议。

2.2　国内外相关规范和案例分析

美国消防规范标准（NFPA）中要求高堆放存储区不得超过 500 000 平方英尺（约 46 451 m²），如高堆放仓库区域超过 500 000 平方英尺（约 46 451 m²），需设置 2 m 防火墙加以分隔。

上海市专门针对物流仓库的设计于 2006 年发布了《上海市大型物流仓库消防设计若干规定》，该规定适用单层占地面积大于 12 000 m² 和多层占地面积大于 9 600 m² 的大型物流仓库。其中第二节第（三）条规定：单层仓库的防火分区建筑面积不应大于 6 000 m²，多层仓库防火分区建筑面积不应大于 4 800 m²。

本项目的设计符合 NFPA 的设计要求，接近上海地方标准要求。国内目前已经建成有相关类似项目，也可供本项目参考。

（1）苏州物流中心 EPZ-B 双层仓库：苏州物流中心 EPZ-B 双层仓库内存储物品类别为丙类第二项，工程耐火等级为二级；双层仓库占地面积 30 406 m²，超过规范规定面积约 60%。

（2）苏州迪卡侬花桥物流中心：苏州迪卡侬花桥物流中心总建筑面积 54 873 m²，仓库占地面积 53 392.29 m²，仓库防火分区面积在 6 144 m² ~ 6 169 m² 之间；仓库中储存丙类二项产品，建筑设计耐火等级为二级。

（3）广州宝洁华东物流中心（太仓）：广州宝洁华东物流中心（太仓）位于江苏太仓市港口开发

区，其中仓储12#楼占地面积67 850 m²，建筑面积为79 051 m²，防火分区面积最大为4 378 m²。设计中按照中转仓库控制。

2.3　性能化方案设计

针对本项目在设计中占地面积和防火分区面积在规范中没有明确规定的问题，笔者结合工程实际情况，进行了消防性能化设计，设计方案如下。

（1）设置防火隔离带。《建筑设计防火规范》（GB50016—2006）中对于防火分区面积和占地面积的规定，主要是考虑当火灾发生时，若火灾未在第一时间得到扑灭或控制，那么防火分区面积和仓库面积越大，可能受到的经济损失越大。而本工程中建筑性质由厂房调整为仓库，建筑内的火灾荷载密度增加，潜在的增加了经济损失扩大的可能性。

建议根据货架的布置设置防火隔离带，隔离带穿越整个防火分区，将防火分区划分为2个或者3个不大于2 400 m²的部分。在保证防火隔离带具有足够宽度的情况下，能够防止隔离带两侧火灾互相蔓延，有效降低了防火分区面积大、可燃物集中带来的火灾大面积蔓延的危险。

火灾的蔓延是热量的传播所导致的，热量传播的方式有三种：热传导、热对流、热辐射。影响火焰水平蔓延的最主要因素是辐射热的影响，为防止火灾向另外防火区域水平蔓延，最主要的是防止另外防火区域的可燃物质被辐射热点燃。当前，大家也通常使用能够点燃材料的辐射热通量作为该材料的点燃极限标准，将点燃可能性降到最低的方法是确保区域内出现的点火源的热辐射值不能达到材料的临界辐射值。NFPRF（National Fire Protection Research Foundation）、FRAM（Fire Risk Assessment Method）对材料的燃烧等级进行了分类，并提出对应这些材料被引燃的辐射热通量范围，见表3。

表3　点燃能力及对应的热通量

点燃能力	热通量范围（常用值）（kW/m²）
容易（如新闻用纸）	≤14.1（10）
普通（如装潢家具）	14.1～28.3（20）
很难（如厚度超过25 mm的木料）	>28.3（40）

火灾起火后对周围的热辐射强度可以通过以下的简单辐射热模型求取：

$$I = \frac{Q/3}{4\pi x^2}$$

式中：　I——火源对周围的热辐射强度（kW/m²）；

　　　　Q——火源的热释放功率（kW）；

　　　　x——热辐射点距离火源的距离（m）。

对于火灾规模的确定可依照上海市地方标准《建筑防排烟技术规程》。考虑仓库火灾规模为4.0 MW，临界热辐射强度取10 KW/m²。可以计算得到仓库内货架起火后，达到临界热辐射强度的临界距离为3.3 m。出于保守考虑，防火隔离带的宽度不应小于6 m，防火隔离带设置如图1至图4所示。

（2）防火隔离带的要求：

①　防火隔离带的宽度不应小于6 m；

②　防火隔离带所在的无论是地面、墙面还是顶棚均需进行不燃化处理，使得隔离带范围内缺少传递热量的介质，杜绝火灾通过热传导蔓延的可能；

③　防火隔离带上面严禁摆放任何货物，防火隔离带进行警示标示，通过黄色的线条设定防火隔离带的范围，并在防火隔离带内写明"在此区域严禁摆放货架货物"等警示语。

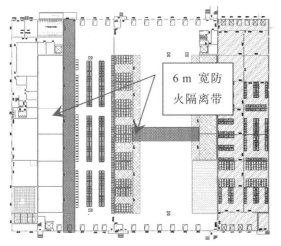

图 1　生鲜配送中心一层防火隔离带设置示意图

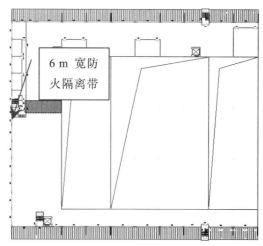

图 2　生鲜配送中心二层防火隔离带设置示意图

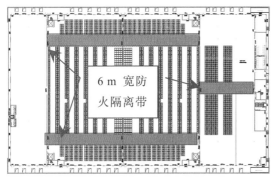

图 3　常温配送中心一层防火隔离带设置示意图

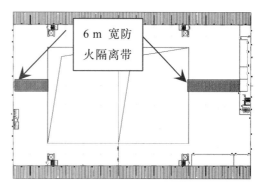

图 4　常温配送中心二层防火隔离带设置示意图

（3）钢结构防火：为避免在长时间燃烧的情况下，仓库钢结构构件失去支撑作用，造成建筑的整体或部分坍塌，威胁到靠近仓库或内攻火灾救援人员的安全，增大仓库的经济损失，要求本工程钢结构均应进行防火保护，保证各钢构件耐火极限时间能够达到规范要求。根据国内防火涂料市场的实际情况，建议本工程中钢结构采用厚型防火涂料。

（4）防排烟系统：根据本工程设计，仓库设置机械排烟系统，排烟量按照 60 $m^3/h.m^2$ 计算，补风采用自然补风。

（5）报警系统：建议仓库中应设置吸气式（空气采样）感烟探测报警器。该报警系统是通过不断对仓库内空气进行取样分析，判断是否有火灾发生，所以即使火灾处于阴燃阶段产生少量不可见的烟气粒子，该系统也可及时探知并报警。由于火灾的阴燃期时间较长，所以采用该系统时仓库内火灾还未发展到可见烟雾燃烧阶段即可被扑灭。

3　数值模拟计算及分析

3.1　火灾场景模拟计算

笔者结合配送中心的火灾危险性，依据不利原则，设定火灾场景进行烟流量化模拟分析，起火位置设置在生鲜配送中心一层 S1 防火分区和常温配送中心二层 S2 防火分区内，如图 5、图 6 所示。

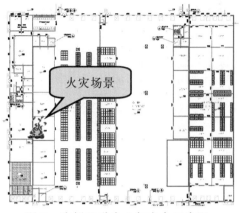

图 5　生鲜配送中心起火点示意图

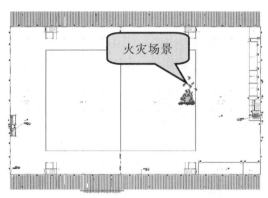

图 6　常温配送中心起火点示意图

火灾增长系数参考美国消防协会标准 NFPA 204M《排烟排热标准（Standard of Smoke and Heat Venting）》（2002 年）中定义的标准 t^2 火灾，火灾增长系数 α =0.047 kW/s^2，不考虑火灾后期的衰减过程。火灾规模的设计参照上海市地方标准《建筑防排烟技术规程》（DGJ08-88-2006），设计为 4.0 MW。

生鲜配送中心和常温配送中心火灾计算模型如图 7、图 8 所示。火灾烟气模拟计算运用由美国 NIST 开发的火灾动力学模拟软件 FDS，初始条件为：环境温度为 24 ℃，压力为 1 个标准大气压，模拟时长为 900 s。

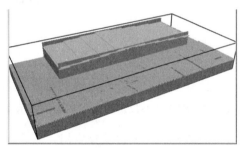

图 7　生鲜配送中心火灾计算模型

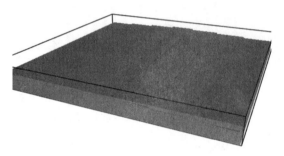

图 8　常温配送中心火灾计算模型

通过 FDS 对火灾场景烟气运动进行动态模拟，得到火灾场景温度和能见度模拟结果见图 9 至图 16，模拟结果汇总见表 4。

表 4　模拟结果汇总表

火灾场景	下层烟气温度达到 60 ℃ 时间（s）	距离地面 2 m 处能见度下降到 10 m 时间（s）	（ASET）（s）
A	>900	>900	>900
B	>900	450	450

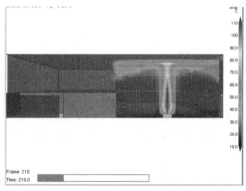

图 9　火灾场景 A 210s 时烟气温度分布图

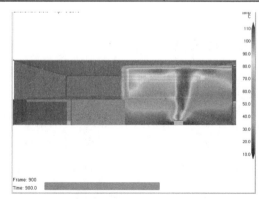

图 10　火灾场景 A 900s 时烟气温度分布图

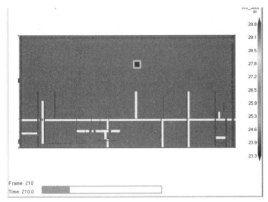

图 11　火灾场景 A 210s 时能见度分布图

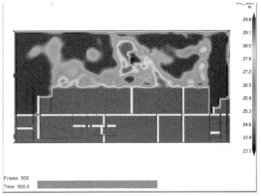

图 12　火灾场景 A 900s 时能见度分布图

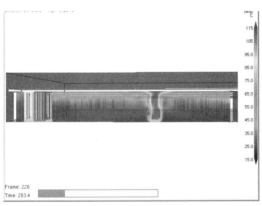

图 13　火灾场景 B 203s 时烟气温度分布图

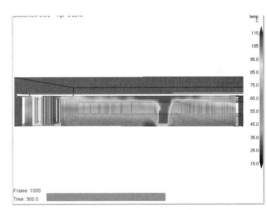

图 14　火灾场景 B 900s 时烟气温度分布图

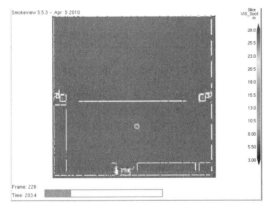

图 15　火灾场景 B 203s 时能见度分布图

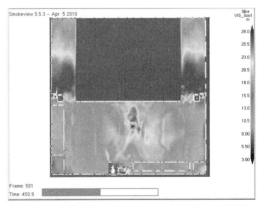

图 16　火灾场景 B 450s 时能见度分布图

3.2　人员疏散模拟计算

在人员的疏散模拟中，将生鲜配送中心一层 S1 防火分区和常温配送中心二层 S2 防火分区分别作为疏散场景 A 和 B，疏散人数保守计算为每个防火分区 50 人。采用 STEPS 人员疏散软件进行人员疏散的模拟计算，疏散模拟过程见图 17 至图 20。

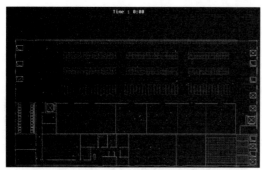

图 17　疏散场景 A 初始时刻人员分布图

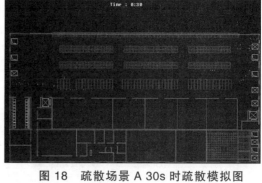

图 18　疏散场景 A 30s 时疏散模拟图

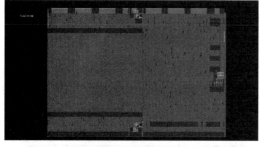

图 19　疏散场景 B 初始时刻人员分布图

图 20　疏散场景 B 30s 时疏散模拟图

疏散行动时间（Tt）通过 STEPS 进行模拟计算，得到疏散场景 A 为 60 s，火灾场景 B 为 53 s；取火灾报警时间（Td）为 60 s，人员的疏散预动时间（Tpre）为 90 s；得出人员需要的安全疏散时间（RSET）分别为：疏散场景 A210 s，疏散场景 B203 s。

3.3　人员疏散安全性分析

将人员可用疏散时间（ASET）和人员必须疏散时间（RSET）对比可知，人员可用疏散时间（ASET）大于人员必须疏散时间（RSET），且具有较大的安全余量，配送中心的人员可以安全疏散，达到了消防设计的安全目标。

表 5　人员疏散安全性判定表

区域	可用疏散时间（ASET）（s）	必须疏散时间（RSET）（s）	安全余量（s）	安全性
生鲜配送中心一层 S1	>900	210	>690	安全
常温配送中心二层 S2	450	203	247	安全

4　结　论

针对物流仓库配送中心的最大允许占地面积和防火分区最大允许建筑面积方面遇到的问题，通过性能化的设计方法，引入了防火隔离带的设计概念，将每个防火分区划分为 2 个或者 3 个区域，以控制火灾在防火分区内的蔓延。在此基础上，通过对防火隔离带设计、钢结构防火设计、防排烟设计和报警系统的设计，采用了性能化加强措施，并进行了性能化数值模拟评估，通过数值模拟评估，可以得到本项目中配送中心的设计达到了消防设计要求。防火隔离带的设计方式能够有效降低火灾蔓延的危险性，防火隔离带的宽度应根据项目本身的火灾荷载进行确定，且取值应保守考虑，以达到防止防火分区内不同区域间火灾蔓延的目的。本项目提供的方法，可供消防设计借鉴、参考和讨论。

参考文献

[1] GB 50045—95. 高层民用建筑设计防火规范[S].

[2] DGJ08-88—2006. 建筑防排烟技术规程[S].

[3] 修奇. 场模拟在超大空间仓库建筑性能化设计中的应用[J]. 消防科学与技术，2008（4）.

[4] 朱五八，张和平，赖穗欢，徐亮，杨昀. 大型仓库防火分区问题性能化设计研究[J]. 火灾科学，2004（10）.

[5] NFPA Life Safety Code，NFPA（Fire）101，National Fire Protection，Association，1997.

[6] Kevin McGrattan. Fire Dynamics Simulator（Version 4）Technical Reference Guide. 2004. U.S. Government Printing Office. Washington DC USA 20402 202-512-1800. NIST Special Publication 1018.

[7] Kevin McGrattan and Glenn Forney. Fire Dynamics Simulator（Version 4）User's Guide. 2005. U.S. Government Printing Office. Washington DC USA 20402 202-512-1800. NIST Special Publication 1019.

防火技术

室内装修材料的火灾危险性及防火对策

田永明

（海南省白沙县公安消防大队）

【摘　要】　本文对室内装修材料的火灾危险性和消防安全进行了研究，并提出了一些防火对策和阻燃措施，从而有利于减少和避免因室内装修引起的火灾事故概率，对防火、灭火及救援工作也具有指导、借鉴意义。

【关键词】　装修；火灾危险；防火对策；阻燃措施

1　引　言

室内装修材料是指建筑结构主体工程完成后，在建筑内进行顶棚、墙面、楼地面、隔断等部位装修用的各种材料。由室内装修材料引起的火灾在世界各国火灾中占首位。科学技术和经济的发展促使建筑向大型化、多功能化、现代化发展，室内装修也越来越受到人们的重视。但许多装修只追求其美观、豪华的效果或考虑到经济的因素，大量采用了可燃、易燃的材料，因而增加了建筑的火灾荷载。特别是近年来合成材料的发展，使化学材料得到广泛使用，从而更增加了建筑火灾的危险性。室内装修材料燃烧时，将产生大量的烟气。这些有毒气体不仅造成疏散通道能见度的下降、使人迷失方向、引起人员伤亡，也增大了灭火救援的难度。例如 1995 年 3 月 13 日在辽宁省鞍山市鞍山商场发生的火灾，由于商场内部通道和部分吊顶采用可燃装修材料，室内也存有大量的可燃材料，而且横向、纵向都没有设防火间距，火源引起周围可燃物燃烧后，迅速形成立体火灾，酿成了烧死 35 人、烧伤 18 人的特大火灾事故。可见建筑火灾的预防除了对建筑耐火等级和消防设施进行研究以外，对建筑内部装修材料如保温隔热材料、隔声材料、管道材料、电线电缆材料进行研究也具有其重要性。本文将对室内装修材料的火灾危险性进行分析，同时提出有效的对策措施。

2　建筑内装修材料火灾危险性

2.1　加速火灾中轰然的形成

轰然是指火灾以飞快的速度从最开始的局部燃烧进入到封闭空间之中全部的可燃物都进行燃烧的阶段，其原因就在于上部墙壁以及顶棚在火焰之中被加热后，它们反馈的热辐射就会很快对空间中的物品进行加热，当这些可燃物的燃点实现，它们便会被一起点燃，一声"轰"响，全面燃烧就立刻发生了。相关的试验数据表明，在展开内部装修的时候，如果运用的是易燃、可燃材料的话，3 min 之内就会发生轰燃；若运用的是难燃材料，也会在 4 ~ 5 min 的时候发生轰燃；使用的如果是不燃烧料，也只需要 6 ~ 8 min；建筑如果没有进行装修，通常需要超过 8 min 才会发生轰然。在发生轰燃之时，易燃、可燃材料的作用十分重要。一是它们具有较小的热容以及导热率低，吸热十分容易；二是它们能够蓄热，而且具有极大的燃烧热值，因而减少了轰燃对放热率的需求，使轰燃所需要的预热时间极大地缩短，让火灾获得了更多的燃料源。

2.2　扩大火灾蔓延范围

室内的火灾只要发生了轰燃，很快就会形成猛烈的燃烧。在这个时候，与相邻空间连接的出口就会成为一条外逸的通道，对燃烧产生的气体、热流以及烟雾进行排放，在装修之时安装的一切易燃可燃材料，都会让火灾蔓延到别的部位。

2.3　增加了建筑内火灾荷载

在建筑物的隔断部位以及6个面上进行装修的时候，一旦安装了大量可燃、易燃的材料，结合床、窗帘、帷幕以及家具这些以化纤织物或木材、聚氨酯泡沫制作出来的物件，极大地增加了火灾的荷载，点燃后放出的热量十分巨大。这些材料燃烧速度极快，在 3~6 min 内即可达到充分燃烧，往往仅是单一的家具起火就可使整个房间内烈焰熊熊。

2.4　烟气减光性和毒害性

大多数易燃、可燃内装修材料在燃烧之时，都会有二氧化碳以及一氧化碳这些有毒气体产生，还会产生致命气体，比如硫化氢等。因为其气态特性，往往"见缝就钻"，迅速弥漫疏散通道，降低了火灾场所能见度，使人难以辨别方向路径，影响及时疏散并使人在短时间内中毒丧失生命。

3　室内装修火灾原因分析

3.1　设计把关不严格

《建筑内部装修设计防火规范》（GB50222—95，以下简称《规范》）作为强制性国家标准，以装修材料使用的功能和部位为依据，明确地将其划分为七类，即地面装修材料、装饰织物、顶棚装修材料、固定家具、墙面装修材料、隔断装修材料和其他装饰材料，并按照其燃烧性能划分为 A，B1，B2，B3（不然、难燃、可燃、易燃）四个等级。但是，很多内部装修设计单位未严格对照《规范》的规定进行防火设计，无意或者刻意降低装修材料防火标准的情况时有发生，审核人员也不能很严谨的对照《规范》进行审核。例如，《规范》对歌舞娱乐场所内装修规定（第3.1.18条）：一个场所若是从事歌舞娱乐放映游艺活动，其所在建筑之中使用的是一、二级耐火材料，且其位置超过了三楼，必须以 A 级装修材料来对顶棚进行装修，别的部位使用的装修材料也不能在 B1 级之下；若是处于地下一层，则要用 A 级装修材料来对其墙面以及顶棚进行装修，别的部位同样不能在 B1 级之下；若是处于高层建筑的前面三层之时，而且场所制作安装了自动灭火系统以及火灾自动报警装置，不包括顶棚，能够以低一级的材料进行装修。而在第 3.2.3 条之中指出：只要是民用建筑之中安装了自动灭火系统，不包括顶棚，都可以用低一级的材料进行装修；若是自动灭火系统以及火灾自动报警装置都有的时候，除了顶棚还需要高于 B1 级之外，就没有别的限制了。这充分说明在不同场所、不同建筑物内、不同楼层、不同消防设施条件下，允许的内装修材料燃烧性能有很大区别，装修材料燃烧性能的降级，势必为火灾发生时火灾蔓延埋下了先天隐患。

3.2　电气线路和设备安装不规范

建筑装修中，电气的用量十分巨大，室内一般都有电热器、空调以及电灯等，还有在室外安装的广告牌以及霓虹灯等，都与电气有关，火险也会因为它们的安装不合理而发生。若是在夹层墙以及吊顶之上有可燃物，线路却没有安装在阻燃的 PVL 管或者金属管内，而且在接（分）线的地方，也没有安装接（分）线盒，或者安装了接线盒，却没有严格密封，线路也不利用吊筋以及卡子进行固定，在可燃材料之上就直接进行铺设，使可燃材料就紧邻电线接头，运用木质的配电箱，没有完美的保护设施，或在运行之时超负荷，线路的乱挂乱接也非常严重。这些电气线路都是暗埋于装修材料下部，有的直接与装修材料接触，不按照要求进行阻燃穿管保护，势必造成电气火灾引燃可燃装修材料导致大火的发生。

3.3 装修施工不规范

一是装修材料质量不过关，以次充好。很多业主和施工方，为了追求利益最大化，不按设计要求的燃烧性能装修材料施工，而是"偷梁换柱"，换成价格低廉、质量较差的材料，有的甚至采用未经检验合格的产品代替。二是施工现场管理混乱，火灾隐患多。工人一般都生活在工地之上，许多的装修施工现场，都有杂乱堆放的宝丽板、锯末、纤维板以及刨花等，对通道形成了堵塞，对气割气焊之中使用的乙炔气以及氧气钢瓶也是随意放置，没有人来进行管理，在进行喷刷油漆涂料、防水以及打蜡之时，油、松香水以及苯这些易燃易爆气体同样会大量产生，工人吸烟之时将火柴棒乱扔，或者不小心用火，都会引发火灾，不利火灾预防、人员疏散及灭火战斗。三是违章动火作业，而且很多人疲劳上岗。没有许可证，就在施工现场进行明火作业，也没有人来进行监护，而且焊渣飞火也很容易引发火灾。特别是几个施工队进行交叉作业的时候，一队人员在上面实施电焊，而在下面就有人刷漆，火灾风险极大，也有许多工人因为侥幸心理，而冒险进行作业；想要加快工期，赚取更大的利益，加班加点施工常有发生，工人劳动时间过长，发生大量的疲劳上岗的现象，这时很容易发生事故，甚至有伤亡产生。

4 室内装修材料的防火对策

4.1 严把设计关，限制使用易燃可燃材料

业主在设计室内装修时应当找有相关设计资质的设计单位，消防部门受理申报材料时也要认真核对设计单位资质是否符合消防设计资质要求。审核过程中，对于《建筑内部装修设计防火规范》之中的规定应严格执行，对于单位场所的家具、顶棚、墙面、地面、隔断、装饰织物是否合理地采用与标准相对应的装修材料应进行认真的检查，如是否能采用相应性能级别的装修材料，是否采取了有效的防火阻燃措施等，在"准备用什么材料"上严格把控好防火源头关。

4.2 推广使用低烟、低毒阻燃材料

发生在建筑火灾里面的死亡事故，因为有毒气体以及烟而发生窒息死亡的占到了 70% ~ 80%。烟雾毒气往往会产生极大的危害。早在 20 世纪 80 年代的时候，就已经得到国内外的重视了。我国在《建筑内部装修设计防火规范》（GB50222—95）里就有规定：塑料材料若是用于内部装修，其燃烧等级不能低于 B1 级；而在《建筑材料燃烧性能分级方法（GB8624—97）之中规定：B1 级材料的 SDR，也就是烟密度等级在进行 GB/T8627 测试的时候，应该比 75 小，管道隔热保温用泡沫塑料、电线以及电缆套管的 SDR 同样要比 75 小，对于难燃材料进行判定的主要要素之一就是烟密度等级。

在建筑物之中应用阻燃材料，其火灾隐患就能得到最大限度地减少。对阻燃剂进行运用，可燃性会大大降低，火灾隐患也能减少，但烟气及毒性却还是存在。而在火灾之中，它们的危害性却是最大的。因此，在对阻燃体系以及阻燃剂进行研究的时候，最近几年的研究重点就是降低材料燃烧之时产生的有毒气体以及烟量。现在有两个途径：一是采用聚合物，它们本身燃烧时就只会产生不多的烟量；

二是在材料之中加入抑烟剂，以达到降低生烟量的目的。另外，氢氧化铝以及氢氧化镁等无机填料，也能够进行阻燃抑烟，而多孔炭层这种膨胀型阻燃剂，也能够同时抑烟。

4.3　加强施工期间的消防安全管理

在进行施工的时候，工地的用火以及用电都必须加强管理。在展开明火作业之时，比如烘烤、焊接以及切割等，必须预先对现场进行清理，将易燃、可燃物打扫干净；一旦作业结束，也必须对现场进行认真的检查，只有完全排除了余热引发火灾的可能性之后，才可以离开。在施工之时，线路基本上都是临时的，不过规范要求也必须严格执行，线路在工作之时，也绝不能超负荷运行；若是一个工程项目的面积较大、也十分复杂，在施工中期，就必须要由消防部门来到工地进行检查，对施工单位"有没有按要求用材料"进行监督管理。消防部门在实施检查的时候，一旦发现问题，就应立刻指出纠正，如果必要，应将《责令限期改正通知书》发出来，对其整改进行督促。

4.4　严把消防验收关，确保所用材料符合要求

消防验收是建筑内部装修工程的最后关口，特别是对歌舞娱乐、放映游艺场所，必须严之又严、慎之又慎，按照《建筑内部装修防火施工及验收规范》（GB50354—2005）的标准进行严格检查、一项一项核查，对没有送检的装修材料要明确提出来补送补检，对不合格的，就绝对不能让它被人利用，在最开始的时候就将火灾隐患消除。对于一些难以整改的，必须要对照规范采取切实有效的阻燃保护措施进行整改，提高所选材料耐火等级，确保消防安全得到保障。

参考文献

[1] 刘刚，徐晓楠. 建筑材料的阻燃处理及发展趋势[C]. 火灾科学与消防工程国际学术论文集，2003：302-306.
[2] 宋宁. 建筑物内部装修的防火对策[J]. 安全，2008（4）.
[3] 陈伯辉. 典型内装修材料烟密度的实验研究[J]. 福建工程学院学报，2011（6）：12.
[4] GB50222—95. 建筑内部装修设计防火规范[S]. 2001局部修订.
[5] GB50354—2005. 建筑内部装修防火施工及验收规范[S].

电气引发火灾特点分析及防治对策探讨

庞尧竹

（内蒙古自治区兴安盟扎赉特旗公安消防大队）

【摘　要】　本文通过电气火灾发展的特点及电气火灾形成的原因特点，分析了电气火灾防治中存在的问题，对电气火灾的综合防治对策进行了讨论，从完善电气防火相关的法律法规、完善电气安全管理体制、有效避免电气故障、电气防火检测工作、电气市场监督管理及加强消防宣传等方面提出电气火灾的防治建议。

【关键词】　消防；电气火灾；电器；防治对策

随着人类社会的进步，电能已经成为我国社会生产和人们生活必不可少的主要能源。然而，电在造福于人们的同时，由于电气安全管理体系和法规建设得不完善，工程设计、安装、维护、电器质量检测不严格，电气操作和使用不当等诸多方面的原因，导致电气火灾隐患大量存在，电气火灾也频繁发生，给国民经济和人民生活造成巨大的损失。例如，1994 年新疆克拉玛依市友谊馆因舞台上方的照明灯具烤燃幕布引发特大火灾，致使 329 人死亡；2000 年河南"天堂音像俱乐部"发生死亡 74 人的恶性火灾事故，就是由于电热器起火酿成的；2005 年吉林辽源市中心医院发生特大火灾，39 人遇难，大火系电缆短路所致。这些大火，其教训惨痛，刻骨铭心。

1　电气火灾的特点

1.1　季节特点

综合分析近十年的电气火灾统计可以看出，冬季是电气火灾发生起数最多的季节，火灾起数高于其他季节，其他三季差距不大。全年各月电气火灾起数在八、九两月为一低谷，后逐渐上升；一、二月达到一高峰后逐渐下降。

1.2　时段特点

电气火灾发生频率在 24 小时内分布有明显的规律性。电气火灾发生频率存在三个高峰；第一个高峰为 0 ~ 3 时；第二个高峰为 10~13 时；第三个高峰为 18~21 时。

1.3　电气火灾原因特点

电气火灾形成的主要原因是电气短路和电气设备的选用不当、安装不合理、操作失误、长期过负荷运行等产生的电弧、电火花和局部过度发热。电气线路或设备发生短路、超负荷、接触不良或漏电的情况下，事故电流将是正常电流的几十倍到上百倍，所产生的电弧、电火花和表面高温，将使电气和设备的温度急剧上升，引起可燃物质燃烧，造成火灾。

1.3.1　电气线路故障

据统计，电气线路火灾是电气火灾的主要构成部分，其比例占 40%～60%，形成的主要原因主要有以下方面：① 在电气设计和施工过程中，选择线路截面小，电气线路载流量偏小，以及家用电器的普及、用电量普遍提高、电气线路超负荷运行，减少了电气线路的使用寿命；② 老式建筑敷设的电线电缆绝缘性能下降，老化、龟裂、磨损等特征出现而不及时更换；③ 电气线路通路上的电气附件不符合设计要求，特别是改造的电气工程，旧布线未完全清除，已弃用的电线电缆仍处于带电状态。其他电气故障如接点故障、设备自身发热等引发火灾比例相对较小。

1.3.2　电气产品故障

电器产品质量不过关，特别是电热产品，缺乏有效的控温装置、定时关闭机构和阻燃措施，使用过程中存在极大的火灾危险性，很多重、特大电气火灾都是由电热产品引起的。另外，有关部门对电器产品市场整治力度不够，也给电力用户埋下了电气火灾隐患。

2　电气火灾防治中存在的问题

2.1　与电气防火相关的法律法规、技术规范不健全

目前，我国尚未出台有关于电气防火方面专门的行政法规，只是在《消防法》及公安部的有关规章中有原则性的规定，例如《消防法》第二十七条："电器产品、燃气用具的产品标准应当符合消防安全要求。电器产品、燃气用具的安装、使用及其线路、管路的设计、敷设、维护保养、检测，必须符合消防技术标准和管理规定。"这些原则性的规定在执行中不好把握，也未能涵盖电气防火的所有方面。

2.2　电气安全管理体制不完善

在电气产品及其线路在使用和维护过程中，因缺乏对相关操作人员进行严格的考核和评价，操作人员的水平、技术和测试手段都比较薄弱，使用单位的电气安全检查也往往落不到实处。

2.3　电器产品管理使用不当，专业人员素质不高

在电气火灾原因中，忘关电源和误操作占有不小的比例。许多电炉子、电熨斗、电褥子引发的火灾都是由于忘关电源引起的。再有电器产品的安装、电气线路的敷设人员素质不高也是造成火灾事故的重要因素。例如，2001 年 4 月 2 日，济南月光酒店就因电工在为 3 层月光歌舞厅改接电源线时，将相线和零线错接，导致电网过电压而引发了一起重大火灾事故，造成 5 人死亡。

3　电气火灾的综合防治对策

3.1　建立健全电气安全法律法规、技术规范

我国电气火灾在各类火灾中占有相当大的比例，针对我国电气火灾居高不下的特点，需要尽快制定电气安全方面的专门的法律法规，以从源头上预防电气火灾的发生。此外，应大力加强电气安全法规的统一管理、实践验证及实效跟踪，确定修订周期，保持规范相对稳定和连续，以满足社会发展的需要。

3.2　完善电气安全管理体制

预防电气火灾需要各相关职能部门各施其责、相互协作。电力部门要抓好培训、考核发证、检查

几个重要环节,加强对有关人员的业务培训,对用电安全实施监督检查;质检、工商部门应强化电气产品市场的监督管理,严厉打击不合格产品的生产厂家;消防部门应加强检查力度,特别是对人员密集场所和易燃易爆场所,重点检查电气线路、电热设备和照明灯具的安全。

3.3 有效防止电气故障

采取有效措施,防止由于电气故障引起的电气火灾。一是根据使用场所的需要,确定合理的电线电缆设计裕度,避免先天隐患。对危重场所选择阻燃或耐火电缆,提高电线电缆的耐燃性。二是要研究电气保护特性,合理选择电气保护级别,定期对电气保护特性进行核定,减少电气故障的发生。三是研究电气配电装置接点过热探测和报警设备,降低接点接触不良或小规模过流引起发热的可能性。四是研究短路电流抑制技术,采用新材料,提高短路时线路阻抗,缩小短路电弧能量,降低短路故障引起火灾的可能性。

3.4 做好电气防火检测工作

电气安全防火检测是预防电气火灾发生的重要手段,运用现代科技手段与传统方法相结合,对电气系统设备进行安全检测,及时发现与消除隐患,是在当今电力普及应用的情况下预防火灾发生的一项重要措施。特别是在人员密集场所和易燃易爆场所更应大力开展电气安全防火检测工作。

3.5 加强对电气市场的质量监督和管理

各级主管部门(工商、技术监督部门)要切实履行国家赋予的产品质量监督职责,加大对电气产品市场的质量监督和管理。工商、技术监督部门要建立严格的市场管理机制,对商家销售的电器产品进行定期的抽查和检查,发现假、冒、伪、劣的电器产品及时销毁。

3.6 加强电气防火知识宣传和教育工作

提高人们的防火意识是减少火灾的重要途径之一,许多重、特大火灾都是由于忽视用电安全,缺乏用电知识和不严格执行规章制度和操作规程造成的。所以,应在广大群众中大力开展宣传教育工作,充分利用报纸杂志、电台、电视台、网络等手段,广泛普及用电安全知识,宣传电气火灾发生的规律、特点以及电气火灾所造成的危害性,提高人民群众对电气火灾的防范意识,这是防止电气火灾发生的非常重要的方面。

参考文献

[1] 公安部消防局. 中国火灾统计年鉴[M]. 北京:中国人事出版社,2003.

钢结构建筑防火保护措施研究综述

苏明涛

（山东省青岛市公安消防支队）

【摘　要】　本文阐述了钢结构防火保护措施的种类，介绍了应用广泛和有发展前景的钢结构防火保护措施（防火涂料、防火板、柔性毡状隔热材料、复合防火保护、钢管混凝土构件以及灌注防冻、防腐并能循环的溶液的钢结构构件）的特点、结构及应用范围，并对其施工提出要求。

【关键词】　消防；钢结构建筑；防火保护措施；综述

1　引　言

钢材作承重构件时，虽然具有不燃性，但是在火灾的高温作用下，强度会大幅度下降，当温度达到约 500 ℃ 时，其强度只有常温下的一半，没有进行防火保护的钢结构构件的耐火极限约为 0.25 h，达不到一、二级耐火等级。为了确保人员的安全疏散和消防人员扑救火灾，便于火灾后的修复，必须保证钢承重构件具有一定的耐火极限。

钢结构防火保护方法可分为两类：第一类是在钢构件外表涂敷、包覆、包裹防火材料，阻止或隔断热量向基材的扩散、传播，延长钢构件的耐火极限；第二类是在钢管内部灌注液体或混凝土等材料，及时从钢基材吸走热量，使钢材温度缓慢上升，延长钢材升温至临界温度的时间。

2　第一类的钢结构防火保护措施

第一类的钢结构防火保护措施主要有以下几种：① 涂敷防火涂料；② 防火板包覆；③ 外包混凝土或砌筑砌体；④ 柔性毡状隔热材料包覆；⑤ 复合防火保护。表 1 列出了第一类防火保护措施的特点与适用范围。

表 1　第一类钢结构构件防火保护措施的特点与适应范围

方　法	特点及适应范围
涂敷防火涂料	重量轻，施工简便，适用于任何形状、任何部位的构件，技术成熟，应用最广，但对涂敷的基底和环境条件要求严格
防火板包覆	预制性好，完整性优，性能稳定，表面平整，光洁，装饰性好，施工不受环境条件限制，施工效率高，特别适用于交叉作业和不允许湿法施工的场合
外包混凝土砌筑砌体	保护层强度高、耐冲击，占用空间较大，在钢梁和斜撑上施工难度大，适用于容易碰撞、无护面板的钢柱防火保护
柔性毡状隔热材料包覆	隔热性好，施工简便，造价低，适用于室内不易受机械伤害和免受水湿的部位
复合防火保护	有良好的隔热性和完整性、装饰性，适用于耐火性能要求高，并有较高装饰要求的钢柱、钢梁

2.1 防火涂料

钢结构防火涂料是指涂于钢结构表面后能形成耐火隔热保护层、提高钢结构耐火性能的一类防火材料。根据高温下防火涂料涂层变化情况可分为膨胀型（薄涂型）和非膨胀型（厚涂型）两大类。

非膨胀型防火涂料由多孔绝热材料如蛭石、珍珠岩、矿物纤维等为骨料和黏结剂配制而成，基本上均为无机物，涂层的物理、化学性能稳定，使用寿命长，应用 20 余年未发现失效的情况，应优先选用。但是，由于该类型涂料涂层厚，需要分层多次涂敷，而且上一层涂料必须待基层涂料干燥固化后才能涂敷，所以施工作业较严格。另外，由于涂层表面外观差，所以适宜于隐蔽部位涂敷。

膨胀型防火涂料由黏结剂、催化剂、发泡剂、成碳剂及填料等组成，在涂敷时的厚度较薄，涂层遇火后，涂料中添加的有机物质会发生一系列物理、化学反应而迅速膨胀，形成致密的蜂窝状碳质泡沫阻火隔热层。但是，这种涂料中添加的有机物质，会随时间的延长而发生分解、降解、溶出等不可逆反应，出现粉化、脱落，使涂料"老化"失效。我国目前还未对其有效期或使用年限作出明确规定，尚无直接评价老化速度及寿命标准的量化指标，只能从涂料的综合性能来判断其使用寿命的长短，而且到期后再次修复将加大投资，并给以后建筑的管理、使用带来不便，已成为今后消防管理必须面临的课题。

钢结构防火涂料品种的选用，应符合下列规定：

① 高层建筑钢结构和单、多层钢结构的室内隐蔽构件，当规定的耐火极限大于 1.5 h 时，应选用非膨胀型钢结构防火涂料。

② 室内裸露钢结构、轻型屋盖钢结构和有装饰要求的钢结构，当规定的耐火极限低于 1.5 h 时，可选用膨胀型钢结构防火涂料。

③ 露天钢结构应选用适合室外用的钢结构防火涂料，且至少应经过一年以上室外钢结构工程的应用验证，涂层性能无明显变化。

④ 复层涂料应相互配套，底层涂料应能同普通的防锈漆配合使用，或者底层涂料自身具有防锈功能。

⑤ 主要成份为矿物纤维的非膨胀型防火涂料，当采用干式喷涂施工工艺时，应有防止粉尘、纤维飞扬的可靠措施。由于此种涂料采用专用喷涂机械干法喷涂，不同于通常的湿法工艺，会使大量粉尘、纤维飞扬而损害施工人员健康，同时也造成环境污染。

⑥ 涂装时的环境温度和相对湿度应符合涂料产品说明书的要求。当产品说明书无要求时，环境温度宜在 5 ℃ ~ 38 ℃ 之间，相对湿度一般不应大于 85%。涂装时构件表面不应有结露现象，涂料未干前应避免雨淋、水冲等，并应防止机械撞击。

⑦ 由于钢结构防火涂料的性质以及施工工艺各有不同，因此施工单位要严格按照所使用防火涂料的施工工艺进行涂装，例如有些防火涂料要求挂钢丝网后才能涂装，若不挂网涂装，会为今后的使用留下隐患，造成防火涂料的脱落。

2.2 防火板

防火板保护是钢结构防火保护技术的发展方向，防火板保护对环境条件、钢基表面的要求不高，施工为干法作业，装饰效果好，抗碰撞、耐冲击磨损，有较强的应用优势。防火板材应符合下列要求：① 应为不燃性材料；② 受火时不炸裂，不产生穿透裂纹。防火板除具有足够的耐火性能和机械强度外，根据环境要求的不同，还需具备耐冲击、耐潮湿、防蛀、耐腐等性能。根据密度不同，防火板分为低密度、中密度和高密度防火板；根据使用厚度可分为防火薄板和防火厚板两大类。

防火薄板包括各种短纤维增强的水泥压力板、纤维增强普通硅酸钙防火板以及各种玻璃布增强的无机板（俗称无机玻璃钢、玻镁平板等），厚度大多在 6 ~ 15 mm 之间，密度在 800 ~ 1800 kg/m³ 之间，主要用作钢梁、钢柱经非膨胀型防火涂料涂覆后的装饰面板。

防火厚板主要有硅酸钙防火板及膨胀蛭石防火板两种，其特点是密度小、热传导系数低、耐高温（使用温度可达 1000 °C 以上），厚度可按耐火极限需要确定，大致在 10 ~ 50 mm 之间，由于其本身具有优良耐火隔热性，可直接用于钢结构防火，提高结构耐火极限。防火厚板在美、英、日等国钢结构防火工程中已大量应用，在我国尚处于起步阶段。防火厚板表面光滑平整、耐火性能优良，用它作防火材料不需再用防火涂料，可以完全干作业，因此将会和防火涂料一样在国内逐步发展起来。

防火板的安装应根据构件形状和所处部位进行包覆构造设计，确保安装牢固。固定防火板的龙骨、黏结剂应为不燃材料，在高温下应能保持一定的强度，保证结构的稳定和完整。

2.3 其他防火隔热材料

除防火涂料与防火板外，其他防火隔热材料可分两类：一类为密度较大的硬质板块状材料；另一类为密度较小柔性毡状材料。其性能和特点见表 2。

表 2 其他防火隔热材料性能和特点

品种	性能与使用特点	实例
硬质板块状材料	密度较大，硬度高，采用砌筑方式施工，外表面用水泥（或石膏）砂浆粉刷	各种黏土砖、加气混凝土砌块等
柔性毡状材料	各种矿物棉毡，采用钢丝网将棉毡固定于钢材表面，一般外面用防火板封闭	硅酸铝棉毡、岩棉毡、玻璃棉毡

2.3.1 外包混凝土的防火保护结构

混凝土可以是一般混凝土，也可以是加气混凝土。为了防止在高温下混凝土的爆裂，宜加构造钢筋。

2.3.2 采用柔性毡状隔热材料

柔性毡状材料的防火保护层厚度大于 100 mm 时，必须分层施工。防火保护层应拼缝严实，金属保护壳的接缝必须上搭下成顺水方向，作密封处理，并应符合下列要求：

① 仅适用于平时不易受损且不受水湿的部位。

② 包覆构造的外层应设金属保护壳，金属保护壳应固定在支撑构件上，支撑构件应固定在钢构件上。支撑构件应为不燃材料。

③ 在材料自重作用下，毡状材料不应发生体积压缩不均的现象。

2.4 复合防火保护

复合防火保护包括防火涂料外包防火板或毡状隔热材料外包防火板两种方法，主要用于包覆的隔热材料或防火涂料的保护，且有装饰要求的场合，其构造如图 1 所示。采用复合防火保护时，应确保外层包敷的施工不对内层防火层造成结构破坏或损伤。

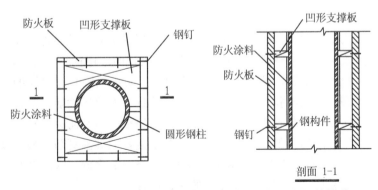

图 1 圆形钢柱采用防火涂料和防火板的复合防火保护构造

3 第二类的钢结构防火保护措施

3.1 钢管混凝土构件

钢管混凝土构件,是指在圆形或矩形钢管内填灌混凝土而形成,且钢管和混凝土在受荷全工程中共同受力的构件。在火灾时,钢管的核心混凝土具有吸收钢管表面热量的作用,核心混凝土体积越大,吸热越多,钢管表面和核心混凝土中心温度愈低,提高了钢管混凝土柱的耐火极限。1999年,广东深圳赛格广场大厦(76层、高291.6 m)采用了圆钢管混凝土柱,较按钢结构设计方法相比,节省约4/5防火涂料用量。2002年又在杭州瑞丰国际商务大厦方钢管混凝土柱防火保护设计中应用。

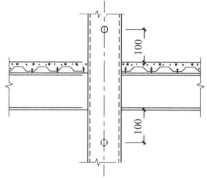

当温度超过 100 ℃ 时,核心混凝土中的自由水和分解水会发生蒸发现象。为保证火灾发生时水蒸气的排放,每个楼层的柱均应设置直径为 20 mm 的排气孔,其位置宜位于柱与楼板相交位置上方和下方各100 mm处,并沿柱身反对称布置(见图2)。

图2　排气孔位置示意图(mm)

3.2 采用自动喷水灭火系统全保护,且承重钢构件中灌注防冻、防腐并能循环的溶液

美国堪萨斯州银行大厦及匹兹堡钢铁公司大厦对其承重空心钢结构采用独特处理,在其中灌注防冻、防腐的溶液,火灾时通过其循环吸热而保证了结构的安全,但目前这种保护钢结构的方法运用不多。

部分建筑也可以采取设自动喷水灭火系统全保护作为钢结构的一种防火保护措施。《建筑设计防火规范》规定,二级耐火等级且设置自动灭火系统的单层丙类厂房建筑的梁、柱,除了能受到甲、乙、丙类液体或可燃气体火焰影响的部位外,可采用无防火保护的金属结构[1]。自动喷淋不但可以灭火,还可以降低火场温度,冷却钢结构,且成本低,在钢结构建筑中应大力倡导安装。自动喷水灭火系统保护钢屋架承重构件时,喷头应沿着屋顶承重构件方向布置,且布置在钢结构的上方,喷头间距宜为2.2 m 左右,系统可独立设置,也可与自动灭火系统合用。

4 结　论

通过分析钢结构防火保护措施的种类、构成、特点、适用范围及施工要求,便于针对建筑特点,经济、合理地进行钢结构抗火设计和采取防火保护措施,推动新型防火保护材料的应用。

参考文献

[1]　GB 50016—2006. 建筑设计防火规范[S].

作者简介:苏明涛(1967—),男,山东省青岛市公安消防支队高级工程师;主要从事建筑防火设计审核工作。

通信地址:山东省青岛市市南区金湖路 16 号,邮政编码:266071;

联系电话:13361233073;

电子信箱:qdsumt@163.com。

钢结构防火涂料检测技术浅析

孟 志

（公安部四川消防研究所）

【摘　要】　本文通过对国内外钢结构防火涂料检测标准的调查与分析，找出了目前国内用于钢结构防火涂料检测的标准上的不足之处，提出了国内检测标准的发展建议。

【关键词】　钢结构防火涂料；检测

1　引　言

目前，钢结构防火保护材料主要有三类：钢结构防火涂料、钢结构防火保护板材和喷射防火材料。其中，钢结构防火涂料以其施工快捷、工程适用性强等特点为钢结构建筑的发展起到了很有力的促进作用。然而，国内目前针对此类材料的检测标准及规范与国外相关标准及规范之间存在差异，特别是在耐火性能的试验方法及其试验结果的应用方面的差异更为明显。为了更好地掌握国外先进的检测技术，本文对国内外相关检测标准进行了调查及分析，以期对发展国内钢结构防火涂料的检测技术起到良好的促进作用。

2　检测标准现状

2.1　国外情况

现今，国外对消防产品的耐火性能检测均以结构为准，如可用于检测钢结构防火涂料耐火性能的英国标准（BS476-21）和国际标准（ISO 834）等。虽然钢结构防火涂料是一类防火保护材料，但它通常保护的基材是钢结构建筑中的梁或柱，这类构件又常为承重构件，因此在国外这类材料的耐火性能是以结构的耐火极限来体现的（通过测定构件的变形或温度来加以判定）。从另一个角度来讲，这类材料的耐火性能的表述是不能脱离它所保护的结构构件的。实验同时也证明，不同类型的构件（梁与柱，或截面系数不同的梁之间等）即使其保护层厚度相同，但其结构的耐火极限也是不尽相同的。因此，离开钢结构防火涂料所保护的构件类型而单一地描述其耐火性能是毫无实际意义的。

针对以上问题，为了使实际工程中各类钢结构防火涂料保护的构件的耐火性能满足相应的设计要求，国外在原有标准的基础上又制定了相应的测定及评估标准，如英国的《建筑材料及构件的耐火试验 第 23 部分：防火保护材料对构件耐火性能所做贡献的测定方法》，此标准中所采用的试验方法与 BS 476-21：1987 标准中所述方法类似，但增加了用于评估的部分，通过对各类构件的组合试验结果加以推算，拓展了钢结构防火涂料的应用范围，在实际工程应用中可以按照设计要求，针对不同的构件类型选择不同的保护层厚度。此标准集试验和理论推算为一体，既扩大了钢结构防火涂料的应用范围，又缩小了试验量，因而在英国及其他发达国家得到了广泛的应用。2000 年后，欧盟为了发展该项检测及评估技术，于 2002 年将该标准上升为欧盟标准，即 ENV 13381-4：《对构件耐火性能所作贡献的测定方法—第四部分：对钢构件实施防火保护》，在欧洲该标准已成为测定及评估钢结构防火涂料所保护的钢构件的耐火性能的首选标准。由于该标准所使用的方法实际应用性很强，国际标准化组织（ISO）从 2000 年后也开始着手拟定相应标准，即 ISO/CD 834-10：《建筑构件耐火试验方法　第 10 部分：钢构件防火保护材料的防火保护效果的测定方法》和 ISO/CD 834-11：《建筑构件耐火试验方法　第 11 部分：钢构件防火保护材料的防火保护效果的评估方法》，但由于项目组的原因，此两项标准的进度较慢，目前基本处于停止状态。但无论如何，我们也不难看出国外对这种测定及评估技术的认可程度。

　　当然，钢结构防火涂料所保护的钢构件并非都是承重构件，并且所使用的环境也各不一样。以上所列标准的试验和推算结果适用于建筑纤维类火灾，对于烃内火灾、电气火灾等其结果并不适用，因而对于这些特殊火灾类型应区别对待。试验时应选择与实际相符的火灾类型进行试验，为此欧盟于 1999 年发布了 EN 1363-2：《耐火性能试验　第 2 部分：可选的和附加的试验程序》，在此标准中列出了几种特殊的耐火试验升温曲线，如碳氢曲线、外部受火曲线等。另外，针对钢结构防火保护材料所使用的另一些特殊环境，如海上石油钻井平台、储油罐、高压输气管道等区域，虽然这些区域发生的火灾也属于烃类火灾，但由于其燃烧介质处于高压之下（通常在 20bar 以上），因而此类火灾具有喷射性，国外称其为喷射火灾。因为此类火灾具有热通量大、升温速率快、腐蚀性强等三大特点，因此采用通常的烃类火灾升温曲线（碳氢曲线）来进行试验是满足不了实际要求的。为此，20 世纪八九十年代，挪威的 SINTEF（Civil and Environment Engineering-Norwegian Fire Research Laboratory）、英国的 HSE（Health & Safety Executive）和美国的 SwRI（Southwest Research Institute）三家机构进行了大量的试验研究，掌握了此类火灾的相关数据。1996 年，英国的 HSE 颁布了《被动防火材料耐喷射火性能的标准试验方法》，该标准得到了欧盟及西方发达国家的认可。为了使该方法能被更多的国家所采用，国际标准化组织（ISO）于 2000 年后着手将该方法制定为国际标准，并于 2007 年发布了 ISO 22899-1：《被动防火材料耐喷射火性能的测定　第一部分：通用要求》。由于钢结构防火涂料多属于被动防火材料，因而在喷射火灾环境下采用该标准测定其性能更具有实际意义。

2.2　国内情况

　　国内针对消防产品的检测通常是以产品标准予以体现的，如钢结构防火涂料产品，该产品的检测标准首次发布于 1994 年。后来由于产品发展的需要，该标准于 2000 年后开始着手修订，现今在用的标准为《钢结构防火涂料》（GB 14907—2002）。虽然该标准所采用的耐火试验方法类似于 BS 476-21：1987 标准。但由于是产品标准，耐火性能的试验结果归属于产品，即涂层厚度与耐火时间一一对应。该标准的发布实施在一定时期内对产品的发展及消防监督起到了非常积极的作用。然而，随着产品及检测技术的发展，标准已呈现出了不足，特别是在耐火性能方面，试验检测数据对实际工程应用具有很强的局限性。

　　《钢结构防火涂料》（GB 14907—2002）标准中所采用的耐火性能试验升温曲线为标准升温曲线，即满足建筑纤维类火灾要求。为了满足其他类型火灾的要求，国内现已发布实施了《构件用防火保护材料快速升温耐火试验方法》（GA/T 714—2007）标准，其中部分升温曲线适合于钢结构防火涂料的应用环境，在特定条件下可用于进行钢结构防火涂料耐火性能的试验。为了与国外标准更好的接轨，国家质检总局于 2011 年发布实施了一项国家标准《建筑构件耐火试验——可供选择和附加的试验程序》（GB/T 26784—2011），该标准参考了 EN 1363-2：1999Fire resistance tests-Part 2：Alternative and additional procedures 的相关内容，以此填充国内耐火试验升温曲线的不足。

　　此外，为了弥补钢结构防火涂料产品标准的不足，增强其检测结果的适用性。2006 年，公安部四川消防研究所承担了国家标准化管理委员会下达的国家标准《钢结构构件用防火保护系统评估方法》

的制定任务，该标准立足于结构试验，参考了国外防火保护材料的相关评估方法。该标准在国内发布实施后，将会在钢结构防火保护方面起到巨大的促进作用。目前，该标准正处于标准报批阶段。

3 国内检测标准发展建议

从以上调研及分析情况来看，对于钢结构防火涂料产品的耐火性能检测标准，国内与国外还存在一定差距，而且可以看出国内产品标准存在的局限性。为此，笔者提出以下两方面的建议供参考。

（1）在耐火性能结果的表述方面。国内是以产品为主，而国外是以结构为主，国内钢结构防火涂料耐火性能结果的表述是脱离了被保护构件的，如 "×××型钢结构防火涂料在涂层厚度为×××mm时其耐火性能试验时间为×××h"。按此描述进行推算，对于不同于试验所采用的钢构件，当涂层厚度相同时，被保护构件的耐火性能也相同。然而，试验证明这种推算是错误的，被保护构件的耐火性能不仅仅与涂层厚度有关，与构件的类型及截面系数也有关系。对于钢结构防火涂料这种特殊产品，离开它所保护的构件而单独去讲它本身具有的耐火性能是不科学的，这也会给实际工程带来不利影响、存在火灾隐患。比如，按现有标准以 I40b 工字钢梁为基材测定了一种涂料其涂层厚度 25 mm 时耐火性能试验时间为 2.5 h。那么，当它以同种厚度施涂于 I36b 工字钢梁上或者方钢上时其耐火时间是否也能达到 2.5 h 呢？这就是目前标准所不能解决的问题。因此，有必要找出钢结构防火涂料耐火性能与构件类型以及构件截面系数之间的关系，并且在标准修订时将其耐火性能结果的表述进一步完善，使得这几者相互影响的因素都能联系在一起。

（2）针对新型火灾的试验标准方面。目前，国内可用于耐火试验的方法与国外相比已差之甚少，特别是《构件用防火保护材料快速升温耐火试验方法》（GA/T 714—2007）标准的发布，使得国内消防构配件耐火性能检测方法更加完善。但是，我们也不得不承认钢结构防火涂料特别是厚型钢结构防火涂料已越来越多地使用在了石化行业上，因而将按建筑纤维类火灾试验的产品应用在石化行业场所已不合实际要求，应在标准修订时应考虑增加相应的耐火试验方法。另外，近年来国内发生的几次燃气喷射事故，也提醒了我们要关注喷射火灾。国外在 20 世纪 90 年代便有了相应的检验方法，而国内至今除了了解国外的一些发展状况及检验标准外，实质性的研究方面还是一片空白。如果不做深入的研究、不制订相应的检验标准，那么这种火灾环境下所使用的钢结构防火涂料的耐火性能我们如何检验呢？监督部门又如何验收呢？

4 结 语

总的来讲，我国钢结构防火涂料产品的检测标准存在局限性，与国外相关检测技术存在较大差距，这不仅会给工程应用带来不便，而且管理监督部门也会承担很大风险。因而建议相关单位在进行钢结构防火涂料产品检验标准的制订修订过程中，尽可能地考虑其结构和应用环境方面的问题，以减小与国外检测技术之间的差距，更好地为企业、为监督管理部门服务。

参考文献

[1] BS 476—21：1987 Fire tests on building materials and structures. Methods for determination of the fire resistance of loadbearing elements of construction《建筑材料及构件的耐火试验 第 21 部分：承重构件耐火性能测定方法》[S].

[2] ISO 834：2000 Fire-resistance tests—Elements of building construction—Part 6：Specific

requirements for beams《建筑构件耐火试验方法 第 6 部分：梁的特殊要求》[S].

[3] BS 476—23：1987 Fire tests on building materials and structures. Methods for determination of the contribution of components to the fire resistance of a structure《建筑材料及构件的耐火试验 第 23 部分：防火保护材料对构件耐火性能所做贡献的测定方法》[S].

[4] ENV 13381—4：2002 Test methods for determining the contribution to the fire resistance of structural members—Part 4：Applied protection to steel members《对构件耐火性能所作贡献的测定方法——第四部分：对钢构件实施防火保护》[S].

[5] ISO/CD 834—10：Fire-resistance tests—Elements of building construction—Part 10：Method to determine the contribution of applied protection materials to structural metallic elements《建筑构件耐火试验方法 第 10 部分：钢构件防火保护材料的防火保护效果的测定方法》[S].

[6] ISO/CD 834—11：Fire-resistance tests—Elements of building construction—Part 11：Method to assess the contribution of applied protection materials to structural metallic elements《建筑构件耐火试验方法 第 11 部分：钢构件防火保护材料的防火保护效果的评估方法》[S].

[7] EN 1363—2：1999Fire resistance tests—Part 2：Alternative and additional procedures《耐火性能试验 第 2 部分：可选的和附加的试验程序》[S].

[8] OTI 95 634 Jet Fire Resistance Test of Passive Fire Protection Materials《被动防火材料耐喷射火性能的标准试验方法》[S].

[9] ISO 22899—1：2007 Determination of the resistance to jet fires of passive fire protection materials—Part 1：General requirements《被动防火材料耐喷射火性能的测定 第一部分：通用要求》[S].

[10] GB 14907—2002. 钢结构防火涂料[S].

[11] GA/T 714—2007. 构件用防火保护材料快速升温耐火试验方法[S].

[12] GB/T 26784—2011. 建筑构件耐火试验——可供选择和附加的试验程序[S].

作者简介：孟志（1977—），男，公安部四川消防研究所副研究员；研究方向：建筑构配件耐火性能检测技术与装置。

通信地址：四川省都江堰市学府路中段，邮政编码：611830；

联系电话：18981725207；

电子信箱：mezh77@sohu.com。

浅析公众聚集场所和人员密集场所的
区别与内在联系

韩雪松

（黑龙江省佳木斯市公安消防支队）

【摘　要】　公众聚集场所和人员密集场所群死群伤火灾事故时有发生，带来损失的同时也给消防监管部门敲响警钟。本文就如何认识这两类场所的火灾危险性，提出了必须从这两类场所的词义、关联、区别上入手，找出不同，找到联系，更好地在设计、监督管理、使用上认识公众聚集场所和人员密集场所的火灾危险性，从而避免火灾损失。

【关键词】　公众聚集场所；人员密集场所；区别；联系

1　前　言

近年来，公众聚集场所和人员密集场所群死群伤火灾事故时有发生，给人民生命财产造成了严重损失。为了切实吸取教训，规范这类场所的消防安全管理，遏制群死群伤火灾事故的发生，这给消防安全管理提出了相应的要求。在各类消防法律法规和技术标准中，对公众聚集场所和人员密集场所多有提及，本文从公众聚集场所和人员密集场所的定义、关联方面进行分析、比较，试研究、优化消防设计、消防安全管理中存在的问题和缺陷。

2　公众聚集场所和人员密集场所词义

《新华字典》中对公众聚集场所和人员密集场所的解释分别为：

公众是指社会上大多数的人；聚集是指集合、凑在一起；场所是指活动的处所、地方。公众聚集场所是指社会上不确定的人集合、凑在一起活动的处所、地方。

人员是指担任某种职务或从事某种工作的人；密集是指人或物会聚一起；场所是指活动的处所、地方。人员密集场所是指社会上某个范围内确定的人聚在一起活动的处所、地方。

从词义上可以看出，公众聚集场所和人员密集场所的相同点在于都是用于人员聚集、活动的场所或地方；不同之处在于，公众聚集场所是指不确定人活动的场所或地方，人员密集场所是指特定人活动的场所或地方。

3　公众聚集场所和人员密集场所的法律释义

《中华人民共和国消防法》中对公众聚集场所和人员密集场所的法律释义分别为：

公众聚集场所是指宾馆、饭店、商场、集贸市场、客运车站候车室、客运码头候船厅、民用机场航站楼、体育场馆、会堂以及公共娱乐场所等。

人员密集场所是指公众聚集场所，医院的门诊楼、病房楼，学校的教学楼、图书馆、食堂和集体宿舍，养老院，福利院，托儿所，幼儿园，公共图书馆的阅览室，公共展览馆、博物馆的展示厅，劳动密集型企业的生产加工车间和员工集体宿舍，旅游、宗教活动场所等。

而在《人员密集场所消防安全管理》中，人员密集场所是指人员密集的室内场所，如宾馆、饭店等旅馆、餐饮场所，商场、市场、超市等商店，体育场馆，公共展览馆、博物馆的展览厅，金融证券交易场所，公共娱乐场所，医院的门诊楼、病房楼，老年人建筑、托儿所、幼儿园，学校的教学楼、图书馆和集体宿舍，公共图书馆的阅览室，客运车站、码头、民用机场的候车、候船、候机厅（楼），人员密集的生产加工车间、员工集体宿舍等。

从法律释义上分析，公众聚集场所的特点是外来人员数量多、流动性大、对环境熟悉程度低，而人员密集场所的特点是人员数量多、流动性相对较小、对环境熟悉程度高。在范围上，人员密集场所涵盖了公众聚集场所的所有建筑类别，并进一步扩大到吃、住、购物、娱乐、出行、活动、工作等 13 类场所建筑。

4 设计中的区别与内在联系

4.1 《建规》中的区别与内在联系

以《建筑设计防火规范》第五章"民用建筑"为例，第 5.1 节中明确提出重要公众聚集场所的耐火等级不低于二级，而人员密集场所中的体育场馆在面积上进行放宽，商场建筑、幼儿场所建筑在层数、面积上加以限制，对公众聚集场所中的商店和公共娱乐场所在 5.1.12，5.1.13，5.1.14，5.1.15 条中单独作出说明。

在 5.3 节"民用建筑的安全疏散"中，第 5.3.2，5.3.3，5.3.5，5.3.8，5.3.9，5.3.10，5.3.12，5.3.135.3.15，5.3.16，5.3.17 条分别对商场、旅馆、公共娱乐等公众聚集场所建筑和幼儿场所、老年场所、体育场所、医院、候车室等建筑作出说明。通过对比，我们发现公众聚集场所建筑标准明显高于人员密集场所。人员密集场所特殊使用性质建筑中（老年、幼儿建筑）在疏散距离、疏散形式、疏散要求上明显高于其他人员密集场所建筑，甚至高于部分公众聚集场所建筑的要求。

4.2 《高规》中的区别与内在联系

以《高层民用建筑设计防火规范》第四章"总平面布局和平面布置"、第五章"防火、防烟分区和建筑构造"、第六章"安全疏散和消防电梯"为例，在第 4.1.5A，4.1.5B，4.1.6，5.1.2，6.1.5，6.1.7，6.1.9，6.1.11，6.2.9 条对各类场所建筑的设计提出明确要求。通过对比，我们发现公众聚集场所建筑标准明显高于人员密集场所。人员密集场所特殊使用性质建筑中（老年、幼儿、医院建筑）在疏散距离、疏散形式、疏散要求上明显高于其他人员密集场所建筑，甚至高于部分公众聚集场所建筑的要求。

5 管理中的区别和内在联系

5.1 《消防法》中的区别与内在联系

《消防法》中涉及公众聚集场所一词共有 3 处，内容为火灾责任险和开业前的消防安全检查；火灾责任险属鼓励倡导条款，无罚责；开业前的消防安全检查对应的处罚种类为停产停业并处罚款 3 万 ~ 30 万元。

《消防法》中涉及人员密集场所一词共有 7 处，内容为设计审核、装修材料、门窗障碍物、火场疏散四个方面。设计审核对应停止施工并处罚款 3 万～30 万元，门窗障碍物对应罚款 0.5 万～5 万元，火场疏散对应为行政拘留。

通过比对发现，由于公众聚集场所的人员不确定性的特性，决定了《消防法》将公众聚集场所开业前的检查作为前置条件，有效地从源头上遏制带险经营，切实将火灾隐患控制在萌芽中。而对于人员密集场所的人员相对确定性的特性，《消防法》注重的是在使用过程中的违法行为的杜绝，确保建立起一个安全、稳定的经营环境。

5.2 《消防监督检查规定》中的区别与内在联系

2012 年 11 月 1 日起施行的公安部第 120 号令《消防监督检查规定》中提及"公众聚集场所"共有 11 处，对公众聚集场所消防安全检查的申报、提交材料、现场检查、承诺时限作出明确规定，对公众聚集场所违反消防技术标准，采用易燃、可燃材料装修，可能导致重大人员伤亡的予以临时查封的行政强制措施。

《消防监督检查规定》中提及"人员密集场所"共有 7 处，对人员密集场所的检查频次、内容、重点检查项目作出明确规定，同时对人员密集场所违反消防安全规定，使用、储存易燃易爆危险品的予以临时查封的行政强制措施，对人员密集场所在外墙门窗上设置影响逃生和灭火救援的障碍物的予以责令改正，对人员密集场所违反消防安全规定，使用、储存易燃易爆危险品，不能立即改正的应当确定为火灾隐患。

通过对比发现：《消防监督检查规定》注重公众聚集场所在开业前的检查，对建筑物的合法性、使用功能、设施设备设置上作出明确要求；而人员密集场所的检查上，注重的是日常检查上的检查频次、检查内容、检查要点。

综上所述，在消防法律法规和技术标准规范面前，由公众聚集场所的人员不确定性决定了在使用前的源头处设置较为严格的准入门槛；而人员密集场所的人员稳定性和较小火灾危险性决定了在灾害防范、灾害救助方面强化监督检查力度。

参考文献

[1] 《中华人民共和国消防法》.
[2] 《消防监督检查规定》公安部第 120 号令.
[3] GB50016—2006. 建筑设计防火规范[S].
[4] GB50045—2005. 高层民用建筑防火设计规范[S].
[5] GA 654—2006. 人员密集场所消防安全管理[S].

作者简介：韩雪松（1979—），男，黑龙江省佳木斯市公安消防支队防火处工程师。
联系电话：13555589119;
电子信箱：195807785@qq.com。

大理巍山古建筑的火灾危险性及
防火措施的几点思考

陶 昆

（公安消防部队昆明指挥学校）

【摘 要】 本文从古建筑的结构特点出发，主要分析了古建筑的火灾危险性，并结合大理巍山古
建筑防火保护的实际工作经验，提出了可行合理的防火保护措施，以达到可以消除火灾隐患、杜绝
火灾的发生、减少损失，保护我国绚丽的古民居建筑文明的目的。

【关键词】 古建筑；火灾危险性；防火措施；巍山

我国是一个拥有 56 个民族的多民族国家。历史悠久的多民族文化创造了多元化的古民居建筑，这
些古民居建筑都是存在了几百、上千年的古建筑，具有浓厚的民族特色。古建筑是重要的历史文化遗
产，也是民族文明发展的历史见证，为研究历史和科学提供了实证，因此我们要致力于保护古民居建
筑，其中防火保护是一项重要的工作。

滇西北大理巍山是南诏国的发祥地，历史文化悠久，清代被御封为"文献明邦"。巍山古城是明代
洪武二十二年（公元 1389 年）建造的，城成如印，中建星拱楼，设四门，周长四里，现保存较完整的
有南、北街和北城楼，以及棋盘式街道格局、星罗棋布的古建群。做好巍山古城的防火安全工作，
对弘扬传统文化和南诏国民族特色有着极为重要的意义。古建筑防火保护是长期的消防工作重点，消
防部门在工作中积累了古建筑防火的一些经验，笔者从巍山古建筑群在防火保护中的实际工作中，思
考和分析了古建筑火灾风险和防火对策。

1 巍山古建筑特点

古建筑是我国历史上各个朝代遗留下来的具有较长历史年代的、具有一定文物价值和历史价值的
各种建筑物和构筑物的总称。现存的古代建筑绝大多数都是宗教、旅游活动的集中地，是文物保护的
重点，同时也是消防安全工作的重点单位。古建筑除了本身建筑的历史价值外，其内部成列的各种古
代木雕、壁画、文物等具有不可再生性，是古代劳动人民的智慧结晶，是研究古代社会政治经济、文
化艺术、宗教信仰的历史资料，是国家珍贵的文化遗产。

我国古建筑以传统的木构架结构和砖木混合结构的古建筑居多，采用"梁柱式建筑"的"构架制"，
这种构架的特点是建筑上部的荷载由梁柱承担，建筑中的墙起到分隔作用，不承受上部荷载。以木构
架为主要结构形式，承受屋盖结构传来的荷载并通过梁架传到柱子上。古建筑始终保持着木材为主的
建筑材料，以木构架为主，屋顶又由梁、枋、檩、斗拱以及天花、藻井等构件组成。

巍山古建筑既有古建筑的木材为主的建筑特点，又有其独特的地方特色。巍山有古城古民居、拱
辰楼和魏宝山道教建筑群，从功能上有官署、学馆、文庙、道观、祠堂、会馆、府第、民居和坊楼等
建筑，从古建筑的结构上讲主要有木结构、土木结构、石木结构和砖木结构几种。据统计，巍山古城

有古民居 89 院，有馆、观、殿宇等古建筑 29 处，这些古建筑充分体现了民族建筑的技术发展的历程。

在建筑风格上，无论是道观还是古民居，都是以各种各样的单体建筑为基础组的成各种庭院，又以庭院为单元，组成各种庞大的建筑群体，具有高大的台基、宽阔的开间等建筑特点。

2　古建筑的火灾特点

2.1　火灾荷载大，燃烧迅速

古建筑多用松、柏、杉、樟、楠等木种的建材做成木梁、木柱，木材在长期的干燥和自然的腐蚀中，出现了大大小小的裂缝，一旦遇到火源，便会迅速起火，且火势会顺着木材的裂缝和拼接蔓延，很快就全面燃烧。由于建筑构件表面上有大量彩绘，建筑内还有木雕、蒲团、家具等可燃物，即古建筑的火灾荷载较高，因此发生火灾后其燃烧速度快，火灾危险性极大。例如，位于古城中央的拱辰楼，面阔 28 米，进深 17 米，始建于明洪武二十三年，共有 3 层，后在清顺治五年（1648 年）改建为 2 层，属抬梁式木结构，其火灾荷载就很大，一旦发生火灾，势必蔓延迅速。

2.2　古建筑组群布置，建筑物耐火等级低，失火后火势蔓延迅速

巍山古城中保存有较完整的古建筑民居，建筑多为土木结构；古城南街、北街的建筑彼此相连、一户紧挨一户，没有防火间距，建筑群内也没有足够的防火间距，没有消防通道；虽然建筑山墙多为土墙，但是其梁、柱、屋架等承重构件为木材，建筑物耐火等级低，多为三级耐火等级或四级耐火等级建筑，组成的构件耐火极限短和耐火性能差。如果其中一处建筑起火，火势将迅速蔓延，很容易造成火烧连营。

2.3　发生火灾后疏散、扑救困难

木质结构、组群布局，既对御火不利，在失火后也不利疏散，扑救困难。古建筑的木构架起火后，在 20 分钟内如果不能有效及时的组织扑救，就会出现大面积的燃烧，而火灾产生的烟气和热量会大量聚集在屋顶处，容易导致轰然现象的发生。同时，有的古建筑建在魏宝山的山腰、山顶上，有的在窄巷里，且门槛重重、台阶遍布，一旦发生火灾后很难实施灭火扑救。如北街上的上仓巷，长 412 米，宽度不足 2 米，一旦发生火灾就不利于人员的疏散和火场的扑救。

3　巍山古建筑的防火措施

3.1　在古建筑的修缮中加强防火保护措施

古建筑由于其自身的历史价值、历史地位，必须对其进行修复和保护。在保留建筑固有的历史风貌下，满足国家关于文物保护建筑有关法律、法规，我们可以通过对建筑的修缮措施，尽量保证消防安全的要求，达到保护的目的，既提高了建筑物的耐火等级，又降低了火灾荷载。

（1）采用专用的防火阻燃液在建筑梁、柱、屋架等木构件的进行防火处理，这样即提高了构件的耐火极限，同时保持了古建筑中构件的原貌。

（2）用防火封堵材料对木梁、木柱等构件中的开裂缝隙、木构架中的连接处进行封堵，这在火灾发生时可以防止火势的蔓延通道。

（3）对一些不在保护范围内的建筑结构可以用耐火极限较高的现代建筑材料来替代，原有建筑内已破旧不堪的木楼板，可以采用混凝土现浇楼板来替代等措施。

（4）在建筑上增设避雷设施如安装避雷针、避雷带、避雷网等，每年在夏季前进行检验，查看是否达到避雷要求。

3.2 在古建筑内设置自动报警和自动喷水灭火系统

根据火灾早发现、早扑救的原则，在不影响建筑结构的完整性和建筑风格的前提下，合理设置消防设施，满足功能需求，追求实效。

（1）在建筑内结合建筑构造和装修的特点，合理布置自动喷水灭火系统，喷头的设置尽量做到不影响建筑的内部结构，又可以使建筑的整体风格协调，如吊顶要保留的，可将顶喷改为侧喷，在梁位置处布置的喷头可采用顶喷等。

（2）合理设置消防水池，配合采用各项技术措施满足灭火要求。有些古建筑位于山上或缺水地区，没有足够的水源进行火灾扑救，应设施足够容量的消防水池。

（3）设置合适的火灾报警系统。报警器是火灾报警系统中的一个组成部分，在古建筑中报警器的安装即要保证建筑的整体风格协调，又要发挥作用。古建筑面高堂阔、净高较高，选用合适的报警器就很重要，以组合两至三种探测器，或用采用极早期烟雾探测器代替传统的感烟探测器进行组合选用，同时还可以采用视屏监控系统和探测器组合，这样能保证火灾报警系统的报警效果。

3.3 加强古建筑的管理，合理制定管理规定

古建筑的防火主要是依靠管理，坚持"防消结合，预防为主"，有针对性地做好消防安全工作，做到制度严密、措施得当、落实有法。

（1）根据古建筑特点，制定合理可行的管理制度。魏宝山的古建筑是道教建筑，在建筑内有供桌、帷幔、幕帐、坐垫等易燃物品和烛火、香火等明火，这就带来了很大的火灾隐患，要杜绝火灾的发生，就要依靠严格管理规定。笔者认为在对宗教建筑的防火保护中，很重要的一个方面就是制定合理可行的管理规定，对具体的香、烛、灯等火灾危险源做出量化的管理，营造良好的古建筑防火安全环境。

（2）加强消防宣传，营造"全民消防"氛围。古城中的许多古民居是土木结构，二层、一层大部分作为商店使用，部分二层作为居住。古民居的用途多样，使用混杂，对古民居的防火保护最有效的办法就是通过消防宣传，认真开展实体演练，严格落实消防安全责任制。在古城内粘贴大量的消防宣传标语，分发消防宣传手册，利用消防巡逻车车载广播和LED屏进行消防知识宣传；对导游进行防火知识培训，要求导游对每一个游客在讲解前进行防火宣传，强化游客责任。

（3）文物古建筑单位应严格贯彻《消防法》《古建筑消防管理规则》的法律法规，要求古建筑单位成立消防安全领导小组，根据单位的特点，建立和完善防火灭火的预案和各项消防安全管理制度；主动配合消防机构加强消防安全管理，逐级落实消防安全责任制，确保各项措施落到实处。

（4）严格管理，及时整改火灾隐患，优化消防环境。禁止在古建筑区燃放烟花爆竹、点孔明灯等；举行宗教活动时，明火必须严格加强规范；同时，对古建筑周边的树木、枯草等要进行及时的修剪，防止周边火灾引燃古建筑；控制古建筑群的用火用电，加强火灾预防措施；禁止在古建筑物内使用液化气、煤气；做好冬季取暖用火的监督管理，严格用电管理，古建筑内安装电气线路必须经相关部门批准，禁止使用大功率取暖、加热等设备。

4 结 语

凭着巍山古建筑群防火保护的经验，笔者认为：我国古建筑的防火保护主要应落实在加强古建筑的管理上，合理制定管理规定，加强消防宣传，营造全民消防，主动消除火灾隐患，杜绝火灾的发生。

同时，在古建筑中设置固定消防设施，如果发生火灾，做到早发现、早扑救，及时组织安全疏散，减少火灾损失。

参考文献

[1]　梁思成. 中国建筑史[M]. 北京：生活·读书·新知三联书店，2011.

[2]　张泽江，梅秀娟. 古建筑消防[M]. 北京：化学工业出版社，2010.

作者简介： 陶昆（1977.—），女，公安消防部队昆明指挥学校训练部防火专业教研室讲师；主要专业方向：防火、消防、营房。

通信地址：云南省昆明市经开区阿拉乡，邮政编码：650028；

联系电话：18987130508；

电子信箱：907767090@qq.com。

对屋顶直升机救援场地消防设计要求的探讨

武文龙　丁冬

（内蒙古自治区鄂尔多斯市公安消防支队）

【摘　要】 本文从平面布置、安全疏散、构造防火、消防设施等方面对高层建筑的直升机停机坪、救援平台、救援口（以下统称直升机救援场地）的设置进行了探讨，提出了一些有可操作性的建议。

【关键词】 高层建筑；停机坪；消防

随着全国各地超高层建筑的大量建设和高层建筑火灾形势的不断加剧，有关超高层建筑的防火灭火技术越来越受到社会各界的关注。关于直升机救援场地的设计、施工做法尚不完善，各地做法各异，造成部分直升机救援场地的设置更注重外形美观和节省造价，却忽视了安全和方便使用。笔者查阅了国内外相关资料，实地调查了部分停机坪，总结出一些比较可行的经验做法，与大家做进一步探讨。

1　平面布置

选择确定停机坪、救援平台、救援口的类型、形状和位置时，须考虑建筑的火险性、与障碍物的距离、便于使用和疏散、人和飞机的安全等因素的影响。

1.1　直升机停机坪平面设置的建议

停机坪的形状可根据场地条件设置为长方形、方形或圆形。目前，我们国内用得较多的民用和警用直升机有美国罗宾逊、美国贝尔、意大利阿古斯特等品牌，均可以参与消防救援。因消防专用直升机数量极少且体积和重量较大，比如鄂尔多斯现有一架俄罗斯 KA-32 消防专用直升机，空机重量 5 300 kg，最大起飞重量 12 700 kg，全长 15.9 米，建筑物无法普遍依照其标准设计停机坪（本文不做深入探讨）。就目前国内常用的警用直升机来说，其机身全长一般为 10~14 米，停机坪的尺寸，其进近起飞区的长、宽或直径，均不应小于本地区救援直升机机身全长的 1.5 倍（建议不小于 21 米），安全区域的相应尺寸不小于机身全长的 2 倍（建议不小于 28 米）。场地有条件时可适当扩大，条件受限时可呈长方形布置，短边不小于直升机总长的 1.5 倍。笔者调研过的鄂尔多斯国泰商务广场（地上 42 层，高度 180 米，办公楼）停机坪，直径为 28 米，而鄂尔多斯有两架意大利阿古斯特 AW109SP 警用直升机，全长为 12.96 米，可以正常起降。

1.2　直升机救援平台

当屋顶不具备设置停机坪的条件时，或者建筑标准层较小且疏散难度较小时，可在屋面设置救援平台，确保火灾时直升机的吊篮可安全方便地降至平台上。直升机救援平台应设置在建筑最高楼层顶部，当建筑局部升高楼层的人员便于疏散至相邻较低的屋面时，也可在相邻屋面上设置救援平台；直升机救援平台长宽不宜小于 10 米。

1.3 直升机救援口

当建筑顶部有规划造型要求而无法在屋面设置救援平台时，应设置下沉式救援口，并应符合下列要求：为了便于将直升机吊篮放入救援口，开口应为直径不小于12米的圆形，或短边不小于12米的矩形；为了便于操作，救援口下沉的高度不应大于5米，救援口内应设置可上至屋面的爬梯；救援口内严禁设置排烟风机以及自然排烟窗，门窗应为防火门窗。笔者调研的鄂尔多斯水岸-金钻大厦（地上43层，高度158米，公寓楼），因规划要求顶层不便设置停机坪，便在顶部设计了下沉庭院，院内尺寸短边不小于13米，下沉高度4米，便于直升机悬停救援。

1.4 直升机救援场地的设置注意事项

考虑到烟气和扑救的因素，直升机救援场地宜设置在建筑顶部尽可能远离外墙的部位，以防止火势和烟气的侵蚀。现实中，有部分工程为了美观将停机坪悬挑出建筑立面，笔者认为这种做法不利于安全，一旦挑出部分正下方发生火灾，高温烟气将停机坪笼罩，使直升机无法安全靠近。

为了减少烟气的影响，直升机救援场地距消防排烟风机及出风口、自然排烟口的水平距离不应小于10米，且排烟风口要布置在全年最大风向的下风侧；救援场地距屋顶燃气锅炉房不应小于10米，其四周5米范围内不应设置楼梯间、水箱间、天线、避雷针、冷却塔、擦窗机等凸出屋面的障碍物；设有停机坪、救援平台的屋面四周应设置高度不小于1米的防护设施。

2 安全疏散

直升机救援场地的安全疏散，包括人员到达救援场地的过程，以及飞机事故时人从救援场地撤离的过程。由于火灾时的人员恐慌、盲从、无序，他们如何与直升机协调一致、迅速有序地完成救援任务，是一个很大的问题。因此现场的组织引导必不可少，而直升机救援场地本身的建设也非常关键（本文重点探讨救援场地硬件方面的设置）。

2.1 人员缓冲区

火灾发生时，建筑上部楼层的大量人员会向屋面疏散，到达屋面后若发现有直升机救援，必然会拥向救援场地，因此在进入救援场地前，建议设置一个人员缓冲区。缓冲区与直升机救援场地之间应采取可靠的隔离措施和明显的警示标志，以确保疏散人群未经救援人员允许不能进入救援场地。缓冲区内不得设置可燃物品库房、可燃液体储罐，以及燃气锅炉等燃气设施。缓冲区应能容纳下方避难层之间楼层中的人员，室内的缓冲区应有完善的防火分隔、灭火和防排烟措施，可参照避难层（间）的做法。

2.2 通道和出口

直升机救援场地出口与建筑疏散楼梯以及消防电梯之间应该有便捷的通道和明显的引导标识，通道上不得设置门禁及任何障碍物；消防电梯宜通至屋面。

救援场地的安全出口不应少于2个，每个出口宽度不宜小于0.90米；安全出口采用楼梯时，宽度不小于1.1米，并应符合《民用建筑设计通则》对楼梯的要求。

另外，通向屋面的疏散楼梯不应直接开向停机坪、救援平台，可通入人员缓冲区。

3 防火构造

停机坪的结构承载方面已有很多成熟的经验和数据，本文不再叙述，只是建议不必设计标准过高，造成建筑成本和设计难度的大幅上升（本文仅就构造的防火要求做探讨）。屋顶停机坪及救援平台（口），应设置防止下一楼层火焰翻卷至停机坪的措施，比如设置防火挑檐、增大顶层窗户至顶板的距离、加高女儿墙等。救援场地的防水层、保温层应满足防火要求，不应采用可燃材料。

由于不能排除直升机救援时发生坠机事故，还需做如下考虑：位于屋面的排水管、排气孔应采用钢管，而且要采取措施防止事故污油从屋面孔洞流入建筑内。因为事故最有可能发生在救援场地正上方，因此笔者认为有必要在救援场地四周防护设施的下方，设置混凝土围堰，可有效防止流淌火蔓延至人员避难场地甚至是下部楼层。由于油量有限，灭火用水量不超过 8 立方米[3]，因此建议围堰的高度10 厘米即可，围堰上还应设置平时排雨水、火灾时可关闭的阀门，人员出入口处的围堰两侧应设置缓坡。

4 消防设施

4.1 消火栓

依据《高层民用建筑设计防火规范》，在停机坪的适当位置应设置消火栓，但规范并未给出用水量、使用水枪数量的要求。停机坪周围的消火栓，主要用于扑灭屋面明火、稀释屋面烟气、保护飞机和屋面人员，以及坠机事故时灭火。不论是停机坪还是救援平台，在适当位置设置 2 ~ 3 个消火栓就可以保护到整个区域。消火栓应设置在救援场地的出入口附近，应有可靠的防冻措施。消火栓箱内应配置多功能水枪，可采用直流水消灭固体火灾或采用喷雾压制流淌火并稀释烟气以保护屋面人员。由于屋面可燃物多为机电设备和广告牌且数量有限，坠机时用水量也不多（见下节分析），因此笔者认为屋面火灾总用水量不需详细计算，在建筑消火栓用量计算时留有 10 ~ 20 立方米的余量即可。

4.2 灭火器

有人建议直升机停机坪设置泡沫灭火系统，而现行《高规》并未要求停机坪设置泡沫灭火系统，仅在行业标准《民用直升机场飞行场地技术标准》中要求直升机机场设置泡沫系统。而消防救援的停机坪并非真正意义上的机场，使用概率极小，即使真的发生坠机事故，由于坠落高度小，而且目前直升机都设计了有抗坠毁性能的柔性耐撞油箱，一般不易发生泄漏。由此看来，一栋高层建筑发生火灾需要用直升机救援，结果发生坠机事故又漏油起火，这种几率太小，起码国内从来也没有发生过这样的事故，国外也鲜有报道。由于直升机油箱一般只有数百升，小型直升机油箱只有一百多升，加上其油箱的防撞性能，即使泄漏起火了也不会迅速、大面积蔓延，类似于交通事故中的汽车火灾，本文已建议在直升机救援场地四周设置围堰阻止流淌火，采用喷雾水压制流淌火，不会对建筑和人员造成大的威胁。如果设置泡沫灭火系统，需占用较大空间，增设一整套设备，需要经常性维护保养更换泡沫液，可靠性受人为因素影响较大，这种人力物力的投入意义确实不大。

参照美国消防协会规范 NFPA418[4]，民用直升机事故时实际临界火灾区域最大为 133.8 平方米，机身全长小于 15 米的直升机临界火灾区域才 34.8 平方米，如此范围的火灾还是容易控制的。依照《建筑灭火器配置设计规范》[2]计算，133 平方米范围内的 B 类火灾，仅需要配置 4 具 9 kg 的泡沫灭火器或 4 具 6 kg 的干粉灭火器即可，为保险起见，我们可以配置更多的灭火器来应急。

4.3 应急照明和标志标识

由于直升机救援被困人员的时间存在不确定性，建议救援场地和人员缓冲区的应急照明延续时间应按火灾延续时间确定，应采用独立的 UPS 供电以保证安全可靠，照度不低于 1.0 lx。

从消防电梯顶层的前室到人员缓冲区之间，以及从出屋面的楼梯口到人员缓冲区之间，应设置视觉连续的疏散指示标志；在救援场地的出入口处，应设置醒目的警示牌，告知疏散人员未经允许不得擅自进入救援场地，以及其他注意事项。

停机坪的标志标识按照《民用直升机场飞行场地技术标准》设置。救援平台（口）也应有明显的救援标识如"SOS"，并标明尺寸如"10×10"，救援平台（口）四周设置泛光灯构出边界轮廓线，还应设置风向标、起飞区标识，其设置可参照上述标准。

5 结束语

超高层建筑宜设计停机坪，若有困难，应设置救援平台或救援口，预留足够的空间；用于疏散和人员缓冲的场地及设施要健全、可靠；直升机救援场地的灭火设施以消火栓和灭火器为主，无需强制设置泡沫灭火系统；应急照明和各类标志标识应完善；国家应该尽快出台直升机消防救援场地的设置标准，防止各地标准不一，甚至无标准可行，造成救援场地的不合理甚至无法使用。

参考文献

[1] GB50045—95，2005版）. 高层民用建筑设计防火规范[S].
[2] GB 50140—2005. 建筑灭火器配置设计规范[S].
[3] MH5013—2008. 民用直升机场飞行场地技术标准[S].
[4] 美国消防协会. NFPA418—2006.

作者简介：武文龙，内蒙古自治区鄂尔多斯市公安消防支队防火处监督检查指导科科长，正营职，技术十级；从事建筑消防审核和监督检查工作。

通信地址：内蒙古自治区鄂尔多斯市康巴什新区-鄂尔多斯，邮政编码：017000；
联系电话：15149776660；
电子信箱：54812708@qq.com。

坡地高层建筑防火设计分析

尹 革

（陕西省安康市公安消防支队）

【摘　要】　坡地建筑以其天然的建筑形式受到越来越多人的关注和喜爱。坡地建筑的形式决定了该种建筑的防火设计需要根据特定的高度进行设计。本文分析了坡地建筑的定义以及高层坡地建筑的火灾特点，对其防火类别和扑救设计进行了分析，并结合实例对坡地高层建筑防火设计要点进行了分析。

【关键词】　坡地高层建筑；防火设计；火灾

陕南地处秦巴山区，城镇多依山临河而建，随着经济建设的发展，城镇规模的不断扩大，建设用地越来越少，大量的高层建筑依山而建，出现了很多具有地形高差的山地建筑。目前，陕西没有坡地建筑防火设计的地方标准，在对坡地建筑防火设计进行审核时会遇到很多现行规范没有明确的具体问题。《高层民用建筑设计防火规范》（以下简称《高规》）仅仅规定了建筑高度从室外地坪标高算起，对于一幢有两个以上的室外地坪高度的建筑来说，就可能带来多种定性，而作为建筑防火设计只能有一种更适合这幢建筑。如果建筑高度从最低处计算，许多建筑的建设成本将大大增加。因此，采用何种防火设计既能节约投资又能保障安全，给建筑设计人员和消防审核人员提出了挑战。《高规》是依据国内北方大多建在平地上的城市而制定，对于山区城市特有的一些建筑形式没有做出明确的规定，解决山区城市特有的建筑形式（坡地建筑）的防火设计问题尤为突出。

1　坡地高层建筑概述

1.1　坡地建筑的定义

坡地建筑是指底层坐落于坡底，其上某层与坡顶相连接的建筑。坡地建筑位于坡底的楼层称为底层，以坡底场地作为室外地面；与坡顶相连接的楼层称为平顶层，以坡顶场地作为室外地面；平顶层以下、底层及底层以上的楼层称为吊层；平顶层及以上楼层称为上层。

1.2　坡地高层建筑的火灾特点

坡地高层建筑因其所处独特的地形环境，建筑吊层空间自然排烟、通风的不对称性、室内外空气压力差的不同都是有别于普通地上和地下建筑，而且因吊层空间在建筑中所处楼层位置的重要性和前后有通道的特殊性，一般此类空间都作为公共场所使用，因而人员密集、火灾荷载大、火灾蔓延迅速、烟气排放不畅，这些都大大增加了火灾扑救的难度，火灾时易造成较大人员伤亡和财产损失。

2　坡地高层建筑防火类别

2.1　坡地高层建筑防火类别

建筑高度是衡量建筑疏散安全、消防扑救及其火灾危险性的一个重要尺度，是建筑设计消防定性的一项重要指标,现行国家防火设计规范对"建筑高度"的定义是:"建筑物室外地面到其檐口或屋面面层的高度"。而坡地建筑室外地面的标高不是唯一的,因底层地面与平顶层地面的不同而出现两个不同的高度。因此,如何确定"建筑室外地面"也就成为确定建筑高度要解决的首要问题。笔者认为,坡地建筑的建筑高度确定应以平地建筑为参照、以建筑物的安全疏散及火灾扑救难度为衡量标准。在满足表1设定的特定条件下可以按上层建筑高度(层数)和下吊层建筑高度(层数)作为各自的防火设计"建筑高度"或"层数",并以其中"建筑高度"或"层数"大者来确定建筑类别。

表 1   建筑高度的防火要求

高 度	特定要求
平顶层	平顶层室外场地为消防扑救场地:消防车道、扑救面满足要求
底层、平顶层	需设置直通室外的安全入口
上层、下吊层	安全疏散楼梯分别设置:共用安全疏散楼梯应在平顶层两跑楼梯段之间设置防火隔墙
平顶层下层	开设的门、窗、洞口上沿遏制防火挑檐或高度不小于 1.2 米的实体墙槛墙
平顶层、下吊层分界处	设置耐火极限不低于 2 小时的楼板进行防火分隔
疏散楼梯、消防电梯前室	其安全出口应直通底层和平顶层室外地面

采取上述设计方法加以限制的目的在于保证上层与下吊层成为相对独立的两个防火区域,且安全疏散及消防扑救难度与相同性质和相同建筑高度的平地建筑是对等的,在保证防火设计安全的前提下,做到节约投资、节约建设用地。

2.2   坡地高层建筑消防扑救登高面设计

坡地建筑由于室外地面高差大,周边道路及纵坡也大,消防扑救场地的设计应结合坡地特点,从以下几个方面加以考虑:一是坡地建筑由于室外地面竖向高差大,往往难以形成消防车道,因此坡地高层建筑宜沿建筑的两个长边(底层和平顶层)设消防车道,并考虑消防车的回车场地;二是靠坡地建筑消防登高面一侧作为消防扑救场地的消防车道坡度要控制在 3%以内,当临近建筑的扑救面的道路场地坡度大于上述限值时,应设置专用的消防扑救场地平台,专用平台应满足消防车的荷载、通行和回车要求,也可以考虑利用下吊层在平顶层地面高度的大型平屋面作为消防扑救场地;三是室外消火栓、消防水泵接合器及消防水池取水设施的布置要与消防扑救场地合理布置、方便使用。

3   坡地高层建筑防火设计工程实例

3.1   工程概况

某商住楼工程(见图 1),建筑总面积为 164 751.5 m²,整体建筑地下 2 层为车库、设备用房,底层(地上 1~5 层)为商业用房,底层以上分别设 4 栋住宅(1#、2#楼 32 层,3#、4#楼 31 层),建筑基地的东侧为城市主街道(路面高程为 234.85~242.65 m),基地西侧为城市次街道(路面高程为 259.28~255.69 m)。该建筑设计结合该处坡地特点,将东侧的城市主街道地面作为建筑底层室外地坪,将 5 层裙楼的屋面作为建筑平顶层的室外地面而与城市次街道相连接,平顶层以下的 5 层裙楼为下掉层,平顶层及以上的楼层住宅为上层。

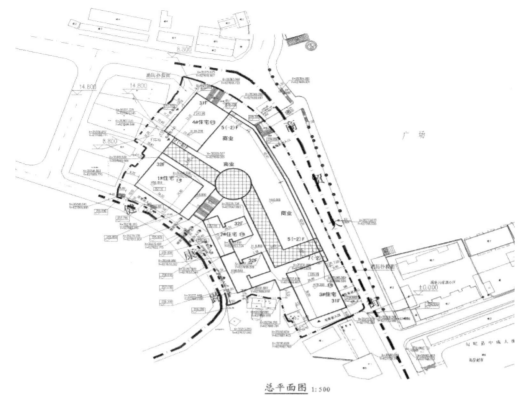

图 1　某商住楼工程总平面图

该建筑利用东侧的主街道和西侧的次街道为消防车道，西北侧局部所设的消防车道和回车场与主街道和裙楼平屋面相连，裙楼平屋面也作为消防车道和回车场地使用，即成为建筑上层的扑救场地，建筑上层的主消防登高面设在西侧，下吊层与上层的安全疏散楼梯分别独立设置，下吊层与上层为两个独立的防火区域，建筑设计防火按建筑上层的高度和层数确定防火类别，即按高层一类建筑进行防火设计。

3.2　坡地高层建筑防火要点

依据国家标准《高规》的规定，在对坡地高层建筑进行防火设计审核时，首先应根据其使用性质、火灾危险性、疏散和扑救的难度等对建筑的性质进行定性，以此确定其耐火等级、防火分区、疏散设施和消防设施等的标准要求。坡地高层建筑的特殊性在于其可供内部人员安全疏散和消防扑救的室外地面不止一个，这正是该类建筑先天的一个有利条件，充分利用这一特点，在建筑设计时有更多的选择余地和发挥空间。

坡地高层建筑的消防扑救场地应设在高处的室外地面，室外应有足够宽的场地供消防车进行施救，且裙房的布置不应影响消防车的使用。若室外地坪高差超过 24 m，下层建筑也应按高层建筑的标准设计，则两个室外地平面均应满足室外扑救条件，使建筑的火灾扑救得到有效保证。对有两个连通室外地面的楼层，均应设置直通室外的安全出口，这样可以保证建筑内部人员用最短的时间疏散到室外地面，满足人员疏散时间的要求、减少疏散难度；而且建筑上层和下层疏散楼梯应分别独立设置，并分别设置防烟设施，若确有困难时，两者共用疏散楼梯应在上、下层两跑楼梯段之间设置符合耐火等级要求的隔断，并分别直通室外，同时设置疏散指示标志和应急照明。在发生火灾的情况下，上下两部分有各自的疏散体系，互不影响。上层与下层相连的楼层在室外部分应设置防火挑檐，上、下层分界处应按防火分区的标准要求设置耐火极限不应低于 3 小时楼板和防火墙，而且上、下层两部分不应设贯通的中庭、自动扶梯等，也不能开洞、口等。竖向管道井应采用不低于楼板耐火极限的不燃烧材料进行封堵，以避免火灾时发生烟囱效应，这样既能有效防止下层发生火灾时的烟气向上层扩散，也能够阻隔火灾的蔓延，降低建筑整体的火灾危险性。

4　结　语

坡地建筑由于其特殊的建筑接地形态有别于平地建筑，其防火设计与设计者对规范的理解执行有很大关系，设计时应充分考虑建筑室外地形特点，结合工程实际合理确定建筑高度、建筑防火类别、设置消防车道和消防扑救面，正确划分防火分区、设置疏散楼梯、疏散出口，以保证建筑防火设计的安全性。

参考文献

[1]　GB50016—2006. 建筑设计防火规范[S].

[2]　GB50045—95. 高层民用建筑设计防火规范[S].

[3]　卢济威，王海松. 山地建筑设计[M]. 北京：中国建筑工业出版社，2001.

[4]　张建荣. 典型坡地建筑吊层空间火灾烟气流动数值模拟[J]. 建筑防火设计，2012，31（12）：1289-1292.

[5]　欧阳浩. 坡地建筑吊层排烟设计探讨[J]. 中国科技信息，2010（9）：93-94.

作者简介：尹革（1968—），男，陕西省安康市公安消防支队防火处工程师；主要从事建筑工程防火设计审核、验收工作。

通信地址：陕西省安康市高新区钻石东路，邮政编码：725000；

联系电话：13709159409。

浅析民用高层建筑机械排烟系统安全措施控制

罗新鹏

（陕西省公安消防总队）

【摘　要】　在建筑工程设计过程中，常发现一些设计人员在设计机械防烟排烟系统时，对机械排烟系统的工作原理和作用缺乏认识，对规范的理解很模糊，因而采用了与规范要求有较大出入的设计方法和控制方式，以至于在火灾时机械排烟系统未能发挥其应有的作用。本文就机械排烟系统的有关消防安全技术措施进行了简要归纳。

【关键词】　高层建筑；机械排烟；安全措施

机械排烟系统设计是高层建筑防火设计的一个重要部分。从国内外高层建筑火灾的统计数据中发现，烟气和毒气的作用是火灾中引起死亡的重要因素之一。为了保证火灾发生时能及时排除烟气和毒气并有效防止其进入安全疏散通道，保证人员在较好的能见度下进行安全疏散，同时使消防人员更有效地开展灭火救援工作，最大限度地减少高层民用建筑火灾事故中的人员伤亡，对机械排烟系统进行科学的设计尤为重要。但是，由于部分设计人员对国家规范标准理解得不够透彻、全面，导致在疏散走道、疏散楼梯间、前室、合用前室、避难层等人员疏散场所的机械排烟系统在设计上存在一些缺陷，从而导致明显的安全隐患。

1　应设机械排烟系统的部位

高规规定：一类高层和建筑高度超过 32 m，二类高层的下列四种部位均应设机械排烟设施。

1.1　走道排烟

通风且长度超过 20 m 的内走道或虽有直接自然通风但长度超过 60 m 的内走道；对于有直接自然通风长度在 20 ~ 60 m 之间的内走道，若开窗面积大于走道面积的 2%，则符合自然排烟规定不需设机械排烟，否则均应考虑设机械排烟设施。

1.2　房间排烟面积

超过 100 m² 且经常有人停留或可燃物较多的地上无窗或设固定窗的房间；面积小于 100 m² 的房间之间和与走道之间的隔墙应满足规范要求，否则应按各房间累加的面积计算；总面积超过 200 m² 或一个房间面积超过 50 m²，且经常有人停留或可燃物较多又没利用窗井等进行自然排烟的地下室。

1.3　中庭排烟

备自然排烟条件或净空高度超过 12 m 的中庭。

2 关于排烟风机排烟量的确定

当排烟系统担负一个防烟分区排烟或净高超过 6 m 的未划分防烟分区的房间时，排烟风机排烟量应按每平方米面积不小于 60 m³/h 计算。担负两个或两个以上防烟分区排烟时，应按最大防烟分区面积每平方米不小于 120 m³/h 计算。

中庭排烟量应按其体积乘以每小时的换气次数计算，当体积小于 17 000 m³ 时，每小时按换气 6 次计算；当体积大于 17 000 m³ 时，每小时按换气 4 次计算，但是最小排烟量不应小于每小时 102 000 m³。

中庭排烟的计算方法如下：若中庭体积为 16 000 m³ 时，排烟风机排烟量应大于（16 000 m³ × 6 次/h）96 000 m³/h；中庭体积为 18 000 m³ 时，则排烟量应大于（18 000 mv³ × 4 次/h）72 000 m³/h。

这里需说明的是，中庭的排烟是参照国外资料作依据的，考虑到中庭体积超过 17 000 m³ 时，虽然体积较大，火灾荷载相对可能较大，但其蓄烟量也相对提高，所以对换气次数要求降低。因此，笔者认为在 17 000 m³ 上下时，还应根据具体实际情况做具体分析，以免增加投资，造成不必要的浪费。

3 排烟风机的设置

排烟风机应设在单独的风机房内，机房隔墙的耐火极限不应小于 2 h，楼板不应小于 1.5 h。排烟风机在机房隔墙入口管上应设 280 ℃ 时能自动关闭的排烟防火阀。

4 排烟风管的设置

排烟风管不应穿越水平防火分区。两个防火分区共用一套排烟系统时，排烟风机房应设在两个防火分区相邻的防火墙处，确保需穿过防火墙但还处于该防火分区的风管尽量短，并应设排烟防火阀和做好相应的防火措施。竖直穿越各层的竖风道应设在管道井内或采用混凝土风道。

担负两个及其以上防烟分区的排烟系统，应设支管对每个防烟分区进行排烟，支管上应设 280 ℃ 时能自动关闭的排烟防火阀。如大开间中间无隔墙的建筑，其顶棚设有净高超过 0.5 m 的深梁划分防烟分区时，设于该梁下的主风管上应设支管对每个防烟分区进行排烟，技术上还可能解决烟口的设置问题。

排烟风管应采用具有一定耐火极限的不燃材料制作。吊顶内的排烟风管外表面应包有如矿棉、玻璃棉、岩棉、硅酸铝等不燃材料进行隔热，且排烟风管外表面与可燃构件的距离不应小于 0.15 m。排烟风管穿过挡烟墙时，应有水泥砂浆等非燃材料将两者之间的空隙严密填实。

排烟风管末端烟气排出口应采用厚钢板或具有同等耐火极限的材料制作，在设置时应考虑排出口的烟气不能直接吹在其他具有火灾危险性的建筑部位上，不能接近通风或空调系统等设备的吸入口，不能影响人员疏散和火灾扑救；当设在室外时应防止雨水或虫、鸟等侵入损坏。

5 排烟口的设置

当用隔墙或挡烟垂壁等划分防烟分区时，每个防烟分区应分别设置排烟口，每个排烟系统设有排烟口的数量不宜超过 30 个，以减少漏风量对排烟效果的影响。

排烟口应尽量设在防烟分区的中心部位，至该防烟分区最远点的水平距离不应超过 30 m，且应设在顶棚或靠近顶棚部位。一般情况排烟口应设在距顶棚 0.8 m 内的高度，但对于顶棚高度超过 3 m 的建筑物，排烟口可设在距地面 2.1 m 的高度以上。对于净高度超过 12 m 的中庭，竖向排烟口应分段设置。

排烟口的尺寸，可根据烟气通过排烟口有效断面时的速度不小于 10 m/s 进行计算，面积一般不应小于 0.04 m²。

排烟口应设置现场手动和自动开启装置，以及与消防控制设备联动的自动开启装置和消控中心远程手动打开装置。排烟口平时应关闭，与排风口合并设置的机械排烟系统报警后，消控中心应能自动关闭非着火防火分区的排烟口。

6 机械排烟系统的控制方式

当设有火灾报警系统与排烟系统联动时，某个防火分区的感烟（感温）探测器发生报警后，消控中心控制设备自动打开该防烟分区内的排烟口（或排烟口现场感烟连锁自动开启），同时启动与此防烟分区相关的排烟风机和活动式挡烟垂壁，并将反馈信号送回消防控制设置。应注意的是：排烟风机的启动应由系统内任一排烟口动作控制，同时消防控制设备应有远程手动直接控制功能。这里讲的手动直接控制，是指不通过软件编程和总线传输的硬件电路控制，在电脑键盘上的操作，显然不属于手动直接控制方式。

消防控制设备只能打开着火防烟分区的排烟口，其他防烟分区的排烟口都仍应关闭。但烟气蔓延到相邻防烟分区时，相邻防烟分区的排烟口应能感烟连锁自动开启进行排烟。未划分防烟分区房间内的所有排烟口应能同时开启，排烟量等于各排烟口烟量的总和。

风机前入口处的排烟防火阀当烟温达到 280 ℃ 自动关闭时，排烟风机应能联动停止运行。

一个防烟分区或未划分防烟分区的房间内有多个排烟口时，为了防止同时打开排烟口的动作电流过大，可采用串行连接，以接力形式使其相互串动打开相邻排烟口的控制方式，并将最末一个动作的排烟口输出信号发送至消防控制设备。

在仅担负一个防烟分区或一个未划分防烟分区房间的机械排烟系统中，设计往往选用无需控制的常开百叶窗式的排烟口，并利用安装排烟风机前的排烟防火阀代替了本应关闭的排烟口的功能。该阀具有排烟口的现场手动、报警联动和远程控制等功能，平时是关闭的，火灾报警后，消防控制设备联动打开该阀，同时启动排烟风机进行排烟。当烟温达到 280 ℃ 时自动关闭，并联动关闭排烟风机，其动作信号都反馈至消防控制设备。

在排烟口和排风口合并设置的机械排烟系统中，由于平时排风与火灾时排烟兼容于一个系统，共用一套风管，因此排烟口和排风口的控制变得复杂。这时一般有以下两种情况：

（1）排烟口与排风口分开设置，平时排烟口常闭不参与排风工作，风管上另设有排风支管与常开排风相连，排风支管与主管连接部位设有防火功能的电动阀。火灾报警后，着火防烟分区内的排烟口开启，同时关闭系统上所有排风支管上的电动阀（即关闭所有排风口）。

（2）排烟口平时常开，作为排风口担负排风任务，称之为排烟排风口。火灾报警后，非着火防烟分区内的排烟排风口接到信号后全部自动关闭，而着火防火分区内的排烟排风口不动作，担任排烟任务。这种控制方式更加复杂，应反复试验确保安全。

7 结论与分析

科学合理地设计机械排烟系统对于高层建筑来说十分重要，它意味着起火时，能及时排除有害烟气，以使人员安全疏散。最后值得注意的是，担任排烟系统的电器线路，均应采取相应的安全保护措施来确保其安全，以免造成系统瘫痪。

作者简介：罗新鹏，陕西省公安消防总队防火部副部长，工程师，技术八级。

通信地址：陕西省西安市经济技术开发区凤城二路15号，邮政编码：710018。

煤化工项目煤粉仓的火灾危险性
分析及防范措施

庞集华

（内蒙古自治区公安消防总队防火监督部技术处）

【摘　要】　煤粉仓是临时储存煤粉的场所，在煤化工项目和燃煤火力发电厂中普遍存在。在煤直接液化等煤化工项目中，由于煤粉仓具有体积大、煤粉储存数量多，火灾危险性大，以及设置位置不易被保护、扑救等特点，因而其安全性是十分重要的。本文就以内蒙古某煤化工项目设在煤液化装置备煤及煤气化厂房的煤粉仓为例，对其火灾危险性及其防火对策进行了探讨。

【关键词】　煤粉仓；火灾危险性；防范措施

煤粉仓是临时储存煤粉的场所，在煤化工项目和燃煤火力发电厂中普遍存在。在煤直接液化等煤化工项目中，精选后的原煤通过磨煤系统制备成所需要的煤粉，这些制备好的液化煤粉和催化剂煤粉在与温供氢溶剂混合成油煤浆前，制备好的气化煤粉在进入气化炉反应前也均要先进入煤粉仓中临时储存，以保证煤液化装置和煤制氢装置中煤粉的稳定供应。煤粉仓一般设置在煤液化、煤气化等工艺装置的高层框架内。煤粉仓具有体积大，煤粉储存数量多，火灾危险性大，以及设置位置不易被保护、扑救等特点，自身安全性十分重要；煤粉仓若设备无隔热层、若自身无安全泄压设施，依据《石油化工企业设计防火规范》规定属于特殊的危险设备，受到火灾烘烤时，可能因内压升高、设备金属强度降低而造成设备爆炸，导致灾害扩大。本文就以内蒙古某煤化工项目设在煤液化装置备煤及煤气化厂房的煤粉仓为例，对其火灾危险性及其防火对策进行探讨。

1　煤粉仓的基本情况

1.1　备煤厂房煤粉仓的设置

该煤化工项目的煤液化装置处理能力为 2 000 kt/a。煤粉制备厂房高 93 m，南北长 90 m，东西长 39 m，占地为 3 618 m²，单层面积 2 510 m²，共有 9 层。厂房内设有 4 座煤粉仓，体积较大，安装位置高。其中，3 座为干煤粉储罐，1 座为干煤粉催化剂储罐。4 座煤粉储罐外形尺寸相同，主体为圆形，高度约 21 米，直径 7.25 米，操作温度为 80℃～100 ℃，每个煤粉仓内部存煤量维持在 300 t 左右。由于煤粉仓属于危险设备，而其所处的位置在煤液化装置框架建筑 40 m 层，底部离地面约 45 m，平时很少有实地操作人员，一旦发生事故人员很难靠近，而且由于框架内设备、管道繁杂，布置稠密，地面的固定消防水炮、消火栓等消防设施很难对其进行保护。煤粉仓的主要参数见表 1。

表 1　煤粉仓的主要参数表

设备名称	煤粉仓
设备形状	圆柱形
设备尺寸	直径：7.25 m　高：21 m　体积：1 055 m³
设置位置	装置框架的 40 m 层，煤粉仓底部距地面大于 40 m
危险介质	煤粉
火灾危险性质	煤粉属于乙类，遇明火会发生燃烧，当空气中浓度达到爆炸极限会发生爆炸，会产生二次危害
消防设施保护情况	装置框架四周设置固定水炮，但由于煤粉仓位置过高保护不到

1.2　煤气化厂房煤粉仓的设置

该项目煤制氢装置使用的是 SHELL 干法煤气化工艺，粗合成气产量为 250 000 Nm³/h，每个气化框架内设有 2 座煤粉仓，煤粉仓的高度约 16 m，直径约 5.7 m。出于工艺流程内煤粉输送的需要，便于利用重力自流进行煤粉的输送，工艺设备是根据竖向生产工艺要求进行布置的，即厂房共分为 15 层，高度达到 110 m，煤粉仓位于气化框架建筑的 71 m 层。

2　煤粉的危险性

2.1　煤粉的火灾危险性

煤粉仓火灾危险性取决于煤粉的特性，煤粉力度越小越危险，而且煤产地不同其危险性也不一样。煤直接液化工程中所用到的煤粉有气化煤粉、液化煤粉和催化剂煤粉三种，各自的粒径分布、水分和堆密度参数测试结果如表 2 所示。煤粉的火灾危险性参数测试结果见表 3。

表 2　煤粉粒径分布、水分和堆密度数据

样品名称		气化煤粉	液化煤粉	催化剂煤粉
粒径分布（%）	<5 μm	6.27	设计小于 75 μm 的煤粉 ≥80%	同液化煤粉
	5～10 μm	7.66		
	10～20 μm	14.3		
	20～30 μm	11.3		
	30～40 μm	11.0		
	40～50 μm	9.44		
	50～60 μm	8.04		
	60～70 μm	7.80		
	70～80 μm	3.93		
	75～80 μm	3.79		
	80～90 μm	6.82	6	
	>90 μm	9.64	10	
水分（%）		1.90	3.50	3.50
堆密度（g/cm³）		0.491	0.50	0.611

表 3　煤粉的火灾危险性参数测试结果

测试参数　　　样品名称	气化煤粉	液化煤粉	催化剂煤粉
粉尘层最低着火温度（℃）	220	230	230
粉尘云最低着火温度（℃）	480	460	380
粉尘云最小点火能量（mJ）	9～20	16～52	50～60
粉尘云最大爆炸压力 P_{max}（MPa）	0.6926	0.6971	0.6964
爆炸压力上升速率（dp/dt）max（MPa/s）	179.49	217.957	229.17
爆炸指数 K_{st}（MPa·m/s）	48.784	59.238	62.288
粉尘云爆炸下限浓度（g/m³）	10～30	10～20	10～30

从上表可知，由于煤直接液化工程中所用的煤粉（气化煤粉、液化煤粉、催化剂煤粉）挥发份高、粒度细、水分低，因此与普通煤粉相比，其粉尘层和粉尘云的引燃温度低、点火能量小、爆炸下限浓度低，更容易发生爆炸；最大爆炸压力及爆炸压力上升速率大，发生爆炸后破坏力大。因此，煤直接液化工程中所用的煤粉的火灾爆炸危险性要比普通煤粉更高，并且在所有的可燃性粉尘中也是属于最危险的物质。

2.2　火灾爆炸危害性

煤粉爆炸的危害性主要表现在冲击波伤害和高温伤害两方面。

（1）冲击波伤害。煤粉爆炸后产生的冲击波，会伤到人、破坏建筑物。同可燃性气体爆炸相比，粉尘爆炸压力上升较缓慢，但较高压力持续时间长，释放的能量大，破坏力也强。尤其是粉尘爆炸后往往还会引起二次爆炸。这是因为第一次爆炸气浪把沉积在设备或者地面上的粉尘吹扬起来，在爆炸后短时间内爆炸中心区会形成负压，周围的新鲜空气便由外向内填补进来，形成"返回风"，与扬起的粉尘混合，并在第一次爆炸的余火作用下引燃下引起二次爆炸。二次爆炸时，粉尘浓度一般比一次爆炸高得多，故二次爆炸威力比第一次要大得多。

（2）高温伤害。由于粉尘爆炸是爆炸压力小，能量传递慢，但是由爆炸产生的能力却往往高于气体爆炸，因而很多粉尘爆炸时，温度可上升到 2 000 ℃～3 000 ℃，会严重灼伤人体外表面。另外，粉尘的燃烧爆炸还可能引起火灾，对生命、财产安全造成威胁。

3　煤粉仓火灾危险因素分析

正是由于煤直接液化工程所用煤粉的高危险性，包括其煤粉仓在内的整个煤粉制备系统是在惰性环境下运行的，大都使用 N_2 输送煤粉，煤粉仓内部充氮保护，氧含量严格控制。为此，正常条件下煤粉发生自燃的概率相对较低，即使在非正常条件下氧含量的短暂超标，内部煤粉自燃，也不会在煤粉仓内部发生粉尘爆炸。但是一旦发生煤粉泄漏，将会散发出大量煤粉，形成粉尘云，致使燃烧爆炸的危险性增大。

由于煤直接液化工程的煤粉仓是常压储存，煤粉仓爆破片的设计爆破压力通常很低，其中煤液化装置煤粉仓的设计压力为 20 kPa，煤制氢装置煤粉仓的设计压力为 40 kPa。由于煤液化和煤制氢所用煤粉的粒度很细，煤粉流动性能很好，因此煤粉流量的控制难度较大，并且煤粉仓内储粉量大约占到容积的 90%，若进入煤粉仓的物料（煤粉＋气体）流量太大，就容易导致煤粉仓超压而使得爆破片启动。若出煤粉仓的物料流量太大也有可能导致煤粉仓负压发生事故。由于煤直接液化工程的煤粉仓一般露天布置、所处的位置高度高、风速大，煤粉仓的爆破片启动后会泄漏出大量煤粉，并随风飘散到很远的地方。某煤化工工程煤粉仓的爆破膜因设计不甚合理曾先后几次爆破，其中一次煤粉飘散到60 m 远的地方。这些泄漏出的煤粉在空气中容易形成爆炸性粉尘，遇到明火能就会发生爆炸，造成严重后果。

4 煤粉火灾泄漏爆炸事故树分析

煤粉火灾爆炸事故树如图 1 所示。

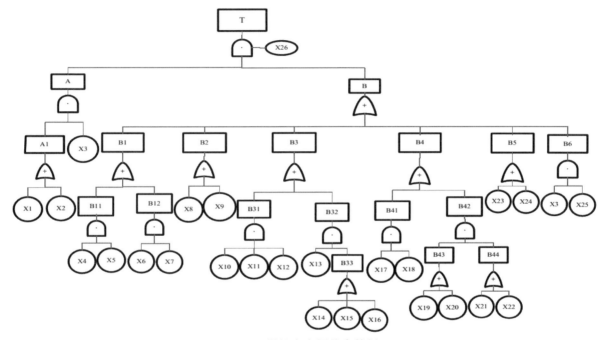

图 1 煤粉火灾爆炸事故树

T——煤粉粉尘爆炸；

A——粉尘聚积：

A1——存在煤粉，X3——通风不良，X1——除尘不干净，X2——没有及时除尘；

X26——在一个相对密闭的气化框架封闭空间内煤粉空气混合物达到爆炸极限；

B——点火源：

B1——外带明火，B11——吸烟，B12——气割、电焊等明火，X4——有人吸烟，X5——没有及时制止，X6——设备要求维修，X7——没有防护措施；

B2——电器设备火花，X8——设备不防爆，X9——防爆设施损坏；

B3——电气线路火花，B31——过负荷起火，X10——过负荷保护装置没装或失灵，X11——超压或超载，X12——电线载流量过小；

B32——短路起火，X13——短路保护装置未装或失灵，B33——电线相间短路，X14——过电流击穿，X15——电线绝缘破坏，X16——意外相碰；

B4——静电火花，B41——人体静电火花，B42——设备静电火花，X17——化纤品与人体摩擦，X18——与导电体接触；

B43——静电积累，B44——接地不良，X19——设备或物料静电摩擦，X20——静电积累达到放电值，X21——未设防静电装置，X22——设备接地失效，B5——雷电火花，X23——未装防雷装置，X24——防雷接地失效，B6——煤粉自燃，X3——通风不良，X25——煤粉堆积；

5　煤粉仓的防火措施

通过以上对煤粉仓火灾爆炸危险性的分析，防止煤粉泄漏形成可燃粉尘云，同时隔离点火源是解决灾害发生的根本条件。如何破坏火灾爆炸形成的根本条件，我们提出以下几点防火措施。

（1）仓体应封闭严密，减少开孔，任何开孔必须有可靠的密封结构，已防止空气进入和漏粉。

（2）为了防止煤粉仓内的煤粉发生爆炸和自燃，煤粉仓内应充惰性气体进行保护，并设置 O_2 浓度分析仪，在线监测氧含量。氧含量浓度的控制应考虑一定的安全系数，由于煤液化用煤的挥发份较高，容易发生爆炸，建议煤粉仓内的氧含量控制在 6%以内。

（3）仓的内表面应平整、光滑、耐磨和不积粉，仓内的几何形状和结构应使煤粉能够顺畅自流，锥段壁面与水平面的交角不应小于 70°，以防止煤粉在仓内发生自燃。

（4）严格控制煤粉在仓内的储存时间，并设置系统停止运行后的放粉系统，以防止煤粉储存时间过长发生自燃。同时，在煤粉仓发生自燃事故后，可以通过放粉系统及时将煤粉导出。仓内的煤粉排出口应设流化助流或破拱清堵设施，防止煤粉堵塞出口。

（5）北方寒冷地区应在仓的外壁采取伴热保温措施，防止煤粉结块影响煤粉的输送，甚至堵塞管道导致煤粉仓超压。

（6）仓内设置 CO 监测仪及温度监测仪，以及时发现煤粉自燃事故，温度监测点应在煤粉仓不同部位多点设置，防止漏测。

（7）为了防止煤粉储量过多导致超压爆炸，仓内应设置料卫监测设施。

（8）煤粉仓附近设置电视监视系统和煤粉浓度监测装置，可及时发现煤粉泄漏事故，并将电视监视系统与就近的煤粉浓度监测装置和火灾探测报警装置联动，煤粉浓度监测装置或火灾探测报警装置报警时，电视监视系统自动切换到相应的监视画面，以便于操作人员判定事故状况。煤粉浓度监测装置的报警阀值应根据煤粉的爆炸下限确定，不宜大于煤粉爆炸下限浓度的 25%。

（9）煤粉仓附近设置中央真空清扫（负压吸尘）系统，以对可能泄漏出的煤粉进行及时的清扫，严禁采用压缩空气吹扫聚积的煤粉。

（10）根据《可燃性粉尘环境用电气设备第 3 部分：存在或可能存在可燃性粉尘的场所分类》（GB 12476.3-2007/IEC61241-10，2004）的规定，煤粉仓上的煤粉释放源属于 2 级释放源，厂房内只存在 22 区，在煤粉释放源周围的电气设备应选用防粉尘爆炸的防尘型电气设备，考虑到煤直接液化工程用的煤粉粒度细，爆炸下限浓度低，因此建议适当扩大煤粉爆炸危险区域的范围，特别是当煤粉仓布置在封闭环境中时，宜将整个厂房设为爆炸危险区域。

（11）由于煤直接液化工程的煤粉仓附近可能存在可燃气体泄漏源，因此对于煤粉仓附近同时存在粉尘爆炸和气体爆炸可能性的区域，其内部的电气设备应具备防粉尘爆炸和防气体爆炸的双重功能。

（12）《火力发电厂煤和制粉系统防爆设计技术规程》（DL/T 5203—2005） 规定"煤粉仓装设防爆门时，煤粉仓按减压后的最大爆炸压力不小于 40 kPa 设计，防爆门的额定动作压力按 1～10 kPa 设计，对煤粉云爆炸烈度指数高的煤种，减低后的最大爆炸压力和防爆门额定动作压力应通过计算确定。"该规程同时规定"按不小于 40 kPa 内部爆炸压力设计的煤粉仓应装设自动启闭式（如重力式和超导磁预紧式等）防爆门，煤粉仓防爆门的总有效泄压面积应按泄压比不小于 0.005 计算，且不小于 1 m²，对爆炸烈度高的煤种，煤粉仓防爆门的总有效面积宜通过计算确定。"目前一些煤化工工程的煤粉仓是参照该规程来设计强度和防爆门，但是该规程主要针对的是火力发电厂的锅炉煤粉仓，由于此类煤粉仓不是在惰性环境下运行，容易发生煤粉爆炸事故，因此煤粉仓的设计压力、防爆门的动作压力和设计面积均是根据煤粉仓内部发生爆炸来设防的，因而相应的防爆门的动作压力低，设计面积大。对于煤直接液化工程的煤粉仓，由于均是在惰性环境下运行，煤粉仓内发生爆炸的可能性相对较小；相反，由于煤粉仓内煤粉流速的控制难度较大，煤粉仓因进料控制不当导致防爆门启动的事故较多，尤其是防爆门设计动作压力过低的情况下，煤粉仓更是频繁发生爆破事故，虽然由于是物理爆炸，未导致严重的事故后果，但泄漏出的煤粉飘散在环境中会带来事故隐患，也污染了环境。因此，建议煤粉仓的泄压面积和防爆门的额定压力按物料进量过大导致超压时煤粉仓不被破坏确定，而无须考虑煤粉仓内部发生粉尘爆炸的情况，以适当提高防爆门的动作压力，减少防爆门的动作次数。

（13）由于煤液化工程所用的煤粉颗粒极细，基本上在 75 μm 以下，当煤粉仓发生爆破事故后，大量泄漏出的煤粉会形成煤粉云飘散在空中，长时间不能落到地面，容易进一步发生煤粉爆炸事故，因此建议煤粉仓外设置水喷雾系统对泄漏出的煤粉进行增湿降尘，并可在煤粉自燃时对煤粉仓进行消防冷却，以降低煤粉燃烧爆炸的危险性。

参考文献

[1] GB 50016—2006. 建筑设计防火规范[S].

[2] GB 50160—2008. 石油化工企业设计防火规范 [S].

[3] GB 12476.3—2007. 可燃性粉尘环境用电气设备 第 3 部分: 存在或可能存在可燃性粉尘的场所分类[S].

[4] DL/T 5203—2005. 火力发电厂煤和制粉系统防爆设计技术规程 [S].

[5] 郭树才. 煤化工工艺学[M]. 北京：化学工业出版社.

[6] 段磊. Shell 炉煤粉的制备和安全贮存[J]. 河南化工，2009，26（1）.

[7] HGT 20698—2000. 化工采暖气通风与空气调节设计规定[S].

作者简介：庞集华（1975—），男，研究生学历，内蒙古自治区公安消防总队防火监督部技术处副处长，高级工程师；主要从事消防监督管理工作。

通信地址：内蒙古自治区呼和浩特市赛罕区苏利德街 9 号，邮政编码：010070；

联系电话：0471-5227145，13015018899；

电子信箱：pangjihua@sina.com。

公路隧道衬砌结构的防火保护*

王新钢

（公安部四川消防研究所）

【摘　要】　本文介绍了公路隧道火灾发生的原因及频率，对公路隧道火灾特点作了初步介绍，对公路隧道的衬砌结构防火保护措施进行了初步的理论研究。

【关键词】　公路隧道；火灾；衬砌；防火保护

1　概　述

建筑学中把横截面积超过 30 m² 的地下人工建造的通道定义为隧道。公路隧道是为了使公路从地层内部通过而修建的建筑物，是一种与外界直接连通的有限的相对封闭的空间。隧道内有限的逃生条件和热烟排除出口使得公路隧道火灾具有燃烧后周围温度升高较快、持续时间长、着火范围往往较大、消防扑救与进入困难等特点，因而增加了疏散和救援人员的生命危险，隧道衬砌和结构也易受到破坏，其直接损失和间接损失巨大。随着我国公路建设的发展，长隧道及特长隧道不断增多，隧道自身的结构特点和以往隧道火灾的特点以及隧道的衬砌结构防火措施已经是一个新的重要的研究课题。

2　公路隧道火灾原因、频率和特点

2.1　公路隧道火灾原因

据有关资料统计，公路隧道内火灾的产生主要有以下几个原因。

（1）隧道本身的电气线路或电器设备短路起火；

（2）汽车紧急刹车时制动器起火；

（3）汽车相撞或追尾撞击起火；

（4）汽车轮打滑或方向机失灵与洞壁相撞起火；

（5）汽车化油器起火；

（6）汽车自身的机电、设备起火；

（7）汽车装载的易燃品起火。

2.2　公路隧道火灾频率

关于隧道火灾的频率，不同的资料说法也不同。

公路隧道设计规范第 10.4.5 条的说明中介绍，国外统计，隧道内火灾频率为 10 ~ 17 次/亿车公里，平均为 13.5 次/亿车公里；日本吉田荣信在"公路隧道的防火设备"一文中介绍，每 1 亿车公里发生

* 该项目为公安部重点研究计划（项目编号：201302ZDYJ015）资助项目。

事故 50 起，其中火灾 0.5 起；长度为 1 km 的隧道，当交通量为 2 万辆/日时，约 50 年发生一次火灾。英国的通风专家阿列克斯。西特统计，每 1 亿车公里发生火灾 2 起。对于长度为 2 km 的隧道当交通量为 5 万辆/日时，每年可能发生一次火灾。1989 年，上海为修建延安车路隧道收集了大量资料，曾报导，国外每 1 亿车公里发生隧道火灾 20 次，其中 1% 是油罐车起火，平均每座隧道每 18 年发生一次火灾。但论文"高等级公路隧道防火与消防"一文中又说，英国隧道每 1 亿车公里发生隧道火灾 10 次。

上述数据详见表 1。

表 1　公路隧道火灾频率

地区	火灾频率 （每 1 亿车公里）	说　明
英国	2	Alex Harter（英）. 通风：公路隧道的消防. 隧道译丛，1989
英国	10	佚名. 高等级公路公路隧道防火与消防. 公路隧道文件，1990
国外	10-17	JTJ 026—90 公路隧道设计规范. 人民交通出版社，1990
国外	20	钱章龄. 上海延安东路越江隧道的消防系统. 会议资料，1989
日本	0.5	吉田幸信（日）. 公路隧道的防火设备. 隧道译丛，1989

2.3　公路隧道火灾特点

（1）受隧道净空限制，火焰向水平方向延伸，炽热气流可顺风传播很远，可燃的能量最多只有 10% 传给烟气，大部分传给衬砌和围岩，故烟气温度随距离的增加而迅速下降，但由于洞壁被加热后的辐射热，温度可保持很长一段时间。

（2）隧道火灾多半是缺氧燃烧，产生高毒性一氧化碳气体，曾观察到火灾时洞内 CO 浓度达 7%（0.2% 的浓度几分钟即可置人于死命）。

（3）隧道内着火后其升温曲线如图 1 所示，起火后 10 s 火灾已充分发展，2~10 min 后，顶板即升温到 1 200 ℃，在开始灭火后温度直线下降；而洞外露天火灾的火场温度则是慢慢上升的，这主要是隧道内散热条件比洞外差，所以温升快，图 1 中洞外曲线为标准升温曲线，它符合下式，即：

$$T = T_0 + 345 \lg(8t+1)$$

式中：T——火场温度（℃）；

　　　T_0——环境温度（℃）；

　　　T——起火后历时（min）。

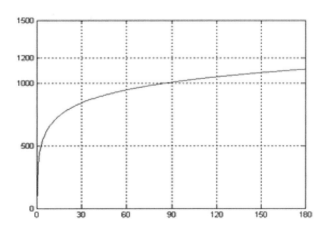

图 1　升温曲线

（4）由于炽热气流可顺风传播很远，一旦遇到易燃物即很快燃烧，这样火点即可从一辆车跳跃到另一辆车，实验中观察到最远的引燃点可距起火点 50 倍洞径。

（5）洞内火灾产生的热烟，首先集中在隧道顶部，而很长一段隧道下部仍是新鲜空气。当洞内有较大的纵向风流时，才会使隧道全断面弥漫烟气，使人迷失方向并有可能中毒死亡。

（6）隧道内火场引起的局部热气流可逆风移动，当洞内纵向风速小时，热气流甚至可以到达上风方向洞口，从而使消防人员难以从上风方向达到火场救火。

3　公路隧道衬砌结构防火保护措施

由于隧道是一种相对封闭的地下结构，火灾中释放的大部分热量将被隧道顶壁吸收，而热烟气层和热顶壁同时又通过辐射将热发射回火焰区，加剧火灾。研究表明，混凝土结构表面受热后，会产生爆裂现象，且在混凝土底层冷却之后，还将会出现深度裂纹。未经保护的混凝土，如果其质量含水率超过 3%，在高温或火焰作用后 5 ~ 30 min 内就会产生爆裂，深度甚至可达 40 ~ 50 mm。这是造成隧道垮塌的主要原因。隧道结构体在正常使用条件下的使用极限温度见表 2。

表 2　隧道内构件的使用极限温度

构件名称	一般使用部位	使用极限温度
混凝土	主体部　结合部	250 ℃ ~ 380 ℃
钢材	主体部　结合部	250 ℃ ~ 350 ℃
橡胶	结合部	700 ℃ ~ 1000 ℃

隧道火灾一旦失去控制，短时间内凶猛火势和长时间的高温，会对内部设施设备造成严重损坏（见表 3）。

表 3　隧道火灾时温度变化与损坏程度

部位	时间/min	温度/ ℃	损坏程度
拱顶和侧壁的表面迎火面	5	700	表面开裂
拱顶和侧壁的表面迎火面	15	1 000	表面爆裂
内衬钢筋混凝土	7	200	内衬钢筋开始破坏
内衬钢筋混凝土	15	300	内衬钢筋破坏，强度开始下降
内衬钢筋混凝土	40	350	内衬钢筋破坏，强度下降
内衬钢筋混凝土	60		内衬钢筋破坏，强度几乎丧失，表面深度剥落

隧道中火灾的持续时间在 90 min 以上时，混凝土会炸裂，并产生大的塌陷，侧壁也会失去稳定，危及救火人员的生命，造成更大的生命财产损失。由此可见，不作防火保护的隧道中，其火灾的危险性是非常大的。

隧道结构防火保护的目的是：采取一定措施，使隧道的钢筋混凝土结构在火灾发生时保持完整性与稳定性，从而大大减少维修费用，缩短工程修复时间。

我国对隧道结构进行防火保护工作始于 20 世纪 80 年代中期，但限于当时的技术、经济状况，除了上海延安东路越江隧道等有限的几个隧道喷涂了防火涂料外，其他隧道的结构都没有采取防火措施。随着隧道消防理论、隧道消防技术研究的深入及相关设计规范的不断完善，我国对隧道结构普遍地进行防火保护还是从 21 世纪初开始的。归纳相关文献，可以将隧道结构的防火保护可以分为六大类，即提供不计入结构剖面的额外混凝土厚度、在混凝土中添加聚丙烯纤维、安装喷淋灭火系统、在隧道衬体上粘贴隧道专用防火板材、在隧道衬体上喷射无机纤维、在隧道衬体上喷涂防火涂料。

3.1 不计入结构剖面的额外混凝土厚度

该方法假定用附加的混凝土作为牺牲层，以维持隧道结构的整体性，从而阻止其在火灾中倒塌。

在烈火中，随着混凝土内结合水变成蒸汽，混凝土内压力上升，由于混凝土结构致密，水蒸气不能有效散发，当压力超过其强度时，表层便出现爆裂，同时新裸露的混凝土又暴露于高温之中，从而引发进一步的爆裂，而当钢筋表面的温度超过 250 ℃ 时，钢筋的强度也开始下降。一般混凝土牺牲层厚度至少在 50 mm 及其以上，耐火极限可达 2.0 h。

3.2 在混凝土中添加聚丙烯纤维

在混凝土中添加聚丙烯纤维（一般为每立方米混凝土加 3 kg 聚丙烯纤维），可以增强混凝土的耐火性能，其原理为：火灾时，聚丙烯纤维熔化，形成连通的微小孔洞，混凝土内的水蒸气顺着这些小孔排出，减小了混凝土内的压力，从而在一定程度上避免混凝土的爆裂。

3.3 安装喷淋灭火系统

喷淋灭火系统主要包括消火栓系统、水成膜泡沫灭火系统、水喷淋系统及泡沫-水联用喷淋系统。消火栓系统及水成膜泡沫灭火系统较为常用。

水成膜泡沫灭火系统是 20 世纪 60 年代发展起来的一种高效泡沫灭火系统，灭火剂中含有氟碳表面活性剂及碳氢表面活性剂，它依靠泡沫和水沫双重作用来达到灭火的目的，我国在京福高速公路美菰林隧道等工程中已经采用。

水喷淋系统又名自动喷水灭火系统，该系统在日本、美国等地的隧道有较多应用，我国尚无隧道设置该系统。

3.4 在隧道衬体上粘贴防火板材

将隧道防火板材按预定形状和截面特性粘贴在隧道表面，由于隧道防火板自身热导率低、隔热性好、耐久性强，高温时脱去一部分结晶水，减缓了隧道的温升，提高了隧道的耐火极限。一般板材厚度在 10～50 mm，其耐火极限可达 1.0～4.0 h，且有良好的装饰效果。

3.5 在隧道衬体上喷射无机纤维

喷射无机纤维是无机纤维（硅酸铝棉、矿棉、岩棉和玻璃棉等）应用的另一种形式，在国外已是比较成熟的技术，在国内还是一种新的施工作业技术。喷射无机纤维就是将粒状无机纤维通过喷射施工方式，喷打在被附着隧道衬体（表面）上，粒状棉与粒状棉再相互聚集形成附着在表面上有一定形状的纤维层材料。火灾发生时具有良好的保温隔热性能，减缓了隧道的温升，提高了隧道的耐火极限。一般厚度在 10～50 mm，其耐火极限可达 1.0 ～4.0 h。

3.6 在隧道衬体上喷涂防火涂料

由于隧道内是由混凝土或钢筋混凝土建成，因而借鉴预应力混凝土楼板防火涂料防火保护的原理，我国从 20 世纪 90 年代末逐步研究和生产隧道防火涂料，并应用于隧道的防火保护。

隧道防火涂料在火灾中涂层不膨胀，依靠材料的不燃性、低导热性及涂层中材料的吸热性，延缓钢筋的温升。隧道防火涂料体系中硼化物在高温时可以在被保护基材的表面形成玻璃状薄片，而起隔绝空气和隔断火焰和隔热的作用；硼化物含结晶水，受热时分解形成水蒸气。水蒸气一方面作为稀释剂降低了可燃气体的浓度，另一方面覆盖在被保护基材的表面也起到隔绝氧气、阻止燃烧的作用。这样，使涂层有效地阻隔火焰和热量，降低热量向混凝土及其衬内钢筋的传递速度，以推迟其温升和温度变弱的时间，从而提高其耐火极限，达到防火保护的目的。隧道防火涂料涂层厚度一般在 7~10 mm，其耐火极限可达 1.0~1.5 h。

4　结束语

仅公路隧道而言，截止到 2001 年底，我国公路隧道总数已达 1 782 座，长度达 704 km，分别是 1979 年之前 4.7 倍和 13.5 倍。我国已成为世界上隧道和地下工程最多、隧道结构最复杂、隧道建设发展速度最快的国家之一。鉴于隧道火灾的惨痛教训，隧道消防安全问题已引起了有关部门的高度重视。通过对各种防火方法的研究分析，可以认为对于隧道衬砌结构而言，实用且可靠的耐火方法主要是：① 防火板、防火喷涂料等隔热防护的方法；② 掺加聚丙烯纤维抗爆裂的方法。为了能够克服同时避免通体掺加聚丙烯纤维而带来的造价上的较多增加和对抗渗耐久性的明显劣化，一般都选择防火板、防火喷涂料的公路隧道衬砌结构的防护措施。

参考文献

[1]　毛朝君. 环保型隧道防火涂料的研究[J]. 涂料工业，2003（5）：40-42.
[2]　覃文清. 材料表面涂层防火阻燃技术[M]. 北京：化学工业出版社，2004.
[3]　张硕生. 隧道防火保护的现状及发展趋势[J]. 消防技术与产品信息，2003（7）：6-9.

作者简介：王新钢，男，公安部四川消防研究所阻火材料研究室；长期从事阻燃防火技术研究。

古建筑火灾烟气蔓延与控制

张振华

（宁夏回族自治区公安消防总队银川支队）

【摘　要】　本文首先对古建筑火灾发展过程和烟气危害进行了分析，其次针对古建筑结构的特殊性，找到了古建筑火灾烟气向外蔓延的主要途径；最后在现有建筑火灾烟气控制技术的基础上，提出了古建筑火灾烟气控制的方法。

【关键词】　古建筑；火灾烟气；烟气蔓延；烟气控制

1　前　言

火灾是当今世界上发生频度最高的一个灾种，全球每年发生的火灾有数百万起，所造成的经济损失可达社会生产总值的千分之二，死亡人数达十万人。在常见的各类火灾中，发生次数最多者当属建筑物火灾，而古建筑火灾因其特殊的历史文化价值方面的损失，也正日益引起人们的重视。分析和认识火灾过程的机理是发展消防科学各个领域研究的基础环节。

我国古代建筑是集历史、艺术、政治价值于一体的文物瑰宝，不仅具有很高的文物价值，同时也是中外旅游胜地，每年要接待游客的数量众多。因此，分析研究古建筑火灾烟气蔓延与控制方法，不仅对同类古建筑的消防管理及扑救策略的制定有指导作用，同时也有很高的社会意义。

2　古建筑火灾发展过程

古建筑火灾发展过程与一般建筑室内火灾的燃烧过程相似，大概可以分为初期、增长期（轰然）、旺盛期和衰退期四个发展阶段，如图 1 所示。

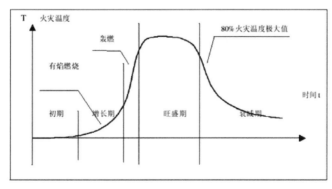

图 1　建筑火灾的发展过程

在火灾初期，由于可燃物刚刚着火，火源范围很小时，空气供应充足。当火灾分区的局部燃烧形成后，进入火灾增长期。由于受可燃物的燃烧性能、分布状况、通风状况、起火点位置、散热条件等因素的影响，燃烧发展一般比较缓慢。

在火灾初期和增长期，着火区的平均温度低，而且燃烧速度较慢，对建筑结构的破坏也比较小。但在局部火焰高温的作用下，使得火源附近的可燃物受热分解、燃烧，若燃烧范围进一步扩大，火灾温度就会急剧上升，火灾规模就会扩大，并导致火灾全面燃烧。如果其间发生了轰燃，则火灾温度、热释放速率、产烟量和烟气毒性会同时快速上升。但是，并不是所有的火灾都发生轰燃。

由于燃烧速度增加而放出大量的热，火灾温度持续上升，火势亦达到鼎盛，火灾分区内所有的可燃物都会进入燃烧，并且火烟充满整个空间，此时期即成为旺盛期；同时建筑结构体受到相当的伤害，如石灰，石膏乃至混凝土可能产生爆裂而剥落。旺盛期持续时间的长短，与可燃物的量、可燃物与空气接触面积的大小、密闭空间开口部的大小有密切关系。此时会产生巨大的火焰，浓烟自开口喷出，可能引起相邻房间的延烧或向上层建筑物延烧。

随着可燃物的燃烧殆尽，或通风不良，或灭火系统的干预，火势逐渐减弱，即进入衰退期。此时期，开口处不断有火焰喷出，但是颜色已淡，烟亦稀薄，不久后温度即成垂直下降，堆积物堆置在地板上，形成灰烬。

3 古建筑火灾烟气的危害

火灾烟气是一种混合物，通常包括三部分：① 可燃物热解或燃烧生成的气相产物，如 CO，CO_2 及其他气体；② 大量被火源卷吸而潜入的空气；③ 多种微小的固体颗粒、水分或其他液滴。

许多调查研究表明，烟气对人员造成的伤害呈上升趋势，烟气毒性已经被认为是火灾中导致人员死亡的主要因素。火灾烟气的危害主要有以下五种。

（1）高温。尽管大部分火灾伤亡源于吸入有毒有害气体，但是火灾中产生的大量热量仍然是很显著的危害。高温烟气携带有火灾产生的一部分热量，火焰也会辐射出大量的热量。人体皮肤约处在 45 ℃ 时就会有痛感，吸入 150 ℃ 或者更高温度的热烟气将会引起人体内部的灼伤。

（2）缺氧。人体组织供氧量下降会导致神经、肌肉活动能力下降，呼吸困难，人脑缺氧 3 min 以上就会受到损害。火场的缺氧程度主要取决于火灾的热物理特性及其环境，如火灾尺度和通风状况等。一般情况下缺氧并不是主要问题，但是在产生轰燃时即使只是在某一个房间发生的情况下，其他区域内的氧气也可能会被很快耗尽。

（3）烟气毒性。研究表明，火灾中死亡的人员约有一半是由于 CO 中毒引起的，另外一半则是由于直接烧伤、爆炸压力以及其他有毒气体引起的。火灾烟气中含有多种有毒有害物质，烟气毒性对人体的危害程度与这些组分有直接的关系。

（4）减光性。当烟气弥漫时，可见光受到烟粒子的遮蔽作用而使光线强度大大减弱，因而能见度大大降低，这就是烟气的减光作用。在火场的特殊紧张气氛下，能见度太低会使人的行为失控和异常，这就增加了中毒和烧死的可能性。对于扑救人员来讲，由于烟气的阻挡，也会造成贻误战机。

（5）恐怖性。发生火灾时，特别是发生爆炸时，浓烟和火焰会使人们感到恐怖，常常会给疏散过程造成混乱局面，使有的人失去活动能力，有的甚至失去理智，惊慌失措而采取不顾一切的异常行动。所以，恐怖性的危害也是很大的。

4 古建筑火灾烟气的蔓延途径

火灾烟气的蔓延受热压作用、风压作用、建筑物内空气的流动阻力及通风系统的影响。一般情况下，烟气会首先向上垂直蔓延，其次再向水平方向蔓延，其垂直蔓延速度远大于水平蔓延速度。火灾时，火灾烟气携带的大量热量可以很快充满整个建筑物，而且高温烟气流窜到哪里，就会引起哪里的可燃物燃烧，加速火势蔓延。火由起火房间向外蔓延是通过可燃物的直接延烧、热传导、热对流和热辐射扩大蔓延的。大量的火灾事例表明，火从房间向外蔓延主要途径有以下五种。

（1）内墙门。建筑物内房间起火后火势的蔓延，有很大一部原因是由于房门未能阻挡火势。一般情况下，走廊内即使没有可燃物，但是由于烟气流的扩散作用，火势仍可以蔓延到其他房间。

（2）外墙窗口。火灾发展到全面燃烧阶段时，大量高温烟气、火焰会喷出窗口，进而烧坏上层窗户或直接通过打开的窗口引起火势向上蔓延。另外，高温火焰的热辐射作用也会对相邻建筑物及其他可燃物构成威胁。

（3）房间隔墙。隔墙如果是可燃材料或者难燃性差的材料，在火灾高温作用下就容易被烧穿，使火灾蔓延到相邻房间。

（4）穿越楼板、墙壁的管线和缝隙。火灾时，室内上半部处于正压状态，使得火焰和烟气流会通过室内管线，缝隙孔洞蔓延出去。此外，穿过房间的金属管线在火灾高温作用下，有时也会因热传导将热量传到相邻房间一侧，引起相邻房间起火。

（5）闷顶或中庭。由于火灾时烟气迅速向上升腾，因此吊顶、天棚上的入孔、通风口等都是烟气窜入的通道。闷顶内往往没有防火分隔，空间很大，很容易使烟气水平方向蔓延，并会通过闷顶内的孔洞向四周、下面的房间继续蔓延。

5 建筑火灾烟气控制技术

为了达到在火灾初期就最大限度地降低人员和财产损失的目的，对火灾烟气的产生和运动进行控制是关键。一个设计良好、工作正常的防烟排烟体系能将火场热量的 70%～80%排走，可以避免和减少火势的蔓延，同时将烟气控制在一定的范围之内。

5.1 防烟方式

根据国内外资料，防烟方式大致可以分为阻碍防烟、密闭防烟、机械加压防烟等。

（1）阻碍防烟：在烟气扩散蔓延途径上设置阻碍以防止烟气继续扩散的方式为阻碍防烟方式。这种方式是在建筑中用墙、防烟卷帘、防火门、挡烟垂壁及挡烟玻璃等，将建筑空间划分成若干个防烟分区，将烟气控制在设定的防烟分区内，形成蓄烟区，同时与排烟设施联动，不致使烟气随意流动从而引起火灾的迅速蔓延，为机械排烟系统和自然排烟系统功能的发挥提供良好的基础条件。

（2）密闭防烟：密闭防烟方式就是采用密闭性能良好的墙体和门窗将房间完全封闭，控制住进出房间的气流，当房间起火时，防止新鲜空气流入，使着火房间的燃烧因供氧不足而自熄。这种方式适用于防火分区容易划分得很细的居住建筑，尤其火灾隐患较大的厨房。

（3）机械加压防烟：在建筑物发生火灾时，利用风机对着火区以外的区域进行加压送风，使其维持一定的正压，以防止烟气入侵的防烟方式称为机械加压方式。机械加压方式能够有效防止烟气从加压区和非加压区之间的挡烟缝隙中渗漏出来。采用机械加压防烟的部位，一般有防烟楼梯间及前室、消防电梯前室及合用前室、封闭避难层等。

5.2 排烟方式

（1）自然排烟。自然排烟方式是利用火灾产生的热烟气流和外部风力作用通过建筑物的对外开口把烟气排至室外的排烟方式。这种排烟方式实质上是热烟气和冷空气的对流运动。在自然排烟中，必须有冷空气的进口和热烟气的排出口。烟气排出口可以是建筑物的外窗，亦可以是专门设置在外墙上部的排烟口。冷空气可以通过门、窗缝隙渗入室内，也可以通过开口中和面下部进入室内。自然排烟的优点是不需要动力和复杂的装置，因此在建筑物的防、排烟系统设计中是首选的方式，只有当自然排烟方式不能满足建筑物的火灾安全要求时，才采用机械防、排烟方式。

（2）机械排烟。机械排烟方式是借助机械力的作用强迫送风或者排气的手段来排除火灾烟气的一种方式。一个设计优良的机械排烟系统在火灾中能够排出80%的热量，使火场温度大大降低，因此对人员安全疏散和灭火能起到重要作用。

机械排烟方式又可以分为两种：一是机械排烟，机械送风方式；二是机械排烟，自然送风方式。前一种方式是对着火房间、着火层走廊利用排烟风机进行排烟，对前室和防烟楼梯间进行加压送风，并且控制送风量稍小于排烟量以求保持着火房间内的负压状态；对封闭性强的建筑，由于自然进风比较困难，在着火区进行机械排烟的同时也会进行机械补风，一般设定补风量为排烟量的一半。后一种方式是指着火房间采用自然排烟、对走廊采用机械排烟，或对着火房间或走廊采用机械排烟、其他部位通过开口或者缝隙采用自然送风。在火灾发展初期，这种排烟方式能够使走廊内压力下降，造成负压；着火房间内产生的烟气一方面从外窗排走，另一方面流入走廊，而与走廊连接的其他房间的空气在走廊负压的作用下，也流入走廊，这样会阻止烟气向其他房间蔓延，但也加快了烟气在走廊的蔓延速度，会给疏散带来一定的影响。

6 古建筑火灾烟气的控制

鉴于古建筑特殊的结构，如何有效地对火灾烟气进行控制，成为有效防止火灾蔓延、减少文物损失、避免人员伤亡的重要途径。控制的方法主要包括以下几方面内容。

（1）不燃化防烟方式。由于古建筑构造的特殊性，采用不燃化防烟是从根本上解决防烟问题的方法。此法可使火灾时室内产生的烟气量大大减少、烟气浓度大大降低。在对古建筑进行修缮或改造时，可在不破坏文物原貌的前提下，对建筑构件、装修材料等进行防火涂料的浸、涂处理，一旦火灾发生，可有效延缓火灾的蔓延和烟气的产生，为扑救工作创造有利条件。对于有些古建筑中悬挂的帐幔等织物，应当尽量减少使用，如必须使用也应事先做好防火浸泡处理，尽量降低火灾烟气的发生和蔓延的可能性。

（2）密闭防烟方式。切断烟源，将火灾烟气在发生火灾时就熄灭于起火房间内，这种方式就称作密闭防烟方式。具体措施包括在不破坏文物的前提下，在古建筑已有房间分隔的基础上，加强其隔断的防火性能，如封堵缝隙，提高房间的密闭性，对隔墙门窗做防火处理、吊顶内加设防火隔断等。

（3）迅速将烟气排至安全区域。由于新鲜空气的补充会助长火势的发展，因此此项措施仅适于人员停留量多、不易疏散的古建筑，可根据具体情况，在重要房间、临时避难间、疏散通道中加以使用。

参考文献

[1]　王峰彪. 古建筑火灾烟气控制浅析[J]. 山西建筑，2007（14）.

[2]　王彦,张启兴,涂然,等. 徽派古建筑典型结构对烟气组织形式的影响[J]. 安全与环境学报,2010,10（6）.

灭火技术

公路水下隧道灭火设计方式探讨

张振华

（宁夏回族自治区公安消防总队银川支队）

【摘　要】　本文从公路水下隧道防灾救援难度大的特点出发，对水下隧道灭火给水方式以及灭火方式进行了探讨，研讨了水成膜泡沫灭火系统、水喷雾灭火系统、泡沫-水喷雾联用灭火系统、水喷淋灭火系统、气体灭火系统、扑救隧道火灾高科技脉冲设备等的特点及适用性，提出了建议和措施。

【关键词】　公路水下隧道；灭火方式；给水方式

1　前　言

继英、法水底隧道成功地穿越了英吉利海峡后，隧道方案已成为跨海交通的主要形式。因为水底隧道不但避免了桥梁方案所带来的海浪、台风一系列结构力学问题，而且丝毫不影响海面航道交通和自然景观，香港的海底隧道就是显著的例子。目前，正在酝酿的海底隧道有第二条英吉利海峡隧道（37.5 km），北欧的大、小海带海峡隧道，国内的琼州海峡隧道、渤海湾隧道等。对于较长的海底隧道，无疑利用铁路的摆度方案明显地优于公路直通方案。但是，公路水下隧道防灾救援难度很大，如果公路水下隧道内一旦发生火灾事故，可能极具破坏性和危害性。国内外许多学者对水下隧道灭火方案进行了研究，提出了一些有效措施。由于各种措施都有其特点，本文仅对采取的几种典型措施特点进行探讨，以利于实际应用。

2　公路水下隧道消防给水方式

消防给水的接入方式一般有两种，即间接式和直接式。间接式就是水源来自市政给水管网并引入设置的专用消防水池，由消防泵从消防水池中吸水送到着火点；直接式就是消防管道系统直接接入市政给水管网系统将水直接送到着火点。间接式对市政给水管网系统影响小，但因为设置专用消防水池和消防泵及其配套设施，投资较大；直接式投资较小，但消防时对市政给水管网系统影响大，而且市政主管部门往往不能接受。中铁第四勘察设计院黄盾（2007）[1]认为，在中国现实的经济发展水平下，考虑到隧道火灾的特点及时间和概率的分布，采用直接式相对合理，因为火灾时对市政给水管网系统影响的程度和时间都是有限的，而且火灾发生的可能性较小，偶然发生的影响也是可以接受的。

国内部分公路水下隧道消防设施配备情况见表1。

表 1 国内部分公路水下隧道消防设施配备表

隧道名称	消防设施	给水方式	备注
南京长江隧道	泡沫消火栓系统＋灭火器＋水喷雾灭火系统	市政自来水	设消防水池
南京玄武湖隧道	泡沫消火栓系统＋灭火器	市政自来水（设加压泵）	未设消防水池
上海长江隧道	消火栓＋灭火器＋泡沫－水喷雾联动系统		
武汉长江隧道	泡沫消火栓系统＋灭火器＋水喷雾灭火系统	市政自来水（设加压泵）	未设消防水池
上海外环越江隧道	消火栓系统＋灭火器＋水喷雾灭火系统	市政自来水（设加压泵）	

3 灭火方式探讨

3.1 水成膜泡沫灭火系统

水成膜泡沫灭火装置的主要机理是它除了具有一般泡沫灭火剂的冷却和窒息作用外，还能在燃烧体表面形成一种水膜与泡沫层共同封闭液体表面、隔绝空气，形成隔热屏障，阻止可燃液体继续升温、汽化和燃烧。水成膜泡沫灭火系统能较好地阻止 B 类火灾的蔓延，根据水成膜泡沫灭火机理、汽车火灾特点以及灭火要求，隧道中的汽车燃油火灾宜采用水成膜泡沫灭火。公路水下隧道发生的火灾大都与汽车燃油紧密相关，故推荐采用。

3.2 泡沫-水喷雾联用灭火系统

泡沫-水喷雾联用灭火系统采用水成膜泡沫，又称"轻水"泡沫，英文简称 AFFF。泡沫-水喷雾除具有一般泡沫灭火剂的作用外，还能在燃烧液表面流散的同时析出液体，冷却燃烧液体表面，并在其上形成一层水膜，与泡沫层共同封闭燃烧液表面、隔绝空气，形成隔热屏障，同时在吸收热量后，液体汽化稀释液面上空气的含氧量，对燃烧体产生窒息作用，阻止燃烧液的继续升温、汽化和燃烧。

从隧道的火灾特点来看，主要是固体火灾和汽油燃料流淌火灾，水喷雾系统对固体火灾有较好的作用，但很难扑灭 90#以上的汽油火灾，而采用水成膜泡沫灭火系统虽然投资较大，但能迅速、有效地将该类火灾扑灭。两者的比较见表 2。

表 2 两种灭火系统对比分析

消防系统	水喷雾系统	泡沫-水喷雾联用系统
适合保护对象	适用于火灾危险大、扑救难度大的专用设施或设备	适用于保护甲、乙、丙类液体可能泄漏和机动消防设施不足的场所
缺点	对于 90# 以上的汽油火灾很难扑灭，甚至会加大火灾扩展	系统复杂
优点	水雾直径小，直接喷向燃烧对象表面，具有直接灭火和防护冷却双重作用	结合固定式水成膜泡沫灭火装置和水喷雾系统的优点，大幅提高对 A、B 火灾的灭火效能

虽然泡沫-水喷雾联用灭火系统投资略大，但根据隧道火灾和各种消防系统的特点，鉴于越江隧道一般将通行大型货车，并允许在监控条件下通行危险品车辆，因此选用泡沫-水喷雾联用系统更为可靠。上海市政工程设计研究总院姚洁等（2007）认为，对于重要的越江隧道建议采用消火栓系统、泡沫-水喷雾联用系统和灭火器。

泡沫-水喷雾联用灭火系统是一种较新的隧道消防系统，国内已投入使用的只有可通行危险品运输车辆的上海翔殷路隧道。该系统是公认的对付隧道 B 类火灾最快速、最有效的灭火系统。但从 2005 年至今，翔殷路隧道泡沫-水喷雾联用灭火系统在运营中也暴露了一些问题：泡沫液腐蚀性能强，隧道消防管道和排水设施有被腐蚀现象；喷射后产生大量的泡沫堆积在废水泵房里，影响隧道排水系统的正常功能；泡沫-水喷雾联用系统构成较为复杂，费用较高，管理养护不便。

3.3　水喷淋灭火系统

公路隧道现行设计规范要求长隧道内应设水喷淋系统，其灭火的基本机理就是水火不容、水灭火的机理，这种灭火系统在国内外大多持不推荐态度，认为隧道初期火灾通常发生在乘客内部，或车辆下部，对车顶部喷水没有灭火效果，而且受空间限制，隧道顶部的温度极高，在巨热的火焰上喷水，不会压制火焰，相反使烟雾层向下移动，并与空气混合，不但降低了能见度，同时还威胁隧道中人员的人身安全和逃生。鉴于此，在南京长江隧道工程中未推荐采用[1]。

武汉大学唐有能等（2007）研究认为，在隧道发生火灾时启动自动喷水灭火系统，能够达到快速灭火、冷却车辆和保护隧道结构的效果，但是喷水会干扰顶部烟雾层，不利于人员疏散。针对这一争议问题，日本、芬兰等国已进行了大量与隧道火灾类似的油池火灾和舰船火灾试验，使用水喷雾系统进行灭火时效果较理想。总的来说，很多国家（如日本、澳大利亚、新加坡和欧美部分国家）已经开始接受自动喷水灭火系统在隧道中的应用，其中在日本的应用是比较成熟的。我国的少数隧道也采用了自动喷水系统或水喷雾系统。一般而言，消防要求高、隧道结构保护要求高、疏散设施完善的大隧道可以考虑采用自动喷水灭火系统，但必须在人员疏散完毕后才能启动，由专人控制。

3.4　扑救隧道火灾高科技脉冲设备

瑞典消防科技部门研制成功扑救隧道火灾的高科技脉冲设备，受到国际消防技术委员会的高度重视。为了检测高科技脉冲灭火设备在扑灭隧道火灾中的重要作用，在国际消防技术委员会的主持下，瑞典消防协会邀请英、法、德等国消防专家在瑞典西海岸 260 公里长隧道中进行灭火试验。试验开始时，在隧道中部点燃大火，环保部门立即检测火灾不同阶段的温度和各种有害气体含量。然后消防部门用新技术设备迅速扑灭火灾。此后又进行过多次试验，各次试验结果都证实，用此新设备扑灭火灾的优点是：① 灭火速度快。用此设备灭火时，首先喷洒大量雾状细小水滴，迅速吸热降温，只在几分钟内便可迅速控制和扑灭火灾；② 节省大量灭火用水。用此设备灭火时，1 升水喷洒的大量雾状小水滴可扑灭 200 平方米火灾，和水喷淋等灭火设备相比，可节省灭火水 95%。

脉冲灭火设备主要用水作灭火剂。水的独特优点是能迅速吸收大量热，温度越高，吸收的热越多。此设备在灭火时向火场喷洒大量雾状水滴能迅速吸热，使火场温度快速下降，使火被控制和扑灭。此设备在 10～50 毫秒内就可喷洒大量水雾，每升水喷出的水雾可覆盖 200 平方米；不但灭火速度快，而且节省大量灭火用水和保护环境。

此设备中的大功率高压系统可促使喷水阀门加速开关周期，每开关一次只用 10 至 30 毫秒。速度快，喷水多，吸热和灭火速度快。高压阀门安装在驱动设备和贮水罐之间，把驱动燃料和灭火剂分开。灭火时用 25 帕气压、迫使贮水器中水流出，设备启动后，阀门便自动打开喷水灭火。

当前已有不少国家的消防部门使用或准备使用此设备扑灭隧道火灾。这种设备有多种规格，既可携带移动使用，又可固定在着火处灭火，还可以安装在直升机上扑灭森林火灾或协助地面消防人员灭火。需要注意的是，用此新设备扑灭隧道火灾时，还应备有与此相匹配的防火设备，如红外探测器、温度传感器、程序控制的计算机和隧道运水灭火车等。当隧道内的温度高于阈限值时，感温报警器便发出信号，此时脉冲灭火设备便自动启动喷雾状水灭火；若是阴燃火灾，则用红外探测器快速测定火源，并立即降温灭火。

4　结　论

从国内公路水下隧道运营与消防系统设计的经验来看，比较一致的观点是认为公路水下隧道消防系统应采用"泡沫消火栓系统 + 泡沫-水喷雾联用灭火系统 + 灭火器"，该方案也在国内部分公路水下隧道消防系统设计中得到应用，但泡沫-水喷雾联用灭火系统在实际运营中也暴露了一些问题，如泡沫液腐蚀性能强，隧道消防管道和排水设施有被腐蚀现象；喷射后产生大量的泡沫堆积在废水泵房里，影响隧道排水系统的正常功能；系统构成较为复杂，费用较高，管理养护不便。

浅析大空间汽车涂装车间的排烟设计

陈益锋

（海南省海口市公安消防支队防火处）

【摘　要】　本文以某汽车涂装车间工程为例，对其火灾危险性进行了分析；并利用消防性能化设计评估方法，对汽车涂装车间排烟设计的合理性进行了分析；对其消防设计提出更加完善的建议意见。

【关键词】　涂装车间；排烟；消防安全；探析

随着社会经济的快速发展，汽车行业也迅猛发展，一些大型生产线的投入使用，也使汽车涂装车间的建设规模越来越大。为了使涂装车间既安全可靠、符合有关消防规范的要求，又经济适用、节省投资，需要对涂装车间火灾危险性及消防设施设计进行研究分析。本文试图通过对某汽车涂装车间排烟设计进行分析，对其消防设计提出更为完善的建议。

1　项目具体介绍

该汽车涂装车间为新建厂房，建筑物耐火等级为二级，属多层厂房；建筑主体为钢混结构，东西跨度为 66 m，南北跨度为 333 m，主体 2 层，局部 3 层，总建筑高度为 17.47 m，一层标高 ±0.00 m，二层标高 7 m，二层夹层标高为 12 m；占地面积为 21 986.9 m²，总建筑面积为 46 284.86 m²（其中生产车间 41 815.3 m²，辅房、工间休息室 4 469.56 m²）。该涂装车间首层主要为调储漆、精修、返修、电泳后打磨等区域（见图 1），第二层主要为前处理电泳区域、喷漆区及烘干区域（见图 2）。

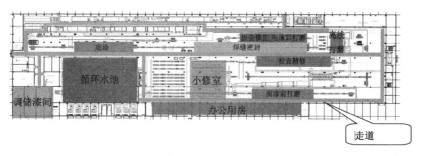

图 1　涂装车间一层功能区域示意图

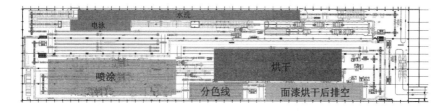

图 2　涂装车间二层功能区域示意图

2 涂装车间的火灾危险性分类分析

生产的火灾危险性分类一般要分析整个生产过程中的每个环节是否有引起火灾的可能性，并按其中最危险的物质确定。涂装车间不同工序的火灾危险性差别很大；喷漆室和油漆调配存放间因使用或存放甲、乙类可燃物品，通常将其火灾危险性定为甲、乙类；而占车间建筑面积比例较大的前处理、电泳、烘干等工序，因均在水性环境中操作，基本无火灾危险性，属丁戊类生产。基于上述工艺情况，在涂装车间工厂设计中，既有将车间整体的火灾危险性（或称生产类别）定为甲、乙类的，也有将其定为丁、戊类的。因此，合理确定涂装车间整体的生产类别，是关系到车间经济、适用和生产安全性的首要问题。

《建筑设计防火规范》（GBJ16—2006，以下简称《建规》）第 3.1.2 条中指出：对于油漆（涂装）车间，"丁、戊类厂房内的油漆工段，当采用封闭喷漆工艺，封闭喷漆空间内保持负压、油漆工段设置可燃气体自动报警系统或自动抑爆系统，且油漆工段占其所在防火分区面积的比例小于等于 20%"。以本项目为例，该涂装车间喷漆部位采用专门的钢制封闭设备，送排风系统完备，室内可通过调节保持负压，并配备可燃气体浓度报警系统。同时，喷漆部位（含喷漆室和油漆调配存放间）的面积总和不超过其所在防火分区面积的 20%。

《建规》第 3.1.2 条条文解释还指出："当厂房及实验室内使用的可燃气体同空气所形成的混合性气体不超过爆炸下限的 5% 时，可不按甲、乙类火灾危险性划分。本条采用 5% 这个数值还考虑到，在一个较大的厂房及实验室内，可能存在可燃气体扩散不均匀的现象，会形成局部高浓度而引发爆炸的危险。假设该局部空间占整个空间的 20%，则有：25% × 20% = 5%"。该厂房喷漆工艺采用的溶剂为二甲苯，其闪点为 27 ℃，属甲类易燃易爆品，爆炸极限为 1%，蒸汽密度为 3.68 kg/m^3。根据计算，达到爆炸下限的 5% 时，空气中含二甲苯气体的质量浓度为 2210 mg/m^3。也就是说，根据条文说明规定，当厂房内二甲苯质量浓度低于 2210 mg/m^3 时，该厂房的火灾危险性可不按照甲、乙类确定。根据《涂装作业安全规程》（GB6514—2008）的规定，涂装作业工作场地正常生产情况下空气中二甲苯最高允许质量浓度为 100 mg/m^3，扩散到整个厂房时，涂装设备面积之和按照车间面积的 20% 计，则整个车间内二甲苯蒸汽质量浓度为 20 mg/m^3，该数值远低于判定值（2210 mg/m^3）。加之涂装车间内存在有难燃物品，因此涂装车间整体的火灾危险性按丁类确定是适宜的。

3 存在消防设计难点

该涂装车间消防设施包括室内消火栓系统、火灾自动报警系统、喷淋灭火系统、泡沫-水喷淋灭火系统等基本消防设施完备。对于项目的排烟设计，根据《建规》第 9.1.3 条的规定："任意一层建筑面积大于 5 000 m^2 的丁类厂房应设置排烟设施"。该涂装车间属多层丁类厂房，且单层建筑面积约为 21 000 m^2，应设置相应的排烟设施。

因此，业主方结合建筑的自身情况、便于使用的目的，会同设计单位对项目的排烟设计提出了若干设计方案。由于车间的排烟效果关系着车间人员是否能够安全疏散，采取何种合理可行的排烟方案，需要采用科学的方法进行定量的分析论证。

4 拟采用排烟方案

方案一：利用屋顶采光带自然排烟

该厂房东西跨度为 66 m，根据《建规》第 9.2.4 条的规定："自然排烟口距该防烟分区最远点的水平距离不应超过 30 m"，其东西侧外窗未满足作为自然排烟窗的要求。设计原本考虑采用电动排烟天窗进行排烟，但由于涂装车间屋顶为钢结构形式，若设置电动天窗，接缝较多，容易导致漏水，对正常工艺流程带来不利影响。因此，业主方将屋顶采光带自然排烟作为项目设计的首选方案。

方案二：利用侧窗自然排烟

项目设计单位原本设计考虑采用电动排烟天窗进行排烟。

方案三：利用屋顶既有排风风机进行机械排烟。

5　对策验证

为了充分分析研究涂装车间的安全性，基于上述提出的初步对策基础上，利用性能化消防设计评估方法对涂装车间消防安全进行性能化评估，在评估时，根据"最不利原则"选择火灾风险较大的火灾场景作为设定的火灾场景，并确立了烟气层高度、热辐射、能见度、温度和烟气毒害性等性能判据。

在本项目中，设置一层小修室、二层中涂机器人站立附近分别发生火灾，按照上海市工程建设规范《建筑防排烟技术规程》（DGJ08—88—2006）第 4.2.2 条选取火灾荷载为 8.0 MW，利用计算机模拟验证拟采用的排烟方案是否能满足排烟需要，同时考虑发生火灾时涂装车间的人员安全疏散情况。验证包括疏散宽度、疏散距离、探测报警、疏散照明和指示标识系统的有效性，对涂装的消防安全性能进行综合的评估论证。在模拟过程中，考虑适当的安全余量，以适应假设和计算中的不确定性。

方案一：依据涂装车间采光带设计图纸，实尺寸建立 FDS 模型进行火灾烟气模拟。从模拟结果可以看出，由于涂装车间空间高大（单层面积约 21 000 m²，上下 2 层连通高度为 16 m），热烟羽流上升过程中卷吸冷空气量大，因而温降幅度大，当上升到屋顶时最高温度仅在 110 ℃ 左右，低于采光带熔化温度（172 ℃），即在模拟时间内，屋顶采光带无法自行熔化。由于屋顶采光带不能熔化开启，车间内蓄积的热烟迅速沉降，450 s 时即对人员疏散造成阻碍，即使是在增加疏散出口且所有出口都保持畅通的情况下，也难以满足人员安全疏散。

方案二：依据涂装车间各层侧窗设计图纸，实尺寸建立 FDS 模拟进行火灾烟气模拟。设定侧窗能在火灾情况下自动开启，侧窗设置情况：根据图纸资料，涂装车间两层均设有侧窗，一层层高 7 m，侧窗上沿距本层地面高度 2.77 m，开窗总面积为 152.1 m（开 2 窗面积占排烟区域地面面积的 0.94%）；二层最小层高为 9 m（为弧形屋顶），侧窗上沿距本层地面高度 2.4 m，开窗总面积为 422.5 m（开窗面积占排烟区域地面面 2 积的 2.6%）。

结合火灾烟气及人员疏散分析也可以看出，当涂装车间内所有既有侧窗可联动开启（开启角度大于 70°）、增设疏散出口且保持所有出口畅通后，可以满足人员安全疏散要求。

方案三：依据涂装车间排风系统设计图纸，实尺寸建立 FDS 模拟进行火灾烟气模拟。根据图纸资料，涂装车间排风系统设计时主要满足平时通风换气要求，风量设计为 2 次/h。

排风系统在满足下列条件时，可兼做排烟系统：一是系统的风口、风道、风机等应满足排烟系统的要求；二是当火灾被确认后，应能开启排烟区域的排烟口和排烟风机，并在 15 s 内自动关闭与排烟无关的通风、空调系统。假定排风系统满足《建规》明确的排烟量进行数值模拟，从模拟结果来看，开启排风系统后，热烟层界面沉降速度相对未增设前（方案一）有所减慢，当增设疏散出口且所有出口均保持畅通的情况下，该排烟方案可以将火灾环境维持在人员相对安全的水平。

通过对火灾场景烟气危险性和人员疏散模拟分析计算，得到可提供的人员安全疏散时间 ASET 及人员需要的疏散时间 RSET。结果表明：方案二与方案三可用安全疏散时间 ASET 均大于必需安全疏散时间 RSET。

6　排烟方案对比分析和结论

在均能满足人员疏散要求的情况下，为进一步优化工程设计，笔者将排烟方案二与方案三进行了对比。

从设置情况来看，方案三中现有排风系统直接用于排烟存在以下不足：① 由于涂装车间排风系统设计时主要是为了满足平时通风换气的要求，因而风量较小（2 次/h），仅为现行国家规范要求排烟量（按 60 m³/hm² 计算）的 24%；② 排风口分布不均，局部区域距离排风口较远。

从烟气模拟结果来看，方案二下的人员可用疏散时间较长，排烟效果优于方案三。

由于项目已建成完工，从实施可行性来看，需要考虑工程改动量较小、对车间的正常生产运营影响较小的排烟方案。经分析，方案二主要是对车间的外围结构实施改造，相对方案三改造较易实施。

通过性能化设计评估，验证了事先假设的初步设计方案，经评估以及各方相互讨论，最终建议涂装车间内可利用既有侧窗条件进行自然排烟。

随着社会经济的发展，今后越来越多的新型建筑将更加层出不穷，消防部门、设计单位需要不断积极研究及分析，不断积累经验，才能更好为社会经济发展服好务。

参考文献

[1]　GB 50016—2006. 建筑设计防火规范[S].

[2]　DGJ 08-88—2006. 建筑防排烟技术规程[S].

[3]　郝爱玲，王宗存，刘庭全. 大空间内封闭喷漆作业的火灾危险性及消防安全对策[J]. 中国安全生产科学技术. 2011（5）.

[4]　戴旻. 涂装车间有关消防问题的探讨与对策[J]. 材料科学，2001（12）.

作者简介：陈益锋（1980—），男，海南省海口市公安消防支队防火处工程师。

通信地址：海南省海口市兴丹路 3 号，邮政编码：570001；

联系电话：13307615523。

浅析建筑电气火灾的解析及预防对策

郝玉春

（黑龙江省佳木斯市公安消防支队）

随着经济的快速发展，全国各地各类建筑不断蓬勃耸立，同时建筑工地火灾事故频发，给国家和人民生命财产造成巨大损失。通过对近几年建筑工地火灾的分析后发现，电气故障引发的火灾频次和损失居主要地位。因此，本文从设计、施工、用电管理等方面分析建筑电气火灾发生的原因，并对建筑电气火灾的预防措施进行分析。

1 建筑电气火灾危险特性

建筑电气火灾隐患的特点就是火灾隐患的分布性、持续性和隐蔽性。由于电气系统分布广泛、长期持续运行，电气线路通常敷设在隐蔽处（如吊顶、电缆沟内），火灾初期时不易被火灾报警系统和人们发现，也不易为肉眼所观察到。电气火灾的危险性还与用电的负荷情况密切相关，当用电负荷增大时，容易引发导线过热而成火灾事故。

建筑火灾所造成的人员伤亡、财产损失和社会震荡都是巨大的，例如，2010 年 11 月 15 日，上海高层住宅改造工地发生火灾，造成 58 人死亡、71 人受伤，损失惨重。通过近几年全国建筑电气火灾分析，起火地点主要发生在建筑物内和施工现场的工棚内等人员密度大、易燃可燃材料多、疏散困难、排烟不畅的地方，极容易造成群死群伤的重大事故。

2 建筑电气火灾的发生原因

2.1 接触不良引起的火灾

当工作电流通过导线时，在接触电阻上产生较大的热量时，会使连接处温度升高，高温又使氧化进一步加剧，使接触电阻进一步加大，形成恶性循环，最后产生很高的温度（可达千度），使附近的绝缘软化造成短路而引发火灾。特别是近年来，各地建筑采用外墙保温材料急剧增多，也可能直接烤燃附近的可燃物而引发火灾。

2.2 接地故障引起的火灾

接地故障是指带电导体与水管、钢管、设备金属外壳的接触短路。接地故障比较隐蔽、不易发觉，也比较复杂，故接地故障起火的危险性较大。接地故障引起的火灾原因主要有故障电流起火、故障电压起火、接线端子连接不实起火。

2.3 配电线路不当产生的火灾

低压配电线路敷设到建筑物的每个部位，而由于设计或施工不当及业主用电管理不善等因素，造成低压配电线路发生火灾的隐患和危害性程度最大。近年来，酿成电气火灾的危害案例最多的就是低压配电线路。在国内外由于电线、电缆、母线槽着火延燃成重大火灾事故时有发生，损失惨重，已引起人们深切关注。分析其主要原因有以下几个方面。

（1）由施工中穿线套管无清理、管口无处理和无护套保护，在穿线过程造成电线、电缆绝缘层机械损伤，留下短路隐患；接头、接线端子连接不牢造成打火、电弧均可引燃周围可燃物发生火灾；各种电气线路管道穿墙、穿楼板时孔洞未作封堵，在高层建筑电气竖井内线线槽和电缆线槽穿楼层孔洞无采用耐火材料堵塞严实，一旦发生火灾，则产生烟囱效应，火势将迅速蔓延。

（2）设计不当，没有合理选用配电设备，断路器与导线截面不配套，没有按用途设计选用阻燃、难燃和不燃的电线、电缆、母线槽和电缆桥架、金属线槽及其他防火材料，各专业之间没有密切协调，没有根据环境特征来确定电气设备的安装位置、安装方式和配电线路的走向，使工程留下事故及火灾隐患。

（3）业主用电管理不善。在工程验收交付使用后不少用户随意增加用电设备，超负荷用电。笔者在工程维修回访期间，就发现一些用户违反原设计擅自更换大容量断路器，使线路长期处于超负荷状态，此现象必然导致线路发热，绝缘老化，若散热条件较差，环境温度较高时极易引起线路起火。

（4）电气设备长期使用，导线陈旧破损，管理不善常年失修，也是常见火灾隐患之一。在一些使用较长时间的建筑物内，电器设备、绝缘导线均存在不同程度的绝缘老化龟裂、金属导电体裸露、接头松动等现象，按当时设计用电容量已满足不了现行用电，加上管理不善常年失修，造成线路发热、开关打火等，极易引起火灾。

2.4　室内装修不当引起的火灾

（1）为了追求华丽，使用大量可燃性装修材料装饰室内，电器设备位置随意暗装，无预留散热空间。

（2）电源导线敷设不按防火要求，在吊顶棚和木质墙裙内无穿钢管或难燃 PVC 管或使用过长的金属软管（按规定一般不超过 1 米），且无做接地跨接。

（3）接头处理马虎，随意在吊顶棚内分支接线，接头未设在接线盒内。

这些都是二次装修不当，导致电气火灾的直接原因。另外，还有二次装修工程非电气专业人员安装电器设备、有关部门对二次装修工程监督管理不力等，都将给工程留下电气火灾隐患。

2.5　伪劣电器产品引起的火灾

目前，市场上销售的各种电器产品如电流保护器、断路器、开关、插座、镇流器、各类导线及家用电器等，其中有部分电器产品的性能技术指标、绝缘等级不符合国家及国际电工委员会（IEC）标准，未经质量和安全认证。再加上一些承包施工队伍人员技术素质低、质量意识差，只图高额利润不顾工程质量，在施工过程中使用低价位的假冒伪劣电器产品或已明确淘汰的电器产品，给工程留下安全事故和火灾隐患。

3　建筑电气火灾原因分析

3.1　与电气防火相关的法律法规、技术规范不健全

目前，我国尚没有关于电气防火方面专门的行政法规，只是在《消防法》及公安部、建设部的有关规章中有原则性的规定，例如《消防法》第二十七条"电器产品、燃气用具的质量必须符合国家标准或者行业标准，电器产品、燃气用具的安装或者线路、管路的敷设必须符合消防安全技术规定"以

及第六十六条规定的相应罚则。但这些规定都是夹杂在其他的法律法规中，系统性、完整性不强，难以全面、严格地约束单位和个人的电气使用行为。

3.2 电气安全管理体制不完善

我国的有关电气安全方面的法规是由国家各部委制定的，缺乏更多的实践验证，修订的周期较长，不适应社会对电气安全的需要。在具体的电气工程中，电气安全检查和质量评估实质上并没有发挥作用。在使用和维护过程中，缺乏对相关操作人员的资格进行严格考核和评价，水平、技术和测试手段薄弱，致使使用单位的电气安全检查落不到实处，出现了不安全的时间盲区。

3.3 电气防火安全体制建设发展速度与社会发展不相适应

我国经济建设的发展必将促进和带动电力工业、建筑业、生产制造业、商业等行业的快速发展。电气防火安全体制也要保持同步发展。但目前消防监督机构的人员素质和业务水平、消防设施建设、管理政策和制度跟不上时代的发展。

3.4 电气故障

3.4.1 电气线路故障

根据电气火灾特点，电气线路火灾为电气火灾发生的主要构成部分，比例占 40% ~ 60%，形成的主要原因表现在以下几方面：① 在电气设计和施工过程中，选择线路截面小（电气线路载流量偏小），以及随着家用电器的普及，用电量普遍提高，导致电气线路超负荷运行，减少了电气线路的使用寿命。一般当电气线路达到 1.5 倍额定电流时，导线温度可达到 100 摄氏度，特征为外层发烫、绝缘膨胀变软并与线芯松离、轻触即可滑动，当达到 3 倍额定电流时，导线外部聚氯乙烯熔融滴落、绝缘层严重破坏、线芯裸露，将导致火灾的发生；② 老式建筑变配电设施敷设的电线电缆绝缘性能下降，老化、龟裂、磨损等特征出现而不及时更换；③ 电气线路通路上的电气附件不符合设计要求，特别是改造的电气工程，旧有布线未完全清除，已弃用的电线电缆仍处于带电状态；④ 其他电气故障如接点故障、火花放电、设备自身发热引发火灾（比例较小）。

3.4.2 电器产品故障

电器产品质量不过关，特别是电热产品，缺乏有效的控温装置、定时关闭机构和阻燃措施，使用过程中存在极大的火灾危险性，很多重、特大电气火灾都是由电热产品引起的。而且，有关部门对电器产品市场的整治力度不够，对生产劣质电器产品的厂家没有给予相应的处罚或坚决予以取缔，因而给电力用户埋下了电气火灾隐患。

3.5 电器产品管理使用不当，专业人员素质不高

在电气火灾的原因中，忘关电源和误操作是电气火灾中发生频率较高的。许多电炉子、电熨斗、电褥子火灾都是由于忘关电源引起的。

4 建筑电气火灾的防治对策

4.1 建立健全电气法律法规、技术规范

我国电气火灾在各类火灾中占有相当大的比例，因此针对我国电气火灾居高不下的特点，需要尽快制定电气方面的专门法律，从源头上预防电气火灾的发生。在制定的过程中，要既代表国家利益也

要照顾企业等各方面利益，需要国家各部委协调组织，广泛吸收不同层次的专家参与电气安全规范的制订工作。此外，国家须加大力度，加强电气安全法规的统一管理、实践验证及实效跟踪，并以理论和实践检验为依据，确定修订周期，保持规范相对稳定和连续，以满足社会发展的需要。

4.2　完善电气安全管理体制

预防电气火灾需要各相关职能部门各司其职、相互协作。电力部门要抓好培训、考核发证、检查几个重要环节，加强对有关人员的业务培训，对用电安全实施监督检查；质检、工商部门应强化电气产品市场的监督管理，对不合格产品实施倒查制度；消防部门要进一步加强检查力度，特别是对生产车间、仓库和商店等部位，更应重点检查电气线路、电热设备和照明灯具的安全状况。

4.3　加快电气防火安全体制建设速度

电气防火安全体制建设必须与社会经济发展速度相适应。针对消防监督人员电气专业知识不足的问题，开展电气安全基础知识、基本理论和电气火灾安全规范知识的培训，加强消防监督人员对电气火灾隐患的理解，提高现场监督检查的实际水平。

4.4　有效防止电气故障

采取有效措施，防止由于电气故障引起的电气火灾。根据使用场所的需要，确定合理的电线电缆设计裕度，避免先天隐患。对危重场所选择阻燃、防火或耐火电缆，以提高电线电缆的耐燃性。研究电气保护特性，合理选择电气保护级别，定期对电气保护特性进行核定，减少电气故障的发生。研究电气配电装置接点过热探测和报警设备，降低接点接触不良或小规模过流引起发热的可能性。研究短路电流抑制技术，采用新材料，提高短路时线路阻抗，缩小短路电弧能量，以降低短路故障引起火灾的可能性。

4.5　做好电气防火检测工作

电气安全防火检测是预防电气火灾发生的重要手段。应运用现代科技手段与传统方法相结合，对电气系统设备进行安全检测，及时发现与消除隐患是在当今电力普及应用的情况下预防火灾发生的一项必要措施，要借助于激光、红外、超声等现代检测手段，并与传统的检查方法相结合，加以系统化、标准化，就能够提高消防安全工作的科技含量，提高安全检查的质量与效率。

4.6　加强对电气市场的质量监督和管理

各级主管部门（工商、技术监督部门）要切实履行国家赋予的产品质量监督职责，加大对电器产品市场的质量监督和管理。国家工商、监督机关要建立严格的市场管理机制，对商家销售的电器产品进行定期的抽查和检查，发现假、冒、伪、劣的电器产品及时进行销毁；对经销的电器产品，生产厂家或商家必须表明规格、用途、使用年限，并注明使用过程中的注意事项。

4.7　加强电气防火知识的宣传和教育工作

减少火灾的根本途径就在于提高人们的防火意识，许多重、特大火灾都是由于人们忽视用电安全、缺乏用电知识和不严格执行规章制度、操作规程所造成的。在宣传教育方面首先要在广大群众中大力开展宣传教育工作，充分利用报纸杂志、电台、电视台、网络等手段，广泛普及用电安全知识，宣传电气火灾发生的规律、特点以及电气火灾所造成的危害性。

5 结 语

建筑发生电气火灾的原因繁多复杂，必须引起各级管理部门的高度重视，除了采取必要的技术措施外，最关键的还是管理，设计、施工、业主、消防和质量监督等有关部门要密切配合加强管理，从以上几个方面入手，减少和杜绝由于电气原因引发的建筑重大火灾事故的发生。

作者简介：郝玉春，男，黑龙江省佳木斯市公安消防支队。
　　　　　　联系电话：15245466333。

全氟己酮灭火剂与七氟丙烷
灭火剂的有关性能比较

王新钢

（公安部四川消防研究所）

【摘　要】　本文介绍了全氟己酮灭火剂与七氟丙烷灭火剂的有关性能，指出了全氟己酮灭火剂和七氟丙烷灭火剂各自的优劣。

【关键词】　全氟己酮；七氟丙烷；灭火剂

1　前　言

随着哈龙灭火剂被淘汰，各种氟代烃替代品相继涌现。七氟丙烷灭火剂是至今世界上应用最广泛的一种哈龙替代品，已经纳入美国消防协会 NFPA2001 新标准，是一种无色无味的气体，不含溴和氯元素，其化学分子式为 CF_3CHFCF_3，采用高压液化储存，其灭火机理是抑制化学链式反应，灭火效能与卤代烷 1301 相类似，对 A 类和 B 类火灾均能起到良好的灭火作用，但其环保性不佳，这是该灭火剂的一大缺陷。为了解决氟代烷灭火剂在环境保护上的问题，消防界的科技研究人员不断致力于新一代环境友好且高效的灭火剂的开发。早在 20 世纪 70 年代，前苏联的科学家就已经合成出了全氟己酮作为中间体，但并没有大规模的投入生产，直到 2001 年美国的 3 M 公司将其作为代替哈龙和氟代烷类的灭火剂后，其合成及应用研究才日益得到人们的关注。全氟己酮灭火剂常温下是无色无味透明液体、容易汽化，其化学式为 $CF_3CF_2COCF（CF_3）_2$，最突出的优点在于它是一种绿色环保产品，对人体安全，同时又具备优良的灭火性能，已经获得 SNAP（美国环保署新替代物政策）认可。下面对全氟己酮和七氟丙烷的性能进行比较研究。

2　性能比较

2.1　物化性质比较

全氟己酮灭火剂常温下是无色无味透明液体，而七氟丙烷灭火剂是一种无色无味的气体，二者具体的物化性质见表 1。

表 1　全氟己酮与七氟丙烷灭火剂物化性质比较

项目	全氟己酮	七氟丙烷
化学式	$CF_3CF_2C（O）CF（CF_3）_2$	CF_3CHFCF_3
相对分子量	316.04	170.03
沸点（1atm），/°C	49.2	－ 16.4

续表 1

项目	全氟己酮	七氟丙烷
冰点，/°C	−108	−131.1
密度（25 °C 下饱和液体），/（g/mL）	1.6	1.407
密度（25 °C 下 1atm 下的气体），/（g/mL）	0.0136	0.03
比容（25 °C 下 1atm 下），/（m³/kg）	0.0733	0.1373
液体黏度 0 °C/25 °C，/（Mpa.s）	0.56/0.39	—
汽化热（在沸点时），（kJ/kg）	88.0	132.6
水的溶解度 25 °C，/wt%	<0.001	0.06
蒸汽压 25 °C，/Pa	5.85	0.404
绝缘强度，1atm（N2 = 1.0）	2.3	—

2.2 灭火性能比较

灭火性能可通过灭火剂的浓度来说明，当然灭火时间对灭火性能也有一定影响。根据《气体灭火剂灭火性能测试方法》（GB/T 20702—2006）对七氟丙烷与全氟己酮灭火剂灭火性能进行测试，具体数据见表 2。

表 2　全氟己酮与七氟丙烷灭火剂灭火性能比较

项目	全氟己酮	七氟丙烷
沸点（°C）	−16.4	49.2
灭庚烷火浓度（%）	5.8～6.6	4.5～5.9
是否在有人占用场所使用	是	是

2.3 毒性及环境特性比较

任何一种气体灭火剂对人的生命都有一定的威胁性，只是危险性的大小不同而已。平常说的某种灭火剂对人的生命无毒性或毒性很低，那是相对于人在气体灭火剂施放的空间存在一定的时间和气体灭火剂在着火区域施放量来说的。ISO14520 中指出：七氟丙烷的"未见不良反应浓度"为 9%，可见不良反应浓度为 10.5%。也就是说，实际浓度超过 9% 就可能会危害到防护区内人员安全。在《七氟丙烷（HFC—227ea）洁净气体灭火系统设计规范》第 7.0.2 条中也规定："在灭火设计浓度或实际浓度大于 9% 的防护区，应增设手动与自动控制的转换装置。当人员进入防护区时，应将灭火系统转换到手动控制位；当人员离开时，应恢复到自动控制位。"因此设计人员在实际设计时应对储瓶灭火剂充装量进行优化设计，尽量避免造成实际灭火浓度过大。实在不能避免的，应对实际浓度大于 9% 的防护区，在门外增设手动与自动控制的转换装置，以尽量减少对人员安全可能造成的危害。而全氟己酮是一种能用于有人场所的比较安全可靠的灭火剂，与七氟丙烷相比较，它的安全余量比较高，具体见表 3。

表 3　全氟己酮与七氟丙烷安全余量的比较

项目	全氟己酮	七氟丙烷
使用浓度（%）	4～6	7.5～8.7
不可见有害设计浓度（%）	10	9
安全余量（%）	67～150	3～20

消防气体灭火剂对生命安全的危害主要来自三个方面，即灭火剂生产过程中的副产物毒性、灭火剂自身的毒性及灭火剂在火场高温条件下的热分解产物毒性。国外研究是通过以下四个方面描述气体灭火剂的毒性。

（1）半致死浓度（LC_{50}）：是指在规定时间内，试验动物暴露于气体灭火剂与空气的混合物中，50% 致死的灭火剂最低浓度。半致死浓度（LC_{50}）越低，毒性越大。

（2）全部致死浓度（ALC）：是指在规定的时间内，试验动物暴露于气体灭火剂与空气的混合物中，全部致死的灭火剂最低浓度。ALC 值越低，毒性越大。

（3）未见有害作用的浓度（NOAEL）：是指将实验动物暴露于含有灭火剂的空气中，试验动物没有不良影响的灭火剂最高浓度。气体灭火剂的 NOAEL 值越低，对人的危害越大。

（4）可观察到有害作用的最低浓度（LOAEL）：是指将试验动物置于含有气体灭火剂的空气中，观察到相应的毒性学或生理学反应时的灭火剂最低浓度。气体灭火剂的 LOAEL 值越低，对人的危害越大。

在火场的高温下，灭火剂的分解产物产生的毒性危害性较大。现有的所有卤代烷药剂都含有氟，在可获得氢的条件下（水蒸气或自身燃烧过程），主要的分解产物是氟化氢（HF），这种氟化氢对人体有明显的毒性作用。当氟化氢的浓度足够大时，通过人体的吸入，会损害鼻腔及下呼吸道等部位，导致大面积的组织损坏和细胞死亡。如七氟丙烷气体灭火剂，在火灾情况下主要分解产物为氟化氢。在灭火过程中分解氟化氢的量，主要取决于火灾的规模、灭火剂浓度、喷放时间以及灭火剂与火焰或热表面接触时间的长短。七氟丙烷气体灭火剂毒性的研究表明，七氟丙烷气体灭火剂较长时间暴露于高温环境中会产生高浓度的氟化氢。根据《中国消耗臭氧层物质逐步淘汰国家方案》规定，消防气体系统禁止使用对大气臭氧层起破坏作用的氢氯氟烃（HCFC），以及含氢溴氟烃（HBFC）、含全氟烃（PFC）类物质和五氟乙烷（HFC-125，CF_3CHF_2）。联合国环保组织标准规定：灭火剂对大气层臭氧潜损值（ODP）应当不高于 0.2，温室效应值（GWP）不高于 0.2，大气中停留时间（ALT）不高于 10 年。七氟丙烷与全氟己酮灭火剂的环境参数及毒性比较见表 4。

表 4　七氟丙烷与全氟己酮灭火剂环境参数及毒性比较

项目	全氟己酮	七氟丙烷
ODP（CFC_{11}）	0	0
GWP100yr（CO_2）	1	3500
ALT（年）	0.014	31
LC_{50}（%）	>10	80
NOAEL（%）	10	9.0
LOAEL（%）	>10	10.5

3　对比结论

七氟丙烷灭火剂是目前替代哈龙 1301 的理想产品，是到目前为止研究开发比较成功的一种洁净气体灭火剂，在欧美已经得到普及应用，并已纳入美国消防协会 NFPA2001 新标准。该产品可用于扑救 A，B，C 各类火灾，能安全有效地使用在有人的场所，且灭火后不留痕迹。因不含导电介质，亦可用于扑灭电气火灾。在一些必要场所，如配电室、计算机房、电讯中心、地下工程、高档写字楼、文件档案馆或价值高的珍品及设备等，具有其他灭火剂无法替代的优越性。但是七氟丙烷的 ALT 值为 31 ~ 42 年，对大气破坏的永久性程度为 42，这是该灭火剂的一大缺陷，因此不宜作长期哈龙替代品。

而作为一种替代七氟丙烷的哈龙替代品——全氟己酮，具有在环境保护、毒性特征和灭火性能等方面的突出优点。

因为全氟己酮常温下是液体，又不属于危险物品，可以在常压状态下安全地使用普通容器在较宽的温度范围内储存和运输（包括空运），而不像哈龙替代品那样需要压力容器储存、运输，但因其沸点为 480 ℃，作为灭火剂的用途仍有一定的局限，可用于哈龙 1211 灭火器的替代，或用于 B 类火防护的全淹没系统和局部应用系统。对温差变化较大的应用场合，如我国的北方地区、可能处于高温的军用车辆、飞机或可能处于低温的潜艇，是非常适用的。

参考文献

[1] 杨霞，马克辛，肖建桥. HFC-227ea 灭火剂与哈龙 1301 灭火剂的有关性能比较[J]. 消防科学与技术，2004，23（增刊）44-45.

[2] 刘玉恒，庄爽，王天锷. 对七氟丙烷灭火剂毒性的探讨[J]. 消防科学与技术，2004，23（4）：372-373.

[3] 李亚峰，胡筱敏，刘佳，张玲玲. 新型气体灭火剂七氟丙烷的性能及其应用[J].工业安全与环保，2005，31（2）：39-40.

[4] 丁元胜，陈丰秋. 全氟己酮的合成与应用研究进展[J].浙江化工，2005，36（12）：22-24.

[5] 白占旗，倪航，柳彩波. 哈龙替代品全氟己酮及中间体全氟丙酰氟合成综述[J]. 有机氟工业，2010（4）：30-32，45.

电气火灾必要条件的认定

张学楷

（四川省公安消防总队）

【摘　要】　本文围绕电气火灾必要条件的确认，从现场保护、现场勘验、现场询问、现场分析等方面，根据笔者多年从事火灾调查的经验积累，通过整合现有最新电气规范对预防电气火灾的要求和有关火灾原因认定的规定，介绍了应当把握的重点和重要环节，可以作为电气火灾原因认定的重要参考。

【关键词】　电气火灾；必要条件；综合分析认定

电气火灾原因综合分析认定，是将分析和寻找标志特征的结果结合电气知识进行综合分析，整理特征形成的先后顺序，最后形成结论，得到电气火灾产生的详细原因。电气火灾原因认定除必须遵从火灾原因认定基本规律和要求外，还必须符合电气火灾自身规律和特点。其中，确认起火部位（起火点）线路或设备火灾前处于带电状态、线路或设备发生电气故障、起火部位（起火点）近旁存在可燃物并能够被短路、过负载、接触不良、漏电等电气故障产生的点火源引燃等基本要素，即电气火灾必要条件的确认是整个综合分析认定中的重要基础性环节。不满足必要条件，妄下结论，既不科学合理，又极易造成"冤假错案"，甚至引发矛盾，影响社会稳定。

电气火灾必要条件的确认主要应从现场保护、现场勘验、现场询问、现场分析等方面加以把握。

1　现场保护

与一般火灾现场（如明火引燃）相比，勘查前及时有效、全面保护好电气火灾现场和全面获取电气原始状况显得尤为重要。

（1）物证分布广泛。电气火灾现场供电一般要经过低压变压器→总配电盘→分配电盘→户配电盘→电气开关→用电器等配电设备；其供电线路则经过主线（架空或地埋线）→支线→分支线→室内布线→用电器（以上还视具体情况可多可少）。其特点是：线路分布距离长、环节多，而且控制、保护开关往往是多级的。由于电能传输的特点，一旦发生电气火灾会在有所关联的各个环节的设备和线路上都会留下痕迹或证据。因此，不仅对烧毁和火灾蔓延波及场所的线路、开关、熔断器、断路器等电气设施要做好现场保护，而且对火灾未波及但与供电有关的线路、控制、保护、计量装置也要及时有效地纳入现场保护范围，这对最终确定火灾原因将起着至关重要的作用。例如，导致起火的用电设备及严重烧毁的部位在地下室，而供电控制开关在完好的一楼；又如漏电点在甲栋建筑的线路，由于电气的关联，接地过热点（起火点）及烧毁部位却在乙栋建筑；再如接地电气故障点在高压配电部分，由于接地的因素，引起低压部分过压绝缘击穿引起失火。

（2）物证具有微小、隐蔽，难以寻觅的特点。电气火灾往往由于短路、严重过负荷、漏电、接触不良等所产生的高温、电火花（电弧）引发火灾，由于电能释放的特点，显现这些原因的故障点的几何尺寸、作用表面积小，加之目前供电线路多采用墙内或装修层内的暗敷，火灾中建筑及装修层的垮塌掉落极易对故障点的熔化、放电、过流痕迹造成破坏性失落，使得证明电气起火的直接物证难以获取，现场勘验人员应及时将与火场中心部位（或燃烧蔓延范围）线路、电气设备相关的线路、配电设备纳入现场保护范围。特别是配电设备处于火场中心部位（或燃烧蔓延范围）之外时，也不能遗漏。同时，现场勘验人员应及时对列入现场保护范围的线路和电气设备状态、性状、位置等采取录像、照相、文字等方式进行记录。同时在灭火中也要注意现场保护，有可能时应尽量使用开花、喷雾水枪，以免物证失落。火灾扑救人员也应尽可能地及时对与火场中心部位（或燃烧蔓延范围）线路、电气设备相关的线路、配电设备状态、性状、位置等采取录像、照相、文字等方式进行。

2 现场勘验

2.1 确认线路配电形式

（1）为了防止电击伤人和电气火灾，目前供电线路和保护装置组成了不同的接地保护系统，从系统安全的意义讲，电气火灾的发生正是由于系统不能正常协调运行，以至故障产生后未能及时切除，防火灾的保护作用未能正常发挥。从常见的低压供电保护系统看，主要有下列几种形式。

① TN-C-S 系统（如图 1 所示），又称四线半系统。即供电线路在进入建筑前由四根线路组成（L1，L2，L3，PEN），四线的末端（一般是在进入建筑处）将 PEN 线分为中性线 N 和保护线 PE，分开后不再合并，末级供电变压器中性点直接接地。系统内利用安装熔断器或断路器与线径的配合实现相线之间、相线与中性线之间短路或过负载保护；用电设备的外露可导电部分接到 PE 线上，当发生常见的接地短路（相线与设备外壳相碰等）或设备绝缘失效发生对地短路故障时，短路电流通过 PE 线使保护装置动作并使外壳对地电压降低，从而实现保护。

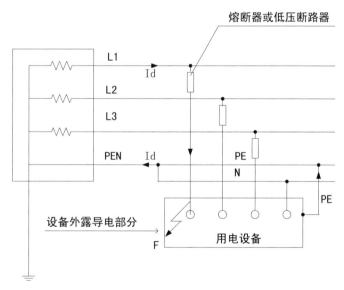

图 1　TN-C-S 系统

② TN-C 系统，又称四线制系统。与 TN-C-S 系统的差别是 PEN 线进入建筑后不分开，系统内短路、过负载保护与 TN-C-S 系统基本相同，不同的是其用电设备的外露可导电部分接到 PEN 线上实现接地保护。

③ TN-S 系统，又称五线制系统。即系统始终保持三根相线 L1，L2，L3，一根中性线 N 及一根保护线 PE 供电，保护措施与 TN-C-S 系统相同。

④ TT 系统。与 TN-C-S 系统不同的是，用电设备的外露可导电部分通过各自的 PE 线接地实现接地保护。

⑤ IT 系统。结构与 TT 系统相类似，只是其电力系统不接地或经过高阻抗接地，用电设备的外露可导电部分通过各自的 PE 线接地。其保护原理是通过接地检测装置，及时发现单相接地故障加以处置。多用于煤矿及希望尽量减少停电的特殊场所。

最常见的为如图 1 所示的 TN-C-S 系统。对于该系统如仅从短路起火判别，能够发生短路的线路有相线（L 线）之间、相线与中性线（L 与 N）、相线与保护线（L 与 PE）之间及相线与地之间。如果不了解系统的接线形式和特点，就很难从总体上把握短路起火的形成机理，现场的勘查也缺乏指导性而存在盲目性，甚至于在现场中面对大量零乱的残存线路，可能出现从中性线与保护线之间、中性线（或者保护线）与用电设备之间寻找短路对应点的错误，进而导致错误结论。尤其是对于漏电等失火原因复杂的现场勘查、分析，此点显得更为重要。

（2）为了防电气火灾，现行众多的电气规范在供电线路的敷设、保护装置的安装等方面都分门别类地作出了要求。例如，常用的《低压配电设计规范》（GB50054—2011）对低压配电电器的选择、对截流导线的选择、对配电线路短路和过负载及接地故障保护等方面都作了详细规定。又如《通用用电设备配电设计规范》（GB50055—2011）对供给电动机、电焊机等用电设备的末端线路规定了用电设备的特殊保护要求，等等。了解掌握这些规定和要求，再比对失火现场电气设施的安装、使用的实际情况，对分析判断原因、指导火场勘查、获取物证无疑将起到重要作用，特别是在直接物证无法获取时，这些要求和规定将对火灾原因的间接认定起着重要作用。

2.2　确定线路火灾前带电的基本前提

通过重点勘验（检查）起火部位（起火点）及与起火部位（起火点）相关的供、配电线路、配电、用电设备的状态、电作用痕迹，以确定线路火灾前带电。

2.2.1　线路、配电设备电作用痕迹的勘验（检查）

勘验（检查）配电线路、变压器相关设备、配电柜（盘、屏）、用电设备供电线路，看其上是否存在因电流、电压、电弧（电火花）而在线路线芯、配电设备、（接地）金属物体上形成的金属熔化、熔断、喷溅、电弧（电火花）烧灼、变色、剩磁，在线路、配电设备绝缘层（物）熔流（滴）、炭化、粘连、松弛，以及外壳炸裂等电作用痕迹。

2.2.2　电气保护设备的状态及电作用痕迹的勘验（检查）

（1）熔断器：

① 熔丝（体）是否出现断裂痕；

② 内部是否发现熔丝（体）喷溅痕迹；

③ 瓷插式熔断器固定螺钉电工封漆是否沿孔洞流出，形成流淌痕迹；

④ （与线路等）电气连接点是否出现过电流热作用或电弧烧灼痕迹；

⑤ 外壳是否出现电作用的炸裂痕迹。

（2）断路器：

① 当断路器过流保护动作时，面板开关处于开断位置状态；

② 当断路器过流保护未动作时，面板开关处于闭合位置状态；

③ 内部灭弧室、导弧轨是否发现电弧烧灼痕迹；

④ 动、静触点是否发现电弧烧灼痕迹；

⑤ （与线路等）电气连接点是否出现过电流热作用或电弧烧灼痕迹；

⑥ 外壳是否出现电作用的炸裂痕迹。

（3）漏电保护器：

① 当漏电保护器面板开关是否处于开断位置状态；

② 内部线路是否出现过流、电弧烧灼痕迹；

③（与线路等）电气连接点是否出现过电流热作用或电弧烧灼痕迹；

④ 外壳是否出现电作用的炸裂痕迹。

2.2.3 起火部位（起火点）用电设备状态及电作用痕迹的勘验（检查）

（1）起火部位（起火点）用电设备与供电线路是否处于连接状态。

（2）起火部位（起火点）用电设备开关是否处于闭合状态。

（3）起火部位（起火点）用电设备电源线是否出现电作用痕迹。

（4）起火部位（起火点）用电设备内部线路、元件是否出现电作用痕迹。

2.2.4 设备状态及电作用痕迹检查（发现）记录

对检查到的电作用痕迹应及时拍照、记录，确定在现场的位置，根据电气故障痕迹的位置绘制与（起火部位（起火点）线路电气故障痕迹有关的电气原理图或示意图。

2.2.5 电作用痕迹（物品）、相关电气设备的提取

（1）电作用痕迹（物品）提取要求、提取方法应符合《火灾现场勘验规则》（GA 839—2009）和《火灾技术鉴定物证提取方法》（GB/T20162）、《火灾痕迹物证检查方法 第4部分：电气线路》（GB/T 27905.4）的相关规定。

（2）提取起火部位（起火点）线路相关的电气保护和配电设备。

（3）提取起火部位（起火点）发现的电作用痕迹的用电设备。

（4）提取起火部位（起火点）近旁的可燃物。

3 现场询问

电气火灾从故障的产生到引燃表现出循序渐进的过程，因此火灾的发生一般与电气设计、安装、使用、维修多个环节有关。要准确地认定火灾原因并对火灾的发生、发展作出合乎逻辑的描述，就必须全面了解各个环节的情况，要通过设计、安装、维修人员，详细了解掌握电气设计、安装施工、维修、改造情况；平时，特别是火灾前电气设施的使用、故障情况，尤其要注意到对同一建筑、同一（或同相）线路用户要了解情况。

3.1 起火前的供电、用电情况

（1）线路、用电、配电设备工作是否处于正常工作状态。

（2）电力公司供电值班记录电压、电流等参数是否正常。

3.2 起火前发生电气故障的异常征兆

起火前是否出现不正常的声、光、味道、触电等反应。

3.3 设计与安装情况

（1）与起火部位有关的线路电气设计图、施工安装图，是否符合国家相关规范、标准有关防止线路短路、过载、接触不良、漏电等电气故障的要求。

（2）实际施工、安装有无改动原设计。

3.4 设计、安装、使用维护情况

（1）与起火部位有关的线路电气设计、施工安装是否符合国家相关规范、标准有关防止线路短路、过载、接触不良、漏电等电气故障的要求。

（2）历史上线路故障及维修情况。

（3）起火前配电保护装置的变动更换情况。

3.5 电气保护、用电设备变动情况

（1）控制起火部位线路的断路器、剩余电流保护器等电气保护设备控制手柄（开关）是否保持发现火灾时的原始状态，火灾扑救过程中和扑救后控制手柄（开关）是否变动以及变动的原因。

（2）处于起火部位的用电设备的开关状态、用电设备的电源插头与供电插座的连接状态是否保持发现火灾时的原始状态，火灾扑救过程中和扑救后开关状态、用电设备的电源插头与供电插座的连接状态是否变动以及变动的原因。

3.6 起火部位（起火点）可燃物的分布和性状

（1）起火部位（起火点）线路是否安装在可燃结构上。

（2）起火部位（起火点）线路附近是否存在可燃物。

（3）根据可燃物数量、状态、燃烧性能，分析是否能够被线路短路、过负载、接触不良、漏电等电气故障产生的点火源引燃。

4 现场分析

4.1 线路火灾前带电状态的确认

综合线路和设备状态、电作用痕迹的勘验（检查）、现场询问的结论，确认起火部位（起火点）线路带电。

4.2 线路、设备状态和电作用痕迹性质的确认（鉴定）

确认电作用痕迹非（起火部位（起火点））线路电气原因引发的火灾燃烧蔓延所致、电作用痕迹非火灾前历史形成、电气设备开关位置状态火灾后无人为干预、电作用痕迹的电气故障痕迹性质等。

（1）线路电作用痕迹性质的确认（鉴定）：

① 排出电作用痕迹非（起火部位（起火点））线路、设备电气原因引发的火灾燃烧蔓延所致；

② 排出电作用痕迹非火灾前历史形成；

③ 电作用痕迹的短路、过负载、接触不良、漏电等电气故障痕迹性质根据目测、《电气火灾原因技术鉴定方法 第 1 部分：宏观法》（GB /T16840.1）、《电气火灾原因技术鉴定方法 第 2 部分：剩磁法》（GB16840.2）、《电气火灾原因技术鉴定方法 第 4 部分：金相法》（GB /16840.4）的鉴定结论和综合分析确认。

（2）电气保护设备的状态及电作用痕迹性质的确认（鉴定）：

① 排出电作用痕迹非（起火部位（起火点））线路、设备电气原因引发的火灾燃烧蔓延所致；

② 排出电作用痕迹非火灾前历史形成；

③ 排出火灾后控制开关位置状态人为干预因素；

④ 电作用痕迹的短路、过负载、接触不良、漏电等电气故障痕迹的性质，要根据目测、《电气火

灾原因技术鉴定方法 第1部分：宏观法》（GB /T 16840.1）、《电气火灾原因技术鉴定方法 第2部分：剩磁法》（GB16840.2）、《电气火灾原因技术鉴定方法 第4部分：金相法》（GB /16840.4）的鉴定结论和综合分析确认。

（3）用电设备的状态及电作用痕迹性质的确认（鉴定）：

① 排出电作用痕迹非（起火部位（起火点））线路、设备电气原因引发的火灾燃烧蔓延所致；

② 排出电作用痕迹非火灾前历史形成；

③ 排出火灾后用电设备电源开关位置状态人为干预因素；

④ 电作用痕迹的短路、过负载、接触不良、漏电等电气故障痕迹的性质，应根据目测、《电气火灾原因技术鉴定方法 第1部分：宏观法》（GB /T16840.1）、《电气火灾原因技术鉴定方法 第2部分：剩磁法》（GB16840.2）、《电气火灾原因技术鉴定方法 第4部分：金相法》（GB /16840.4）的鉴定结论和综合分析确认。

4.3 可燃物的确认

（1）综合现场勘验、现场询问的结论，确认起火部位（起火点）线路近旁存在可燃物。

（2）根据对残留可燃物的勘验、提取情况和分析，确认可燃物是否能够被线路短路、过负载、接触不良、漏电等电气故障产生的点火源引燃。

5 发生电气火灾必要条件的确认

（1）综合火灾前线路带电得到确认、线路电气故障痕迹性质得到确认。

（2）起火前发生电气故障的异常征兆得到确认。

（3）起火部位（起火点）线路近旁或下方存在可燃物及其燃烧性能得到确认。

线路发生电气火灾必要条件得到确认的参考情形如表1所示。

表1 线路发生电气火灾必要条件确认参考情形

序号	火灾前线路带电（4.6.2）	线路电气故障痕迹性质（4.6.3）	起火前发生电气故障的异常征兆（4.4.2.2）	起火部位（起火点）线路近旁或下方存在可燃物及其燃烧性能（4.6.4）	确认性质	置信度
1	○	○	○	○	肯定	+
2	○	○		○	肯定	↑
3	○		○	○	肯定	
4	○			○	肯定	↓ −

注："○"表示获取了相应证据。

参考文献

[1] GB50054—2011. 低压配电设计规范[S].

[2] GB/27905.4—2011. 火灾痕迹物证检查方法第4部分：电气线路[S].

[3] GB/T 16840.1—2008. 电气火灾原因技术鉴定方法 第1部分：宏观法[S].

[4]　GB 16840.2—1997. 电气火灾原因技术鉴定方法　第 2 部分：剩磁法[S].

[5]　GB 16840.4—1997. 电气火灾原因技术鉴定方法　第 4 部分：金相法[S].

作者简介：张学楷（1957—），男，硕士，四川省公安消防总队高级工程师，四川省人民政府科技进步奖评
　　　　　审专家库成员，中国消防协会电气防火专业委员会委员，中国消防协会火灾原因调查专业委员会
　　　　　委员，公安部火灾事故调查专家后备人选；主要从事火灾原因调查。
　　　　　通信地址：四川省成都市金牛区迎宾大道 518 号，邮政编码：610036；
　　　　　联系电话：028-86303557，15882056973；
　　　　　电子信箱：fhbzxk@126.com。

某会展中心大空间智能型主动喷水灭火系统设计

王 军

（天津市公安消防总队）

【摘 要】 本文针对会展中心展厅空间高大的特点，通过对目前可用于高大空间的不同自动喷水灭火系统进行了比较，介绍了其采用的大空间智能型主动喷水灭火系统，并通过检测达到火灾早期报警，控火、灭火的目的。

【关键字】 会展中心；大空间；智能；主动喷水灭火

该会展中心位于天津市西青区，东至莹波路，南至江湾路，西侧为景观湖，北侧临现状公交首末站；规划总用地面积为 24.7 公顷；交通便利，环境优美。

会展中心以展览会议为主，兼顾与会议展览有关的展示、演示、表演、集会等功能，有会议厅、展览厅、地上车库及各类相关配套用房，是一座具有国际标准的大型展览建筑。建筑地上一层，局部二层，总建筑面积为 98 000 m^2，建筑高度为 36.3 m；一层为登录大厅、主会议厅、A，B，C，D，E，F 六个展厅，以及厨房及设备用房；二层为会议室及设备用房。各部分的造型及屋顶形式不同，展馆场地净空高度：大展厅室内为 13.6～22.5 m；小展厅室内为 11.5 m。本工程室外消防用水量为 30 L/s。敷设的环状给水管网，设置室外消火栓若干个，间距不超过 120 m；室内设置临时高压消防给水系统，首层设消防泵房和消防水池，全楼设自动喷水灭火系统，高大空间设大空间主动喷水灭火系统，舞台葡萄架下设雨淋系统，台口防火幕设闭式喷淋冷却系统，主要高低压配电房间设气体灭火系统

根据消防规范规定，会展中心应设自动喷水灭火系统。《自动喷水灭火系统设计规范》中规定采用闭式自动喷水灭火系统的民用建筑的非仓库类高大净空场所不应大于 12 米 m。有研究显示，热烟气在上升和流动的过程中，会卷吸大量周边空气而冷却，热烟气上升越高，卷吸的冷空气就越多，其温度也越低，反之则温度越高。当其与周边空气密度相近时会停止上升，形成滞留层。实验表明，当环境温度为 20 ℃、大空间中火源功率为 1 MW 时，在距火源中心高度 8 米以上，烟气温度不大于 52 ℃，达不到喷头启动所需的 68 ℃，从而不能使喷头马上动作，会造成灭火延误。另外，由于高度过高，水滴在下落工程中与火羽流进行热交换，造成部分蒸发，且水滴的覆盖面增大，喷头喷出的水的粒径及穿透力不足，达不到灭火所需的要求，所以不能设置常规的自动喷水灭火系统。

目前，可用于高大空间的自动灭火系统的有雨淋系统、固定消防炮灭火系统和大空间智能型自动灭火系统。

会展中心展馆和登录大厅是金属屋顶、钢结构屋盖，如果采用雨淋系统，势必要在空间内布置大量管道，将影响美观和空间整体通透的效果，并增加屋顶荷载。会展中心的初期火灾一般局限在一个展位内，大范围的喷水灭火既增大了用水量，还带来了大的水渍损失，且对人员疏散也不利。另外，大空间建筑早期火灾烟气运动具有烟气弥散、沉降及烟气层高度很不均衡的特点。由于弥散、沉降使

得早期火灾产生的烟气不能上升到楼层的预期，从而使烟感探测器难以探测到火灾。《火灾自动报警系统设计规范》中规定感烟探测器最大探测高度为 12 m，该建筑高度普遍超过 12 m，即使少量烟上升至顶棚，但由于温度过低，温感火灾探测器难以启动，从而不能进行火灾的确认，会延误早期发现火灾、灭火的最有利时机。因此，会展中心展馆和登录大厅内未采用雨淋系统。

固定消防炮灭火系统最早用于露天油库、码头等室外场所，近年来逐渐运用于室内的飞机库等高大空间，是一种高强度、高射程的灭火系统，具有流量大、喷水压力大、射程远的特点，更多地应用在石化场所中，但对于人员密集型的民用建筑在喷水时会因压力大，流量大造成次生灾害及人员伤害。

大空间智能型主动喷水灭火系统是近年来研制开发的一种全新的喷水灭火系统，该产品采用了多项技术，如红外线探测技术、计算机技术，并将传感、机械传动、光电技术、通信等通过逻辑程序编织于一身，实现了智能化，能 24 小时全天候监控，360° 全方位保护；当装置确认为火灾信号后，能主动射水，并在灭火后主动停止射水，回复到原来的监视状态，体现了其智能化和全动化。该智能型喷水灭火系统的组成部分跟一般的自动喷水灭火系统大致相同，包括水池、屋顶水箱、增压泵、信号阀组、水流指示器、大空间大流量喷头、电磁阀组等。该系统采用的是智能型红外探测系统，通过对火焰的特有光谱进行分析、自动探测及判定火源，然后自动启动系统、定点定位主动进行喷水灭火，不受建筑高度的限制，尤其适合于空间高、容积大、火场温度升温较慢，而且难以设置传统闭式自动喷水灭火系统的场所，解决了民用建筑内净空高度大于 12 m、仓库建筑内净空高度大于 13.5 m 的场所主动喷水灭火系统反应时间滞后的问题。

根据以上特点，该会展中心最后确定采用大空间智能型主动喷水灭火系统。该系统具有以下特点：

① 可主动探测并早期发现火源并对火源的位置进行定位报警；

② 可主动开启系统定点喷水灭火，迅速扑灭早期火灾；

③ 可持续喷水，主动停止喷水并重复启闭；

④ 适用灭火空间高度范围大（最大可达 25 m）；

⑤ 水量集中，对火焰穿透力强，灭火效果好；

⑥ 可对保护区域实施全方位监测。

该系统工作原理：大空间主动喷水灭火装置和系统控制装置在所应用的保护范围内，实行全天候监控；一旦发现火情，系统将立即启动、自动扫描、进行智能检测、做出火情判断；当确认火灾发生时，便立即发出信号到控制中心，实行火灾报警，同时对火源精确定位，联动水泵、电磁阀等系统设备，在最短时间内喷水灭火；火灾扑灭后，灭火装置自动关闭水泵和电磁阀，将水渍损失减到最小。若有新的火情，大空间主动喷水灭火装置又重新启动，待全部火源扑灭后，装置又返回到监视状态，真正体现了大空间主动射水灭火装置的高度智能化，人性化。

本设计的保护部位为展厅、登陆大厅、主会议厅。其参数及系统设置情况确定如下：

① 系统设计流量 Q = 40 L/s，火灾延续时间 1 小时。

② 设计标准工作压力 0.25 MPa，保护面积 113 m²。

③ 大空间智能型主动喷水灭火装置（高空水炮）设于大空间屋顶，系统设置有水流指示器及信号阀，并在各分区管网末端最不利点处设置有模拟末端试水装置。

④ 大空间灭火系统设两台加压泵（一用一备），水池与消火栓及喷淋水池合用。

⑤ 系统平时由高位水箱稳压，该系统与喷淋系统共用，有效容积 18 m³，出水管单独接出，并设止回阀和检修阀门。系统设置单独稳压装置保证系统压力。

⑥ 每套大空间自动灭火装置前设置电磁阀，电磁阀水平安装。

⑦ 水平管网末端最不利点处设模拟末端试水装置。

⑧ 系统在室外设置 3 套地下式水泵接合器，供消防车从室外消火栓取水向室内管道供水。

系统安装时应注意以下几点：

① 灭火系统场所环境温度不应低于 4 ℃，且不应高于 55 ℃；

② 电磁阀和灭火装置的安装应在管道冲洗合格后进行；

③ 探测器与喷头之间的水平距离不应大于 600 mm；

④ 探测器底面与地面保持平行，探测器透镜应保持清洁，并不应有遮挡；

⑤ 灭火装置应与地面垂直。

大空间自动灭火装置布置如图 1 所示。

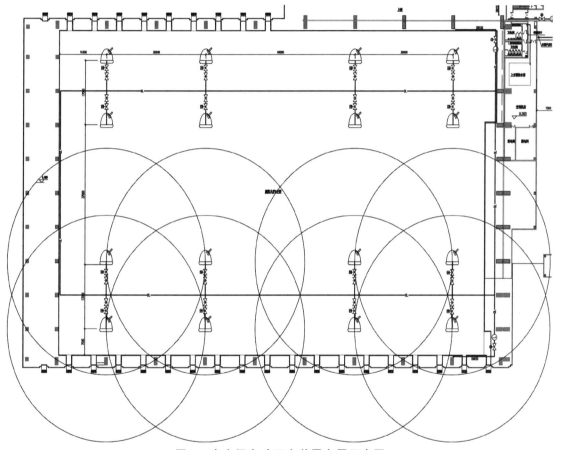

图 1 大空间自动灭火装置布置示意图

工程安装完毕后，在消防验收阶段对大展厅的大空间智能型主动喷水灭火装置进行了检测。大展厅高度为 13.6～22.5 m，长 135 m 宽 90 m；屋面为张弦梁结构。考虑布展时火灾危险性及展位间有可能互相遮挡，因此考虑两股水柱同时到达；共设大空间智能型主动喷水灭火装置 8 台，均吊装于结构钢梁下方。检测时在大展厅中央设一着火点，点燃后 1 分钟，火苗高度达到 1 米，探测器探测到火情并报警，所有消防设备启动，声光报警 30 秒后，着火点附近 4 台大空间智能型主动喷水灭火装置同时动作喷水，呈摆动的水柱，喷水 1 分钟后，火灾完全扑灭，停止喷水。通过消防检测，大空间智能型主动喷水灭火装置，完全达到了火灾早期报警，控火、灭火的目的。

大空间智能型主动喷水灭火装置具有保护半径大、灭火针对性强、流量小的特点，因此有利于提高大空间安全，并且覆盖面广、喷水效率高、精准度高；体积小布置灵活，不影响建筑装饰效果。针对大空间场所的火灾特性以及危险性，依据保护区域的空间特点选择合适的布置点，充分优化，以达到火灾早期探测和提高性价比的目的。克服高气流、大空间、探测难的问题，达到火灾超早期报警，火灾损失最小化的目的。

参考文献

[1]　GB 50016—2006. 建筑设计防火规范[S].

[2]　GB 50084—2001. 自动喷水灭火系统设计规范[S].（2005 年版）

[3]　GB 50045—95. 高层民用建筑设计防火规范[S].（2005 年版）

[4]　DBJ 15-34—2004. 大空间智能型主动喷水灭火系统设计规范[S].

作者简介：王军（1972—），天津市公安消防总队滨海新区消防支队高级工程师；从事建筑防火审核工作。

通信地址：天津市塘沽区塘汉路 99 号，邮政编码：300459；

联系电话：13902009635；

电子信箱：cuih99@163.com。

浅谈建筑类火灾扑救中的内攻与紧急避险

徐 娟

（江西省宜春市公安消防支队）

【摘 要】 随着经济社会的快速发展，城市建筑的规模和容量越来越大，然而建筑火灾也越来越多。因此，提高建筑火灾扑救中内攻作战和紧急避险能力，最大限度地降低灾害损失，确保参战官兵人身安全成为打破建筑火灾灭火救援作战行动安全工作瓶颈的一个重要课题。本文就典型建筑火灾扑救中内攻危险性及紧急避险措施进行了论述。

【关键词】 建筑火灾；内攻；紧急避险

随着经济社会的快速发展，城市建筑的规模和容量越来越大，特别是高层、超高层、大跨度大空间、地下等建筑逐渐成为一个城市发展崛起的标志，然而随之而来的建筑火灾也越来越多。在越来越复杂的火场环境下，广大消防官兵为了忠诚履行党和人民所赋予的光荣使命，履职尽责、无私奉献、英勇战斗。但是，在扑救建筑火灾时伴随而来的却是各类突如其来的安全事故。因此，如何提高建筑火灾扑救中内攻作战和紧急避险能力，最大限度地降低灾害损失，确保参战官兵人身安全，已成为打破建筑火灾灭火救援作战行动安全工作瓶颈的一个重要课题。

1 近年建筑火灾扑救官兵伤亡典型案例

近两年来，消防官兵们在建筑火灾扑救事故中遇难、受伤的案例时常发生。2013 年 1 月 1 日，杭州市萧山区瓜沥一厂房发生火灾，有 3 名消防官兵牺牲、2 名消防官兵受伤；2013 年 2 月 25 日，江西省瑞金市一民宅发生火灾，有 2 名消防战士受伤，其中 1 名战士因伤势过重经抢救无效牺牲；2013 年 8 月 17 日，郑州市宏达平业广场突发火灾，有 3 名消防员脱水昏迷；2013 年 10 月 11 日，北京市石景山喜隆多商场火灾，有 2 名消防官兵牺牲；2014 年 2 月 4 日，上海市宝山区某公司一仓库发生火灾，有 2 名消防员牺牲；2014 年 5 月 1 日，上海市徐汇区龙吴路一高层居民楼发生火灾，受轰燃和热气浪推力作用，使 2 名消防员坠楼牺牲。一起起悲壮的景象背后，令人不禁反思，为什么会有建筑物坍塌、爆炸、轰燃等复杂局面，从而给消防官兵灭火救援带来的挑战越来越大？

2 建筑火灾扑救官兵伤亡主要原因分析

随着城市化建设，建筑的类别不断地增加，其功能的复杂性也随之而增加。在建筑火灾扑救过程中，造成消防官兵伤亡的原因也呈现出多样性，有客观环境因素的影响，也有主观人为因素所致。结合消防部队日常工作和灭火救援行动的实践，笔者认为主要伤亡原因表现在以下几方面。

2.1 客观因素——火灾现场情况复杂

（1）高层建筑火灾扑救难度大。首先，高层建筑楼层高，消防官兵们登楼消耗体力大，而且登高途径少，灭火战斗展开的时间长；其次，灭火用水多，供水难度大，而且铺设水带途径少，供水压力高，水带容易爆裂；第三，消防灭火装备不够完善，如现有消防车的供水能力和供水器材的耐压强度达不到高层建筑的要求，举高消防车、消防直升机作用非常有限等。

（2）生产、仓储、居住"三合一"场所易惹火。我国消防法规定，生产、储存、经营易燃易爆危险品的场所不得与居住场所设置在同一建筑物内。然而"三合一"场所却屡治不绝。消防官兵在面对建筑火灾时不得不同时面对易燃易爆等其他类型火灾的扑救。

（3）市政消防设施维护保养难。由于城市扩容，新建筑群不断向城市周边扩展，而市政消防设施建设进度严重滞后，加之建筑内部消防设施无法使用，消防部队在火灾扑救过程运用传统的运水模式，造成火灾扑救难度加大。

2.2　主观因素——不熟悉规程盲目进攻

（1）建筑结构不够了解。在平时六熟悉工作中，只对重点单位重点部位的情况进行实地勘查和登记，没有深入地对建筑结构形式、建筑构配件的选材和耐火极限、建筑的使用性质以及建筑物的耐火等级等内容进行调研。在火灾扑救现场，未落实建筑结构专家联勤联动机制。

（2）内攻时机把握不准。在火灾扑救实施内攻时，指挥员缺乏实战经验，面对特殊、复杂的火灾现场，临机指挥处置能力不强，对火灾起伏未能进行精准的研判，进攻、防守、撤退的时机把握不准确。

（3）紧急避险能力不够强。消防官兵在平时训练中只注重技、战术训练，对于内攻和紧急避险专项训练活动未能真正的开展，尤其是烟热、黑暗、真火训练和实战演练没有有效地实施，造成官兵们在复杂实战环境下，严重缺乏随机思维和紧急应变能力，出现迷失方向、产生恐惧、反应迟钝、动作缓慢等不良行为，从而直接导致消防官兵的伤亡。

3　常见建筑火灾的内攻危险性及避险措施

3.1　高层建筑火灾

高层建筑发生火灾后，由于不能像一般建筑那样从外部有效地进行灭火，这给人员疏散、火灾扑救工作带来了很大困难，因而内攻就成了最有效的作战途径和救人灭火的战术。

3.1.1　内攻危险性

对高层建筑火灾进行内攻的主要途径是利用敞开楼梯、封闭楼梯、防烟楼梯、消防电梯、工作电梯和客梯等部位向着火部位推进。其内攻危险性主要表现在以下几方面。

（1）烟雾。高层建筑发生火灾时，会产生大量烟雾，这些烟雾不仅浓度大、能见度低，而且流动扩散快，给人员疏散、逃生带来极大困难；同时，高层建筑火灾中，烟雾不仅向上扩散，也会向下沉降。

（2）轰燃。高层建筑着火房间的室温随着燃烧时间的持续不断升高，当室内上层气温达到400 ℃～600 ℃时会发生轰燃，致使火灾进入全面发展阶段。轰燃后的室内可燃物会出现全面燃烧，温度急剧上升。同时，由于空气急剧膨胀，室内压力剧增，门窗等开口部位会喷出火烟，涌出大量高温烟气，从而使火势迅速蔓延。由于轰燃发生时间较短，消防官兵猝不及防，从而造成伤亡。

（3）玻璃幕墙坠落。玻璃幕墙受高温或火焰作用，易碎裂形成"玻璃雨"，极易造成人员伤亡和消防装备损坏，严重影响灭火战斗行动，妨碍指挥员战术意图的实现。

3.1.2 消防官兵作战行动中紧急避险措施

（1）现场必须设置安全员。进入建筑内部前，必须佩戴好个人防护装具，逐一检查完好状态，逐一进行参数登记，明确安全要求；严格按照内攻紧急避险操作规程和程序进行，认真检查各类防护器具。

（2）消防车停靠不能离高层建筑外墙太近，不要停在燃烧部位的正下方，防止高空坠落物伤人毁车。

（3）沿玻璃幕墙外侧行动时，要保持一定的安全距离，避开玻璃爆裂碎片可能坠落的范围，以防受伤；必须靠近玻璃幕墙行动时，应紧贴墙脚。

（4）在不具备破拆外窗的情况下，应在水枪掩护下，在着火房间门上破拆孔洞，保持房门呈关闭状态，向内射水降温，对密闭空间慎重通风；打开着火房间的门窗时，要缓慢开启，人立于一侧，并向室内喷水进行冷却，防止发生轰燃、回燃、爆燃。

3.2 大跨度钢结构建筑火灾

大跨度、大空间建筑主要采用钢材为主要材料，但是这些钢结构建筑的投入使用，也给消防工作带来了新的课题，一旦发生火灾，由于钢结构导热快，这些大型钢结构厂房极易倒塌。

3.2.1 内攻危险性

（1）顶部塌落物多。大跨度钢结构建筑高大，火势发展迅速，热传导速度很快，建筑内部顶部塌落物多，内攻时很容易被砸伤。

（2）结构变形倒塌。钢结构建筑着火时，导致结构变形倒塌的原因是多方面的，主要有三种因素：① 高温作用。钢结构失去静态平衡稳定性的临界温度为 500 ℃ 左右，而一般火场温度高达 1 000 ℃，裸露钢构件会很快出现扭曲变形，导致局部构件或整体建筑倒塌；② 冷热骤变。钢结构着火时，钢构件受热膨胀，遇水后又急骤收缩，冲击韧性急剧下降，使其发生扭曲变形；③ 应力关系。火灾时，局部构件因高温作用发生变形，使其与周边钢构件的应力关系遭到破坏，导致整个结构牵拉倒塌。

（3）电磁屏蔽通信。电磁屏蔽的强弱主要取决于钢结构建筑的钢材用量和结构形式。通常用量大、结构为网状的，则屏蔽效果就强。因此，钢结构火灾扑救中，火灾现场的通信组网受很大影响，尤其是内攻人员，很容易失去与室外指挥部的通信联络。

3.2.2 消防官兵作战行动中紧急避险措施

内攻时，要严格控制消防员数量，做好安全措施，对出入消防员人数进行清点；进入人员必须携带生命呼救器，沿铺设的导向绳或水带行进；准确把握空气呼吸器的使用时间，确保有足够的时间安全撤离；对于作战时间长难度大的火灾，要组织梯队强攻，定时替换内攻人员；严格落实安全员设置，仔细观察倒塌的前兆；内攻战斗员在位时严格按照避险操法要求，综合考虑安全性、易被发现、易于获救等方面，尽量靠近承重墙，避开玻璃穿、吊灯等有坠落危险的场所；在火场临时设置有线通信系统，确保室内与室外的正常通信，紧急情况下，可以采用简易通信、照明信号或扩音喇叭等方式进行联络。

3.3 地下建筑火灾

城市规模的扩大和功能的完善，地下商场、地下车库等一大批地下建筑不断增多，扩大了城市空间，给人民的生活带来了许多方便。但是，由于地下建筑内部结构复杂，并具有封闭性强、出入口少、缺乏采光等特性，一旦发生火灾，使得扑救困难、疏散困难，极易造成重大伤亡和财产损失。

3.3.1 内攻危险性

（1）高温浓烟不易散出。地下建筑一旦发生火灾会迅速产生很浓的烟雾，使能见度变得极低，致使不熟悉建筑内部情况的人要找到安全出口是相当困难的。而且，地下建筑没有天然采光，在电源中断的情况下，只能依赖人工照明，而人工照明很容易被浓烟遮挡，因而对火灾扑救战斗的展开带来困难。

（2）毒气弥漫。地下建筑内本身就缺氧，如果燃烧产生了大量的有毒气体，如 CO，HCl，HCN 等，对人体有麻醉、窒息、刺激作用；而有毒气体含量增多的同时，也会消耗大量的氧气，因而对消防官兵的生存构成极大威胁。

（3）火风压。地下空间内压力随着温度的升高而增大，当火势发展到一定程度，会形成一种附加的自然热风压，即火风压，不仅推动火势的发展，而且还容易引起风流反向逆流，使原来安全的区域变成不安全，给一线作战的消防官兵带来危险。

3.3.2 消防官兵作战行动中紧急避险措施

（1）内攻准备。消防官兵进入地下建筑内攻前，必须做好个人防护；指挥员必须规定好联络信号、撤离信号、紧急避险路线及方式；在出入口设置警戒人员，认真清点人数，防止撤离时遗漏人员，严格禁止非战斗人员进入。

（2）搞好火情侦查。通过多种侦查手段，掌握火场确切情况，以便能够准确部署作战任务，正确实施指挥；同时，使用可燃气体探测仪、测温仪等设备，在出入口处测量有毒气体成分与浓度、空气含氧量、空气温度与湿度等。

（3）严格按照紧急撤离操法规程，通过手势、声音、保护绳、水带等组织内攻人员撤离。

（4）加强火场照明。进入地下建筑实施火灾扑救时，因为没有自然采光，一旦照明线路被毁，必须使用各种移动照明灯或强光手电等照明装备；同时，利用各种灯光暗语进行通信联络，确保地下建筑火灾通信联络畅通。

4 努力提高内攻和紧急避险能力

4.1 加强调研，完善管理

通过实地调研，掌握建筑结构形式和主要构件选材、规格和耐火极限；综合调研单位的建筑结构特点、使用性质、耐火等级等要素，评估分析其火灾条件下坍塌的危险性，逐一制定防范措施和避险方案；结合调研实际情况，修订完善灭火救援预案和"六熟悉"卡，标明易发生倒塌部位、不宜破拆的部位和排烟口数量、位置，标注建筑易倒塌、易燃、易爆等主要风险；通过实地调研，摸清底数，登记造册，建立内攻灭火、避险撤离和紧急救助等长效机制，扎实做好灭火应急救援安全工作，最大限度地降低灾害损失。

4.2 科学组训，深化应用

立足灭火救援实战需要，充分利用辖区训练资源和设施，因地制宜地积极探索行之有效的实战训练项目，规范内容、程序和方法，创新训练操法，认真组织官兵训练，建立官兵训练、考核档案，并将训练结果进行分析，综合评估存在的不足，强化举措，出台硬性规定，解决制约部队实战能力建设的难题。

4.3 重点保障，务求实效

积极争取地方政府及部门支持，加大对设施建设、装备配备、真火训练等专项经费的投入，制定并落实硬性保障标准；要严格安全制度，落实安全责任，严格操作规程，完善安全措施，严防各类事故发生。

5 结 论

内攻与紧急避险的根本目的就是最大限度降低灾害损失，确保参战官兵人身安全。在实战锤炼中，只要消防官兵科学规范地实施内攻作战程序，增强紧急避险意识，努力破解传统作战模式下的安全难题，消防官兵们就能在火灾扑救的战斗中保障自身的安全。

参考文献

[1] 中华人民共和国公安部消防局. 中国消防手册. 第十卷，火灾扑救[M]. 上海：上海科学技术出版社，2006.
[2] 中华人民共和国公安部消防局. 特勤大队中队训练（上）[M]. 昆明：云南人民出版社，2011.

作者简介： 徐娟，江西省宜春市公安消防支队作战指挥中心高级工程师。

通信地址：江西省宜春市宜阳大道 56 号，邮政编码：336000；

联系电话：15107958589；

电子信箱：cheqi121@163.com。

室外消防供水与室内灭火系统的配套设计浅析

王东奎

（河南省濮阳市公安消防支队）

【摘　要】　本文对室外消防供水中的主要消防设施（消防水池、消防泵房、室外消火栓等）的设置，室外供水管网与室内消防系统如何进行连接等在工程实际中存在的问题进行了探讨分析，根据自身日常消防图纸审查和工程验收中的体会，依据现行规范，提出了改进意见。

【关键词】　消防供水；消防水池；水泵；管网

无论对于建筑物还是化工场所，室内消防系统与室外消防供水绝对应该是一个密不可分的整体，若没有合格的消防供水为室内消防系统提供水量和水压的保证，发生火灾时，室内的消防灭火系统将成为摆设，就起不到应有的作用，因而给人民群众的生命财产带来巨大的损失。据已有的火灾资料显示，在灭火实战中，因消防系统无水可用或水量水压很小，根本不能满足消防需要，使火灾不能及时扑灭，从而造成重大财产损失和人员伤亡的案例屡屡发生。重视室外消防供水系统的作用发挥，研究其设置方式，特别是与室内消防灭火系统的连接设置，十分必要。

1　没有设计室外消防供水或设计的室内、外消防系统不配套问题

在许多单位报审的消防图纸中，只有室内消防设计图纸，而没有室外消防系统及相应的消防水源、消防水池、消防泵房、室外消火栓及室外消防管网等设计图纸及相关说明。其原因主要有以下几种。

（1）建设观念中认为室外消防设计简单、不重要，不用专门设计。

（2）建设单位只委托了单体建筑设计，对室外消防供水设计没有委托。

（3）建设单位将给排水外部管线及消防水池、泵房、室外消火栓等另行委托其他单位进行设计。

（4）报审的建筑（或工业厂房）可以利用原来已建好的室外消防供水设施，所以本次设计不再另行设计室外供水。

（5）留待小区内所有建设工程完工后统一考虑，或随其他房屋建设一并设计，所以本次设计不包括室外供水。

（6）市政管网水量水压及市政消火栓能够满足室内、外消防供水要求，不需要另行设计。

以上是笔者在工程审核、验收过程中遇到的不设室外消防供水设施或室外设施不完备的各种理由。但无论其理由多么"充分"，其结果往往是要么没有室外消防供水、要么与室内系统不配套，即达不到规范要求。

在实际工程建设过程中，多数建筑工程的室外供水设施（包括消防水池、泵房、室外消火栓等）是在建筑主体工程建设结束甚至是整个小区所有的工程都完工后才进行建设安装的，在没有专业消防设计的情况下，消防水池找个空位置让工程队直接施工，泵房管道能与室内连接起来就行，市政消火栓能与市政管网连接起来就行，这样的做法当然难免会带来许多问题。

2 室外消防供水的设计深度问题

按照国家的《建筑工程设计文件编制深度规定》、《建设工程施工图设计文件审查要点》对设计深度的要求，在初步设计阶段，消防系统要说明各类形式消防设施的设计依据、设计参数、供水方式、设备选型及控制方法等；在施工图阶段，应有建筑室外给水排水总平面图（确定消防系统的管道平面位置，标注出干管的管径），各消防系统的设计参数及消防总用水量等、消火栓井和消防水泵接合器井等尺寸及编号、水池配管及详图，消防水塔（箱）或水池的形状、工艺尺寸、进水、出水、泄水、溢水、透气、水位计、水位信号传输器等的平面、剖面图或系统轴测图及详图（标注管径、标高、最高水位、最低水位、消防储备水位等及贮水容积）。

应该说，我国对室外消防供水设计的要求是较为具体的。但在实际工程中，室外消防供水即使有也很少能达到国家规定的设计要求。究其原因，一是由于体制原因，审查、验收室外消防供水系统设置是否合格的部门主要是公安消防机构，对国家设计深度的规定了解掌握不够，还没有引起足够的重视；建设部门审图机构对消防设计部分往往推托给消防部门审查或草草的过一遍，由此带来消防供水从源头上出现了管理的"真空地带"。二是国家《建筑设计防火规范》、《高层民用建筑设计防火规范》作为我国建筑防火方面的两个重要规范，对室外消防供水与室内管网如何连接的规定还不够翔实，没有起到应有的法律规范引领作用。三是人们的日常观念中认为室内设施是"面子"，使用多，检查多；室外设施是"里子"，看不见，检查少。所以只重视建筑物室内的设施，忽视室外供水，以致配套不完备。

建议公安消防部门与建设部门之间应加强协调沟通，即建设部门审图机构应加强对消防设计的审查，避免出现建设过程中消防部门与建设部门之间审查管理脱节，否则会出现管理"真空"，造成火灾隐患。另外，应注意纠正在建筑工程建设过程中只重室内设施而忽视室外消防供水配套的错误观念。如果说"下水道是一个城市的良心"，那么室外消防供水则是室内灭火系统的心脏，是"源泉+发动机"，因此要将"面子"和"里子"放在同样重要的地位来对待。

3 消防水池的数量和容量计算

3.1 不设消防水池

《建筑设计防火规范》和《高层民用建筑设计防火规范》中对消防水池的储水量要求基本是一致的（一简一繁），相信两个规范合并之后会更加完善。对于设不设专门的消防水池，防火规范用的是排除法叙述，换一种方式也可以这样理解，即可以不设消防水池须满足的条件有以下几种情况。

（1）有可靠的天然水源，能满足室内外消防供水要求，如河流湖泊设置的取水码头，其传输、保护距离满足供水要求，此时消防车、消防水泵均从水源直接吸水。对于大型的室外喷水池、游泳池、工厂内的循环水池兼作消防水池，其要求相同。

（2）市政管网能满足室内外供水要求，如有两条以上供水管或环状管网供水，且管网直径足够大、水量水压充足，消防水泵可以从市政管网直接吸水，消防车也可从市政管网上设置的室外消火栓接水或吸水。

直接吸水的优点是可充分利用城市管网水压，可节省消防水池费用，减少水池二次污染，便于水泵自动启动。笔者认为，市政管网是否满足室内外供水要求，要结合工程对建筑物的消防用水量和市政管网供水能力的实际进行基本的估算，将二者进行对比后确定，不能无原则地放宽规范要求。例如上海市地方标准《民用建筑水灭火系统设计规范》规定："当市政给水管管径大于等于 200 mm，且其水量能满足生活、生产消防用水量时，消防水泵可直接从管网上吸水"。试对其进行供水能力（水量）进行估算，管网内流速按 1~2.5 m/s 取值，则得到供水量为：31.4~78.5 L/s。按照《高层民用建筑设计防火规范》（GB50045—95，2005 年版）7.2.2 条的条文说明中"火场用水量统计，有效地扑救较大火灾平均用水量为 39.15 L/s，扑救较大公共建筑火灾平均用水量为 38.7 L/s……采用 25 L/s 作为高层民用建筑室内、外消防用水量的下限值。"可知，上海市的规定能满足大部分建筑物的消防供水需求。

3.2　设置专用的消防水池

由于每个人对规范的理解不同，如何确定其容量及设置方式，这在工程中较为混乱。为了更好地结合工程实际，以某医院综合病房楼为例进行计算，该建筑高度为 99 米（地下 2 层，地上 13 层），建筑内部设有室内消火栓、自动喷水灭火系统、水喷雾灭火系统，2 支 DN150 进水管。

根据规范，消防水池的设计储水量可由以下基础数据计算得来：

① 室外消火栓：20 L/s × 2 h=144（m³）；

② 室内消火栓：30 L/s × 2 h=216（m³）；

③ 自动喷水灭火系统：6 L/min·m² × 160 m² × 1h= 57.6≈58（m³）；

④ 水喷雾保护系统：20 L/min·m² × 20 m² × 0.4 h= 9.6≈10（m³）；

⑤ 1 条 DN150 进水管，流速（V）按 1 m/s 计，补水时间（T）按 1 h 计，则补水量 Q 为：

$$Q=A \cdot V \cdot T=\pi \times （0.15 \text{ m}）^2 \times 1/4 \times 1 \text{ m/s} \times 1 \text{ h}=63.6（\text{m}^3）$$

笔者查阅资料时发现，有的流速 V 按 2.5 m/s 计，如此则 1 h 补水量 Q 为 159 m³。因为消防状态时考虑的是最不利情况，且从笔者参加的火场扑救情况来看，灭火持续时间内消防供水管道能达到 2.5 m/s 的情况还不多见，又因为补水过程是在消防用水量较大的情况下进行的，故本计算中按低限 1 m/s 取值，则有：

消防水池设计储水量="室外消防用水量"+"室内消防用水量" – "灭火延续时间内的补水量"
即：　　　　　　　144 + 216 + 58 + 10 – 2 × 63.6≈300（m³）

笔者接触的设计图纸多数在设计总说明中，消防水池的设计储水量只计算室内消防用水量，如此则为：　　　　　　　216 + 58 + 10=284（m³）。

由此可以看出，二者数值接近。前者为严格按照规范的计算方法；后者为设计人员为简便计算采取的通常做法。所以，在有 2 路进水或环状供水的条件下，不考虑室外消防用水量的常规设计做法，虽然不够精确，由于工程学本身具有的误差，在实践中也是可以接受的。但是，部分设计中不顾室外供管网的设置条件，用"室内消防用水量"减去"补水量"后得到"消防水池的储水量"，其结果距离规范要求就相差太多了，如本例建筑中按此方法计算得出的数值为 284 – 2 × 63.6= 156（m³），仅为规范要求值的 1/2。

4　消防水池供水、吸水管道的连接问题

消防水池的连接有两种：一是与市政管网的连接，向水池供水；二是与消防水泵的连接，从水池吸水。其中单个的消防水池连接较为简单，在此不再赘述。规范中规定，当"消防水池的总容量超过 500 m³ 时，应分成两个能独立使用的消防水池"，两个水池的常规做法是紧邻设置。两个消防水池与市政供水管网的连接方式如图 1 所示。应注意的是，灭火延续时间内的补水量应按 1 支主进水管的管径（本例中为 DN150）进行计算，计算方法如前文所述。

当消防水池分为两个，其水泵的吸水管布置较为复杂，主要有以下三种布置方式。

（1）图 2 为一条吸水总管的布置方式，工程设计中经常采用。在两个消防水池之间设置一条吸水总管，自动喷水水泵和消火栓水泵均接在总管上。这种连接方式的缺陷是：当一个消防水池清洗或检修时，两组水泵只有一条吸水管；当吸水总管上任意一个阀门检修时，至少有一组消防水泵停止。因此降低了供水的可靠性，不符合现行消防规范的规定，不应采用。

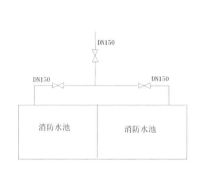 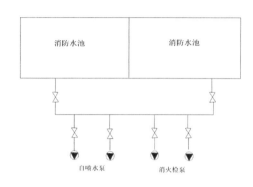

图 1　两个消防水池与市政供水管网的连接方式示意图　　图 2　一条吸水总管的布置方式示意图

（2）图 3 为消防水泵设置独立吸水管的布置方式。每台自动喷水水泵和消火栓泵都有独立的吸水管，分别接在不同的消防水池。当任何一个消防水池清洗或检修时，可以保证有一台自动喷水水泵和一台消火栓水泵运行。这种连接方式吸水管布置简单，符合规范要求，对于一般工程能够满足要求。缺陷是泵组的水泵之间没有联系，对于较为大型的、相对复杂的工程，如增设消火栓增压泵、自动喷水稳压泵、气压稳压增压装置时，难以做到每台水泵都有独立的吸水管，因此采用这种方式就不合适了。

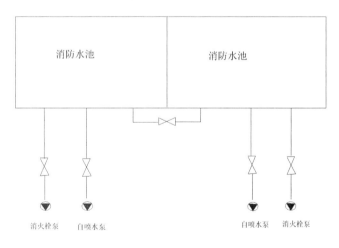

图 3　独立吸水管的布置方式示意图

（3）图 4 为两条吸水汇管的布置方式。在再两个水池之间分别接出两吸水汇管，自动喷水、消火栓系统的水泵吸水管分别接在两条吸水汇管上。当任何一个消防水池清洗或检修时，所有的消防水泵都不受影响；当任何一条吸水管发生故障或检修时，能保证至少一台自动喷水水泵和一台消火栓水泵运行。这种连接方式供水可靠性高，且可以和稳压增压系统合并，是较为理想的供水布置方式。

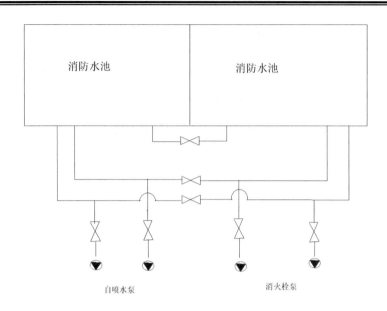

图4　两条吸水汇管的布置方式示意图

5　消防水泵供水与室内管网的连接

现行的《自动喷水灭火系统设计规范》（GB50084—2001，2005年修订版）第10.1.4条规定："当自动喷水灭火系统中设有2个及以上报警阀组时，报警阀组前宜设环状供水管道。"在条文说明中指出"要求供水的可靠性不低于消火栓的系统……对于设置两个及以上报警阀组的系统，按室内消火栓供水管道的设置标准……报警阀组前宜设环状供水管道。"并且给出了环状供水的示意图，为方便叙述，本文改为如图5所示。

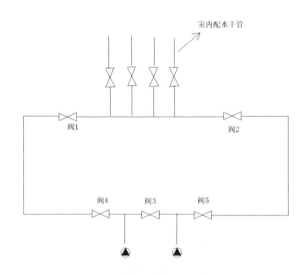

图5　消防水泵与室内管网连接示意图

笔者认为该图主要存在两个问题：一是当阀1与阀2之间的管段检修时，需同时关闭阀1和阀2，这样一来就失去了环状供水的作用。二是阀1与阀4、阀2与阀5所起作用相同，属设置重复，在实际工程中完全可以根据管道的长短、位置等因素只保留阀1与阀2或者只保留4与阀5。

改进后的供水示意图如图6所示。从图6可以看出，此设置方式用阀门将环状管网分成若干独立段，保证了室内系统的每个干管（此干管可能是消火栓立管，也可能是水喷淋系统报警阀组前供水管道）都能做到双向供水，发挥了环状供水的作用。另外，采用屋顶水箱、水泵接合器、市政管网作为补充供水，显然供水的可靠性较图 5 大大提高。需补充说明的是，消防水泵可根据前文所述的计算方法，可以从消防水池吸水或者市政管网直接吸水，当直接从市政管网吸水时，其旁边设置的市政供水管网连接不应取消。当然，高层建筑采用分区供水时，低区部分仍适用本图，高区部分属于另外的设计范畴。

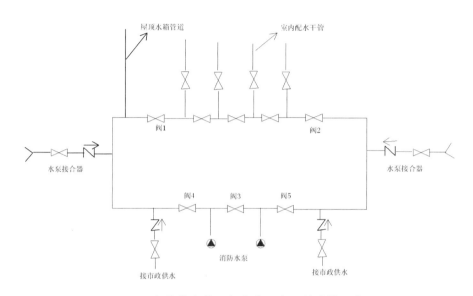

图 6　室外供水管网与室内灭火系统连接示意图

6　总　结

（1）无论民用建筑还是工业装置，不论是设消防水池，还是从市政管网直接吸水，都应计算消防用水量和供水能力（水量、水压），比较二者的数值大小后再确定。

（2）室外供水和室内消防系统用水是一个不可分隔的有机整体，设计、施工、验收时应统筹考虑，今后规范修订时对此应进一步明确。

参考文献

[1] GB50016—2006. 建筑设计防火规范[S]. 北京：中国计划出版社，2006.

[2] GB50045—95. 高层民用建筑设计防火规范[S]. 北京：中国计划出版社，2005.

[3] GB50084—2001. 自动喷水灭火系统设计规范[S]. 北京：中国计划出版社，2005.

[4] 姜文源. 从上海地方消防规范的编制谈《建规》的修订[J]. 给水排水，2000（10）.

[5] 朱力平. 消防工程师手册[M]. 南京：南京大学出版社，2005.

作者简介：王东奎，硕士研究生，河南省濮阳市公安消防支队高级工程师，曾任支队防火处长、参谋长，在防火灭火一线工作 20 余年，参与多项国家、省级重点项目的消防审核验收。

　　　　　通信地址：河南省濮阳市濮上路 3 号，邮政编码：457000；

　　　　　联系电话：18236066966。

阻燃技术

建筑材料烟密度实验的影响因素分析

张 沛

（山东省济南市公安消防支队）

【摘 要】 为了保证建筑材料的使用安全，尽量避免采用在燃烧时产生大量浓烟或有毒气体的材料，需对建筑材料燃烧性能进行试验检测。《建筑材料燃烧或分解的烟密度试验方法》（GB/T 8627—2007）可用来测量和描述在可控制的实验室条件下材料、制品、组件对热和火焰的反应，规定了测量建筑材料在燃烧或分解的试验条件下的静态产烟量的试验方法。在大量实际检测的过程中，发现目前建材烟密度测试存在结果稳定性及准确性较差等问题。本文针对存在的问题对烟密度检测中的影响因素进行了分析，研究了实验设备、人员操作及试样支架网格尺寸对烟密度测定的影响，发现实验设备及人员操作对实验结果有较大的影响；提出了减少由于试验设备带来的各种误差的方法，较好地解决了烟密度测试过程中存在的问题，有效地提高了测试结果的准确度和可靠性。

【关键词】 建筑材料；烟密度；实验设备；影响因素

1 前 言

建筑材料是广泛应用于人们生产和生活中的重要产品，其质量好坏直接影响到工程质量及消费者的生命财产安全。在火灾中，人们被弥漫的烟气窒息，或因看不见路径而无法逃生，给人员逃生和抢险救援带来极大困难，并对生态环境造成严重影响。因此，在预防火灾发生中，准确测试材料的烟密度、把好标准关是至关重要的。

《建筑材料燃烧或分解的烟密度试验方法》（GB/T8627—2007）规定在标准试验条件下，通过测试试验烟箱中光通量的损失来进行烟密度测试，目的是确定在燃烧和分解条件下建筑材料可能释放烟的程度。但是，在检测过程中，由于测试人员、仪器设备等的差异，往往导致测试结果差别很大。本文通过实验分析，总结出了在测试方面应加以注意的问题，以确保建材烟密度测试结果的准确性。

目前，国内烟密度测试的标准有《电缆或光缆在特定条件下燃烧的烟密度测定 第 2 部分：试验步骤和要求》（GB/T 17651.2—1998）《塑料 烟生成 第 2 部分：单室法测定烟密度试验方法》（GB/T 8323.2—2008）、《建筑材料燃烧或分解的烟密度试验方法》（GB/T8627—2007）。其中，GB/T8323.2—2008已有相应的无焰和有焰燃烧标准物质；GB/T8627—2007 中规定在每次试验开始的时候，或者一天至少一次用经计量标定的光吸收率为 50% 的滤光片对仪表进行校准。然而，易燃材料产生烟的程度受到多重因素影响，如材料的数量、形状、湿度、温度、通风和供氧量等，单纯采用标准滤光片校准难以排除。目前，由于缺少能对仪器的整体性能进行评价的标准物质，实验过程中难以发现仪器整体性能存在的问题。

2 建材烟密度测试原理及现状

GB/T8627—2007 规定了测量建筑材料在燃烧或分解的试验条件下的静态产烟量的试验方法。JCY-2 型烟密度测试仪是根据国家标准 GB/T8627—2007 研制而成的，其原理是通过测量材料燃烧产生的烟气中固体尘埃对光的反射而造成光通量的损失来评价烟密度大小[1]，主要用于测量塑料制品、泡沫塑料制品等建筑材料在一定条件下的发烟性能。

3 试验过程中存在的问题及原因分析

本文在大量建材烟密度检测基础上，经过认真分析、对照、研究发现，同一个样品在使用不同建材烟密度测试仪测试时存在检测结果不同，有时即使使用同一台仪器测试，也存在波动较大的现象。针对存在的问题，我们认真分析了标准及其可能对试验结果产生影响的因素，积极找出产生问题的原因，有效地解决了烟密度测试过程中存在的问题，希望对烟密度测试的稳定性和准确性有所帮助。

3.1 建材烟密度测试仪对烟密度测试结果的影响

随着建材烟密度测试仪的使用频率越来越高，为了保证检验结果的准确性，在严格符合标准及设备使用条件下，对同样经过同一样品调试，且具有相同理化性能的从同一样品上裁取的两个试样，在相同的试验条件下，用两台烟密度测试仪（1#，2#）分别测试其烟密度值，结果如图1所示。

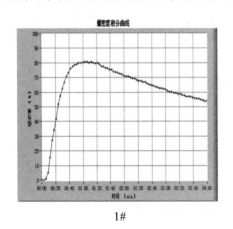
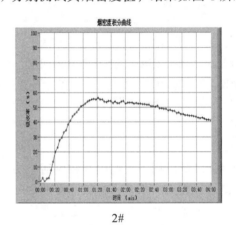

1#   2#

图 1 不同检测设备对烟密度测定结果的影响

从图中可以看出，两组试验结果偏差较大。1#表示的最大烟密度值（MSD）为 80.58，烟密度等级（SDR）为 62.96；2#设备测得的最大烟密度值（MSD）为 56.27，烟密度等级（SDR）为 44.19。我们对比试验结果，认真对建材烟密度测试仪、标准中对试验方法的要求进行了研究，希望能找出影响建材烟密度测试仪测试精度的影响因素。

3.1.1 建材烟密度测试仪烟箱底部严重腐蚀的影响

建材烟密度测试仪烟箱是由一个装有耐热玻璃门的 300 mm × 300 mm × 790 mm 大小的防锈蚀的金属板构成，烟箱固定在尺寸为 350 mm × 400 mm × 57 mm 的基座上，基座上设有控制器。烟箱内部应有保护金属免受腐蚀的表面处理。烟箱除了在底部四周有 25 mm × 230 mm 的开口外其余部分应被密封。试验时，将试样直接暴露于火焰中，产生的烟气被完全收集在试验烟箱里。烟气中主要为硫化物、一氧化碳及碳颗粒等，腐蚀性较大，每次试验完毕后，可以看到在烟箱壁附着一层油烟，且烟箱壁表层长时间受到腐蚀有表层脱落现象，如图2所示。所测油烟是顺着烟箱壁留到眼箱底部的，在试验完毕后，仔细观察烟箱底部，发现在2#烟密度测试仪烟箱底部有一个很小的孔洞。经过分析可以得出烟箱底部因腐蚀产生的小孔洞，会使实验过程中供氧量增大，从

图2 烟密度测试仪箱内表层脱落现象

而影响了燃烧时环境的氧浓度[2]，使易燃物得到更充分的燃烧，从而使烟密度值相对偏低，这与设备比对实验结果是一致的。

3.1.2 建材烟密度测试仪丙烷文氏管的影响

GB/T8627-2007 规定，样品应该由工作压力为 276 kPa 的点火器产生的丙烷火焰来点燃。燃气应与空气混合，然后从直径为 0.13 mm 的孔通过，利用丙烷文氏管的作用推动空气并一起通入点火器。标准中丙烷文氏管上 0.13 mm 的小孔是受到严格控制的，因为孔的大小非常重要，如果偏大，即使丙烷压力达到了 276 kPa，当燃气从小孔通过时，便会使压力降低，从而导致火焰强度降低。通过分析，我们对设备上的丙烷文氏管进行了研究，发现在 1#设备丙烷文氏管 0.13 mm 喷喉直径周围还存在三个小孔（见图 3），从图中可以看出其余三个小孔必然导致点火压力的降低，从而使气体流速降低，导致火焰温度的降低，使易燃物得不到充分燃烧，烟密度值相对较大。

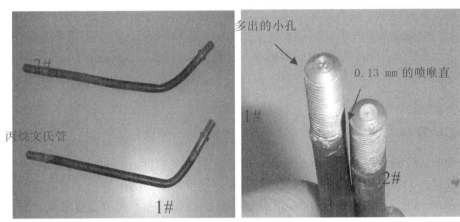

图 3　丙烷文氏管对烟密度测试仪测试的影响

3.2　样品支架网格尺寸的影响

标准中规定，样品应放在一个边长为 64 mm 的正方形框槽上，正方形是由 6 mm×6 mm×0.9 mm 的不锈钢网格构成的。为了分析不锈钢网格尺寸对烟密度检测结果的影响，我们分别按照新旧标准（GB/T8627—2007，GB/T8627—1999）规定的不锈钢网格尺寸，在相同的试验条件下，对同一个样品进行试验，1#为新标准规定网格尺寸下测定的烟密度值，2#为旧标准规定网格尺寸下测定的烟密度值（见图 4）。由图 4 我们可以看出，网格尺寸越大烟密度值越小。因为不锈钢网格越大，样品接触燃气面积就越大，燃烧就越充分，因而产烟就越少、烟密度值就越小；反之，烟密度值越大。所以，在试验过程中要严格控制建材烟密度实验装置中样品支架不锈钢网格尺寸。

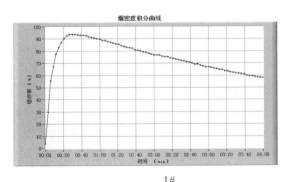

1#

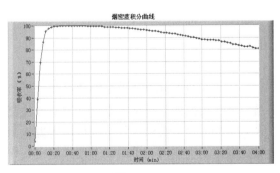

2#

图 4　网格尺寸大小对烟密度的影响

3.3　样品摆放位置的影响

在 GB8627—2007 标准中要求样品下方的点火器应能够快速调整位置，以便点火器的轴线落在底座上方一个 8 mm 的点上，然后将样品水平放置在支架上，使得点火器就位以后火焰正好在样品的下方。但是，由于人员个体差异难免造成对火焰点 8 mm 的大小判定不一、点火器就位以后火焰是否正好在样品的下方判定有很大的差别，导致实验结果的不同。

当试样在火焰点中心位置时，整个火焰可以把试样包围，试样受热均匀，并在瞬间燃烧，减少了阴燃时间，降低了试样的产烟量。当试样摆放位置偏离中心时，试样近火边燃烧比较充分，而燃烧中心向厚边扩散的时候，会加速阴燃的速度，也会加速炭化层的形成，阻断热量的传递，阴燃时间加长，产烟量增加，烟密度值也随之增加。当试样偏离中心距离较大时，部分试样连阴燃温度也无法达到，几乎不产烟，所以烟密度反而会降低。另外，由于仪器出现如丙烷文氏管小孔等降低工作压力的情况，从而导致火焰点大小的改变，很难通过直接观察看出。

假如在试样支架上标定一个（25.4 ± 0.3）mm ×（25.4 ± 0.3）mm 的样品放置区域，并将其中心与火焰接触处按上一个测温装置来测定接触试样火焰的温度，则有利于及时地发现烟密度检测装置存在的问题，工作人员不需要每做一次实验而重新选在样品放置位置，从而避免了由于个体差异造成的对火焰点直径判断的不同，大大地减少人为误差，降低烟密度值的不确定度，有效地控制测试结果的准确性和稳定性。

3.4　其他因素的影响

建材烟密度测试仪的好坏直接影响烟密度试验数值的真实程度，如老化了的光电池测烟密度测出的数值很低、波动大，不能真实反应烟密度的数值[3]，这可能也是造成烟密度值测定结果波动较大的因素。另外，GB/T8627—2007 标准中严格规定了试样的样品尺寸、调节温湿度及实验温湿度要求，因此在试验过程中要严格按照标准检验，以避免一些对环境温湿度比较敏感的样品如橡塑海绵、聚乙烯泡沫保温材料等，在测试时如果温度低、湿度大都会造成燃烧不充分、产烟量增大，从而使烟密度测定结果偏高。

4　分析与讨论

通过以上分析可以看出，建材烟密度测试过程中存在很多影响检测结果的因素，如建材烟密度测试装置烟箱的腐蚀、丙烷文氏管的损坏等都会造成易燃物燃烧时环境氧浓度的变化，从而造成烟密度值准确度的降低；另外样品支架尺寸、样品摆放位置、样品尺寸、调节温湿度及试验环境温湿度等对烟密度试验结果都有一定的影响。

5　小　结

综上所述，我们可以看出影响建材烟密度检测值准确度及稳定性的因素有样品支架尺寸、样品尺寸、调节温湿度及试验环境温湿度，因此在检测样品试验过程中需严格按照标准执行。而样品摆放位置、火焰点的大小、实验装置对建材烟密度检测值的影响还存在一定的不可控性，针对其对烟密度值的影响，提出以下建议，希望能对建材烟密度检测准确性及可靠性提供保证。

（1）建材烟密度测试仪中老化了的光电池测烟密度测出的数值很低、波动大，不能真实反应烟密度的数值，这可能是造成烟密度值测定结果波动较大的因素。为了解决光电池对实验结果的影响，我们可以定时对试验设备进行计量校准，并在每次试验前用计量过的滤光片来对仪表进行校准，以保障测定结果的准确性。

（2）建材烟密度测试仪试验装置的腐蚀及丙烷文氏管小孔的数量、尺寸对烟密度检测结果有较大的影响。为了避免试验装置的腐蚀，操作人员除了每次试验前后对仪器进行清洁外，还应定期对试验装置进行维护保养，以保证试验设备的有效运行。

（3）在影响建材烟密度检测结果的因素中，有些影响因素不是很明显，如丙烷文氏管小孔的变化，很难通过直观地试验现象发现其变化，如果将工作压力调整到标准要求的 276 kPa，再从标准上看是符合要求的，但是这已经影响了标准规定的火焰点大小为 8 mm，而且通过人为观察又很难察觉，从而导致试验结果偏大。这可能是因为燃烧时点火器的实际压力偏小，接触试样的火焰温度偏低，使试样相对不能充分燃烧，从而造成烟密度测定结果偏大。假如我们在试样支架上标定一个（25.4 ± 0.3）mm ×（25.4 ± 0.3）mm 的样品放置区域，其样品放置区域可以利用导热系数较小的材料做成，并将其中心与火焰接触处安上一个测温装置来测定接触试样火焰的温度，则有利于及时地发现烟密度检测装置存在的问题，有效地控制测试结果的准确度和可靠性。

（4）建材烟密度检测装置对检测结果影响比较复杂，如试验点火器工作压力、试样支架、装置的腐蚀、光学元件的老化等都会造成烟密度检测结果的准确度降低。如果能使用相应的标准物质对烟密度测试仪的整体性能进行评定，将会有效地提高建材烟密度检测结果的准确性和可靠性。因此，希望在以后的工作中能够更深入地研究。

参考文献

[1] 赵成刚，刘松林，曾绪斌，等.（GB/T8627—2007） 建筑材料燃烧或分解的烟密度试验方法[S]. 北京：中国标准出版社，2007.

[2] 蔡炜，杨明睿，林运鑫. 电缆燃烧产烟影响因素的试验研究[J]. 安全与环境工程，2009，16（3）：109-112.

[3] 赵侠，邬玉龙. 建材烟密度测定结果的影响因素[J]. 检验与认证..

作者简介：张沛，男，硕士，山东省济南市公安消防支队工程师，从事消防科技工作。

联系电话：13969169119；

电子信箱：gameboy19790128@163.com。

建筑外墙保温材料的火灾危险性及预防对策

刘江荣

（山西省晋中市公安消防支队）

【摘　要】　本文针对近年来我国易燃可燃建筑外墙保温材料火灾事故频发的现象，分析了外墙保温材料的危险性，并在此基础上完善预防有机保温材料引发火灾的对策，从而减少火灾的发生。

【关键词】　外墙保温材料；类型；火灾危险性；防火措施

近年来，我国易燃、可燃的建筑外墙保温材料火灾事故频频发生，造成人员伤亡和财产损失重大，社会影响较大。如 2009 年 2 月 9 日，央视在建大楼因燃放烟花引燃外墙装饰材料引发大火；2010 年 11 月 15 日，上海市中心胶州路高层教师公寓楼因外墙装修过程中电焊引发特别重大火灾，造成重大人员伤亡；2011 年 2 月 3 日，沈阳皇朝万鑫大厦因燃放烟花最终引燃外保温材料发生火灾……。近年来外墙保温材料火灾事故的频繁发生，引起了社会各界对外墙保温材料消防安全管理状况的高度关注。同时，外保温材料的监督管理需社会多方齐心协力、齐抓共管。笔者结合工作实际对建筑外墙上存在的火灾危险性及预防措施进行探讨。

1　建筑外墙保温材料的类型

目前，市场上的建筑外保温材料分为有机保温材料、无机保温材料和有机无机复合类保温材料三类。其中有机保温材料主要为聚苯板（EPS）、挤塑板（XPS）、聚氨酯泡沫塑料（PU）、酚醛泡沫（PF）等，无机保温材料主要有岩棉、矿棉、玻璃纤维、膨胀珍珠岩、膨胀蛭石、加气混凝土、泡沫玻璃、泡沫混凝土等。

无机保温材料与有机保温材料相比，应用温度范围广，不燃性能好。但是，综合各种材料的理化特性进行比较，我们认为：岩棉、矿棉等保温材料虽然价格略低，但污染环境，且使人浑身刺痒，不宜作为外墙保温材料；玻璃纤维不是硬质块状材料，应用比较困难；膨胀珍珠岩、膨胀蛭石等颗粒状松散保温材料，吸水率高，制品不抗冻融，松散不易使用；加气混凝土密度大，吸水率更高；泡沫混凝土保温材料具有轻质、保温隔热、防火、抗震、耐久、隔音、绿色环保、价格低等特点，但存在密度较大、韧性较差的缺点。

有机无机复合类保温材料，一般多以胶粉聚苯颗粒保温砂浆为主，此类保温材料属于难燃性材料，燃烧时不仅不会熔融、无滴落物，而且发烟量低，仅产生少量的一氧化碳，自身不存在火灾危险性，但存在保温性较差、易碎、韧性不足等缺点，要想取代聚苯乙烯等有机外保温材料需要在技术上有所突破，解决其不足。有机保温材料，如聚氨酯硬泡塑料 PU、酚醛树脂泡沫塑料（PF）虽然不燃性较 EPS 和 XPS 略好，但成本的造价较高。

2　建筑外墙外保温材料的火灾危险性

近年来国内外市场中，建筑外墙保温材料仍然是有机保温材料占据主导地位。因此，我们必须充分认识有机外墙保温材料潜在的火灾危险性，分析有机保温材料的特性，并在此基础上完善预防有机保温材料引发火灾的对策，从而减少火灾的发生。

2.1 施工过程中存在火灾危险性

在施工过程中，由于易燃、可燃的外保温材料板裸放，或在外墙施工中尚未抹水泥面时，加之施工工人消防安全意识不强，在易燃、可燃的外保温材料附近进行电焊、吸烟，以及不良的施工习惯如私拉乱接电气线路、违章使用切割机等，极易引发火灾。而这些易燃、可燃外保温材料多为有机物，在燃烧过程中不仅产生的融滴物和毒烟，还释放出危害周围的环境的氯氟烃、氢氟碳化物等有毒气体。

2.2 外墙保温材料在施工构造中的缺陷性

除了材料的燃烧性能外，外墙保温材料一个重要的火灾危险性来源于自身的构造，即火焰自下而上的卷吸及燃烧后的滴落、流淌，很容易造成火灾在外保温材料垂直方向上的蔓延。尤其是一般幕墙内部常使用薄抹灰或现场喷涂后，再进行幕墙施工，形成幕墙-空气间层-保温层这一类的大量应用。该种构造中保温板在幕墙内部与幕墙保持一定的空隙，而空隙内存在大量空气，外保温材料一旦被引燃，内部极易形成"空腔"，火灾便会迅速蔓延；而且该类火灾因为幕墙挡住了消防用水接触外保温材料，使得扑救难度极大。

2.3 建筑使用后的火灾危险性

建筑投入使用后，如果使用的是易燃、可燃外墙外保温材料的建筑，一旦墙体外保温材料被引燃，对建筑耐火极限影响极大。试验表明，一些易燃、可燃的外墙保温材料在火灾后温度极高。例如，聚苯乙烯泡沫板抹网格布粘贴面砖或石材，在大楼形成猛烈燃烧后（燃烧火焰温度可达 1 000 多度），火灾高温烈焰会使聚苯板受热熔缩变形，网格布也会由于高温热烤后折断，外贴面或石材容易剥落，从高空下坠时，给建筑逃生人员及火灾灭火救援造成很大的危害。聚苯板保护层破裂后，被大火点燃的聚苯熔化物不断从高空融落，一旦掉落在人员身上，则造成伤害，即便掉落地面上还会不停地燃烧。由于易燃、可燃外保材料引发的火灾蔓延极快，附着易燃外墙保材料的高层建筑一旦着火几乎不可救，近年来的火灾事故警醒我们，做好外保温材料火灾预防工作的重要性。

3 外墙保温防火安全措施

为了加强建筑外墙保温材料的火灾预防工作，杜绝类似火灾事故再次发生，笔者认为应从两个方面进行防范。一是要在安全技术上采取措施，使外墙保温材料、保温系统具有保障安全状态的能力，二是要加强管理，尤其是加强施工现场的消防安全管理措施，以实现整个外保温系统的安全。

3.1 加强法律法规及制度建设，从制度上提高外墙保温防火材料的可靠性

3.1.1 增强规范对外保温材料耐火等级的要求

尽管目前我国已出台部分法规及设计标准，但是外墙保温行业亟须一整套产品标准、施工技术规程和验收规范，对外墙保温技术应有总的要求和使用范围规定，并通过统一的国家标准验收建筑保温工程。所以，建议正在修订的建筑规范标准中，增加外保温材料的燃烧性能等级不得低于 B1 级的规定。而对于外保温系统的燃烧性能等级可不作强制性要求，但应要求外保温系统具有阻止火焰传播的能力。防火隔离构造措施宜作为外保温系统的组成部分，同时鼓励外保温生产企业对其原有的系统进行合理改进，满足防火安全要求。

3.1.2　建议在法律法规中应根据建筑高度明确划分外保温材料的类别

建议超过 24 m 的建筑严禁使用有机可燃保温材料，因此聚苯板外保温系统只能用于低于 24 m 的建筑，高于 24 m 的建筑大部分使用不燃或难燃材料外保温系统。

3.1.3　防火等级的测定和相关测试需进行两次

对防火等级应进行两次测试，一次为整个体系的测试，另一次仅为保温材料的测试。在测试时需要考虑火焰在系统保温材料中蔓延的可能性，系统供应商应推荐一种防火隔离来防止火势蔓延。

3.1.4　其他相关措施

使用的粘贴聚苯板薄抹灰外保温系统，通常要考虑的两个问题是火灾条件下维持系统稳定性的能力和系统阻止火焰传播的能力。因此，应采取以下措施。

（1）防火隔离带：水平设置在建筑的层与层之间或竖向设置的防火隔断（一般采用不燃或难燃保温材料），系统的任何材料之间都不留空隙，并具有一定的宽度。在每个窗楣和门楣上口加入不燃高强矿棉防火隔离带，厚度同聚苯板，向上宽度大于 200 mm；长度为窗口两侧向外延伸 300 mm 以上，用满粘的方式铺帖。这主要是防止室内发生火灾时，火势从窗口部位点燃外墙外保温系统并引起火灾蔓延的发生。

（2）挡火梁：这是一种门窗洞口的隔火构造方式，与防火隔离带类似，水平设置在门窗洞口的上边缘，并伸出门窗洞口竖向边缘一定的长度。

为了维持火灾条件下系统的稳定，保障系统不具有火焰传播性，可考虑使用金属固件。

3.2　合理设计保温系统的防火构造

根据目前的技术条件，在满足相关标准对保温材料要求的前提下，不需要也不能对有机保温材料的阻燃性指标提出过高的要求，而应更加重视与强调系统的整体防火安全性能。只有外墙外保温系统的构造方式合理，系统整体对火反应性能良好，才能保证建筑外保温系统的防火安全性能满足要求。目前可以通过构造防火保护面层、防火隔断和无空腔结构等手段，增强外墙保温结构的防火性能。尽管外墙外保温的保温层处于外墙外侧，但防火处理也不容忽视，在建筑物所有门窗洞口周边保温层的外表面，都必须全部用防火材料严密包覆，不得有裸露部位，以防保温材料被窗口窜出的火苗点燃。在建筑物超过一定高度时，需有专门的防火构造处理，一般应每隔 2～3 个楼层设置由岩棉板条构成的隔火条带。试验表明，防火隔断对于阻止火势蔓延有着明显的作用。无空腔结构不仅可以提高外保温结构的稳定性，同时也可以降低火灾危险性。而空腔结构本身就存在整体连通的空气层，火灾时很容易引起火灾的快速蔓延。

3.3　加强施工现场管理

外墙有机保温材料的火灾发生分为三个时段，即保温材料进入施工现场码放时段、保温材料施工上墙时段和外墙外保温系统投入使用时段。然而，在第一阶段发生的火灾比例最大，因此加强施工现场的消防管理至关重要，尤其是对动用明火必须实行严格的消防安全管理。如果需要进行明火作业的，动火部门和人员应当按照用火管理制度办理审批手续、落实现场监护人，在确认无火灾、爆炸危险后方可动火施工；动火施工人员应当遵守消防安全规定，并落实相应的消防安全措施，特别要严密做好高空焊等特殊电焊环境下的防护要求；电焊、气焊、电工等特殊工种人员必须持证上岗；将容易发生火灾、一旦发生火灾后果严重的部位确定为重点防火部位，实行严格管理。同时，强化施工现场管理应根据现有的消防条例和保温工程施工消防安全管理规定和结合实际情况制定出消防安全管理制度，并认真贯彻执行。

参考文献

[1]　住房和城乡建设部和公安部. 民用建筑外保温系统及外墙装饰防火暂行规定[S].　2009.

作者简介：刘江荣（1975—），女，山西省晋中市公安消防支队工程师；主要从事消防监督检查工作。

　　　　　　联系电话：13835454118；

　　　　　　电子信箱：ljr1192006@126.com。

建筑外保温材料燃烧性能分级和
检验方法的研究

张爱华

（宁夏回族自治区消防总队银川市消防支队）

【摘　要】　我国建筑材料燃烧性能分级标准经过了多次修订，燃烧性能等级检验标准、方法、设备装置等方面都已趋于成熟。本文主要介绍了建筑外保温材料燃烧性能检验过程中可能涉及不燃性试验、可燃性试验、热值试验、单体燃烧试验、氧指数试验等，分析了各类试验的检验指标、试验装置、测试条件。

【关键词】　外保温材料；燃烧性能；移动检测平台；建筑火灾

1 引　言

建筑防火的目的是为了降低火灾危险、减少火灾危害，保证建筑中居住者的生命和建筑内财产安全。建筑工程所用材料的燃烧性能，对火灾的发生、发展和蔓延以及火灾发生后可能造成的人员伤害和财产损失的程度，有着至关重要的影响。世界各国都在建筑规范中对工程所采用材料的燃烧性能做出了规定[1]。材料性能评价（分级）体系和材料燃烧性能评价（分级）体系是安全规范的基础和重要组成部分[2]。

2 世界部分国家和地区对材料燃烧性能的分级

在试验方法以现象为评价主要手段时，对于建筑材料的分级，世界各国或地区都提出了自己的试验标准和分级体系，并且这些试验标准和分级体系也都随着社会的发展和人们经受了事故后进行推进演变、升级。

美国采用 ASTM E 84 火焰传播试验方法考察材料的火焰传播指数和发烟指数，根据指数值分为Ⅰ级、Ⅱ级和Ⅲ级[3]。

欧洲主要国家在欧盟颁布统一分级标准之前，各主要国家都执行自己的分级标准。法国将材料燃烧性能分为 M0，M1，M2，M3，M4 和 M5 六个等级；英国分为不燃和可燃的 0，1，2，3，4 级；德国分为 A1，A2，B1，B2 和 B3 五个等级 ；荷兰和意大利虽然都是分为 0，1，2，3，4 五个等级，但是其试验方法和判据完全不同[3-4]。

在 ISO 9705《表面材料全尺寸房间火试验》（全尺寸试验）及 ISO 5660《采用锥形量热计进行燃烧热释放的测试》（小型化试验）两个测试方法出来后，欧盟标准化委员会通过多年的研究和协调，公布了 SBI 中等尺寸的试验方法，该方法在一定程度上模拟了火灾场景，并且具有实验室进行入场检验的可行性而被接受[4]。欧盟委员会于 2002 年制定并颁布了欧盟统一的建筑材料燃烧性能分级标准，即

EN 13501-1：2002《建筑制品和构件的火灾分级 第一部分：用对火反应试验数据的分级》，该标准颁布实施后，欧盟成员国各自原有的建筑材料分级标准同时废止。该标准将材料燃烧性能分为 A1，A2，B，C，D，E，F 七个等级。该分级标准的依据考虑了材料的火焰传播速率、材料燃烧热释放速率、热释放量、燃烧烟气浓度，某些级别还附加了对燃烧滴落物的限制[5]。与以往欧洲各国原有标准及美国、日本的分级体系相比较，EN 13501-1：2002 对材料分级考虑的燃烧特性参数更全，其试验的燃烧模型与实际火灾更加的接近，试验中材料的安装条件与实际工程应用更加地贴近，因此该标准更加合理、科学。日本没有单独制定材料燃烧性能分级标准，对材料燃烧性能要求分布在《建筑基准法》中，将材料燃烧性能划分为不燃、准不燃和阻燃（难燃）三个等级；三种等级的判定方式均可通过锥形量热计测出材料总热释放量和最大热释放量来确定，在特定情况下需要增加附加毒性试验，试验方法参照 ISO 5660-1，试验过程中施加于材料表面的辐射热通量均为 50 kW/ m²[1-2, 6]。

3 我国对建筑材料燃烧性能的分级方法及发展

我国《建筑材料及制品燃烧性能分级》(GB 8624)标准是涉及建材燃烧性能评价的一个基础标准，几乎所有与建筑材料消防检验相关的规范、规程和产品标准都依据 GB 8624 的分级进行评价，是燃烧性能评价基础标准。该标准的发布在很大程度上决定了我国建筑材料及制品技术、检验、应用趋势。自 1997 年颁布以来，标准共进行了 3 次修订，先后有 GB 8624—88，GB 8624—1997[7]，GB 8624—2006[8] 三个历史版本，现行版本为 GB 8624—2012。

3.1 GB 8624–1997[7]

我国 GB 8624 建筑材料及制品燃烧性能分级第一版于 1988 年制定，依据了德国 DIN 4102 标准，该标准设计的材料单一。

1997 年对 GB 8624 进行第一次修订。本修订版与 GB 8624—88 相比，增设了 A 级复合（夹芯）材料，并根据我国具体情况，增加了对特定用途的铺地材料、窗帘幕布类纺织物、电线电缆套管类塑料材料和管道隔热保温用泡沫塑料的具体规定，扩展了标准的适应性范围[3, 7]。修订完成后，分级标准与原西德的工业标准 DIN4102-1 完全一致，即将建筑材料燃烧性能分为以下四个等级：

A 级（不燃）材料（A 级匀质材料、A 级复合夹芯材料）；

B1 级（难燃）材料；

B2 级（可燃）材料；

B3 级（易燃）材料。

该标准应用了 10 年，为主导国内建筑材料的技术发展及规范建筑材料及制品的市场发挥了重要作用。

3.2 GB 8624–2006[8]

GB 8624—1997 标准的制定依据了原西德工业标准 DIN4102-1。欧盟在 2002 年统一了建筑材料燃烧性能分级标准之后，各成员国原有的标准都废止，所以 GB 8624—1997 标准依据的国外标准已经不存在了。2006 年，我国对 GB 8624 标准进行了第二次修订，修订的标准采用欧盟分级标准体系 EN 13501-1：2002，与上一个版本相比较，GB 8624—2006 发生了巨大的变化，主要体现在以下几四个方面。

（1）材料燃烧特性的内涵变化。该分级体系对材料燃烧性能的评价内容涵盖了燃烧过程、燃烧烟气生成和烟气生成物的毒性三个因素，从物理参数来看，考虑了火焰传播速率、燃烧释放热量、热释放速率、热释放量、烟浓度、燃烧产物毒性等[4, 8]。

（2）材料燃烧性能等级划分的变化。在材料分级级别上由原来的五级变为七级，级别的增加能更好地反映材料性能的差异，有利于对材料燃烧性能做出更准确的评价，也能更好地适应不断出现的新材料。同时，也为相关规范能根据不同的情况提出材料燃烧性能要求提供了更广泛的技术参数和更有力的技术支撑，为材料的最终使用者提供了更大的选择空间[3, 8]。

（3）考虑材料的最终用途。除了考虑材料自身的燃烧特性外，新体系考虑了材料的安装固定方式、试验规模，并在一定的火灾场景下进行测试，与材料的实际应用具有一定的相似性，评价结论有更强的实际指导意义[2, 8]。

（4）涉及的材料变化。新体系将材料分为建筑制品（铺地材料除外）、铺地材料、管状材料三个大类。

3.3　GB 8624—2012[9]

虽然 GB 8624—2006 标准的等级划分的依据更加全面，并且考虑实际安装、场景、应用过程，但在实施过程中也带来了一些问题，其中最主要的问题是由于新版标准与旧版标准的差别非常大，特别是级别的划分在原来基础上的增加，再加上烟气浓度、燃烧滴落物和燃烧产物毒性等附加分级，使标准操作的方便性受到影响，特别是对于基层的监督机构人员来说，要准确、熟练地使用难度较大。

根据标准既要体现其科学性和先进性，同时还应具有易操作性的原则，公安部消防局在广泛听取了多方面的意见后，认为有必要对 GB8624—2006 标准进行修订，并将既要采用最新科研成果、应用最新技术手段，还要考虑一线消防监督人员多年的工作基础、标准要具有便于实施和操作作为标准修订的原则[1, 9]。

3.3.1　修订原因分析

本文认为第三次对 GB8624 标准进行修订的原因包括以下几个方面。

（1）消防监督需要。GB8624—2006 是依据 EN13501-1：2002 编制而成的，只涉及了平板类材料和铺地材料，应用范围比 1997 版小，不能满足消防监督需要（1997 版中对其他材料的要求在 GB20286 体现，管理标准和技术标准混合）。

（2）和建筑规范接轨。GB8624—2006 分级体系将 1997 版本的 4 个分级细分为 7 个等级，相关建筑防火设计规范未修订（2006 年公安部发 182 号文，提出了 2006 版本和 1997 版本分级对照表，作为过渡，用以指导工程审验和防火安全设计）。

（3）EN13501-1 标准变化。欧盟标准 EN13501-1 的最新版本是 2007 版，管状绝热材料作为分类之一，GB 8624-2006 对管状材料没有做针对性的区分。

3.3.2　主要变化

GB 8624 第三次修订的基本思路是运用最新的试验方法，对材料的燃烧性能进行全面的试验和评价，按照习惯和多年来的使用情况划分材料燃烧性能级别。GB 8624—2012 相对于 GB 8624—2006 的变化主要体现在应用范围和燃烧性能分级两方面。

（1）扩大了标准的应用范围。燃烧性能分级按两大类材料分别进行了以下规定：

① 建筑材料及制品（3类）：建筑材料分类同 2006 版本，分 3 大类（平板类材料、铺地材料和管状绝热材料）。

这部分材料的分级方法、试验方法及依据源自 EN13501-1：2007，基本同 GB8624—2006 一致，即在 4 个燃烧性能分级基础上细分为 7 个等级，依然保留烟气生成、燃烧滴落和产烟毒性三个附加分级。

② 建筑用制品（4类）：将建筑用制品分为四大类，包括装饰用织物、电器用塑料制品、电器、家具制品用泡沫、软质家具及组件。

这部分制品无不燃 A 级、无细分等级和附加等级，主要技术内容来自 GB20286—2006，只对个别技术指标和方法进行了变更修订。

（2）燃烧性能分级变化。由 A1，A2，B，C，D，E，F（7 级）回到了 A，B1，B2，B3（4 级），并在分级表中对 4 个分级和 7 个细分级作了对照。两个版本的等级划分对照见表 1。

表 1　GB 8624—2012 与 GB8624–2006 等级划分对照表

分类	GB 8624—2012	GB 8624—2006
不燃材料	A	A1
		A2
难燃材料	B1	B
		C
可燃材料	B2	D
		E
易燃材料	B3	F

由表 1 可知，2006 版本中达到 A1 或 A2 为 A 级不燃材料，达到 C 以上即为 B1 级难燃材料，达到 E 级即为 B2 级可燃材料。

GB8624—2012 对建材及制品的燃烧性能分级方法和原理保持同 EN 13501-1 一致。目前，所有针对建材制品的试验都基于一个大原则：标准试验场景来源于产品的实际应用方式，即与被测试产品在实际应用中的状态有关，涉及试验过程中的样品安装和点火方式，主要从以下几方面考虑：

① 材料同墙面（地面，天花吊顶）的接触方式（粘贴，机械固定，留有间距等）；

② 材料实际应用是否采用拼接方式,如天花板，幕墙板等；

③ 材料在某个实际应用环境中是使用什么材质表面，如混凝土墙面，钢屋面，木质墙面或根本悬空使用等；

④ 材料是否存在各向异性。

4　建筑外保温材料燃烧性能主要试验标准及方法

4.1　可燃性试验[10]

可燃性试验是进行保温材料检验的第一项试验，通过了该项检验的产品至少为 B2 级，即能满足公通字[2009]46 号文件中对保温材料的基本要求。依据标准 GB/T 8626—2007《建筑材料可燃性试验方法》（ISO 11925—2）[10]，主要用于评价样品与小火焰接触时的可点燃性，即火焰规模 50 W 左右。新分级中的 B1 和 B2（B，C，D，E）级都要进行该试验。即使 SBI 试验结果较好，但可燃性要求达不到，仍然为 F 级。试验时将燃烧器倾斜 45°，提供的火焰长度为 20 mm（模拟火柴或打火机），作用时间 15 s 或 30 s。点火方式有边缘点火和表面点火两种，根据实际用途确定。类似的试验有塑料水平、垂直燃烧和纺织物垂直燃烧等小火焰常温常态火焰攻击试验。

（1）检验指标：

① 火焰高度是否超过 150 mm，是否有燃烧滴落物引燃滤纸现象；

② 当试件熔化或者收缩时，观察是否有燃烧滴落物产生（d0 和 d2）。收缩并不一定就燃烧，不能简单地以收缩高度来判定火焰高度，如进行 XPS 和 EPS 等泡沫试验要注意；

③ 标准中增加了对厚度大于 10 mm 的多层制品进行附加试验的规定，即在试验时，还要对每一

层材料进行边缘点火测试，如泡沫复合板，就要切开样品点芯材。

（2）试验装置：可燃性燃烧试验装置如图1所示。

图1　可燃性燃烧试验装置

（3）测试条件：

① 样品尺寸为 250 mm × 90 mm，厚度不超过 60 mm；

② 对极易熔化收缩的制品，样品尺寸为 250 mm × 180 mm。

（4）点火方式：战火方式有表面点火和边缘点火，大部分材料选择两种点火方式都要测试。

4.2　燃烧热值试验[11]

依据 GB/T 14402—2007《建筑材料燃烧热值试验方法》（ISO 1716）在标准条件下，将特定质量的试样置于一个体积恒定的氧弹量热仪中，试验采用氧弹法测定制品完全燃烧后的最大热释放总量。氧弹量热仪需用标准苯甲酸进行校准。在标准条件下，试验以测试温升为基础，在考虑所有热损失及汽化潜热的条件下计算试样的燃烧热值[11]。本试验方法是用于测量制品燃烧的绝对热值，与制品的形态无关，样品通常会被磨粉后进行试验，以保证充分点燃。

（1）检验指标：

① 测试燃烧总热值 PCS（MJ/kg）；

② 次要组分的热值可用 PCS（MJ/m^2）表示，MJ/m^2 = MJ/kg × kg/m^2 获得。kg/m^2 为组分的面密度（涂布量）。

（2）试验装置：热值试验装置如图2所示。

图2　热值试验装置

（3）测试条件：每次试验仅需要样品 1 g 左右（应是均匀的），大部分样品都可以研磨成粉末进行试验，这样有助于点燃。同时，在试验时可添加助燃物如香烟纸、液状石蜡、搽镜纸等。

4.3 不燃性试验[12]

不燃性试验适用于规定在实验室条件下评定建筑材料燃烧性能的试验方法及测试建筑材料。对于复合制品，可以对组成该制品的各组分材料分别进行测试，试验方法和试验结果仅用于描述在实验室加热条件下材料的可燃性或不可燃性。试验依据 GB/T5464《建筑材料不燃性试验方法》（ISO1182）[12]，用于评价成分均匀样品的不燃性，不适合非匀质样品。材料的不燃性是其内在特性，同其厚度和最终应用状态无关。

需要注意的是，单做 GB/T5464 不能判级，必须配合热值 GB/T14402 或 GB/T20284（SBI）才行。

举例：纸面石膏板的石膏层（主要组分）、彩涂铝板的纯铝板（主要组分）、玻镁平板、无机玻璃钢板、玻璃棉板。如硅钙板、玻镁板、玻璃棉板、岩棉板等在生产过程中有机添加剂如胶水、木屑等添加量大就有可能试验时出现持续火焰。

（1）检验指标：

① 炉内温升，即炉内最高温度与炉内最终温度（试验结束时的温度称为最终温度）的差值；

② 试样中心温升，即试样中心最高温度与试样中心最终温度的差值；

③ 试样表面温升，即试样表面最高温度与试样表面最终温度的差值；

④ 持续燃烧时间，即五个试样持续火焰时间的算术平均值（大于 5 s 的火焰算持续火焰）；

⑤ 质量损失率，即五个试样质量损失率的算术平均值。

（2）试验装置：不燃性试验装置如图 3 所示。

图 3　不燃性试验装置

（3）测试条件：

① 炉内温度为 750 ℃ ± 5 ℃；

② 试验时间为 30 min；若未终温平衡应延长试验；

③ 样品尺寸为 Φ45 mm × 50 mm；

④ 样品数量为 5 个试样。

4.4 氧指数试验[13]

氧指数是指在规定的条件下，材料在氧氮混合气流中进行有焰燃烧所需的最低氧浓度，以氧所占的体积百分数的数值来表示[13]。GB8624—2012中对外保温材料的燃烧性能等级判定给出了明确的要求。氧指数试验依据为GB/T2406.2《塑料 用氧指数法测定燃烧行为 第2部分：室温试验》[13]。需要注意的是，氧指数试验获得的结果不能用于描述或评定某些特定材料在实际着火情况下材料所呈现的着火危险性，只能作为评价火灾危险性的一个要素。

（1）检验指标：氧指数，通入 23 ℃±2 ℃ 的氧氮混合气体，刚好维持材料燃烧的最小氧浓度，以体积分数表示。

（2）试验装置：氧指数试验装置如图4所示。

图4　氧指数试验装置

（3）测试条件：

① 环境温度为 23 ℃±2 ℃；

② 测量判据为燃烧时间 180 s，或者燃烧长度 50 mm；

③ 样品数量≥15 根；

④ 样品尺寸如表2所示，单位为 mm。

表2　样品尺寸表

类型	形式	长 mm		宽 mm		厚 mm		用　途
		基本尺寸	极限偏差	基本尺寸	极限偏差	基本尺寸	极限偏差	
自撑材料	I	80-150	—	10		4	±0.25	用于模塑材料
	II					10	±0.5	用于泡沫材料
	III					<10.5	—	用于原厚片材
	IV	70-150		6.5	±0.5	3	±0.25	用于电器用模塑料或片材
非自撑材料	V	140	±5	52		≤10.5		用于软片或薄膜等

4.5　SBI 单体燃烧试验[14]

SBI 单体燃烧试验是以墙角火灾为参考场景，采用耗氧原理测试材料的燃烧热释放速率等参数，考察材料对火灾发展的贡献。热释放量和消耗的氧气量成正比；大多数材料燃烧，每消耗 1 千克氧气会释放出 13.1 MJ 热量，通过 SBI 试验连续测量排烟管道内氧气浓度和质量流速，通过公式计算出热释放速率和热释放总量等参数。试验依据标准《建筑材料及制品的单体燃烧试验》（GB/T 20284—2006），等同欧盟标准 EN 13823：2002，于 2006.11.1 实施[4-14]。

（1）检验指标：

① FIGRA（燃烧增长速率指数）；

② THR（总热释放量）；

③ SMOGRA（烟生产速率指数）；

在以上指标中，FIGRA 和 THR 是分级判定的主要参数，SMOGRA 是产烟附加分级 S 的判定参数。

（2）试验装置：SBI 单体燃烧试验装置如图 5 所示，燃烧实验室和燃烧实验如图 6 和图 7 所示。

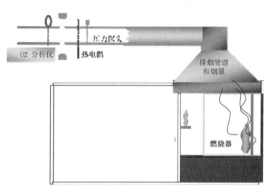

图 5　SBI 燃烧试验装置示意图

图 6　SBI 实验室

图 7　SBI 试验

（3）测试条件：

① 试验样品一组 2 块，共需要 5 组尺寸为 1 000 mm × 1 500 mm + 500 mm × 1 500 mm（约为 11.25 平方米）；

② 试验时间为 1 560 s，其中准备为 120 s，校准燃气为 180 s，主燃烧器—点火为 1 260 s；

③ 安装方式参照 GB/T 20284 的第 5.5.2 条规定（见图 8）。

图 8　SBI 板状样品安装方法

5　建筑外保温材料燃烧性能分级方法

根据 GB 8624—2012 对建筑的分类方法，建筑外保温材料应属于平板状建筑材料，其燃烧性能分级见表 3。

表 3　平板状建筑材料及制品的燃烧性能等级和分级判据[9]

燃烧性能等级		试验方法	分级判据
A	A1	GB/T 5464[a] 且	炉内温升 $\Delta T \leqslant 30$ ℃； 质量损失率 $\Delta m \leqslant 50\%$； 持续燃烧时间 $t_f = 0$
		GB/T 14402	总热值 $PCS \leqslant 2.0$ MJ/kg[a,b,c]； 总热值 $PCS \leqslant 1.4$ MJ/m²[d]
	A2	GB/T 5464[a] 或 且	炉内温升 $\Delta T \leqslant 50$ ℃； 质量损失率 $\Delta m \leqslant 50\%$； 持续燃烧时间 $t_f \leqslant 20$ s
		GB/T 14402	总热值 $PCS \leqslant 3.0$ MJ/kg[a,e]； 总热值 $PCS \leqslant 4.0$ MJ/m²[b,d]
		GB/T 20284	燃烧增长速率指数 $FIGRA_{0.2MJ} \leqslant 120$ W/s； 火焰横向蔓延未到达试样长翼边缘； 600 s 的总放热量 $THR_{600s} \leqslant 7.5$ MJ
B₁	B	GB/T 20284 且	燃烧增长速率指数 $FIGRA_{0.2MJ} \leqslant 120$ W/s； 火焰横向蔓延未到达试样长翼边缘； 600 s 的总放热量 $THR_{600s} \leqslant 7.5$ MJ
		GB/T 8626 点火时间 30 s	60 s 内焰尖高度 $Fs \leqslant 150$ mm； 60 s 内无燃烧滴落物引燃滤纸现象
	C	GB/T 20284 且	燃烧增长速率指数 $FIGRA_{0.4MJ} \leqslant 250$ W/s； 火焰横向蔓延未到达试样长翼边缘； 600 s 的总放热量 $THR_{600s} \leqslant 15$ MJ
		GB/T 8626 点火时间 30 s	60 s 内焰尖高度 $Fs \leqslant 150$ mm； 60 s 内无燃烧滴落物引燃滤纸现象
B₂	D	GB/T 20284 且	燃烧增长速率指数 $FIGRA_{0.4MJ} \leqslant 750$ W/s
		GB/T 8626 点火时间 30 s	60 s 内焰尖高度 $Fs \leqslant 150$ mm； 60 s 内无燃烧滴落物引燃滤纸现象
	E	GB/T 8626 点火时间 15 s	20 s 内的焰尖高度 $Fs \leqslant 150$ mm； 20 s 内无燃烧滴落物引燃滤纸现象
B₃	F	无性能要求	

[a] 匀质制品或非匀质制品的主要组分。
[b] 非匀质制品的外部次要组分。
[c] 当外部次要组分的 $PCS \leqslant 2.0$ MJ/m² 时，若整体制品的 $FIGRA_{0.2MJ} \leqslant 20$ W/s，LFS < 试样边缘，$THR_{600s} \leqslant 4.0$ MJ 并达到 s1 和 d0 级，则达到 A1 级。
[d] 非匀质制品的任一内部次要组分。
[e] 整体制品。

对墙面保温泡沫塑料,除了应符合以上规定外,还应同时满足以下要求:B1 级氧指数值 OI≥30%;B2 级氧指数值 OI≥26%。试验依据标准为 GB/T 2406.2。

在 GB 8624—2012 中,对于建筑外保温材料,氧指数是一个特别需要关注的指标。氧指数要求在 XPS,EPS,PU 等泡沫保温材料的产品标准及施工技术规范里面都有相应的规定,如《绝热用模塑聚苯乙烯泡沫塑料》(GB/T 10801.1—2002)要求用于建筑的 EPS 氧指数大于 30%[15],《绝热用挤塑聚苯乙烯泡沫塑料(XPS)》(GB/T 10801.2—2002)规定 XPS 氧指数合格品必须大于 26%[16],《硬泡聚氨酯保温防水工程技术规范》(GB 50404—2007)规定氧指数必须大于 26%[17]。另外,氧指数测试过程方便易行,检验设备、环境及过程相对较简单,可用于产品一致性确定,非常方便消防监督部门和建设监理部门及业主在工地现场及时确认,作为现场验证条件。

6 建筑外保温材料燃烧性能要求

《民用建筑外保温外保温系统及外墙装饰防火暂行规定》(公通字〔2009〕46 号)明确规定"民用建筑外保温材料的燃烧性能宜为 A 级,且不应低于 B2 级[18]。"对系统组成材料燃烧性能、防隔断措施、建筑高度、非幕墙和幕墙系统做出了相关规定。

国务院《国务院关于加强和改进消防工作的意见》(国发〔2011〕46 号)中提出"新建、改建、扩建工程的外保温材料一律不得使用易燃材料,严格限制使用可燃材料[19]。"

7 结束语

本文主要介绍和分析了建筑外保温材料的燃烧性能分级和检验标准。通过文献查阅调研,分析了世界上部分国家建筑材料燃烧性能等级划分方法,分析了我国建筑材料燃烧性能分级标准的历史版本及现行版本和分级划分方法及检验方法的发展变化;对可燃性试验、燃烧热值试验、不燃性试验、氧指数试验、SBI 单体燃烧试验等主要试验标准及方法进行了介绍,并分析了各类试验的检验指标、试验装置、测试条件;研究了我国建筑外保温材料燃烧性能分级方法和国务院及各部门颁布的建筑外保温燃烧性能要求相关的文件,分析了建筑外保温材料质量要求现状。

参考文献

[1] 曾绪斌. 建筑材料燃烧性能分级体系研究 [D]. 成都:西南交通大学环境工程,2011.

[2] 赵成刚. 建筑材料及制品燃烧性能分级的变革[C].中国阻燃学会年会论文集,2006:39-57.

[3] 李凤. 我国建筑材料及制品燃烧性能分级体系[J]. 消防科学与技术,2009,28(06):436-439.

[4] 赵成刚. 中国建筑材料燃烧性能分级体系的进展[J]. 塑料助剂,2006,56(02):1-9.

[5] 孙浩,韩震雄. 我国建筑材料燃烧性能分级方法的进展[J]. 工程质量,2007,11(A):53-56.

[6] 张翔,李凤,马昳. 建筑材料及制品燃烧性能试验规范概述[J]. 中国安全科学学报,2007,17(3):112-118.

[7] 中华人民共和国国家质量监督检验检疫总局,中国国家标准化管理委员会.GB8624—1997.建筑材料及制品燃烧性能分级[S]. 北京:中国标准出版社,1997.

[8] 中华人民共和国国家质量监督检验检疫总局,中国国家标准化管理委员会.GB8624—2006.建筑材料及制品燃烧性能分级[S]. 北京:中国标准出版社,2006.

[9] 中华人民共和国国家质量监督检验检疫总局,中国国家标准化管理委员会.GB8624—2012. 建筑

材料及制品燃烧性能分级[S]. 北京：中国标准出版社，2012.

[10] 中华人民共和国国家质量监督检验检疫总局，中国国家标准化管理委员会. GB/T 8626—2007. 建筑材料可燃性试验方法[S]. 北京：中国标准出版社，2007.

[11] 中华人民共和国国家质量监督检验检疫总局，中国国家标准化管理委员会. GB/T 14402—2007. 建筑材料燃烧热值试验方法[S]. 北京：中国标准出版社，2007.

[12] 中华人民共和国国家质量监督检验检疫总局，中国国家标准化管理委员会. GB/T 5464—2010. 建筑材料不燃性试验方法[S]. 北京：中国标准出版社，2010.

[13] 中华人民共和国国家质量监督检验检疫总局，中国国家标准化管理委员会. GB/T 2406.2—2009. 塑料 用氧指数法测定燃烧行为 第2部分：室温试验[S]. 北京：中国标准出版社，2009.

[14] 中华人民共和国国家质量监督检验检疫总局，中国国家标准化管理委员会. GB/T 20284—2006. 建筑材料及制品的单体燃烧试验[S]. 北京：中国标准出版社，2006.

[15] 中华人民共和国国家质量监督检验检疫总局，中国国家标准化管理委员会. GB/T 10801.1—2002. 绝热用模塑聚苯乙烯泡沫塑料[S]. 北京：中国标准出版社，2002.

[16] 中华人民共和国国家质量监督检验检疫总局，中国国家标准化管理委员会. GB/T 10801.2—2002. 绝热用挤塑聚苯乙烯泡沫塑料（XPS）[S]. 北京：中国标准出版社，2002.

[17] 中华人民共和国国家质量监督检验检疫总局，中国国家标准化管理委员会. GB 50404—2007. 硬泡聚氨酯保温防水工程技术规范[S]. 北京中国标准出版社，2007.

[18] 公安部住房和城乡建设部. 民用建筑外保温系统及外墙装饰防火暂行规定. 公通字[2009]46号，2009.

[19] 国务院. 国务院关于加强和改进消防工作的意见（国发[2011]46号）. 2011.

作者简介： 张爱华，女，宁夏回族自治区消防总队银川市消防支队建审科高级工程师。

通信地址：宁夏银川市金凤区泰康街300号，邮政编码：750002；

联系电话：13629587778。

电子信箱：307686776@qq.com。

建筑外保温材料燃烧性能检验现状的研究

张爱华

（宁夏回族自治区消防总队银川市消防支队）

【摘 要】 本文从因采用易燃可燃外保温材料引发的火灾案例入手，调研了我国建筑外保温材料的类型、工程应用情况及检测现状，分析了在检测中存在的不足，针对建筑外保温材料检验现场与施工现场是两个独立现场的问题，提出了要建立移动检测平台的设想。

【关键词】 外保温材料；燃烧性能；移动检测平台；检验

1 引 言

随着国家对建筑节能强制性标准的实施，大量可燃易燃性外保温材料的使用给建筑防火安全工作带来了极大的挑战。外保温材料施工现场和检测现场是两个相对独立的现场，现场检查没有技术手段，取样送样监督属空白，因此检测单位仅对来样样品的检测结果负责，不能真实反映所使用外保温材料的燃烧性能。

2 建筑外保温材料之于建筑火灾

建筑火灾的大量出现引起了社会公众的广泛关注，而大量应用于现代建筑的建筑材料已成为引发建筑火灾的主要着火源之一，而且易燃可燃建筑材料的存在加速了火灾的蔓延，尤其是发生火灾时释放出的有害烟气和热量是除火焰外对人的主要伤害源。建筑材料的不合理应用，已经给建筑带来巨大的消防安全隐患，一旦发生火灾，势必造成难以估量的火灾损失和社会影响[1]。

2.1 建筑材料火灾统计

引发建筑火灾的因素很多，仅以 2009 年和 2010 年两年的建筑火灾分类统计，按引发建筑火灾原因分类，可分为建筑构件、材料，家具、设备及竹木制品，轻工业、纺织品，易燃易爆品、农副产品五大类。按照火灾发生数量、较大火灾数量、重特大火灾进行分类统计，得到的统计结果如图 1 至图 6 所示。

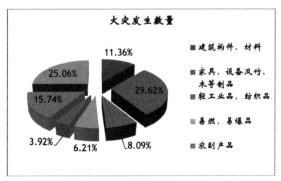

图 1 2009 年建筑材料火灾次数

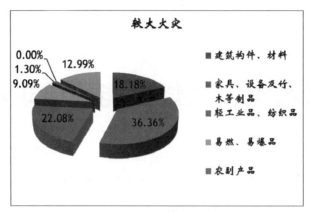

图 2　2009 年建筑材料较大火灾次数

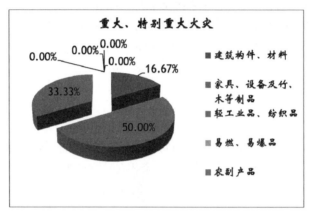

图 3　2009 年建筑材料重大、特大火灾次数

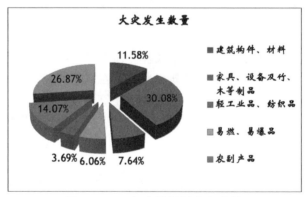

图 4　2010 年建筑材料火灾次数

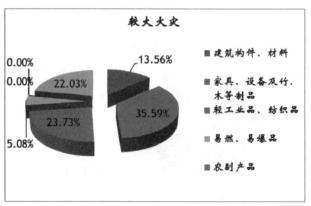

图 5　2010 年建筑材料较大火灾次数

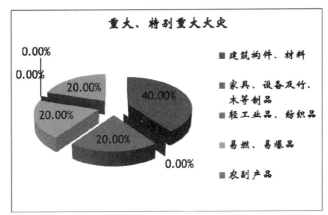

图 6　2010 年建筑材料重大、特大火灾次数

从以上统计结果中可以看出，在火灾总体、较大火灾、重特大火灾统计中，引发原因为建筑构件、材料所占比例逐渐增大。2009 年由建筑构件材料引发火灾在火灾总体、较大火灾、重特大火灾所占比例分别为 11.36%，18.18%，16.67%；同样，2010 年的比例分别为 11.58%，13.56%，40%。换句话说，当建筑火灾的引发因素为建筑构件、材料时，火灾发展为较大火灾、重特大火灾的可能性就大，造成人员伤亡的可能性也大且后果更严重。

目前，我国正在推行的建筑节能有机保温材料，但由于大家主要追求节能环保，而对其燃烧性能考虑少；由于阻燃型外保温材料的价格远高于可燃易燃烧型材料的价格，为了降低成本，在建筑工程中采用的保温材料多属于易燃可燃外保温材料。因此，节能与防火安全的矛盾日益突出。

2.2　建筑外保温材料引发的火灾案例

2008 年 10 月 9 日，黑龙江省哈尔滨市经纬 360 度高层建筑物因电焊工违章电焊，引燃天棚上的建筑材料，导致火灾。

2008 年 7 月 27 日、11 月 11 日，作为第十一届全国运动会主要场馆之一的济南奥体中心体育馆在施工过程中因电焊操作引燃屋面保温和防水材料连续发生外墙外保温材料火灾。

2009 年 4 月 19 日南京中环国际广场在安装空调外机时，焊渣掉落至下方保温层可燃物上，引起火灾。

2009 年 2 月 9 日的央视火灾违规燃放的 A 类礼花掉落屋面引燃保温材料，火势沿保温材料多方迅速蔓延，过火面积 10 万平方米，损失估计超 7 亿元，1 人死亡 6 人受伤，给国家财产造成严重损失。

2010 年 11 月 15 日，上海胶州路公寓节能改造施工中电焊引燃大楼外立面上大量聚氨酯泡沫保温材料，造成 58 人死亡 70 人受伤的特别重大火灾事故。

2011 年 2 月 3 日，辽宁省沈阳市和平区皇朝万鑫国际大厦火灾是因燃放烟花爆竹引燃建筑物外墙所致，矛盾再次聚焦外保温材料。

2011 年 4 月 19 日，上海武胜路电信大楼发生火灾，4 人在火灾事故中丧生。经初步调查，该起火灾系上海海工装潢工程有限公司员工在使用金属切割机切割空调风管过程中，因未采取安全防范措施，将风管保温材料引燃所致。

2011 年 9 月 2 日，南京新街口正洪大厦失火，电焊引起保温层起火。

2011 年 9 月 17 日，首都机场二号航站楼在建工地失火，电焊过程中引燃保温材料。

2011 年 10 月 27 日，无锡在建高层住宅失火，外墙保温材料外侧美化铝塑板起火，过火面积 200 平方米。

2012 年 11 月 5 日，乌鲁木齐四平路纤检局外保温墙失火。

宋长友认为将保温材料火灾分为三个时段：保温材料进入施工现场码放阶段、保温材料施工上墙阶段和外墙保温系统投入使用阶段，其中第一、二阶段发生火灾的比例最大，外墙保温系统投入使用阶段发生的火灾案例相对较少[1]。不断频发的由易燃外保温材料导致的施工现场火灾事故，说明我国的外保温材料使用中存在火灾隐患已是不争的事实。因此，如何杜绝使用不合格的外保温材料已是需要解决的重要课题。

3 建筑外保温材料产品及应用现状

建筑外保温材料在建筑保温节能方面发挥着创造适宜的室内热环境和节约能源的重要作用。通过对建筑外围护结构采取措施，减少建筑物室内热量向室外散发，从而保持建筑室内温度。保温隔热材料与制品是影响建筑节能一个重要的影响因素。建筑外保温材料的研制与应用越来越受到世界各国的普遍重视。

薄建伟的研究结果表明："我国从 2005 年开始大力推行建筑节能政策，其中一项主要措施就是在建筑外墙增加保温层。据住房和城乡建设部统计，截至 2009 年底，全国累计建成节能建筑面积 40.8 亿 m²，北方 15 省市完成改造面积 10 949 万 m²。随着建筑节能工作的全面推广，全国城镇每年新增节能建筑面积约 10 亿 m²，其中应用外墙保温材料的建筑面积为 6 亿~7 亿 m²。另外，北方地区还有超过 30 亿 m² 的既有建筑需要进行节能改造[2]。"

按照外墙保温材料的材质来划分，可分为有机高分子保温材料、无机保温材料和有机无机复合保温材料，如图 7 所示。

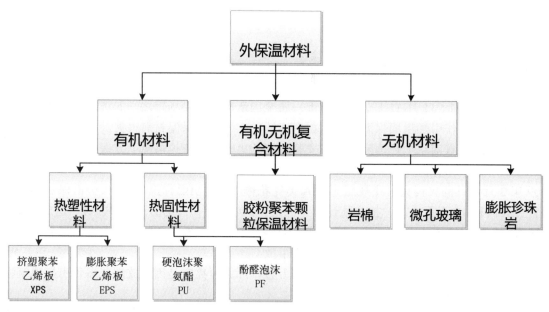

图 7 建筑外保温材料分类[3]

（1）有机高分子保温材料以聚苯乙烯泡沫（包括膨胀聚苯乙烯泡沫、挤塑聚苯乙烯泡沫）和聚氨酯泡沫为主。有机高分子保温材料属易燃材料，具有引发火灾的风险，并且在燃烧后可产生有毒有害气体；但有机高分子保温材料具有良好的保温性能[3]。

（2）无机类保温材料以岩棉、玻璃棉、膨胀玻化微珠保温浆料为主，能防火阻燃，属不燃性材料，自身不具有火灾危险性。无机保温材料容重相大，保温热效率稍差；但变形系数小、抗老化、性能稳定，与墙基层和抹面层结合较好，安全稳固性好，保温层强度及耐久性比有机保温材料高，使用寿命长，施工难度小，工程成本较低，生态环保性好，可以循环再利用[3]。

（3）有机无机复合保温材料通常被认定为难燃性材料，燃烧时仅产生少量一氧化碳有毒气体，发烟量低、不会熔融、无滴落物，自身不存在防火安全问题。以防辐射吸热材料、岩棉、甚至是经处理过的农作物秸秆为主与可以利用的具有保温性并进行无害化处理过的垃圾以及通过发泡等技术手段生产的空心材料等[3]。

宋长友指出，目前外墙外保温系统的现状是约 80%的主体保温材料为有机可燃材料[4]。有机保温材料最大的优点是质量轻、保温隔热性好，但是其防火安全性能差，易老化、易燃烧，燃烧后能产生大量烟雾，毒性很大。

如上节中所述，我国发生了多起与外墙外保温系统有关的重大火灾事故，其着火介质都是有机保温材料，因而外墙保温系统的防火问题越来越受到社会的关注。总体上看，外墙保温系统的整体防火性能一方面取决于保温材料的燃烧性能，另一方面也与建筑防火构造直接相关。杨宗焜根据我国建筑节能防火安全体系的现状总结出三个主要模式，这三种模式分别代表三种观点，即外墙保温系统的整体防火性能究竟取决于保温材料本身的燃烧性能还是防火构造，或者是哪个因素贡献度更大。模式一：外保温系统整体防火能提升，主要是依靠外保温系统整体防火构造，而不是靠有机保温材料燃烧性能的提升；模式二：以节能效果较差的不燃性无机保温材料替代优质有机保温材料；模式三：必须与具有碳化层结构功能的有机保温材料相结合，才能真正解决防火安全问题。分析了三种模式会给我国节能和防火安全形势带来重大影响做了比较后认为，中国当前建筑节能防火安全的发展瓶颈是体制上存在行业条块分割、各自为政。如今我国在节能和防火两个要素上存在矛盾，将涉及民生安危的防火大局置于从属地位，因而对保温材料过于追求节能环保，而对防火性能考虑过少。节能与防火两者之间的平衡需要国家主管建筑节能与防火安全的两个部门加强沟通合作，才能构建出适合中国国情的建筑节能防火安全体系[5]。

我国外保温材料火灾危险形势严峻，除了表现在保温与燃烧性能之间的矛盾性外，在相关技术标准、建筑风格、建设工程施工现场等方面都存在漏洞，主要体现在以下几个方面。

① 建筑外墙保温材料标准不健全，行业自制力差。目前采用的有机保温材料主要有聚苯板（EPS）、挤塑板（XPS）和聚氨酯（PU）三种，均属易燃烧材料。由于我国消防设计对建筑外保温材料要求宜选用 A 级不燃烧材料，而很多建设项目在实际的施工过程中对外保温材料的选用没有执行设计要求，往往选用材料的燃烧性能达不到要求。

② 市场上外保温材料种类多，价格差距较大。当前，我国国内对外墙保温材料专业检测机构为公安部天津消防研究所和公安部四川消防研究所，但是生产经过鉴定的符合 A 级燃烧性能的外墙保温材料的生产厂家数量少，导致 A 级产品的价格一直居高不下。为了节约施工成本，部分施工单位铤而走险，使用可燃甚至易燃的外墙保温材料。

③ 我国的城市住宅风格不同于欧美国家，欧美国家以低、多层建筑为主，而我国以中高层、高层甚至超高层偏多，尤其是经济比较发达的东部地区，城市人口和建筑群密集，楼间距小，因而火灾蔓延、形成大面积火灾的可能性更大[4]7。

④ 项目施工周期长，交叉作业多，管理难度大。据统计，建筑外保温材料火灾有 85%发生在保温材料铺设过程中，即施工阶段是火灾发生的高风险期。保温材料在抹灰前处于裸露状态，施工现场切割、焊接、电气设备、生活用火、甚至是施工工人乱扔的烟头都可能导致火灾。高层建筑、大型场馆等的建设工期较长，管理不便，施工现场可燃材料多，导致火灾隐患不易被及时发现。

⑤ 易形成大面积火灾、扑救难度大。由于外墙保温材料是连续分布的，着火后受风力影响极易形成大面积的立体火灾。另外，由于现有消防技术条件下，建筑内部的防火分隔和消防设施等对建筑外墙保温材料火灾不能发挥控制作用，在消防救援力量赶到现场时，火情可能已经发展到较难控制的程度，给灭火救援和人员疏散带来很大的困难。

4　我国建筑外保温材料燃烧性能检验的现状及问题

4.1　建筑外保温材料燃烧性能检验的现状

4.1.1　我国现行技术规范及标准

《建筑设计防火规范》（GB 50016—2006）[6]、《高层民用建筑设计防火规范》（GB 50045 95，2005版）[7]只规定了建筑构件的燃烧性能和耐火极限，在附录 A（各类建筑构件燃烧性能和耐火极限）中只对外墙的规定均为不燃烧体，但是其中却没对外墙外保温系统保温材料的燃烧性能提出设计要求。

《外墙外保温技术规程》（JGJ 144—2004）的表 4.0.11（外墙外保温系统组成材料性能要求）中，对胶粉 EPS 颗粒保温浆料的燃烧性能级别标注为 B1（难燃性），但对 EPS 板的燃烧性能级别标注却为"—"，即没有规定[8]。

《建筑材料及制品燃烧性能分级》（GB 8624—2012）[9]主要对系统组成材料燃烧性能评价，但对外保温系统防火性能评价的适用性在国内受到争议。

公安部、住房和城乡建设部联合发文《民用建筑外保温外保温系统及外墙装饰防火暂行规定》（公通字〔2009〕46 号）中规定"民用建筑外保温材料的燃烧性能宜为 A 级，且不应低于 B2 级。按本规定需要设置防火隔离带时，应沿楼板位置设置宽度不小于 300 mm 的 A 级保温材料。防火隔离带与墙面应进行全面积粘贴[10]。"

公安部《关于进一步明确民用建筑外保温材料消防监督管理有关要求的通知》（公消〔2011〕65号）规定"将民用建筑外保温材料纳入建设工程消防设计审核、消防验收和备案抽查范围"，并要求"民用建筑外保温材料采用燃烧性能为 A 级的材料"。第二条规定"对已经审批同意的在建工程，如建筑外保温采用易燃、可燃材料的，应提请政府组织有关主管部门督促建设单位拆除易燃、可燃保温材料；对已经审批同意但尚未开工的建设工程，建筑外保温采用易燃、可燃材料的，应督促建设单位更改设计、选用不燃材料，重新报审[11]。"

国务院《国务院关于加强和改进消防工作的意见》（国发〔2011〕46 号）中提出"新建、改建、扩建工程的外保温材料一律不得使用易燃材料，严格限制使用可燃材料[12]。"

公安部《关于民用建筑外保温材料消防监督管理有关事项的通知》（公消〔2012〕350 号）该通知指出"公消〔2011〕65 号文件是作为对建筑外墙保温材料使用及管理提出的应急性文件，今后不再执行，然而对于建筑外保温材料防火性能及监督管理并没有做出明确的规定[13]。"

从以上标准、规范方面来看，建筑外保温材料燃烧性能检验存在以下几个问题。

（1）规范标准有缺失。从外保温材料的设计、生产、施工、使用、检验等环节都未有明确的规定，对使用范围未做限定，因而生产企业的产品说明书中一般缺少防火性能指标。

（2）国家标准与行业规范的制定修订存在脱节滞后的问题。《建筑设计防火规范》、《高层民用建筑设计防火规范》、《外墙外保温技术规程》等规定未及时进行修订，而 GB8624 于 2012 年进行了一次修订，对燃烧性能分级标准进行了调整，但此标准仅仅是对保温材料燃烧性能的分级依据；虽然国家相关部门又下发了一些相关的规范性文件，但规范性文件不具备强制性和广泛性，失去了法规和标准的严肃性。

（3）建筑材料燃烧性能监督管理工作涉及多个主管部门，各部门之间发布的规范文件之间存在较大的不一致性，给建筑外保温材料的监督管理带来了巨大的障碍，使得建筑材料检验工作并未得到很好的执行。

4.1.2　检验流程及检验机构

建筑外保温材料作为建筑材料的一种，适用《建设工程消防监督管理规定》（公安部 119 号）中规定"建设工程消防监督管理，公安机关消防机构依法实施建设工程消防设计审核、消防验收和消防备案抽查。建设单位应选用满足防火性能要求的建筑外保温材料。设计单位在设计中选用的具有防火性能要求的建筑外保温材料，应当注明规格、性能等技术指标，其质量要求必须符合国家标准或者行业规定。施工单位负责查验具有防火性能要求的建筑外保温材料的质量，使用合格产品。工程监理单位应当在具有防火性能要求的建筑外保温材料施工安装前，核查产品质量证明文件，不得同意使用或者安装防火性能不符合要求的建筑外保温材料[14]。"

建筑外保温材料在生产阶段缺少完善的行业标准，各个厂家的相关产品质量参差不齐。在流通阶段，建筑外保温材料不在消防产品强制性检验和形式认证的范围内。部分厂家为了增强市场竞争力，主动到国家防火建筑材料质量监督检验中心进行产品质量检验工作，通过检验后将相应产品的燃烧性能等级进行公开发布。工程竣工验收之前，各级消防机构和工程管理部门会要求落实材料见证取样工作，一般在建设单位或监理单位人员的见证下由施工单位的试验人员按照国家有关检测送样要求，在施工现场对工程中涉及的外保温材料进行取样，并送至具备相应检测资质的检测机构进行检测（见图8）。

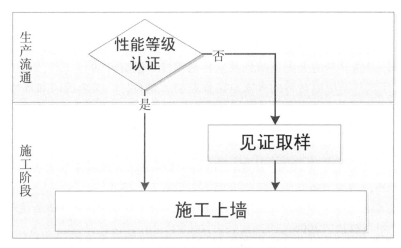

图8 建筑外保温材料管理模式

4.2 存在的不足

（1）施工现场和检测现场为两个相对独立的现场。由于主体的不断更换，监督机制不完善，建筑外保温材料的质量在产品从生产到销售、送检、使用过程中得不到可靠保证，厂家送检的样品与建设方采购到的产品的各种燃烧性能检测指标不一定相符；另外与建筑施工现场上墙的产品也不尽相同。目前，市场上流通着大量的不合格外保温材料，送检工作也存在弄虚作假的现象，因为施工现场与检验现场是两个地点，检测工作只能反映来样产品的质量，但不能保证实际使用产品的真实质量状况。

（2）见证取样检测周期较长。检测周期一般为15天至40天，但外保温真正的施工工期较短，许多施工单位和建设单位很难确保会严格按照见证取样的规定去执行。

（3）建筑外保温材料现场检查缺乏依据。根据《消防产品现场检查判定规则》（GA 588-2012）的规定："消防产品质量现场检查包括市场准入检查、产品质量现场检查两类。产品质量现场检查是在现场采用相应检查方法和工具进行的产品质量检查[15]。"由于建筑外保温材料不属于消防产品，不在现场检查范围内；而且对建筑外保温材料也没有做出复检的规定。

（4）建筑外保温材料现场检查缺乏技术手段和装备。在建筑工程消防验收及竣工验收备案抽查中，公安消防部门落实对建筑外保温材料的燃烧性能进行现场实地检查，由于缺乏技术手段，检查人员往往只能采取一些简单的手段对材料的燃烧性能进行检验，如直接用打火机引烧。因此，缺少技术手段支持，建筑外保温材料燃烧性能现场检验不能反映真实情况，更不能体现出科学性、严肃性和公正性。

5　建筑外保温材料现场检验

为了从建设工程源头上控制外保温材料质量，杜绝假冒伪劣产品的使用，需要有一定的现场检测技术装备和措施。在外保温材料应用于工程前，在施工现场快速准确地检测出外保温材料的主要燃烧性能，从而保证外保温材料使用质量的提高。通过利用移动检验平台，减少中间环节，作为一种实验室检测的补充，使施工现场和检测现场相互联系起来，从施工现场的外保温材料产品信息跟踪到检测现场的检测情况，从检测现场的检测结论追溯到施工现场的外保温材料使用状况，实现连续互动，保持施工现场和检测现场的材料一致性，真实地反映外保温材料的质量和特性。同时，用信息化的手段规范消防监督执法程序，杜绝执法随意性和不规范行为。

参考文献

[1]　宋长友，陈丹林，季广其，樊旭辉. 外墙外保温典型火灾案例选编[J]. 建筑科学，2008，24（2）：12-20.

[2]　薄建伟. 建筑外保温材料的火灾危险性及防控对策[J]. 消防科学与技术，2012，31（03）：296-299.

[3]　李京，战峰. 建筑外墙保温材料的火灾危险性与防火措施[J]. 安全健康和环境，2009，9（11）：16-18.

[4]　宋长友，黄振利，季广其，陈丹林. 外墙外保温防火技术现状及其问题探讨[J]. 建筑科学，2008，24（2）：1-7.

[5]　杨宗焜，杨玉楠，华校生，孙伟东. 从建筑外保温材料的源头遏制建筑火灾隐患的设想和建议[J]. 建筑节能，2009，（9）：1-6.

[6]　中华人民共和国建设部，国家质量监督检验检疫总局. GB 50016—2006. 建筑设计防火规范[S]. 北京：中国计划出版社，2006.

[7]　中华人民共和国建设部，国家质量监督检验检疫总局. GB 50045—95. 高层民用建筑设计防火规范[S]. 北京：中国计划出版社，2005.

[8]　中华人民共和国建设部，国家质量监督检验检疫总局. JGJ 144—2004. 外墙外保温技术规程 [S]. 北京：中国计划出版社，2005.

[9]　中华人民共和国国家质量监督检验检疫总局，中国国家标准化管理委员会. GB8624—2012. 建筑材料及制品燃烧性能分级[S]. 北京：中国标准出版社，2012.

[10]　公安部住房和城乡建设部. 民用建筑外保温系统及外墙装饰防火暂行规定（公通字[2009]46号）.

[11]　中华人民共和国公安部. 关于进一步明确民用建筑外保温材料消防监督管理有关要求的通知（公消[2011]65号）.

[12]　国务院. 国务院关于加强和改进消防工作的意见国发（[2011]46号）.

[13]　中华人民共和国公安部. 关于民用建筑外保温材料消防监督管理有关事项的通知（公消[2012]350号）.

[14]　中华人民共和国公安部，中华人民共和国公安部令第119号. 建设工程消防监督管理规定.2012.

[15]　中华人民共和国公安部. GA 588—2012 消防产品现场检查判定规则[S]. 北京：中国计划出版社，2012.

作者简介：张爱华，女，宁夏回族自治区消防总队银川市消防支队建审科高级工程师。

通信地址：宁夏银川市金凤区泰康街300号，邮政编码：750002；

联系电话：13629587778。

电子信箱：307686776@qq.com

农业剩余物类防火板的研究、应用及发展

刘 林

（四川省成都市公安消防支队高新区消防大队）

【摘 要】 本文对国内农业剩余物类防火板的研究、应用及发展进行了系统全面的综述。

【关键词】 农业剩余物；秸秆；防火板；燃烧性能；耐火性能

1 前 言

目前，国内对建筑板材的需求量日益增大，对其功能要求也愈来愈高。具有规定的燃烧性能，或者具有一定的耐火性能的防火板就是建筑板材中一种很重要的功能型板材。在防火板中，木质类防火板是一种较为高档的建筑材料。但众所周知，我国森林资源贫乏，木材供应紧张，每年要花大量外汇进口木材，仅 1999 年我国木材进口就耗资近 70 亿美元，居我国进口商品之首[1]。但随着世界范围内环保的加强，各国相继出台了禁伐、限伐或限制原木出口等一系列法令，要长期大量进口木材是不可能的。

我国是一个农业大国，拥有丰富的农业剩余物资源，每年各种农作物秸秆产量高达 7 亿多吨，仅麦秸和稻草产量就有 2.5 亿吨左右[2]。其他的大宗农业剩余物资源还包括壳类，如稻壳、花生壳、菜籽壳等；废渣类，如蔗渣、栲胶渣、甜菜渣、麻屑等；藤草类，如葡萄藤、龙须草等。长期以来，人们存在重粮食轻秸秆利用的传统观念，秸秆仅用于燃料、饲料、肥料以及原始的工业原料，利用率仅有 30%左右，其余仍大量闲置，很难处理。因此，很多地区存在秸秆焚烧现象，不但造成很大的环境污染，而且容易引发火灾；在一些秸秆焚烧现象严重的地区，浓烟甚至影响了机场、高速公路、铁路的正常运营，以至于国家环境保护总局从 2004 年起，要通过卫星遥感对全国夏秋两季秸秆焚烧情况进行日常监控。但时至今日，仍然有秸秆焚烧引起相关官员被问责的新闻报道。

从可持续发展的长远战略分析，要在全国范围内解决农作物秸秆的综合利用，其根本出路在于农作物秸秆的工业化利用。因此，将大量农业剩余物资源制成防火板，既能契合目前建筑行业的发展现状，又能变废为宝。由于这种产品具有科技含量，能在许多方面替代木材而减少木材消耗，因而有利于生态建设和保护环境。

2 农业剩余物类防火板的研究、应用

2.1 研发基础

农作物秸秆的组成成分中都具有较大含量的 SiO_2，因此可以提高制品的防水性和使用耐久性，并赋予制品一定的抗燃烧性能，例如，麦秸 SiO_2 含量为 19.3%，稻壳 SiO_2 含量为 18.6%，因此常被作为墙体材料的轻质骨料。同时，农业剩余物的容重轻，其堆积密度通常在 $0.1 \sim 0.25 \ g/cm^3$，可有效降低制品的容重，这是工业灰渣等各种轻质料所无法比拟的。

农作物遍及全国，再生周期短，基本是一年生，其剩余物具有量大面广、价格低廉的特点。例如，小麦亩产秸秆量约 400 kg，水稻亩产秸秆量约 600 kg。另外，农作物的生长借助于自然界的土地、水分、阳光，不像矿物类建材要历经采掘、煅烧而消耗大量的能量和排放废气，造成环境污染；而农业剩余物的加工，仅是冷加工的物理变化。

因此，农业剩余物又是绿色环保性、节能性原材料，其利用更具有综合的优势。

2.2 技术难点

2.2.1 原材料特性研究

农业剩余物虽然与木质材料性质类似，但相对于木质材料而言，目前国内对农业剩余物的研究还远远不够，很多方面还几乎是空白。

深入研究原材料的特性，是研制农业剩余物类防火板的前提。如最常见的稻草，其秸秆表面的蜡质层和 SiO_2 含量高，导致了传统的脲醛胶与稻草碎料的胶合不良；异氰酸酯胶虽然较为合适，但是其价格贵，产品没有竞争力。因此，选择合适的胶粘剂代替异氰酸酯胶，或者适当降低异氰酸酯胶的施胶比，是防火稻草板工业化生产的一个技术关键。另外，稻草中木质素和纤维素含量低，也对板材的强度不利。再如，当用水泥作胶凝材料时，农作物秸秆在水泥的碱性环境下可能要水解而转化生成糖类物质和油脂等，除了对水泥起缓凝作用外，油脂在秸秆材料表面会形成一层油脂薄膜，阻碍水泥浆与秸秆材料的黏结。因此，应采取相应技术措施，如加入外加剂等，以加快水泥的凝结和促进其早期强度的发展。

农业剩余物种类繁多，其纤维也各有其特性，因此必须针对其特点进行一些前处理，如除皮、除髓芯、脱蜡等，然后破碎至合适的形态，并控制好含水量和杂质量，否则将影响防火板的强度、耐水性、收缩性等。因此，农业剩余物防火板在加工与制造工艺上要比用木材的技术复杂得多，即要研制相应的工艺和专业化处理设备，而不是简单的沿用木质人造板的工艺和设备。

2.2.2 防火性能的提高

农业剩余物类防火板的防火性能指标可以参考《防火刨花板通用技术条件》（GA 87—1994）。该标准中，防火刨花板按防火性能分为一级防火性能（代号 F_1）和二级防火性能（代号 F_2）两种，基本上对应于板材燃烧性能的 B_1 级和 B_2 级[①]。

以农业剩余物生产防火板，按采用的胶粘剂划分可分为两大类：一是有机类，主要是合成树脂类，常用的有改性异氰酸酯胶、脲醛树脂胶、酚醛树脂胶、三聚氰胺树脂胶、三聚氰胺改性脲醛树脂胶、不饱和聚酯胶等；二是无机类，如硅酸盐水泥、石膏、氯氧镁水泥等。

如果采用有机胶粘剂，其防火板的防火性能较差。为了提高防火性能，最常用的方法有两种：一是对农业剩余物用阻燃剂进行阻燃处理；二是使用阻燃的有机胶粘剂，如在固含量为 49%～51% 的脲醛树脂中加入 FRL-302 II 型磷、氮复合液体木材阻燃剂和适量协效阻燃剂，制得的防火板可达 B_1 级[3]。其他方法包括在铺装过程中加入阻燃剂，阻燃剂与胶、刨花混合搅拌进行阻燃处理，等等。

采用无机胶凝材料，农业剩余物生产防火板的防火性能就好得多，多数能够达到 B_1 级，并且耐火性能较好，可以作为墙体材料。但需要注意的是，应用中必须考虑防火板的物理力学性能和防火性能的综合平衡。

2.3 研发现状及应用

现在农业剩余物利用最多的有稻草、麦秸、稻壳、亚麻屑、玉米秸秆等。比较成熟的典型产品是建筑用纸面草板，它是以洁净的天然稻草或麦草为主要原料，经加热挤压成型、外表粘贴面纸而成的

---

① 农业剩余物类防火板并无标准，对于其燃烧性能的评价，本文中采用 GB 8624-1997。但该标准现行版本为 GB 8624-2012。请读者自行对比其详细指标差别。

普通纸面草板，主要用于建筑物内隔墙、外墙内衬、望板和屋面板等。该技术由瑞典首创，已普及到英国、美国、澳大利亚、泰国等许多国家。20 世纪 80 年代初我国引进了两条生产线，建在盛产稻谷的辽宁省大洼县和营口市，开始生产稻草板[4]。

稻草板中的稻草由于挤压密实以及稻草自身 SiO_2 的含量较高和它的导热系数很低等原因，稻草板具有良好的抗燃烧性。如用氧乙炔喷枪对稻草板直接定位燃烧 20 min，熄火后检查，被灼烧处只烧去约深 5 mm 的坑，且表面碳化，刮去碳化层露出稻草，总深度不超过 10 mm。稻草板也具有耐火性能，《建筑用纸面草板》（JC/T 794—1988，1996 版）规定，合格品（厚度 58 mm，下同）耐火极限不小于 0.5 h，一等品和优等品耐火极限不小于 1 h。

国内其他农业剩余物类防火板的研究还有很多，例如一种阻燃麦秸刨花板的生产[5]：首先将麦秸粉碎成刨花，然后将复合阻燃剂配制成 20% 的水溶液，按规定量喷洒在刨花上，在 90 °C 以下干燥至含水率 14%，胶粘剂为改性异氰酸酯（MDI）。板材规格为 450 mm × 430 mm × 10 mm。生产工艺参数：施胶量为 3% ~ 4%；阻燃剂含量 10% ~ 15%；热压温度 160 °C，热压时间 5 min，热压压力 3.0 MPa。经测试，制得的板材达到 GB 8624-1997 难燃 B_1 级建筑材料等级；其氧指数为 55，烟密度为 24.0。再如，一种热压法稻草水泥碎料板的生产[6]：首先用铡刀将稻草加工成长度为 1.5 ~ 2.5cm 的棒状，然后在破料机上加工剥离成丝状；选用 425R 普通硅酸盐水泥，在稻草碎料与水泥的混合物中加入适量促凝剂 $CaCl_2$ 和添加剂 $NaHCO_3$ 与一定量的水拌和，手工铺装板坯后在热压机上进行热压，卸压后自然养护一周即可。板材幅面为 360 mm × 360 mm × 12 mm。生产工艺参数：稻草与水泥的比例为 0.25，水与水泥的比例为 0.4，热压温度 100 °C，热压时间 10 min。经测试，该稻草水泥碎料板氧指数达 80，阻燃和吸声性能优良，其余性能类似水泥木屑板，而且没有人造板释放甲醛的缺点。

农业剩余物类防火板还有轻质蔗渣纤维内隔墙板等，它们都具有一定的防火性能。

但是，上述农业剩余物类防火板材多限于实验室研究，只在小范围内生产和试用。即使是作为典型的建筑用纸面草板，国内最初引进的生产线也早已停产，稻草板在建筑中的应用极其有限，稻草板建筑的发展和相关工作几乎处于停滞状态，例如，在 2007 年左右，JC/T 794-1988（1996）《建筑用纸面草板》的修订已经提上日程，但现在仍然在使用该老版标准。究其原因，涉及各个方面，若单从消防角度而言，标准中规定稻草板单墙的耐火极限不小于 1 h。但这已经是 20 多年前的测试数据，随着建筑行业的发展和消防观念的加强，在实际应用中，设计单位、建设单位等相关部门都对其耐火性能心存疑虑，自然限制了其推广应用。

3 发展前景

国外将麦秸和稻草作为板材原料的应用研究起始于生产 COMPAK 板，目前已有英国、澳大利亚、挪威、加拿大、美国等几十个国家建立了以农作物为原料的人造板生产厂家。美国的 PRIML BOARD 公司、加拿大的 ISOBORD 公司的生产线产量均在 10 万立方米和 20 万立方米，美国的麦秸板全年产量达 1 579 万立方米[2]。因此，在国外以农业剩余物为原料生产人造板是一个不容忽视的产业。

我国以农业剩余物为原料研究、生产人造板在世界上起步较早，也给予了足够的重视，但产业化进程却十分缓慢，很多农业剩余物类板材仅限于实验室研究，只在小范围内生产和试用。除了生产成本与产品价格缺乏竞争力、原料收集贮存占用资金、政策支持不力等原因外，对此类板材研发投入不足、产品的技术含量低、设备专业化程度低是最重要的原因。

总体上，目前农业剩余物原料的人造板仅在原料上做了替代，而性能上并没有高出木材人造板，甚至诸如平面拉强度和吸水率还逊色于木材人造板，目前主要应用于家具制作和装修，在建筑业应用的开拓力度不够。如果能提高其防火性能，增加其科技含量，特别是扩大以无机胶凝材料为胶粘剂的农业剩余物类防火板的生产规模，提高工业化水平，研发与其配套的系列产品，那么它在建筑业，尤其在广阔的建筑墙板材料市场的渗透力将大大加强。

　　纵观全局，农业剩余物类防火板将随着墙体材料改革的深入实施和建筑技术的发展，随着维护生态平衡和保护森林资源的需要与深入，它的发展前景是广阔、远大的。目前存在的不足和某些缺陷，绝不是不可逾越的。当然，这需要消防科技工作者从基础研究开始，切实开展工作，研究其配方、工艺设备和应用技术，而不是将农业剩余物类防火板停留在概念阶段。

参考文献

[1]　赵丹，马克艳. 木质复合材料. 上海建材，2002（5）：34-34.
[2]　涂平涛. 以农业剩余物为原料生产的建筑板材及其发展现状. 砖瓦，2004（12）：30-36.
[3]　王笑康，李咏梅，窦红倩. 阻燃胶合板的制作与性能研究. 热固性树脂，1999（4）：40-44.
[4]　王秀彬. 浅析我国草板建筑现状及发展前景. 应用能源技术，2010（7）：51-54.
[5]　王戈，刘振国. 阻燃麦秸刨花板性能的研究. 木材工业，2001，15（5）：10-13.
[6]　饶久平，吴敏，谢拥群，等. 热压法生产稻草水泥碎料板的研究. 林业机械与木工设备，2004，32（10）：10-13.

作者简介： 刘林（1983—），男，四川省成都市公安消防支队高新区消防大队助理工程师；主要从事建设工程消防设计审核、验收和监督管理工作。

　　　　　　通信地址：四川省成都市高新区府城大道东段 19 号，邮政编码：610023。

国内外建筑用板材防火安全设计对比分析

吴利勤

（广东省汕头市公安消防局）

【摘　要】　在各类建筑材料及制品中，板材的应用十分广泛，如装修用可移动隔断、展示板用板材、家具用板材、临时建筑及厂房用夹芯板材、墙体用保温板材等，因此对建筑用板材进行防火安全设计是极为重要的。本文通过对国内外相关规范、标准的研究分析，重点介绍了美国（IBC）、加拿大（NBC）、英国（BR-AD B 2000 及 BS 9999：2008）、我国《建筑设计防火规范》等关于建筑用板材防火安全设计的相关规定。

1　引　言

　　随着城市建设的快速发展，建筑密度越来越大，且高层建筑及大体量综合性建筑也越来越多，建筑火灾也是时有发生，由此导致了巨大的财产损失和人员伤亡，建筑火灾的防控已经成为一个社会性的难题。2012 年 10 月 10 日 5 时，陕西省西安市周至县陈河乡引汉济渭工程中铁十八局建筑工地一彩钢板（芯材为聚苯乙烯）活动房发生火灾，起火至建筑倒塌仅 6 分钟，造成 12 人死亡、2 人失踪、24 人受伤；2013 年 4 月 14 日 6 时 38 分，湖北省襄阳市樊城区前进路一景酒店发生火灾，造成 14 人死亡、47 人受伤。据调查，起火建筑二层网络会所屋面采用可燃夹芯材料的彩钢板，吊顶、墙面、楼梯间采用可燃材料装修，导致火灾发生后迅速蔓延。当前多数建筑火灾中，火灾的引发和蔓延都与易燃、可燃高分子建筑材料的使用有关，而这类建筑材料因其性能优势已经广泛应用于工农业及我们日常生活中的各个领域。因此，对于应用如此广泛的高分子建筑材料，研究解决其阻燃、防火问题，是对高层建筑、人员密集场所进行火灾防控，进而减少火灾损失的重要途径之一。在各类建筑材料及制品中，板材应用十分广泛，如装修用可移动隔断、展示板用板材、家具用板材、临时建筑及厂房用夹芯板材、墙体用保温板材，等等。因此，对建筑用板材进行防火安全设计是极为重要的。

2　我国关于板材防火安全设计的相关规定

　　《阻燃木材及阻燃人造板生产技术规范》（GB/T 29407-2012）中规定：

　　（1）应根据阻燃木材及阻燃人造板的性能要求选用木材阻燃剂，由供应商提供产品质量检测报告，注明有效活性成分的含量。

　　（2）木材阻燃剂应具有低吸湿性的特点，不危害环境。宜选择一剂多效的木材阻燃剂。

　　（3）应根据木材阻燃剂吸收量及所需的阻燃剂载药量确定其配制浓度。

　　（4）在使用木材阻燃剂处理液过程中，应对阻燃剂处理液的浓度及成分比例进行检测。当浓度及成分比例低于或高于规定要求时，应调整浓度及成分比例至规定要求范围内。

　　（5）规定了常用木材阻燃剂及其质量要求。

　　（6）木材阻燃剂应分类单独存放，不可与其他物品混放。

　　（7）阻燃木材及阻燃人造板的燃烧性能，根据其不同的应用场合，应不低于 GB 8624—2006 第

4 章中"非铺地建筑材料"的 C 级和"铺地材料"的 Cf1 级的规定。

（8）燃烧性能应按照 GB 8624 及其引用的相关标准方法、GB 20286 中涉及的检验方法进行检验。

（9）产品标识方面，阻燃木材及阻燃人造板的产品标识参照 SB/T 10383 和 GB 20286 的有关规定。

2006 版的《公共场所阻燃制品及组件燃烧性能要求和标识》中是对阻燃家具及组件的阻燃性能和标识做出了要求，燃烧性能分为阻燃 1 级和阻燃 2 级，判定指标主要为热释放速率峰值、5 min 内放出的总能量、最大烟密度。

《公共场所阻燃制品及组件燃烧性能要求和标识》目前正在修订中，并形成了报批稿"GB 20286—201X"。GB 20286—201X 将公共场所阻燃制品分为六大类，即阻燃织物、阻燃地毯、阻燃塑料及橡胶制品、阻燃电缆及光缆、阻燃板材、阻燃家具及组件。其规定阻燃板材中的可移动隔断及展示板用阻燃板材和家具用阻燃板材用于公共场所应施加阻燃标识。在燃烧性能方面，规定人员密集场所的板材、家具及组件等应采用燃烧性能不低于 GB8624 B1 级的阻燃制品，其它公共场所应采用燃烧性能不低于 GB8624 B2 级的阻燃制品，GB 50222 和相关国家标准有规定的，应按其规定。并规定标准规格阻燃标识和数码阻燃标识应具有防伪识别功能，可通过其防伪数字编码对产品进行验证并获取以下基本信息：生产、加工单位名称或简称；产品名称、规格型号；燃烧性能等级；能唯一识别的编码；执行标准编号；检验机构名称；产品批次或出厂日期等。

《建筑设计防火规范》规定：一、二级耐火等级厂房（仓库）的屋面板应采用不燃烧材料，但其屋面防水层和绝热层可采用可燃材料；当丁、戊类厂房（仓库）不超过 4 层时，其屋面可采用难燃烧体的轻质复合屋面板，但该板材的表面材料应为不燃烧材料，内填充材料的燃烧性能不应低于 B2 级。

《建筑设计防火规范》对夹芯板材也做出了相关规定：（1）在其"建筑构件的燃烧性能和耐火等级"表格中列出了彩钢板复合墙板中彩色钢板岩棉夹芯板的耐火极限为 0.5～1.3 h；（2）4 层及 4 层以下的丁、戊类地上厂房（仓库），当非承重外墙采用不燃烧体时，其耐火极限不限；当非承重外墙采用难燃烧体的轻质复合墙体时，其表面材料应为不燃材料、内填充材料的燃烧性能不应低于 B2 级。B1 和 B2 级材料应符合现行国家标准《建筑材料燃烧性能分级方法》GB8624 的有关要求。（3）当丁、戊类厂房（仓库）不超过 4 层时，其屋面可采用难燃烧体的轻质复合屋面板，但该板材的表面材料应为不燃烧材料，内填充材料的燃烧性能不应低于 B2 级。

我国在 2011 年 8 月 1 日颁布实施了《建设工程施工现场消防安全技术规范》（GB 50720—2011），其中在"临时用房防火"部分规定：建筑构件的燃烧性能等级应为 A 级。当采用金属夹芯板材时，其芯材的燃烧性能等级应为 A 级。

3 美国关于板材防火安全设计的相关规定

在家具方面，欧美更多的是关注软体家具的燃烧性能，对家具的主要织物、填充材料以及软体家具整体出台了许多标准和法规。关于家具用板材防火的规定相对较少。

在各类板材中，美国非常注重保温板材和夹芯板材的防火保护。

IBC 第 26 章对保温板材的防火性能进行了详细的规定，其中对保温泡沫塑料、外部涂层要求按 ASTM E 84 测试，火焰传播指数不超过 25，烟气发展指数不超过 450；并规定泡沫塑料应具备认证机构颁发的合适标识。标识应包含生产商或经销商的身份证明、型号、序列号或描述产品或材料特性的明确信息以及认证机构信息。

关于儿童游乐场构造方面规定：用于制造游乐设施硬质部件（如滑梯、面板等）的塑料，按照 ASTM E 1354 标准测试（50 kW/m^2，6 mm），峰值热释放速率应≤400 kW/m^2。

关于内装修部分的内容规定：装饰材料和窗框、扶手等装饰组件应遵照 806 节规定，限制其燃烧性能和火焰蔓延性能（标准依据：NFPA701 织物和薄膜火焰传播测试方法标准）。

内墙和天花板装饰材料需按照 ASTM E 84 或 UL 723 标准进行燃烧性能等级分类：A 级，火焰蔓延指数为 0 ~ 25，烟气发展指数为 0 ~ 450；B 级，火焰蔓延指数为 26 ~ 75，烟气发展指数为 0 ~ 450；C 级，火焰蔓延指数为 76 ~ 200，烟气发展指数为 0 ~ 450；按照 NPFA 286 测试的材料除外（NPFA 286 评价墙壁和天花板内装修对室内火焰蔓延所起作用的标准试验方法）。

IBC 的 806 节规定：装饰材料应为不燃材料，或由认证机构按照 NFPA 701 标准进行检测，并依据 NFPA 701 出具测试报告，根据要求提供给建筑管理方。

4 加拿大关于板材防火安全设计的相关规定

加拿大 NBC 2010 中对保温绝热材料的防火安全设计做了详细的规定。

在允许使用可燃构件的建筑中，要求泡沫塑料保温板材表面的火焰蔓延等级不能高于 500；作为墙体或顶棚组件组成部分的泡沫塑料，应采用下述措施予以防火保护：① 条文 9.29.4—9.29.9 中的一种内墙涂料；② 若建筑用途不包含 B 或 C 类用房，可用金属板，金属板机械固定于支撑构件上，厚度不低于 0.38 mm，且熔点不低于 650 ℃；③ 或使用满足条为文 3.1.5.12.中规定的任意绝热层。

在要求使用不燃构件的建筑中，规定可燃保温材料，除了泡沫塑料外，火焰蔓延等级不高于 25，可用于要求采用不燃构件的建筑中，且不需要采用规定的防火措施进行保护；当泡沫塑料保温材料表面的火焰蔓延等级不高于 25，用于要求采用不燃构件的建筑，则需采用下述材料组成的绝热层进行保护：① 厚度不低于 12.7 mm 的石膏板，且机械固定于支撑构件上；② 混凝土；③ 砖石砌体；④ 板条抹灰，且机械固定于支撑构件上；⑤ 或满足 CAN/ULC—S124 标准中 B 级要求的绝热层。

5 英国关于板材防火安全设计的相关规定

英国 BR-AD B 2000 及 BS 9999：2008 中对墙体保温板材规定：对于非住宅类建筑，当建筑高度 ≥18 m 时，外墙构造使用的所有保温制品、填充材料（不含垫圈、密封材料及类似制品）等，应采用 A2-s3，d2 级及以上级别的材料，这一限制不适用于空心墙砌体。英国《建筑设计、管理及使用消防安全技术规范》BS 9999（2008 年版）中在 "35.3 材料和饰面" 一章中专门列出了对 "保温夹芯板"（Insulating core panels）的相关要求和说明，从其对保温夹芯板材的说明可知，这里讲的 "保温夹芯板材" 主要就是我们国内所讲的彩钢夹芯板。其对火灾风险评估规定，当采用保温夹芯板材时，应进行潜在的火灾危险评估，并在设计阶段采取相应的预防措施，如采用防火夹芯板材，以及适当的材料/固定和连接系统。

对芯材使用规定，芯材防火等级应根据最后的夹芯板的用途进行选择：① 当夹芯板用于厨房、较热的区域、面包房、普通防火保护时，应采用 A2-S3，d2 级及其以上级别（limited combustibility）的材料；② 普通保温芯材可以用于冷冻储藏用房、采取了防火措施的食品厂房、清洁用房。

与彩钢夹芯板材相关的国外标准见下表。

部分与板材相关的国外标准

序号	发布机构	标准号	标准名称
1	ASTM	C 553—02	Mineral Fiber Blanket Thermal Insulation for Commercial and Industrial Applications
2	ASTM	C 991—03	Flexible Fibrous Glass Insulation for Metal Buildings
3	CGSB	CAN/CGSB—51.25—M87	Thermal Insulation, Phenolic, Faced
4	CGSB	51-GP—27 M—1979	Thermal Insulation, Polystyrene, Loose Fill
5	ULC	CAN/ULC—S701—05	Thermal Insulation, Polystyrene, Boards and Pipe Covering

续表

序号	发布机构	标准号	标准名称
6	ULC	CAN/ULC—S702—09	Mineral Fibre Thermal Insulation for Buildings
7	ULC	CAN/ULC S704—03	Thermal Insulation, Polyurethane and Polyisocyanurate, Boards, Faced
8	ULC	CAN/ULC—S705.1—01	Thermal Insulation Spray Applied Rigid Polyurethane Foam, Medium Density Material—Specification
9	ULC	CAN/ULC—S705.2—05	Thermal Insulation Spray-Applied Rigid Polyurethane Foam, Medium Density—Application
10	ULC	CAN/ULC—S138—06	Test for Fire Growth of Insulated Building Panels in a Full-Scale Room Confguration

6 小 结

我国在现有的《阻燃木材及阻燃人造板生产技术规范》中对阻燃木材及阻燃人造板的燃烧性能明确规定，根据其不同的应用场合，应不低于 GB 8624—2006 第 4 章中"非铺地建筑材料"的 C 级和"铺地材料"的 Cf1 级的规定。阻燃木材及阻燃人造板的产品标识参照 SB/T 10383 和 GB 20286 的有关规定。《公共场所阻燃制品及组件燃烧性能要求和标识》规定阻燃板材中的可移动隔断及展示板用阻燃板材和家具用阻燃板材用于公共场所应施加阻燃标识，并给出了阻燃标识施加方式，即对板材了的燃烧性能及阻燃标识都做出了具体而详细的规定。此外《建筑设计防火规范》中规定"当非承重外墙采用难燃烧体的轻质复合墙体时，其表面材料应为不燃材料、内填充材料的燃烧性能不应低于 B2 级"。《建设工程施工现场消防安全技术规范》要求夹芯板材中的芯材为 A 级。

在家具方面，欧美更多的是关注软体家具的燃烧性能，对家具的主要织物、填充材料以及软体家具整体出台了许多标准和法规。关于家具用板材防火的规定相对较少。在各类板材中，国外规范非常注重保温板材和夹芯板材的防火保护。其中美国在保温材料方面规定泡沫塑料应具备认证机构颁发的合适标识，标识应包含生产商或经销商的身份证明、型号、序列号或描述产品或材料特性的明确信息以及认证机构信息。此外，还规定了用于制造儿童游乐设施硬质部件（如滑梯、面板等）的材料，按照 ASTM E 1354 标准测试（50 kW/m^2，6 mm），峰值热释放速率应 ≤400 kW/m^2。

参考文献

[1] GB/T 29407. 阻燃木材及阻燃人造板生产技术规范[S]. 2012.

[2] GB 20286—201X. 公共场所阻燃制品及组件燃烧性能要求和标识[S].

[3] GB 50016. 建筑设计防火规范[S]. 2006.

[4] The Building Regulations 2000, Approved Document B（Fire Safety）Volume 1 - Dwellinghouses（2006 edition）.

[5] The Building Regulations 2000, Approved Document B（Fire Safety）Volume 2 - Buildings other than dwellinghouses（2006 edition）.

[6] Code of practice for fire safety in the design, management and use of buildings, 2008（BS 9999: 2008）.

[7] International Building Code（IBC）, 2006.

[8] National Building Code of Canada（NBC）, 2010.

浅谈高层建筑外墙外保温系统中的防火应用

吴瑞生

（山西省晋中市公安消防支队）

【摘　要】　随着社会经济的发展，高层建筑在城市建设中日益增多，而与此同时，外墙保温材料用于高层建筑工程导致的火灾屡有发生，这与保温材料的消防安全性密不可分。本文在分析高层建筑的火灾危险性的基础上，探讨了当前保温材料现状，提出了高层建筑外墙外保温防火应用的几点建议。

【关键词】　高层建筑；外墙；外保温；防火应用

1　引　言

长期以来，人们对于高层建筑外墙外保温材料的选择，仅仅从保温隔热角度考虑，而忽视了其安全性，北京央视新址大火、上海胶州路教师公寓大火、哈尔滨"经纬360度"双子星大厦大火以及沈阳皇朝万鑫国际大厦大火等高层火灾案例，均因建筑外墙外保温系统选用了可燃保温材料，不仅给国家和人民生命财产造成了很大的损失，还造成了严重的社会影响。惨痛的教训给我们敲响了警钟，外保温系统的防火性能也越来越得到人们的重视。本文分析了高层建筑的火灾危险性、当前保温材料现状及其防火应用的几点建议。

2　高层建筑的火灾危险性

高层建筑是指建筑高度超过24 m的公共建筑（不包括单层主体建筑高度超过24 m的体育馆、会堂、剧院等公共建筑）和十层及十层以上的居住建筑（包括首层设置商业服务网点的住宅），由于高层建筑的使用功能和其自身的特点决定了火灾隐患的多样性和复杂性。

（1）火势蔓延快。高层建筑的吊顶、空调风管、排烟管道等横向通道，以及楼梯间、电梯井、管道井、风道、电缆井、排气道等竖向井道，如果防火分隔或防火处理不好，发生火灾时好像一座座高耸的烟囱，成为火势迅速蔓延的途径。如一座高度为100 m的高层建筑，在无阻挡的情况下，半分钟左右，烟气就能顺竖向管井扩散到顶层。

（2）疏散困难。高层建筑的特点：一是层数多，垂直距离长，疏散到地面或其他安全场所的时间也会长些；二是人员集中；三是发生火灾时由于各种竖井拔气力大，火势和烟雾向上蔓延快，增加了疏散的困难。同时，人员疏散与烟火蔓延方向相反，人们不得不在烟熏和热气流的烘烤中疏散，这就进一步增加了疏散的艰巨性和危险性，被困人群往往因来不及疏散而被烟火熏死或烧死。

（3）扑救难度大。高层建筑高达几十米，有的甚至超过二三百米，发生火灾时从室外进行扑救相当困难，因此一般要立足于自救，即主要靠室内消防设施。但由于经济条件的限制，高层建筑内部的消防设施还不可能很完善。

在这种形势下，当外墙发生火灾后，由于烟囱效应，火灾蔓延特别迅速，而且有机保温层和高层建筑内可燃物的燃烧产生大量的有毒烟气，同时部分保温材料由于粘接不牢固而受热脱落，大火很可能会把燃气管道烧损而导致燃气泄漏、发生爆炸，这就给人员逃生和消防队员扑救火灾带来了极大的困难。所以，严格高层建筑外墙外保温设计，把隐患消灭在源头，对提高高层建筑阻火能力就显得尤为重要。

3 外墙外保温系统现状

外墙外保温是指采用一定的固定方式（黏结、机械锚固、粘贴＋机械锚固、喷涂、浇注等），把导热系数较低（保温隔热效果较好）的绝热材料与建筑物墙体固定成一体，以增加墙体的平均热阻值，从而达到保温或隔热效果的一种工程做法。

目前，用于高层建筑的外墙保温材料主要有三大类：第一类是以矿物棉和玻璃棉为主的无机保温材料，通常认定为不燃性材料；第二类是以胶粉聚苯颗粒保温浆料为主的有机无机复合保温材料，通常认定为难燃性材料；第三类是以聚苯板、聚氨酯和酚醛为主的有机保温材料，通常认定为可燃性材料，详见表1。

表 1 各种保温材料的耐火等级及保温性能

材料名称	胶粉聚苯颗粒	模塑聚苯板	挤塑聚苯板	聚氨酯	岩棉	矿棉	泡沫玻璃	加气混凝土
导热系数/（W/（m·K））	0.06	0.041	0.030	0.025	0.036～0.041	0.053	0.066	0.098～0.12
燃烧等级	难燃 B1	阻燃 B2	阻燃 B2	阻燃 B2	不燃 A	不燃 A	不燃 A	不燃 A

有机保温材料及其可能添加的卤系阻燃剂，不仅耐火等级低，在受到火的攻击时，还能起到燃烧及传播、扩大火势的作用，而且它们在火灾中由于不完全燃烧和热解会产生较多的烟尘和 CO, HCN 等有毒气体，这些烟和有毒气体在火灾中危害极大[4]。岩棉为不燃性材料，但是吸水性高，从而容易导致保温效果失效；改性粉煤灰和其他的一些无机保温砂浆都为不燃性材料，但是导热系数不易控制，与生产工艺和施工条件都有很大的关系。

4 防火应用探讨

通过以上分析可知，外墙保温带来的火灾隐患还是相当突出的，而我国现阶段还没有出台相应的规范来指导消防部门的监督检查。因此，笔者认为应从以下几个方面来做好防火应用。

（1）中国目前的建筑节能市场比较混乱，缺乏建筑设计技术的规范。我国现行的《高层民用建筑设计防火规范》（GB50045—1995），没有针对外墙外保温的防火设计规范，对不同防火等级的外保温系统缺乏分级标准和使用范围限制。因此，建议修订《建筑内部装修设计防火规范》，可更名为《建筑装修设计防火规范》，或者在《高层民用建筑防火规范》中增加外墙外保温一节，对其耐火等级、防火分隔以及装饰层的耐火等级等做出具体规定，从而对此项工作提供法律依据和强制性的整改意见，并将其外保温纳入审核、监督范围。

（2）开发和应用耐火等级高、环保效果好的保温材料。外墙保温技术的发展与节能材料的革新是密不可分的，建筑节能必须以发展新型节能材料为前提，必须有足够的保温绝热材料做基础。节能材料的发展又必须与外墙保温技术相结合，才能真正发挥其作用。所以要将保温、节能、美观相结合，从而增加其应用性。

（3）针对当前高层建筑为了达到美观的效果，大量采用幕墙设计，建设、施工和监理单位要落实好《高层民用建筑防火规范》的有关要求：窗槛墙、窗间墙的填充材料应采用不燃烧材料。当外墙采用耐火极限不低于 1.00 h 的不燃烧体时，其墙内填充材料采用难燃烧材料；无窗槛墙或窗槛墙高度小于 0.8 m 的建筑幕墙，应在每层楼板外沿设置耐火极限不低于 1.0 h，高度不低于 0.8 m 的不燃烧体裙墙或防火玻璃裙墙；建筑幕墙与每层楼板、隔墙处的缝隙，应采用防火封堵材料封堵。

（4）在燃气管道施工时，在加设套管的同时，管道入户处与保温层接触的地方，要用一定厚度及宽度的不然材料进行保护，防止火灾情况下外墙外保温材料起火引燃或引爆燃气管道而加剧火势蔓延。

（5）加强施工工地管理。一要明确责任，对各个环节加强监督管理；二要对保温施工人员进行详细的技术培训，必须进行有关的防火安全教育，学习了解外保温火灾原理、灭火基础知识及救援知识；三要加强施工现场材料的存放管理；四要加强施工工地临时消防给水系统、临时消防应急照明、灭火器等消防设施的设置。

5 结束语

多起高层建筑火灾，使得建筑外墙外保温材料成为新的火灾隐患，外墙外保温材料的防火性能受到越来越多的重视，从而对外墙外保温材料的性能提出了更高的要求，即在满足保温效果的同时，也要达到 A 级防火性能。随着科技水平的逐渐提高，采取更加科学的预防措施和有效的对策，就能真正地在保证节能要求的前提下，做到预防因外墙外保温材料引发的火灾事故。

参考文献

[1] GB50045—95. 高层民用建筑设计防火规范[S]. 2005.
[2] 外墙保温[EB/OL]. http：//baike.baidu.com/view/541466.htm.
[3] 宋长友，季广其，陈丹林，朱春玲. 外墙外保温系统的防火安全性分析[J]. 建筑科学，2008（ 02 ）.
[4] 欧志华，刘锡军，王彦. 建筑外墙外保温系统的火灾特征及防火措施[J]. 建筑科学，2010（ 11 ）.

作者简介：吴瑞生（1970—），男，山西省晋中市公安消防支队防火监督工程师，上校警衔；主要从消防监督工作。
          通信地址：山西省晋中市榆次区锦纶路晋中市政务大厅消防窗口，邮政编码：030600；
          联系电话：13834080585；
          电子信箱：1401684516@qq.com。

浅析电缆用防火板材（桥架、槽盒基材）应用中的相关问题及发展展望

丁光平[1]　王挺[1]　钱奔峰[2]

（1. 浙江省嵊州市防火涂料厂；2. 浙江省嵊州市华安防火设备厂）

【摘　要】　本文简述了电缆火灾的特点和危害，分析了电缆火灾的原因，介绍了几种电缆防火的有效措施；在此基础上，重点指出了目前普遍使用的无机电缆防火板材及其以此为基材制成的防火槽盒、桥架制品的优缺点及管理上的相关问题，并针对这些问题提出了建设性的措施和相关建议。

【关键词】　电缆防火板材；槽盒、桥架；电缆防火；抗烧爆

1　国内电缆防火情况概述

随着经济的发展和现代化建设的需要，电力、石化、冶金等行业使用电线、电缆的品种和数量日益增多，同时电缆火灾发生的概率及火灾隐患也相应地提高和扩大。因此，"防止电缆着火延燃"已成为当前从事设计、施工运行、消防部门和用户单位共同关心的研究课题。

1.1　电线、电缆着火延燃的特点和危害

普通的电线、电缆一般均为可燃物质的护层和绝缘材料，目前均以聚氯乙烯（pvc）、聚乙烯（PE）、交联聚乙烯（XLP）、氯化橡胶、乙丙橡胶或电缆油纸、电缆油等可燃和易燃物质组成。这些物质着火点低，燃烧热能大，加之电线、电缆敷设的环境较为狭小（如电缆沟、电缆隧道、电缆竖井、电缆桥架及汇线槽等），一旦着火即具有火势猛、蔓延快、扑救难、损失重的特点。而且，电线电缆在燃烧过程中还会产生大量的有毒气体，如氯化氢，一氧化碳等，阻碍消防人员进入现场，严重的还会造成人员中毒死亡。电缆火灾的另一后果是放出的氯化氢气体，弥漫、沉淀、覆盖于电气设备和金属装置上，形成导电薄膜，又有腐蚀金属的作用，即所为的二次灾害，影响安全运行[1]。

1.2　几种主要的火灾原因

（1）电缆本身原因：

① 绝缘老化被击穿，导致接地或短路后的弧光引燃。

② 长期超负荷运行，散热条件恶化，使绝缘受到破坏而短路，弧光引起燃烧。

③ 电缆中间接头或端头爆炸或电线连接，接触不良发热燃烧。

（2）电缆外部原因：

① 电线、电缆附近的油管路漏油着火。

② 相连含油电气设备着火后波及高温管道的过热影响。

③ 电焊渣溅落。

④ 其他可燃物意外着火延燃。

⑤ 外来人员（临时工、检修、安装人员）乱抛火物、火种等。据电力部门统计，内因占 37%，外因占 63%。

1.3 防止电缆着火延燃的几种主要措施

（1）选用阻燃和难燃（或耐火）电线、电缆。

（2）应用防火材料组成各种阻燃措施。

（3）完善报警灭火系统。

2 电缆防火板、桥架、槽盒的应用场景

应用电缆防火板、桥架、槽盒，是属于 1.3 中的第二种措施。电缆防火工程是一个系统工程，往往由多种防火材料应用于同一工程中而构成一个有机整体。但是每个产品又都具有各自的侧重点。

2.1 电缆防火板

（1）用于多层电缆敷设时为防止某层电缆着火波及临近上下层电缆，缩小电缆着火范围，减缓燃烧强度，保证重要电缆的运行安全。一般用厚度为 5～8 mm 的隔板。

（2）需要一定的承载能力的大孔洞封堵、垂直孔洞封堵等，与阻火包、无机堵料配合使用时，作为底层支撑用，一般厚度为 8～12 mm。

2.2 电缆桥架、槽盒

按 GA479—2004《耐火电缆槽盒》标准表述，电缆桥架的定义为：由敷设电缆的主体部件（托盘、梯架或槽盒）的直线段、弯通、附件以及支、吊架等构成，用于支承电缆的具有连续的刚性结构系统的总称[2]。而槽盒则是：电缆桥架中用于敷设电缆的主体部件，由无孔托盘和盖板组成。其防火原理是：敷设于槽盒内的电缆由于盒内空气不流通，火焰会因缺氧而窒熄，而盒外可燃物质起火燃烧时，由于槽盒基材的难燃性和不燃性，一定时间内火势很难波及盒内电缆，从而保证电缆的正常运行。

而就材质来讲，则有金属材料、难燃非金属材料（玻璃钢，简以 FRP 表示）、无机不燃材料及与其他耐火材料的复合体等组成。用金属材料制成桥架和槽盒要达到防火效果，一般均须与防火涂料及其他耐火隔热材料组合制成。而难燃材料制成的槽盒，早在 20 世纪 80 年代已经过了原水电部西南电力设计院、公安部四川消防科研所、四川电缆厂等单位按国际、国内相关标准及电缆实体敷设实际情况进行的模拟燃烧试验，证明了其有效的防火阻燃性能，对减少火灾发生和延缓火势蔓延具有积极意义，但该产品要达到 GA479-2004 规定的耐火时间则相当困难。

而本文讨论的重点则是由 20 世纪 90 年代后才发展起来的由无机材料为基材制成的电缆桥架和槽盒的相关问题。

3 存在的相关问题

普通钢桥架易腐蚀、维护成本高、不耐火；不锈钢桥架造价高、耐火性差；而无机防火槽盒、桥架具有造价低、施工方便、防火性能好等优势，在国内石化、冶金、电力等电缆大量敷设行业应用越来越大，但同时也存在不少问题和隐患，主要表现在以下几方面。

3.1　标准缺位，管理混乱

20 世纪八九十年代，该类产品生产企业大多按企业标准生产。有些地方制定了地方标准，其中规定了相应的物理、化学性能和防火安全指标，并经相关消防部门和技术监督部门备案。物理化学性能由当地省级检测机构检测，防火安全性能送国家检测中心检测；产品由省公安厅消防局鉴定后发生产许可证。90 年代中期，省消防部门发文把该类产品不列入消防产品管理，不少企业即按 GA160-1997 进行检测。但该产品标准调整的产品应用范围主要是针对建筑装饰用的防火板材，对一些物理、力学性能要求较低，有些如抗压、抗拉等性能未作要求。而用于电缆防火的材料，由于使用场合等环境相对恶劣，要求材料的物理、力学性能要远高于 GA160-1997 要求。所以，如果产品性能仅仅满足了 GA160-1997 要求就应用于电缆防火中，是远远满足不了实际工程需要的。再后来到本世纪初，GA160-2004 修订发布（目前已上升为国标 GB25970-2010），耐火电缆槽盒的产品标准 GA479-2004 也在同年发布。但 GA479-2004 对耐火性能的要求较高，一般用单一材质制成的槽盒很难达到要求，不少厂家都采用夹芯材料，外部涂防火涂料等复合型结构通过耐火检测，但这样的话造价就特别高，而在实际工程中使用时大多为单一材料结构的槽盒，这就给工程带来了严重的安全隐患。且 GA479-2004 制订时间已久，很多条款已不适应实际产品和相关标准的变化，急需进行修订。目前各检测中心已不再受理按企业标准执行的这类产品检测业务，因此这类产品虽然市场占有率不低，管理却处于一种无绪状态。

3.2　不抗烧爆，安全性差

工程中大量应用于电缆防火的无机防火板、槽盒及桥架，在安全性上一般只做一个不燃性试验，这只是一个检验材料着火性的一项指标，可反映其自身燃烧的难易程度，并不能说明它保护物体的能力强弱。而且通过多年来的实际工程应用发现，这些材料大多不抗烧爆，即在火灾条件下，几分钟或十几分钟，板材表面就会爆裂，板材、槽盒及桥架结构的完整性就会遭到破坏，也就起不到对被保护物的防火保护作用了。这也是这类产品的致命弱点，在实际工程应用中埋下了隐患，对人们的生命财产安全造成了严重的威胁。对此，应加强管理，推进技术进步，消除隐患，这是广大消防工作者和从事防火阻燃事业科技人员义不容辞的责任。

4　改进的办法和措施

4.1　改进产品技术性能

传统的无机板材及其以此为基材制成的槽盒、桥架，虽然能在一定时间内达到防火阻燃、减轻和滞缓火灾发生的功效，但作用有限。特别是在燃烧物质较多、着火时间较长的火灾情况下，其自身弱点暴露无遗，更不用说满足 GA479-2004 的性能要求了。因此，在原有不燃、耐火性较好的基础上，改善其火灾状况下不爆裂，保持其自身的完整性和耐火性是技术关键。可喜的是，国内已有厂家（如浙江天华防火材料有限公司等）已成功研制出该类耐火板材，其特点是在强度、耐火极限、耐老化性方面均有显著提高的情况下，同时具有在火灾条件下不爆、不裂的优点。与国外引进的近年也有国内企业开始投产的岩棉夹层板（表面涂防火涂料）相比，成本只需其几分之一，但外观和强度等性能指标均大大超过该类制品，具有广泛的发展前景，并已分别通过了国家固定灭火系统和耐火构件质检中心及国家防火建材质检中心按 GB23864-2009 规定的耐火性能检测。而传统无机防火板材按标准规定安装时要通过 GB23864-2009 的试验几乎是不可能的。

4.2 规范相关产品标准和应用设计规程

前面已经讲过，用于电缆防火的板材、槽盒、桥架，由于没有专门对其纳入管理，有的按企标、有的按行标、有的根本就是无标生产，从而导致产品质量无标可依，其质量和安全性可想而知。对此，有必要由相关部门牵头立项，组织科研、设计、应用、生产企业等对其进行系统地应用研究，制订相应的标准和技术规范，完善检测手段，并将其重新纳入消防管理范围中来，才能保证该类产品的质量，消除工程中应用该类产品后产生的安全隐患。

5 前景展望

随着国家经济社会不断向前发展，电力、石化、冶金等大量使用电缆的行业得到迅猛发展，电缆防火及孔洞封堵、区间分隔，防火槽盒、桥架的制作等均大量使用无机耐火板材。据中国消防产业发展调研报告（2010 年度）的调查显示，国内不燃板材年生产 210 万平方米、难燃板材 3 172 万平方米[3]，由此可见其巨大的市场潜力。因此，只要企业能和科研单位通力协作，改善产品技术性能，不断满足用户和工程需求，随着市场和行业管理的逐步规范，其发展前景必将是十分广阔的。

参考文献

[1] 吴克祥，丁光平，等. 电线、电缆防火阻燃材料的应用. 浙江省建筑电气防火技术交流会主题报告[R]，1991.

[2] 中华人民共和国公安部. GA479—2004. 耐火电缆槽盒[S]. 北京：中国标准出版社，2004.

[3] 中国消防协会. 中国消防产业发展调研报告（2010）[M]. 北京：中国科学技术出版社，2011.

作者简介：丁光平（1964—），男，浙江省嵊州市防火涂料厂副厂长，工程师，中国消防协会防火材料分会第一届委员，全国消防标准化技术委员会防火材料分会第二、三、四、五届通讯委员；从事防火阻燃材料研发和质量管理 20 多年。

通信地址：浙江省嵊州市三江街道阮庙，邮政编码：312400；

联系电话：0575-83351392，13606578564。

添加型阻燃剂对软质聚氨酯泡沫
燃烧性能的影响

刘志鹏[1]　陈英杰[1]　代培刚[1]　李博[2]

（1. 广东省产品质量监督检验研究院；2. 广东省公安消防总队）

【摘　要】　本文选择了不同的添加型阻燃剂，采用一步发泡法制备了软质聚氨酯泡沫（FPUF），通过氧指数（OI）、锥形量热仪（Cone）和产烟毒性研究了 FPUF 的燃烧性能。结果表明：采用 10%wt 溴系阻燃剂和 10%wt MPOP 制备 FPUF 的阻燃效果较好。在辐射照度 30 kW/m^2、样品厚度 50 mm 的条件下，两者制备的 FPUF 热释放速率峰值分别降低到 284.0 kW/m^2 和 270.8 kW/m^2。但是前者烟气毒性带来的危害更大，当溴系阻燃剂含量超过 4%时烟气毒性等级达到 WX 级。

【关键词】　FPUF；溴系阻燃剂；燃烧性能

1　引　言

中国城镇化建设需要大量的建筑材料。由于聚氨酯（PU）结构特殊、性能优异，因而在建筑材料中得到大量使用。但是，由于聚氨酯（PU）是多元醇化合物（R-OH）和异氰酸酯（R-N=C=O）的产物，燃烧过程中会释放出大量有毒气体，因此具有较高的火灾危险性[1]。软质聚氨酯泡沫（FPUF）是聚氨酯成型材料的一部分，具有疏松多孔的结构，是聚氨酯材料中最易燃的部分。2010 年 11 月，上海静安区一正在进行外墙节能改造的教师公寓发生大火，造成 58 人死亡；2013 年 12 月广州建业大厦发生火灾，损失约 4 000 万元。然而，这两起典型大火均与聚氨酯材料使用有关。

FPUF 的易燃性限制了其在很多领域的应用。因此，增强 FPUF 产品的阻燃性非常重要[2]。FPUF 阻燃剂可按阻燃剂与基体材料之间的关系分为反应性阻燃剂和添加型阻燃剂。反应型阻燃剂作用持久，热稳定性良好，但工业化较为困难；添加型阻燃剂是最早使用的阻燃方法，制作工艺简单，至今仍得到广泛的应用[3]。本文选择不同的添加型阻燃剂，采用一步发泡法制备了软质聚氨酯泡沫（FPUF）。通过氧指数（OI）、锥形量热仪（Cone）和产烟毒性研究了不同添加型阻燃剂对 FPUF 燃烧性能的影响，为正确选用阻燃剂提供参考。

2　试验部分

2.1　原　料

聚醚多元醇（PPG-5623，羟值 28.0 KOHmg/g，官能度为 3，中海壳牌），白聚醚（POP CHF-628，羟值 28.0 KOHmg/g，官能度为 3，江苏长化聚氨酯科技有限公司），甲苯二异氰酸酯（TDI 80/20，官能度为 2，上海巴斯夫），二月桂酸二丁基锡（PUCAT L-33，佛山市普汇新型材料有限公司），辛酸亚锡（YOKE T-9，江苏雅克科技股份有限公司），Niax silicone L-540/STL DR，三聚氰胺（BK69 安吉宏威化工有限公司），氯代烷基多聚磷酸酯（RDT-9 广州粤鹏化工科技），2，2'，4，4'，5，5-六溴联苯和 1，2-二溴-4-（1，2-二溴乙基）环己烷（百灵威科技有限公司），三聚氰胺多聚磷酸酯（MPOP 合肥精汇化工研究所），去离子水（自制）。

2.2 仪　器

氧指数测定仪（英国 FTT）、锥形量热仪（英国 FTT）、产烟毒性实验装置（南京上元分析仪器有限公司）、机械搅拌器、秒表。

2.3 阻燃 FPUF 的制备

按照 Table1 基础配方，将 PPG，POP 和适量去离子水加入 1 000 ml 塑料烧杯中，然后依次加入二月桂酸二丁基锡、Niax silicone、辛酸亚锡和相应的阻燃剂，用机械搅拌器高速搅拌 2 h，使其混合均匀，料温 25 ℃，最后加入 TDI 80/20，高速搅拌均匀 4～5 s 立即倒入模具中自然发泡[4]，模温 25 ℃，固化 24 h。泡沫密度控制在 50±2 kg/m³。FPUF 的配方见表 1。

表 1　FPUF 的配方

原料	组成/g
PPG	75～90
POP	10～25
TDI 80/20	31.5～40
stannous octoate	0.2～1.5
Dibutyltin dilaurate	0.1～0.5
Niax silicone	0.6～1.0
阻燃剂	2.0～15.0
水	1.8～2.0

2.4 试验方法

（1）氧指数测定按照 ISO 4589—2：1996 的规定进行，试验温度（23±2）℃、湿度 50%～55%，样品尺寸 100 mm × 10 mm × 10 mm。

（2）热释放速率测定按照 ISO 5660—1：2002 的规定进行，辐射照度设置为 30 kW/m²，样品尺寸为 100 mm × 100 mm × 50 mm。

（3）产烟毒性按照 GB/T 20285-2006 的规定进行。

3　结果和讨论

3.1 氧指数

图 1 为质量分数均为 10% 的不同添加型阻燃剂的氧指数对比图。从图中可以看出，由于 POP 自身的阻燃性，即使不特别添加阻燃剂，空白 FPUF 的氧指数依然达到了 21.6%。添加 RDT-9 的 FPUF 氧指数比添加 MA 氧指数较高，磷的阻燃主要就是形成碳层，阻隔空气与燃烧物接触，氯的阻燃是通过气相隔绝空气，两者的协同作用比只通过气相隔绝空气实现阻燃的 MA 效果要好一些。卤素阻燃剂性能较为突出，其中卤素中 Br 的阻燃效果要更好一些，添加六溴联苯和 TBECH 的 FPUF 氧指数达到了

24.6%，添加 MPOP 制备的 FPUF 的氧指数最高，达到了 25.2%，这归结于 N，P 的协同作用，通过气隔绝空气和固相形成碳层达到了较好的阻燃效果。

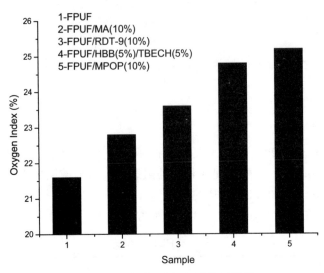

图 1   不同添加型阻燃剂的氧指数

3.2   热释放速率（HRR）

热释放速率是指在预设的热辐射照度下，样品引燃后单位面积上释放热量的速率，单位为 kW/m^2。热释放速率可分为平均热释放速率和峰值热释放速率（pHRR）。试验初期的平均热释放速率对评价初期火灾的贡献和材料本身的阻燃和消防安全设计有实际作用[5]。峰值热释放速率是材料重要的火灾特性参数之一。热释放速率的测定受辐射照度和样品的厚度影响，GB 8624-2012 聚氨酯泡沫材料的燃烧特性，规定了辐射照度为 30 kW/m^2，所以本热释放速率的测定采用此辐射照度。图 2 是两种试样在 30 kW/m^2 的辐射照度下，热释放速率随时间的变化曲线。空白的 FPUF 热释放速率最大，添加 RDT-9 和 MA 的 FPUF 热释放速率峰值相差不大，都超过了 500 kW/m^2，而添加 HBB 和 TBECH 的 FPUF 则明显降低到了 284 kW/m^2，添加 MPOP 制备的 FPUF 热释放速率最低，峰值比溴系阻燃降低了 5%。

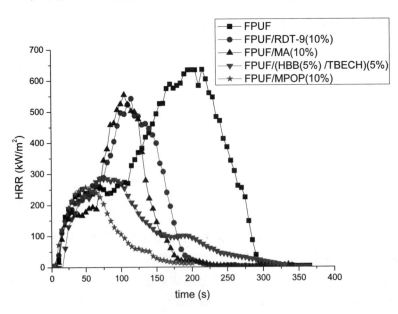

图 2   不同添加型阻燃剂制备的 FPUF 热释放速率

3.3 总热释放（THR）

锥形量热仪所测试的总热释放是指单位面积的试样完全燃烧后所放出热量的总和，单位为 MJ/m^2。总热释放是评价实际使用材料热危害的重要参数。材料的总热释放越大，材料潜在的热危险就越大。从图 3 来看，空白 FPUF 的 THR 远远大于其余四种添加型阻燃剂制备的 FPUF。在 MPOP 制备的 FPUF 燃烧过程中，表面膨胀现象较为明显，碳化层的隔绝作用增加了材料的阻燃效果，总热释放量最低。

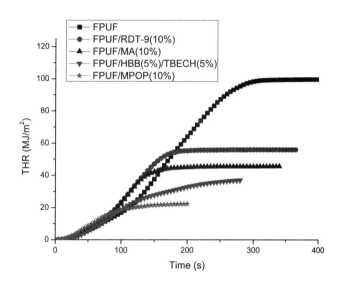

图 3　不同添加型阻燃剂制备的 FPUF 总热释放量

3.4 质量损失率（MLR）

在锥形量热仪实验中支撑样品池的重量感应器，采用五点差分法自动记录试验燃烧过程中的质量损失速率，见图 4。此参数与热释放速率、比消光面积、CO 的生成速率等参数密切相关，质量损失率越大，燃烧就越猛烈。在四种添加型阻燃剂制备的 FPUF 中，加入 MPOP 样品的质量损失率最小，燃烧相对缓慢。通过观察燃烧过程发现，所有样品引燃时间均在 5 s 以内，并且引燃之后表面全部燃烧，样品急速缩小，质量损失较快。燃烧后的样品碳化残留质量 3%～5%。阻燃剂的添加相对改变了质量损失率，但在较高的辐射照度下，剩余质量没有较大差异，MPOP 制备的 FPUF 的成碳率最高。

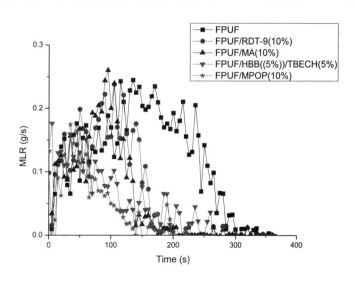

图 4　不同添加型阻燃剂制备的 FPUF 质量损失率

3.5　比消光面积（SEA）

比消光面积表示试样分解挥发单位质量的可燃物所产生烟的能力，单位为 m²/kg。从图 5 来看，添加六溴联苯和 TBECH 的 FPUF 生烟能力较强，有后续不充分燃烧现象，这也说明了溴系阻燃剂的烟气危害较大。MPOP 制备的 FPUF 产烟能力最低，阻燃效果较为理想。

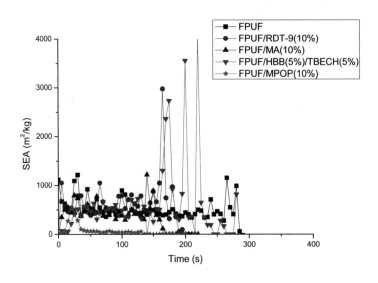

图 5　不同添加型阻燃剂制备的 FPUF 比消光面积

3.6　烟气毒性

同一材料在相同产烟浓度下，以充分产烟和无火焰的情况时为毒性最大。对于不同材料，以充分产烟和无火焰情况下的烟气进行动物染毒试验，按实验动物达到试验终点所需的产烟浓度作为判定材料产烟毒性危险级别的依据，所需产烟浓度越低的材料产烟毒性危险越高，所需产烟浓度越高的材料产烟毒性危险越低。所得结果如图 6 所示，在阻燃剂添加 10%wt 以内，空白样品、FPUF/MA 和 FPUF/RDT-9 均达到 ZA3 级别，实验过程中发现小白鼠流泪、闭目、呼吸急促现象。而 FPUF/HBB/TBECH 的烟气毒性等级有较大变化，当阻燃剂含量超过 4%时 FPUF/HBB/TBECH 甚至达到了 WX 级别，实验小白鼠有昏迷现象。

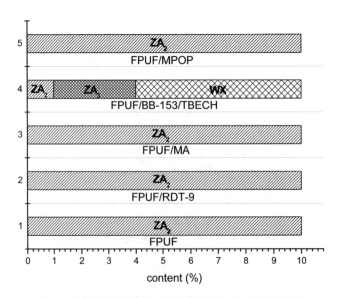

图 6　不同添加型阻燃剂制备的 FPUF 产烟毒性

4 结 论

采用不同添加型阻燃剂通过一步发泡法制备了软质聚氨酯泡沫（FPUF）。通过氧指数（OI）、锥形量热仪（Cone）和产烟毒性研究了 FPUF 的燃烧性能。结果表明，采用 10%wt 溴系阻燃剂制备 FPUF 的阻燃效果较好，但溴系阻燃剂的烟气毒性危害较大，当阻燃剂含量超过 4%时烟气毒性等级达到 WX 级。由于 N、P 的协同作用，MPOP 制备 FPUF 的阻燃效果最为理想。值得注意的是，当 MPOP 超过 10%以上时，FPUF 的物理性能下降，主要表现为脆性增强，硬度提高。

卤系阻燃剂具有较高的产烟危害，已逐渐淘汰。无卤、协同阻燃剂效果突出，是今后阻燃剂产品的发展方向[6]。为了制备综合性能优异的 FPUF 复合材料，开展有机、无机添加型以及膨胀型阻燃剂和反应型无卤阻燃剂相互之间复配和功能化的深入研究，将是大势所趋。

参考文献

[1] Usta N. Investigation of fire behavior of rigid polyurethane foams containing fly ash and intumescent flame retardant by using a cone calorimeter [J]. Journal of Applied Polymer Science，2012，124（4）：3372-3382.

[2] Ravey M，Pearce E. Flexible polyurethane foam. I. Thermal decomposition of a polyether-based，water-blown commercial type of flexible polyurethane foam[J]. Journal of Applied Polymer Science，1997，63：47-74.

[3] 张晓光，王列平，等. 聚氨酯泡沫塑料无卤阻燃技术的研究进展[J]. 化工进展，2012.31.（7）：1521-1527.

[4] 刘益军. 聚氨酯树脂记起应用[M]. 北京：化学工业出版社，2012：122-138.

[5] 舒中俊，徐晓楠，李响. 聚合物材料火灾燃烧性能评价[M]. 北京：化学工业出版社，2007：61-62.

[6] Tian Shi，She-Jun Chen. Occurrence of Brominated Flame Retardants other than Polybrominated Diphenyl Ethers in Environmental and Biota samples from southern China [J]. Chemosphere.74（2009） 910-916.

作者简介：刘志鹏（1976—），男，广东省产品质量监督检验研究院消防检测部副部长；主要从事消防产品、消防设施、塑料建材、阀门管件的产品质量监督。

通信地址：广东省广州市海珠区新港东路海诚东街 6 号，邮政编码：510330；

联系电话：020-89232682，1392410242；

电子信箱：fm@gqi.org.cn。

石膏板不燃性测试的不确定度评定

张莹 许众 孔祥宇

（辽宁省新纳斯消防检测有限公司）

【摘 要】 按照 GB 8624-2012《建筑材料及制品燃烧性能分级》要求，基于 A 级建筑材料的燃烧特点，本文介绍了石膏板不燃性试验的方法，测定石膏板炉内温升、持续燃烧时间、质量损失等参数，分析了影响石膏板不燃性测试的不确定度因素，并对各不确定度分量进行了评定。结果表明，石膏板为 A1 级建筑材料，测定的持续燃烧时间为零。石膏板不燃性试验的不确定度主要取决于温升和质量损失两个参数，温升的扩展不确定度为 2.410 °C，质量损失的扩展不确定度为 0.164 g。

【关键词】 消防；石膏板；不燃性；不确定度

1 引 言

随着人们生活水平的提高，建筑材料的应用也越来越广泛，其中建筑材料防火性能的安全性也越来越受到人们的关注。按照《建筑材料及制品燃烧性能分级》（GB 8624—2012）[1]和《建筑内部装修设计防火规范》（GB 50222—95）[2]的要求，建筑材料不燃性试验方法是表征 A 级建材料燃烧性能的重要手段（采用不燃炉测定炉内温升、质量损失率、持续燃烧时间）。不燃性试验炉的不确定度关系到样品测试的准确性程度。因此，对不燃性试验炉不确定度的评定至关重要。本文依据《测量不确定度评定与表示》（JJF1059.1-2012）[3]对各不确定度分量进行讨论。

2 试验条件及方法

2.1 试样的制备

选取石膏板作为样品，试样为圆柱形，体积（76±8）cm³，直径（450-2）mm，高度（50±3）mm。试验前，试样应按照 EN13238：2010[4]的有关规定进行状态调节，然后将试样放入 +（60±5）°C 的通风干燥箱内调节 20～24 h，最后再将试样置于干燥皿中冷却至室温。试验前应称量每组试样的质量。

2.2 试验装置及方法

本文采用南京上元分析仪器有限公司生产的 FCB-2 型建材不燃性试验炉，依据《建筑材料不燃性试验方法》（GB/T 5464—2010）[5]进行石膏板的炉内温升、持续燃烧时间、质量损失率三个参数的测量。

3 数学模型

试样的质量损失：$\Delta m \leqslant \dfrac{n}{24}\max\left(0.1, \dfrac{m(t)}{1000}\right)$

式中：ΔT——炉内温升（°C）；

$\Delta m = \left| m(t+n) - m(t) \right|$——炉内最高温度（°C）；

$\Delta m \leqslant \dfrac{n}{24}\max\left(0.1, \dfrac{m(t)}{1000}\right)$——炉内最终温度（°C）；

Δm——质量损失率（%）；

m_0——样品初始质量（g）；

g，m——样品最终质量（g）。

4 石膏板不燃性测试的不确定度评定

采用同一石膏板连续 10 次重复测量，测量结果见表 1。

表 1 石膏板不燃性测量数据统计表

序号	T_m/（°C）	T_f/（°C）	ΔT/（°C）	m_0/（g）	m/（g）	Δm/（%）	T_f/（s）
1	779.1	776.7	2.4	49.43	40.01	19.1	0
2	780.2	778.7	1.5	49.25	39.65	19.5	0
3	781.3	779.2	2.1	49.61	39.84	19.7	0
4	778.1	776.2	1.9	49.85	40.28	19.2	0
5	780.6	777.9	2.7	50.12	40.39	19.4	0
6	782.4	780.6	1.8	50.04	40.38	19.3	0
7	776.5	774.2	2.3	49.17	39.58	19.5	0
8	783.1	781.4	1.7	49.76	40.16	19.3	0
9	779.4	777.4	2.0	50.22	40.48	19.4	0
10	782.5	780.7	1.8	50.08	40.26	19.6	0
平均值	780.3	778.3	2.0	49.75	40.10	19.4	0
极差	6.6	7.2	1.2	1.05	0.9	0.6	0

4.1 炉内温升的不确定度

温升测量的标准不确定度有两个来源：

（1）同一样品石膏板测量 10 次，计算出 10 次测量结果的标准偏差，即：

$$S(\Delta T) = \sqrt{\dfrac{\sum\limits_{i=1}^{n}\left(\Delta_i T - \overline{\Delta T}\right)}{n-1}} = 0.361 \ (°C)$$

那么，10 次算术平均值的标准不确定度为：

$$u(\Delta T) = \dfrac{S(\Delta T)}{\sqrt{10}} = 0.114 \ (°C)$$

（2）标准热电偶测量温升的不确定度：

试验所用不燃炉采用 K 型热电偶，校准证书指明其温度校准结果的不确定度为：

$$u(T) = 1.2 \ ^\circ\text{C}(k = 2)$$

（3）合成标准不确定度：

$$U(\Delta T) = \sqrt{u((\Delta T)^2 + u(T)^2} = 1.205 \ (^\circ\text{C})$$

（4）扩展不确定度：

取包含因子 $k = 2$，则扩展不确定度 U 为：

$$U = kU(\Delta T) = 2 \times 1.205 = 2.410 \ (^\circ\text{C})$$

4.2 持续燃烧时间的不确定度

由于石膏板为 A1 级不燃性建筑材料，因此样品的持续燃烧时间均为 0，因此不考虑其标准不确定度。

4.3 质量损失

（1）石膏板重复测量产生的标准不确定度 u（m）：

$$S(\Delta m) = \sqrt{\frac{\sum_{i=1}^{n}\left(\Delta m_i - \overline{\Delta m}\right)}{n-1}} = 0.183 \ (\text{g})$$

那么，10 次算术平均值的标准不确定度为：

$$u(\Delta m) = \frac{S(\Delta m)}{\sqrt{10}} = 0.058 \ (\text{g})$$

（2）石膏板质量称量不准产生的标准不确定度 u（m）：称量石膏板试样采用分度值为 10 mg 的电子天平，天平最大允许误差为 ± 100 mg，按均匀分布考虑，那么，由石膏板试样称量不准所产生的标准不准确度分量：

$$u(m) = \frac{100 \ \text{mg}}{\sqrt{3}} = 0.058 \ (\text{g})$$

（3）合成标准不确定度：

$$U(\Delta m) = \sqrt{u(\Delta m)^2 + u(m)^2} = 0.082 \ (\text{g})$$

（4）扩展不确定度：

取包含因子 $k = 2$，则扩展不确定度 U 为：

$$U = kU(\Delta m) = 2 \times 0.082 = 0.164 \ (\text{g})$$

5 结 论

（1）石膏板不燃性试验的不确定度，主要取决于温升和质量损失两个参数，温升的扩展不确定度为 2.410 ℃，质量损失的扩展不确定度为 0.164 g。

（2）通过计算过程可知，温升引起的不确定分量较大，所以在测试样品的不燃性，应提高仪器精确度，定期对不燃性试验炉进行温度的校准很重要。

（3）人员操作的熟练程度是导致重复性不确定度的重要因素，因此在检验过程中，检测人员对标准和设备熟练透彻，是保证不燃性检测数据的有效手段。

参考文献

［1］ GB 8624—2012. 建筑材料及制品燃烧性能分级[S].

［2］ GB 50222—95. 建筑内部装修设计防火规范[S].

［3］ JJF 1059.1—2012. 测量不确定度评定与表示[S].

［4］ EN 13238：2010. Reaction to fire tests for building products-Conditioning procedures and general rules for selection of substrates[S].

［5］ GB/T 5464—2010. 建筑材料不燃性试验方法[S].

作者简介：张莹，女，硕士研究生，辽宁省新纳斯消防检测有限公司从事建筑材料及制品消防检测工作。

通信地址：辽宁省沈阳市于洪区太湖街 3 号，邮政编码：110141；

联系电话：13940560349。

陶瓷化硅橡胶耐火电缆料的研究及发展趋势

张秉浩[1,2]　刘　微[1]　赵乘寿[2]　葛欣国[1]

（1. 公安部四川消防研究所；2. 西南交通大学）

【摘　要】　本文从陶瓷化硅橡胶电缆材料无机填料的改性研究、协同复合填料的研究以及硅橡胶＋云母＋低熔点玻璃粉体系的研究等方面，论述了陶瓷化硅橡胶耐火电缆料的发展趋势，并提出了陶瓷化硅橡胶材料研究中应注意的问题。

【关键词】　陶瓷化；耐火；发展趋势

自 2008 年起，仅仅由电线电路的过载、老化和短路等电气原因引起的火灾就占到了火灾总数的 30%以上，并且每年都有所增长[1-3]。2005 年 12 月 15 日，吉林省辽源市中心医院发生特大火灾事故，造成 39 人遇难；2010 年 1 月 5 日，湖南省湘潭市湘潭县谭家山镇立胜煤矿井下 240 米处在生产过程中发生火灾，导致 34 名矿工遇难；2010 年 8 月 28 日，辽宁沈阳市铁西万达广场售楼处沙盘电路故障引发火灾，造成 11 人遇难。资料分析表明，这些事故往往是由于使用了不合格或者伪劣电线电缆而造成了悲剧的发生，这就使得电线电缆的防火安全问题，以及阻燃、耐火电缆的研发与应用变得极为重要和紧迫。

1　防火电缆及绝缘材料

防火电缆分为阻燃电缆和耐火电缆，而耐火电缆中，绝缘层是关键。目前已研究应用成熟的电缆绝缘层包括了云母绕包带绝缘和矿物氧化镁绝缘。云母绕包带绝缘层是通过云母纸层层绕包制得的，成本虽然低廉但生产效率十分低下，并且由于工艺上的限制，往往在接缝处会出现缺陷而造成产品质量问题。云母绕包带绝缘电缆一般可以通过 GB /T 19666—2005 标准规定的耐火试验，但却不能通过英国 BS6387：2000 标准。矿物氧化镁绝缘电缆，虽然其耐火性能优异，不仅能满足 GB/T 19666—2005 标准要求，同时也能满足英国 BS 6387：2000 标准规定的单纯耐火、耐火附加喷淋、耐火附加机械振动试验要求。但是造价比较高，并且氧化镁容易与空气中的水发生反应而生成氢氧化镁，进而影响绝缘性能[4]。在耐火电缆的研究进程中，耐火硅橡胶绝缘电缆由于其特殊的瓷化耐火机理，而受到现在业内的广泛关注。并且耐火硅橡胶除了可以应用于电缆行业外还可以应用于门窗的密封和防火堵料等领域。耐火硅橡胶通过瓷化反应产生具有很好的耐火性能的陶瓷化物体，并且其自身硅橡胶本来就有很好的耐高温和绝缘性能，燃烧生成的 SiO_2 和 H_2O 也为无毒无害产物，所以有着很好的发展前景。

1.1　可瓷化耐火硅橡胶电缆料的组成

可瓷化耐火硅橡胶主要由有机硅基材、无机填料、瓷化粉和结构控制剂通过共混挤出制成。有机硅基材主要是燃烧后可产生 SiO_2 的含硅高分子材料，如甲基乙烯基硅橡胶（VMQ）、苯基硅橡胶（PQ）、甲基硅橡胶（MQ）等；无机填料主要在气相白炭黑、石英粉、膨胀珍珠岩、膨胀石墨等中选择；瓷化粉是有高熔点、高烧结度且具有优良绝缘性能的材料，如高岭土、硅灰石和云母粉等；结构控制剂起到降低耐火材料成瓷所需温度的作用，如低熔点玻璃粉、含硼化合物、氧化锌等。目前，应用相对比较成熟的当属在澳大利亚已经推广于市场的体系：室温硫化硅橡胶＋云母粉＋低熔点玻璃粉。对于该体系的应用和研究，国内外在近几年也都有一部分的文献报道，其内容主要集中在以下两个方面。

1.1.1 硅橡胶补强材料的改性研究

未经补强的硅橡胶的拉伸强度很低，因此需要通过添加无机填料进行补强，通常 SiO_2 是橡胶中最为常见的补强材料，可以通过硅氧烷主链上的氧与白炭黑表面硅羟基上的氢形成氢键对硅橡胶起增强作用。而在可瓷化硅橡胶的研制当中，其材料需要的不仅仅是机械性能，还应兼顾绝缘性能和耐水性能，因此近些年来的很多研究主要围绕在无机填料的改性上。华南师范大学的罗穗莲[5]等人以单组分室温硫化硅橡胶为基料，向其中加入端羟基聚二甲基硅氧烷和不同包覆硅含量的碳酸钙等物质，经脱水处理后加入交联剂和催化剂，结果发现经过不同表面处理的碳酸钙均对硅橡胶的拉伸强度和断裂伸长率有很大的贡献，且碳酸钙粒径的大小显著影响硅橡胶的拉伸性能，表面包覆的硅膜在填料与硅橡胶的作用中起主要作用。Eung Soo Kim[6]等人研究了经过表面改性的碳纤维对硅橡胶力学性能的影响，通过使用 3-异氰酸酯对碳纤维进行表面改性，通过 3-异氰酸酯改性的碳纤维和室温硫化硅橡胶之间发生缩合反应，提高了碳纤维和硅橡胶之间的相容性。因此，在添加改性过的碳纤维后，复合材料的机械性能和热稳定性都大幅的提高。Jiesheng Liu 等[7]研究了改性白炭黑对硅橡胶的影响，通过在白炭黑表面包覆 2%的硅烷改性剂 KH-550，白炭黑表面的硅醇键和改性剂的乙氧基团反应，释放出乙醇，形成稳定的 Si-O-Si 结构。从而降低了白炭黑的亲水性，使其在湿润空气下吸附的水分子的量减少，减少了白炭黑的聚团效应，提高了其在硅橡胶的分散效果，从而提高了其机械性能。

1.1.2 协同复合填料的研究

牟秋红等[8]研究了不同配比的碳纤维、膨胀石墨协同复合对硅橡胶性能的影响。单纯用膨胀石墨虽然能增加硅橡胶的导热性但并不能补强硅橡胶，反而对硅橡胶的结构有所损害，造成力学性能的降低；添加碳纤维后，拉伸和撕裂强度比未添加碳纤维之前分别提高了 64%和 49%，在不影响其导热性能的前提下，大大增强了其机械性能。沈振等[9]研究了滑石-硅灰石复合矿物填料作为补强填料对硅橡胶的影响，将滑石用硼酸酯类偶联剂改性、硅灰石用硅烷偶联剂进行改性，添加复合填料比添加单一填料拉伸强度高，从 5.6 Mpa 提高到了 5.9 Mpa，而且提高了 100%定伸应力，其性能优于沉淀法白炭黑；同时，拉伸强度、撕裂强度、回弹值接近气相法白炭黑。

1.2 陶瓷化硅橡胶成瓷性能的研究

目前，市场上推广的陶瓷化硅橡胶多是以云母和低熔点玻璃粉作为主要填充物。低熔点玻璃粉凭借其较低的软化点，在陶瓷化过程中能降低陶瓷化反应所需要的温度，使得复合材料在较低的温度下也能转化成陶瓷体；而添加了小粒径的云母粉会比添加大粒径的云母粉在机械性能上表现得更加优异，因为小粒径填料有更大的比表面积，能提高填料和硅橡胶基体之间的表面积接触率，因此在拉伸强度和断裂伸长率上面都有更优异的表现。国内外很多研究也围绕着低熔点玻璃粉对可瓷化硅橡胶的成瓷性能和云母粉所需的粒径大小以及配比做了大量的研究。J.MANSOURL[10-11]等最先发现在硅橡胶和云母的混合物经高温燃烧过后能形成比较紧密的连接残余物。后来，又发现通过加入低熔点玻璃粉便能很好的提高混合物在较低温度时发生瓷化反应的能力。L.G.Hanu[12-13]等人在研究硅橡胶＋云母粉＋低熔点玻璃粉的体系时，认为云母是最容易延长点火时间的一种填料，而氧化铁和低熔点玻璃粉均会加快点火时间；与低熔点玻璃粉不同是，聚合物分子链吸附于氧化铁分子表面，阻止了链运动和链反应的发生，从而氧化铁能够降低热释放速率。进一步的研究发现，添加不同成分的硅酸铝盐对硅橡胶成瓷性能有着不同的影响，通过在硅橡胶中分别添加 20%粒径为 110 μm 的 $K_2O\text{-}Al_2O_3\text{-}SiO_2$ 硅铝酸盐和 20%粒径为 20 μm 的 $K_2O - MgO - Al_2O_3 - SiO_2$ 硅铝酸盐，硫化剂为过氧化物，将材料共混均匀后分别在 600 ℃，800 ℃ 和 1100 ℃ 下进行灼烧，结果发现纯硅橡胶在 600 ℃ 左右的低温下只能形成粉末状的结构，在 1100 ℃ 时能形成连接比较致密但易碎的块状结构。而复合材料里面，当温度升高到 1 100 ℃ 左右的时候，填料会产生一定量的液态物质融进硅橡胶基体缝隙内，而这种液态物质又能通过连接无机填料和硅橡胶的燃烧残余物形成比较稳定的结构，从而使最后生成的残余物结实、致密。南京工业大学的邵海彬[14]等人尝试通过添加熔化温度为 450 ℃ 左右的低熔点玻璃粉制备可瓷化硅橡胶，发现玻璃粉用量在 40% 之前瓷化温度变化均不大，在 30% 到 40% 之间时，瓷化温度为 750 ℃；添加量为 45% 时瓷化温度为 700 ℃。J.MANSOURL[10-11]等人还研究了不同粒径的云母填料和不同熔点的玻璃粉对硅橡胶成瓷性能的影响。在硅橡胶中加入平均粒径分别为 150 μm 和 75 μm 的云母粉以及两种不同化学成分且软化点为 525 ℃ 和软化点为 800 ℃ 的低熔点玻璃粉，经过实验发现，添加 2.5% 软化点为 525 ℃ 的低熔点玻璃粉的样品在经过 800 ℃ 的灼烧后，就能形成比较坚固的瓷化体，而添加 800 ℃ 的低熔点玻璃粉要在 1 000 ℃ 灼烧后才能形成比较坚固的瓷化体，而且玻璃纤维同样在云母粉和硅橡胶基体之间形成明显的连接带。Zbigniew[15]等人分析研究了（28.5：2，14：17，18：8）等不同配比的高岭土和玻璃粉的添加量对复合材料成瓷效果的影响，通过实验得出过低的玻璃粉添加量不能形成很好的瓷化结构，而过多的玻璃粉添加经灼烧后会形成比较明显的裂缝。

2　结　论

纵观十余年来陶瓷化硅橡胶的研究进展，我们可以看到，对于陶瓷化硅橡胶的研究，还是希望通过降低陶瓷化温度，增强陶瓷化结构的力学性能来进行有效的防火。目前，对低熔点玻璃粉在陶瓷化硅橡胶当中的应用已经相当完善，并且国内外也有比较好的可瓷化硅橡胶电缆产品面世。但是应注意以下几点：① 实现工艺的绿色环保。目前市场上常见的低熔点玻璃粉含铅等重金属成分，陶瓷化硅橡胶研制过程中应避免使用含铅、镉的原材料。② 应该明确陶瓷化硅橡胶耐火电缆的使用领域。陶瓷化硅橡胶的低温陶瓷化问题一直没有得到根本的解决，即使添加低熔点玻璃粉，陶瓷化温度也在 800 ℃ 左右，在更低温度下很难形成坚固耐火的陶瓷体。③ 积极开发陶瓷化硅橡胶材料在其他领域中的运用。

参考文献

[1]　朱江. 电缆防火技术[J]. 消防技术与产品信息，2008，（11）：28-30.

[2]　http：//119.china.com.cn.

[3]　李海江. 2000—2008 年全国重特大火灾统计分析[J]. 中国公共安全·学术版（火灾科学），2010（1）：64-69.

[4]　苏柳梅，梵星，尤红梅. 硅橡胶/黏土可瓷化复合材料的热行为及微观结构[J]. 粉末冶金材料工程与技术，2010（12）：856-863.

[5]　罗穗莲，潘慧铭，王跃林. 碳酸钙对 RTV 密封胶的补强研究[J]. 华南师范大学学报，2009（2）：62-65.

[6]　Eung S K, Tae H L. Surface modification of carbon fiber and the mechanical properties of the silicone rubber/carbon fiber composite[J]. Department of polymer science and engineering，2011（23）：411-418.

[7]　Jiesheng Liu. Surface modification of silica and its compounding with polydimethylsiloxane matrix interaction of modified silica filler with PDMS[J]. Iran Polymer and Petrochemical Institute，2012（21）：583-589.

[8]　牟秋红，冯圣玉. 碳纤维/膨胀石墨协同复合对硅橡胶性能的影响[J]. 山东大学学报，2011（41）：130-134.

[9]　沈振，吴季怀. 滑石-硅灰石复合矿物填料作为硅橡胶补强剂的研究[J]. 橡胶工业，1999（46）：343-345.

[10]　Jaleh Mansouri，Cheng Y B，Burford R P.Investigation of the ceramifying process of modified silicone-silicate compositions[J]. J Mater Sci 2007（42）：6046-6055.

[11]　Jaleh Mansouri，Cheng Y B，Burford R P. Formation of strong ceramified ash from silicone-based compositions[J]. Journal of materials science 2005（40）：5741-5749.

[12]　L G. Hanu，G P. Simon，J Mansouri. Development of polymer-ceramic composites for.

[13]　improved fire resistance[J]. Journal of Materials Processing Technology，2004：153-154，401-407.

[14]　L.G. Hanu，G.P. Simon，Y.-B. Cheng.Thermal stability and flammability of silicone polymer composites[J]. Polymer Degradation and Stability 91（2006）1373-1379.

[15]　邵海彬，张其土，吴丽. 可瓷化硅橡胶的制备与性能[J]. 南京工业大学学报，2011（33）：48-51.

[16]　Zbigniew Pędzich，Jan Dul.Optimisation of the ceramic phase for ceramizable silicone rubber based composites[J].Advances in Science and Technology Vol.66（2010）：162-167.

防火涂料的应用现状与发展方向探讨

王媛原

（公安消防部队昆明指挥学校）

【摘　要】　本文通过介绍当前我国防火涂料的种类、用途及使用对象，对当前我国防火涂料的发展现状进行了分析，并根据防火涂料的发展现状对其今后的发展方向进行了探讨。

【关键词】　防火涂料；发展现状；方向

社会生活中，火灾是威胁公共安全、危害人们生命财产的灾害之一。2012 全国共发生火灾 152 157 起，死亡 1 028 人，受伤 575 人，直接财产损失 21.1 亿元。如何将火灾事故发生率降低，人们除了要增强防火安全意识外，建筑防火是预防火灾发生的一项重要而有效的举措，其中防火涂料是防火建筑材料中的重要组成部分。大力推广使用防火涂料，一旦发生火灾事故，让火患无法蔓延并消失于无形之中，这对于降低和消灭火灾事故具有重要意义。

防火涂料是指涂装在物体表面，可防止火灾发生、阻止火势蔓延传播或隔离火源、延长基材着火时间或增加绝热性能以推迟结构破坏时间的一类涂料。我国防火涂料的发展，较国外工业发达国家晚了 15—20 年。虽然起步晚，但发展速度较快，尤其是钢结构防火涂料，从品种类型、技术性能、应用效果和标准化程度上看，已接近或达到国际先进水平。

1　防火涂料的应用现状

当前我国的防火涂料按用途和使用对象的不同可分为钢结构防火涂料、饰面型防火涂料、电缆防火涂料、预应力混凝土楼板防火涂料等。[1]

1.1　钢结构防火涂料

钢结构作为高层建筑结构的一种形式，以其强度高、质量轻，并有良好的延伸性、抗震性和施工周期短等特点，在建筑业中得到广泛应用，尤其在超高层及大跨度建筑等方面显示出强大的生命力。随着我国城市规模的发展，钢结构在我国建筑业的应用具有非常广阔的前景。但由于钢结构自身不燃，钢结构的防火隔热保护问题曾一度被人们忽视。根据国内外有关资料报道及有关机构的试验和统计数字表明，钢结构建筑的耐火性能较砖石结构和钢筋混凝土结构差。钢材的机械强度随温度的升高而降低，在 5 000 ℃ 左右，其强度下降到 40% ~ 50%，钢材的力学性能，诸如屈服点、抗压强度、弹性模量以及荷载能力等都迅速下降，很快失去支撑能力，导致建筑物垮塌。因此，对钢结构进行保护势在必行。钢结构防火涂料刷涂或喷涂在钢结构表面，起防火隔热作用，防止钢材在火灾中迅速升温而降低强度，避免钢结构失去支撑能力而导致建筑物垮塌。早在 20 世纪 70 年代，国外对钢结构防火涂料的研究和应用就展开了积极的工作并取得了较好的成就，至今仍是方兴未艾。80 年代初国外钢结构防火涂料就进入中国市场，且在工程上得到广泛应用。从 80 年代初，我国也开始研制钢结构防火涂料，至今已有许多优良品种广泛应用于各行各业。

1.1.1 厚涂型钢结构防火涂料

厚涂型钢结构防火涂料是指涂层厚度在 8 ~ 50 mm 的涂料。这类防火涂料的耐火极限可达 0.5 ~ 3 h。在火灾中涂层不膨胀，依靠材料的不燃性、低导热性或涂层中材料的吸热性，延缓钢材的升温，保护钢件。这类钢结构防火涂料采用合适的黏结剂，再配以无机轻质、增强材料。与其他类型的钢结构防火涂料相比，除了具有水溶性防火涂料的一些优点之外，由于它从基料到大多数添加剂都是无机物，因此成本低廉。该类钢结构防火涂料施工一般采用喷涂，多应用在耐火极限要求 2 h 以上的室内钢结构上。但这类产品由于涂层厚，外观装饰性相对较差。

1.1.2 薄涂型钢结构防火涂料

涂层厚度在 3 ~ 7 mm 的钢结构防火涂料称为薄涂型钢结构防火涂料。该类涂料遇火时能膨胀发泡，以膨胀发泡所形成的耐火隔热层延缓钢材的升温，保护钢构件。这类钢结构涂料一般是用合适的乳胶聚合物作基料，再配以阻燃剂、添加剂等组成。对这类防火涂料，要求选用的乳液聚合物必须对钢基材具有良好附着力、耐久性和耐水性。常用作这类防火涂料基料的乳液聚合物有苯乙烯改性的丙烯酸乳液、聚醋酸乙烯乳液、偏氯乙烯乳液等。对于用水性乳液作基料的防火涂料，阻燃添加剂、颜料及填料是分散到水中的，因而水实际上起分散载体的作用。为了使粒状的各种添加剂能更好地分散，还加入分散剂，如常用的六偏磷酸钠等。该涂料一般分为底层（隔热层）和面层（装饰层），其装饰性比厚涂型好，施工采用喷涂，一般使用在耐火极限要求不超过 2 h 的建筑钢结构上。

1.1.3 超薄型钢结构防火涂料

超薄型钢结构防火涂料是指涂层厚度不超过 3 mm 的钢结构防火涂料。这类防火涂料遇火时膨胀发泡，形成致密的防火隔热层，是近几年发展起来的新品种。它可采用喷涂、刷涂或辊涂施工，一般使用在要求耐火极限 2 h 以内的建筑钢结构上。与厚涂型和薄涂型钢结构防火涂料相比，超薄型膨胀钢结构防火涂料黏度更细、涂层更薄、施工方便、装饰性更好。在满足防火要求的同时又能满足高装饰性要求，特别是对裸露的钢结构，这类涂料是目前备受用户青睐的钢结构防火涂料。公安部消防科研所研制出的"SCB"（溶剂型）和"SCA"（水性）超薄膨胀型防火涂料，涂层厚度分别为 2.69 mm 和 1.6 mm，耐火极限分别为 147 min 和 63 min；"LF"（溶剂型）和"L6"（溶剂型）超薄钢结构防火涂料，涂层厚度分别为 2 mm 和 3 mm，耐火极限分别为 94 min 和 90 min；江苏兰陵公司的"SF"（溶剂型）和"ECB"（水性）超薄型钢结构防火涂料，涂层厚度为 2.07 mm 和 1.6 mm，耐火极限分别为 150 min 和 44 min。总而言之，由于国内研究超薄型钢结构防火涂料的时间还较短，对涂膜的防火性能及理化性能研究虽然进展较快，但是要提出效果优异的适合于室外应用的超薄型钢结构防火涂料，还需要在其耐火性方面作进一步研究。

1.2 饰面型防火涂料

除了钢结构防火涂料，饰面型防火涂料、电缆防火涂料等也飞速发展。饰面型防火涂料是一种集装饰和防火为一体的新型涂料品种，当它涂覆于可燃基材上时，平时可起一定的装饰作用；一旦火灾发生时，则具有阻止火势蔓延，从而达到保护可燃基材的目的。正是因为它的这种特殊用途，所以国外工业发达国家早在 20 世纪 20 年代就出现了饰面型防火涂料。

饰面型膨胀防火涂料，可分为溶剂型和水性两类，两类涂料所选用的防火组分基本相同，因此很难说它们的防火性能有多大的差别。这两种涂料选用的溶剂以采用的成膜物质而定。溶剂型防火涂料的成膜物质一般选用氯化橡胶、过氯乙烯、氨基树脂、酚醛树脂等，采用的溶剂为 200 号溶剂汽油、喷漆稀料、醋酸丁酯等；水性防火涂料的成膜物质一般选用氯乙烯-偏二氯乙烯乳液、苯丙乳液、纯丙烯酸乳液、聚醋酸乙烯乳液等，这些材料均以水为溶剂。这两类涂料性能上的差别主要在于涂料的理化性能以及耐火性能。溶剂型防火涂料这两方面的性能都优于水性防火涂料。透明防火涂料是近几年发展起来并趋于成熟的一类饰面型防火涂料,产品广泛地适用于宾馆、医院、剧场、计算机房等木结构的装修,各种高层建筑及古建筑的装饰和防火保护。然而,随着我国工业的迅速发展及市场上的需求,对透明防火涂料提出了更高的要求,不但要具有良好的防火性能,而且要求漆膜透明光亮、耐火性能好。

1.3　电缆防火涂料

我国电缆防火涂料产品的研制始于 20 世纪 70 年代末和 80 年代初,是在饰面型防火涂料基础上结合自身要求发展起来的,其理化性能及耐火性能较好涂层较薄,遇火能生成均匀致密的海绵状泡沫隔热层,有显著的隔热防火效果,从而达到保护电缆、阻止火焰蔓延、防止火灾的发生和发展的目的。电缆防火涂料作为电缆防火保护的一种重要产品,通过近 20 年来的应用,对减少电缆火灾损失、保护人民财产安全起了积极作用,其应用也从不规范到规范。但由于现代社会的飞速发展,电缆使用的环境、敷设的方式的多样化,从电缆防火涂料多年的应用情况看,现行的水性防火涂料还有些性能需要改进提高后才能满足电缆使用环境要求。目前,使用情况较好的是溶剂型防火涂料,但由于这类涂料本身易燃,使用的火灾隐患也相当大,加之溶剂对人体会有不同程度的伤害,因此特别是在电缆竖井、电缆沟、电缆隧道等空间狭窄或不易通风的场所使用时应加强安全防护措施。从环保的角度考虑,今后应努力开发研制理化性能和耐火性能优良的水性防火涂料。

1.4　预应力混凝土楼板防火涂料

预应力混凝土空心板广泛用于现代建筑物中作为承重的楼板,由于它的耐火性差,成为贯彻建筑设计防火规范的一个难题。为了提高预应力楼板的耐火极限,人们首先采取了增加钢筋混凝土保护层厚度的办法,但效果不很明显,反而增加了楼板的质量并占用了有效空间。借鉴钢结构防火涂料用于保护钢结构的原理,我国从 20 世纪 80 年代中期起,逐步研究和生产预应力混凝土楼板防火涂料,较广泛地用于保护预应力楼板,喷涂在预应力楼板配筋一面,遭遇火时,涂层能有效地阻隔火焰和热量,降低热量向混凝土及其内部预应力钢筋的传递速度,以推迟其升温的时间,从而提高预应力楼板的耐火极限,达到防火保护的目的。

从以上对我国当前防火涂料的种类、用途及使用对象的介绍,我们可以看出我国防火涂料的发展在品质及用途上取得了可喜的成绩,但我国防火涂料的品种还不够丰富,每种防火涂料功能单一,有几种防火涂料还存在有待改进的地方。例如,超薄型钢结构防火涂料,还需要在其耐火性方面作进一步研究;厚涂型钢结构防火涂料涂层厚,外观装饰性相对较差等。因此,针对当前我国防火涂料的发展现状,现对其今后的发展方向做以下探讨。

2　防火涂料的发展方向

2.1　不断研制新型防火涂料[2]

国外的防火涂料已向着超薄、超耐火性能、装饰性能优良的方向发展,并参照欧洲老化试验标准方法进行了耐火性实验,其耐火性能优良,能满足室内外使用的要求。所以,为了赶上或超过国外同类产品、满足市场的需要,研制和开发高耐火性的防火涂料是今后发展的方向。

由海洋化工研究院研制的膨胀型防火涂料日前通过国家知识产权局的审查,获发明专利。该超薄型防火涂料,涂层厚度为 1 mm,耐火极限可达 1 小时,适合于室内钢结构的防火涂装,也可用于木质基材、电缆等的防火涂装。本发明公开的膨胀型防火涂料,包括丙烯酸树脂、催化剂、成炭剂、发泡剂、阻燃剂、补强剂、颜填料、助剂、烟雾抑制剂等成分，并对丙烯酸树脂改性，对催化剂进行表面处理以及加入烟雾抑制剂提高涂料的综合性能。当涂膜受热膨胀时，形成不易燃三维空间结构的炭化层，使火焰热量受到隔离而减少对底材的传导，同时在高温时涂料分解出不可燃气体，隔绝并稀释空气，阻止火焰扩展、蔓延。

2.2 开发多种多功能防火涂料[3]

为了提高混凝土的耐火能力，公安部四川消防研究所针对其耐火特点及施工条件，于 2003 年 11 月在国内率先研制开发了混凝土专用防火涂料。该涂料适用于建筑物、交通隧道、地下工程等钢筋混凝土结构、普通混凝土结构及预应力楼板的防火保护，在火灾中无有害气体产生，毒性试验结果为安全一级，符合环保要求。

2.3 借鉴国外先进技术，不断更新防火涂料生产工艺[4]

据《21 世纪化学与生活》杂志报道，俄罗斯科学院生化物理研究所的专家发明一种新工艺，用以将含淀粉的植物性废料加工成了一种无色的糊状物。该物质可用来制作混凝土和石膏的缓凝剂、胶木板黏合剂和防火涂料。据介绍，上述植物性废料加工工艺不会对环境造成影响。目前，这项新工艺已获得了俄罗斯专利。

萨哈罗夫指出，根据加工程度的不同，可将新型"糨糊"制成防火涂料，涂在房屋楼板的表面。当火灾发生时，这种涂料会转变成黑色的焦炭状覆盖层，长时间地隔离火和楼板，从而起到防火的作用。当火被及时扑灭后，只需除去焦炭状覆盖层，便可对楼板进行重新粉刷。据悉，俄内务部所属的消防研究院对上述防火涂料进行了检测，认为其符合俄国家一类防火性能标准。

2.4 积极开发环保型防火涂料

目前，国内普遍使用的溶剂型和厚型防火涂料耐火极限差、不符合环保要求。北京首创纳米科技有限公司利用纳米材料的特点对涂料进行改性，制造了新型纳米阻燃剂，通过阻燃剂提高涂料防火性能，同时通过添加无机纳米纤维材料提高防火涂料遇火膨胀后的强度。该产品是国内率先研制成功的水性防火涂料，涂膜厚度小于 2 mm、导热系数小于 0.025 W/m·K、耐火极限达到 2 小时。从技术指标上看，该技术达到国际同类产品先进水平。北京首创纳米科技有限公司已与奥运场馆达成了初步示范工程计划，北京市科委也将这一计划纳入科技奥运计划项目。专家认为，钢结构建筑在发达国家已相当普遍，我国刚刚起步，作为钢结构建筑的配套材料，水性钢结构防火涂料是发展趋势，其广泛推广将对我国建筑业的发展起到重要的推动作用。

综上所述，今后我国防火涂料的发展将向着品种丰富、功能齐全、环保的方向发展，且不断更新生产工艺，提高生产水平。这样的发展能弥补我国当前防火涂料发展现状中不完善的地方，并使防火涂料生产技术水平得到提高、产品高效、功能齐全、环保。

3 结 语

随着我国城镇建设开发力度的进一步加大，钢结构因其刚性和塑性都比较优良，将被广泛应用在大型展览、体育中心及高层建筑中。因此，必须进一步深入研究钢结构防火涂料性能，根据不同需要、不同功能，提高钢结构耐火极限，增强建筑物抗御火灾能力，确保国家和人民群众生命财产安全。

参考文献

[1]　防火涂料[J]. 涂料技术与文摘，2004（6）：7-8.

[2]　孙有清. 新材料新装饰[J]. 2004（5）：15-16.

[3]　膨胀型防火涂料获国家专利化工中间体：科技[J]. 产业版，2004（3）：11.

[4]　俄罗斯最近开发出一种新型防火涂料[J]. 陕西建筑与建材，2004（8）：17.

作者简介：王媛原，公安消防部队昆明消防指挥学校专业基础教研室。

　　　　　　通信地址：云南省昆明市小石坝昆明消防指挥学校专业基础教研室，邮政编码：650208；

　　　　　　联系电话：15912541728；

　　　　　　电子信箱：wyuanking@tom.com。

一种新型阻火模块的制备及性能研究

董永锋　赵智

（广东省佛山市公安消防支队）

【摘　要】　目前国内外一般采用防火封堵材料堵塞于各种贯穿物穿过墙壁或楼板时形成的各种开口、孔洞，以阻止火灾蔓延和防止有毒气体扩散，将火灾控制在一定的范围之内，减少火灾损失。但是，传统的防火封堵材料都有其局限性。本文采用正交实验法制备了一种新型阻火模块，对其制备过程、性能及施工技术进行了深入研究。这种新型阻火模块除了阻燃耐火外，还具有防潮性、抗水性、耐候性、耐老化性及能适应室外环境条件的特殊功能。

【关键词】　建筑防火；阻火模块；封堵材料；耐火极限

1　概　述

在现代建筑中，由于建筑内部使用和建筑施工的需要，在建筑内的防火分隔构件上或构件与构件之间形成许多电缆贯穿孔口、电器设备预留的空开口以及建筑缝隙，一旦建筑发生火灾，火和有毒烟气就会通过这些孔洞在建筑中蔓延，扩大了火灾的危害性，所以对这些孔洞部位进行防火处理对于维持防火分隔构件的耐火性能，有效地防止火灾蔓延十分重要。

建筑被动防火工程就是采用防火封堵材料，对其内部大量的建筑管道在楼板和墙体间纵横穿越（通风空调管道、防排烟管道、上下水管道、热力与电力管道及其他工艺管道等）存在的建筑缝隙进行密封或填塞，在规定的耐火时间内该材料能够与防火分隔构件或建筑外墙协同工作，并能阻止热量、火焰和烟气蔓延扩散的一种工程技术措施。根据《防火封堵材料》（GB23864—2009）[1]的规定，防火封堵材料定义为具有防火、防烟功能，用于密封或填塞建筑物、构筑物以及各类设施中的贯穿孔洞、环形缝隙及建筑缝隙，便于更换且符合有关性能要求的材料。防火封堵材料的耐火性能应符合表1的规定。

表1　防火封堵材料的耐火性能技术要求

序号	技术参数	级别		
		A3级	A2级	A1级
1	耐火完整性/h	≥3.00	≥2.00	≥1.00
2	耐火隔热性/h	≥3.00	≥2.00	≥1.00

随着我国经济建设的发展和新型建筑结构的不断出现，各行业对建筑贯穿防火封堵产品的综合技术性能和环保性能提出了更高的要求。然而，无机防火堵料、有机防火堵料、阻火包等传统防火封堵材料产品逐渐显露出在实际应用中的局限性。目前国内很多厂家生产的阻火模块并不像所宣传的那样完美，而存在着很多缺陷：① 耐水性差，在水中测试不到一天就分散成碎粒；② 进行燃烧试验时，随着燃烧的进行，其组成的膨胀型材料所产生的膨胀力，不断将模块分散成细粒，最后成灰粉，模块解体，不符合防火要求；③ 由于其高分子黏合剂中没有添加阻燃剂，因此有一定的着火性。随着国际上热膨胀防火技术（Intumex Technology）的不断发展，研制和应用具有高效膨胀阻燃性能、满足环保

要求、施工更加方便、价格相对低廉的新型系列建筑防火封堵材料已经越来越受到本行业的重视，而阻火模块就是这样一种满足条件的新型防火封堵材料。阻火模块采用无毒膨胀材料和特殊工艺制成，主要应用于石化、电力、通信、冶金等行业的电线、电缆、电器的防火封堵，该产品综合了传统有机防火堵料、无机防火堵料和阻火包的所有优点，是传统封堵材料的更新换代产品。

2 新型阻火模块的研制

2.1 试验材料

2.1.1 无机隔热填料

新型阻火模块除了具有高效的防火隔热性能和较好的理化性能外，还要求其具有柔韧性，以适应接缝的各种形变移位，同时还应具备耐候耐水、对电缆无腐蚀等特点，因而新型阻火模块所采用的隔热填料是关键组分之一。在新型阻火模块的研制过程中，曾选择了多种无机材料作为阻火模块的隔热填料，通过多次实验之后，最后选定了以膨胀蛭石、粉煤灰和空心微珠作为新型阻火模块的隔热填料。

（1）膨胀蛭石。生蛭石片经过高温焙烧后，其体积能迅速膨胀数倍至数十倍，体积膨胀后的蛭石就叫膨胀蛭石，其是层状结构，层间含有结晶水，容重在 $50 \sim 200 \, kg/m^3$，热导率小，是良好的隔热材料。质量良好的膨胀蛭石，最高使用温度可达 $1\,100\,°C$。此外，膨胀蛭石具有良好的电绝缘性。其主要化学成分见表2。

表2 蛭石主要化学成分

化学成分	SiO_2	Al_2O_3	Fe_2O_3	MgO	H_2O
百分比（%）	37～43	9～17	5～24	11～23	0.5～9

（2）粉煤灰。粉煤灰是火电厂发电时煤粉燃烧后产生的废灰。它是经过 $1\,500\,°C$ 高温煅烧之后的产物，具有耐高温和物化性能稳定的特点，所以它也是一种较好的耐火原料，其主要化学成分见表3。

表3 粉煤灰主要化学成分

化学成分	SiO_2	Al_2O_3	Fe_2O_3	灼减
百分比（%）	40～60	15～30	2～15	10

（3）空心微珠。空心微珠亦称漂珠，是以 SiO_2 为主体，经过 $1500\,°C$ 高温烧结而成，直径约为 $1\mu m$ 的空心玻璃球体。该材料的特点是耐高温、容重小、强度高、硬度大，是保障阻火模块质轻、防火、高强的骨干材料，其物理、化学性能见表4和表5，其技术指标见表6。

表4 空心微珠物理性能

项目	性能	项目	性能
粒径（μm）	1～300	折射率（%）	1.5～1.54
松散容重（kg/m^3）	250～400	比表面积（cm^2/g）	3 200～3 600
密实容重（kg/m^3）	400～600	导热系数（W/m.k）	0.08～0.11
真密度（g/cm^3）	2.1～2.2	导温系数（m^2/h）	（93～150）$\times 10^5$
莫氏硬度（d）	6～7	流体静压强度（MPa）	70～140
反射率（%）	16～18	不溶物（%）	0～2

表 5 空心微珠化学成分

化学成分	SiO$_2$	Al$_2$O$_3$	Fe$_2$O$_3$	TiO$_2$	CaO	MgO	K$_2$O	Na$_2$O	灼减
化学成分（%）	61.5～53	34.5～22.8	7～2	1.6～0.7	2.3～1.0	2.2～0.5	2～0.5	0.7～0.4	3.7～0.6

表 6 漂珠技术指标技术

含水量（%）	含碳量（%）	Fe$_2$O$_3$（%）	Al$_2$O$_3$（%）
<18	<5	<4	>30

2.1.2 黏结剂

根据阻火模块所处环境的特性，应选择不燃烧的有机粘接材料作为黏结剂为宜。通过分析大量的技术资料，选择了硅酮类有机黏结剂。一般情况下，液态的中、小分子量的化学原料硅酮类有机黏结剂粘接速度较慢，通过使用不同类型的分散剂，调节诸多竞争反应历程和平衡，促进设计的主反应的反应速度，减缓或抑制副反应的发生和进行，借助分散剂的功能，获得最佳分子结构的设计目的。在研究的配方体系中，分散剂体系必须准确平衡，以保证物料充满整个模具，保证混合物的凝胶速度足够快，我们研制了改性醋酸乙烯乳液（WM）作为分散剂（见图 1）来改性硅酮类有机黏结剂，结合有机高分子的优点，让两种活性组分相互作用，再配合以耐高温的硅酸铝纤维增强阻火模块的强度。

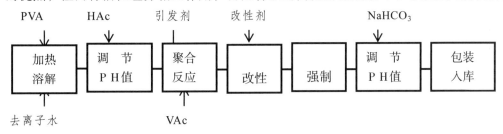

图 1 WM 分散剂的生产工艺流程图

2.1.3 阻燃剂

一般通过添加阻燃剂提高阻火模块的阻燃性，以延缓燃烧、阻烟甚至使着火部位自熄。阻燃剂必须具有以下一种或数种功能：能在着火温度或接近着火温度下吸热分解成不可燃物质；能与阻火模块燃烧产物反应生成不易燃物质；可分解出能终止自由基氧化反应的物质。一般可通过在制备阻火模块时在配方中添加阻燃剂，使阻火模块具有一定的阻燃性能。选择阻燃剂，除了要考虑它对制品的阻燃效果（包括长期阻燃效果、遇火时的烟雾性等），还需考虑加入阻燃剂对成型工艺的影响，以及对制品物性的影响。阻火模块基料的研究、各阻燃添加剂的选择和配量的确定都是相当重要的，它们对阻火模块的防火性能和理化性能起决定性作用。对应用于阻火模块的各阻燃添加剂可以在阻火模块受热时膨胀，填满阻火模块填料间的细小空间，减慢热量传递速度。对应用于新型阻火模块的各阻燃添加剂，不仅要求它们与基料在物理性能上以及在受热发生化学变化时能相互协合，体现优良的理化性能，产生较好的防火阻燃效果，而且还要保持新型阻火模块的发泡性和固化性。通过参考各类文献，我们选择可膨胀石墨、重铬酸铵为无机阻燃剂，而三聚氰胺，季戊四醇，聚磷酸铵是成熟的有机阻燃体系，多在防火材料中混合使用。本文采用由三聚氰胺、季戊四醇及聚磷酸铵与可膨胀石墨、重铬酸铵（重量比为 3：2：2：6：1）组成的复合阻燃体系。

2.1.4 助 剂

（1）交联剂和扩链剂。交联剂和扩链剂同样是增加新型阻火模块的硬度和模量。交联剂和扩链剂可以单独使用。交联剂主要作用是增加交联密度，缩短脱模时间，降低制品的压缩永久变形，但这以牺牲制品力学为代价；扩链剂主要作用是增加刚性链节，以改进新型阻火模块的强度。交联剂和扩链剂的选用应根据制品的性能要求，其来源难易和价格、整体配方等因素来综合考虑。一般随交联剂用量增加，新型阻火模块表皮刚性增加，脆性增大，断裂伸长率下降。我们分别选用乙二醇和二乙醇胺作为交联剂和扩链剂。

（2）稳定剂。在新型阻火模块制备中，稳定剂（或称匀泡剂）是一个不可缺少的组分。稳定剂起着乳化物料、稳定和调节物料的作用，增加各组分的互溶性，促使新型阻火模块凝胶张力的平衡，使新型阻火模块具有弹性，防止新型阻火模块崩塌的作用。目前使用的稳定剂多属于有机硅表面活性剂，其主要结构是聚硅氧烷-氧化烯烃嵌段共聚物，俗称"硅油"。有机硅稳定剂的结构有多种，但一般含有重复的二甲基硅氧烷链节、氧化乙烯链节、氧化丙烯链节等，我们选用的稳定剂为硅氧烷。

（3）颜料。为了改变新型阻火模块产品本身单调的颜色，通常要加入一定量的颜料。我们选择的颜料为氧化铁。

2.2　试验过程

2.2.1　材料的耐火极限及发泡性能

新型阻火模块最重要的指标是封堵材料的耐火极限和体积变化率。在确定了原料后，通过改变原料的比例，研究了上述四类材料对封堵材料耐火极限、体积变化率的影响，每个因素上选取三个水平，采用 L9（34）正交试验设计方案，见表 7。

表 7　因素水平表

水　平 ＼ 因　素	基体材料 A kg	阻燃剂 B kg	黏结剂 C kg	助剂 D kg
1	5	4	0.5	1
2	6	5	1.5	2
3	7	6	2	3

2.2.2　结果与分析（见表 8）

表 8　试验结果与分析

编　号 ＼ 实　验		基体材料 kg	阻燃剂 kg	黏结剂 kg	助　剂 kg	耐火极限 min	体积变化率 %
1		5（1）	4（1）	0.5（1）	1（1）	125	1.8
2		5（1）	5（2）	1.5（2）	2（2）	172	0.8
3		5（1）	6（3）	2（3）	3（3）	168	0.2
4		6（2）	4（1）	1.5（2）	3（3）	175	1.2
5		6（2）	5（2）	2（3）	1（1）	185	1.1
6		6（2）	6（3）	0.5（1）	2（2）	150	0.8
7		7（3）	4（1）	2（3）	2（2）	171	1.7
8		7（3）	5（2）	0.5（1）	3（3）	157	1.6
9		7（3）	6（3）	1.5（2）	1（1）	155	1.6
耐火极限	k_1	172	137	155	157		
	k_2	170	171	178	168		
	k_3	154	178	183	171		
	R	18	41	28	14		
体积变化率	k_1	0.93	1.57	1.40	1.5		
	k_2	1.03	1.17	1.20	1.10		
	k_3	1.63	0.87	1.00	1.00		
	R	0.70	0.70	0.40	0.50		

由表 8 可见，阻燃剂对耐火极限影响最大，其次是发泡剂，主次顺序为：B，C，A，D。在基体材料量一定的条件下，增加阻燃剂、黏结剂及助剂，均可提高新型阻火模块的耐火极限。基体材料和阻燃剂对体积变化率影响最大，助剂次之，主次顺序为：A，B，D，C。这是由于增加阻燃剂可以减少其体积变化率；增加黏结剂，单位体积的新型阻火模块中阻燃剂含量减少，致使体积变化率增加。

2.3 堵料配方

经过大量的试验，确定了新型阻火模块的配方（重量比）见表 9。

表 9　新型阻火模块的配方

原料	用量/质量数
无机隔热填料	100
交联剂	8
扩链剂	30
黏结剂	38
颜料（氧化铁）	5
稳定剂	3
阻燃剂	38

2.4 性能测试

将研制的新型阻火模块送国家防火建材质量监督检验中心检测，检测结果见表 10。

表 10　新型阻火模块的主要性能指标

序　号	项　　目		技术指标	检验结果
1	外观		固体，表面平整	符合要求
2	表观密度 / kg/m^3		$\leq 2.0 \times 10^3$	0.7×10^3
3	抗压强度/MPa		$R \geq 0.10$	5.6
4	抗折强度/MPa		—	—
5	抗跌落性		—	—
6	腐蚀性/d		≥7，不应出现锈蚀、腐蚀现象	7
7	耐水性/d		≥3，不溶胀、不开裂	3
8	耐油性/d		≥3，不溶胀、不开裂	3
9	耐湿热性/h		≥120，不开裂、不粉化	120
10	耐冻融循环/次		≥15，不开裂、不粉化	15
11	膨胀性能/%		≥120	符合要求
12	耐火性能 A3 级	耐火完整性/h	≥3.00	耐火性能 A3 级
		耐火隔热性/h	≥3.00	

该新型阻火模块具有以下优点：

① 耐火时间长。由于采用先进的热膨胀防火技术，产品耐火时间长。经国家防火建筑材料监督检验中心检验，耐火时间达 180 min 以上。

② 有效期长。由于采用无机膨胀材料和少量高效胶联材料，经加速老化试验证明，有效期可达15年以上（阻火包有效期一般为三年）。

③ 耐水、耐油性能好。试验证明，在水里、柴油里浸泡1年，产品无溶胀、变形、坍塌。

④ 机械强度高、有弹性。由于采用无毒有机高分子材料胶联、模压固化，实测抗压强度5.6 MPa，比国家标准（0.8 MPa）高6倍，是阻火包（0.05 MPa）的112倍。

3 新型阻火模块的生产工艺及施工

3.1 新型阻火模块的生产工艺

新型阻火模块的生产工艺流程见图2。

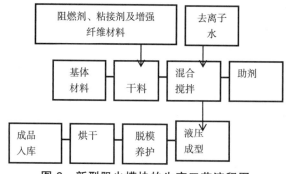

图2 新型阻火模块的生产工艺流程图

3.2 堵料的施工

新型阻火模块的模数与建筑用砖相同，不同的是增加了隼槽结构，以便于施工，且施工后形成自锁装置，使得封堵组件更加牢固，机械强度更高。新型阻火模块能采取360度自然咬合安装，新型阻火模块按定尺设计，安装完后平整，有序不会坍塌，外观平整美观。由于为软性材料，重量轻，采用模型开孔，安装简单，方便，新型阻火模块为模块化另加特殊的凸块设计，无需专门技术人员即可完成安装。

4 结 语

本文研究的新型阻火模块除了阻燃耐火外，还具有防潮性、抗水性、耐候性、耐老化性及能适应室外环境条件的特殊功能，适用于目前各种贯穿物，如电缆、电线、风管、气管等穿过墙壁或楼板时形成的各种开口、孔洞，以阻止火灾蔓延和防止有毒气体扩散；也适用于民用建筑和一般工业厂房的屋面和墙面的吸声、保温等。该新型阻火模块能满足各项性能指标要求，封堵性能优良，能适应实际运用中由于温差以及机械变形等形成的缝隙，便于安装、更换，检修。当火灾发生时，在高温的作用下，堵料中各组分协同作用，会再次膨胀，将贯穿物紧紧包围，且愈烧愈紧，能将各种开口和缝隙封堵严密，阻止烟火蔓延串烧，达到真正防火封堵的功效，有效地阻止火焰传播和烟气蔓延。

参考文献

[1] GB23864—2009. 防火封堵材料[S].

[2] 何世家. 建筑孔洞防火封堵综述[J]. 四川建筑科学研究，2009，35（6）：304-306.

[3] 唐克煌. 防火堵料的研制和应用[J]. 孝感学院学报，2001，21（3）：56-58.

海洋石油平台用钢结构防火涂料的研制

杨超杰

（杭州电子科技大学材料科学与工程专业）

【摘　要】　本文阐述了海洋石油平台用钢结构防火涂料的特点，介绍了新研制的采用改性环氧树脂作为成膜物质、云母粉与可膨胀石墨和化学膨胀阻燃体系共用作为耐火体系的海洋石油平台用钢结构防火涂料，具有耐烃类火灾耐火极限高、耐候性好的特性。

【关键词】　膨胀型；钢结构防火涂料；烃类火灾；耐火性能；耐候性

1　前　言

随着中国经济的快速发展，能源的需求量持续增加，能源问题变得越来越重要。我国海洋油气资源丰富，是中国未来能源的希望。发展海洋油气产业是建设海洋强国的战略需要，也是国家战略的需要。

海洋油气领域属于知识密集、技术密集、资金密集型行业，也是高投入、高风险的综合技术领域。从消防角度，海洋石油平台结构紧凑、空间狭小，存在大量石油、天然气等可燃物，属于高火险区域，最易发生建筑纤维类火灾、烃类火灾、喷射火灾，其中，烃类火灾是最主要的火灾类型。

由于膨胀型钢结构防火涂料具有耐火性能和施工性能优良、终生寿命成本经济等特点，它在海洋石油平台上的应用越来越多。该类涂料主要应用在海洋石油平台的关键防火区域，如导管架、甲板、设备间、管线、立柱、平台的防火墙、井口区的支撑立柱和水平梁等，是目前海洋油气领域使用最广的一种防火涂料。

海洋油气领域的特点确定了它对防火材料的要求很严，在这种场合，对防火涂料性能特别着重两个方面，即耐烃类火灾能力和适应海洋户外恶劣气候环境的能力。一般而言，防火涂料的耐火性能和耐候性能是一对矛盾的性能指标，想要二者兼顾，技术难度较高，因此该领域使用的膨胀型防火涂料基本上由国外产品所垄断[1]。

本文介绍了新研制的一种采用改性环氧树脂作为成膜物质、云母粉与可膨胀石墨（expandable graphite，EG）和化学膨胀阻燃体系共用作为耐火体系的海洋石油平台用钢结构防火涂料。经测试，该涂料具有耐烃类火灾耐火极限高和耐候性优良的特点。

2　试验研究部分

2.1　原材料

该防火涂料的原材料主要有某丙烯酸改性环氧液态树脂（胺固化剂、稀释剂、K-54 促进剂）、季戊四醇（羟基质量分数≥48.5%）、聚磷酸铵（聚合度 1 000）、三聚氰胺（纯度≥99.8%）、EG（初始膨胀温度 200 ℃，膨胀容积 80 mL/g，PH 值为 7）、湿磨法云母粉（325 目）、钛白粉（金红石型，325 目）、滑石粉（325 目）、助剂；70 mm×150 mm×3 mm 钢板等。

2.2　试验仪器

试验仪器主要有 NETZSCH 实验室砂磨分散机（PE 075）、刮板细度计、计时器、涂-4 杯黏度计、DeFeIsko®6000-2 型涂层测厚仪、自制耐火性能模拟燃烧炉、Atlas UVTest 紫外老化耐候试验箱、Atlas Ci4000 水冷旋转式氙灯老化试验机等。

2.3　涂料制备、样板制备

按试验配方准确称量各组分加入分散机研磨筒，接通冷凝水，调整转速，研磨物料至细度在 70μm 以下，研磨完成后分离其至容器中，加入 EG 和剩余的树脂，分散均匀，调整物料黏度（涂-4 杯）为（70±10）s，即制得防火涂料 A 组分。防火涂料 B 组分由胺固化剂和 K-54 促进剂按比例配制。涂装时，A 组分与 B 组分的比例为 100∶（8～10）。

钢板除锈除油刷防锈漆后，将制备的防火涂料分次涂装在处理好的钢板上，用测厚仪控制其最终干膜厚度为（2.00±0.20）mm。

3　结果与讨论

该防火涂料研制中，对其耐火性能和耐候性能的考察是并重的。因为紫外老化耐候试验箱具有老化试验加速快的优点，是配方耐候性筛选的有利工具。研究中，对于重要的性能指标如耐火性能、黏结强度等，一般先对样板进行荧光紫外灯老化试验，具体试验条件为按《机械工业产品用塑料、涂料、橡胶材料人工气候老化试验方法　荧光紫外灯》（GB/T 14522—2008）中表 C.1 规定的第 6 种暴露周期类型，试验 720 h 之后，先对样板表面外观进行考察，再测试样板性能以考察涂料的耐候性能。

3.1　成膜物质

成膜物质是组成涂料的基础，其基本特性是它能与涂料中所加入的其他组分混容，形成均匀的分散体，经过施工、固化后形成涂膜，并为涂膜提供所需要的各种性能。因此，成膜物质对涂料和涂膜的性质起着决定性作用。

环氧树脂涂料具有附着力强、抗化学品性能优良、涂膜坚韧等特性。在英、美、德等发达国家，室外钢结构的防火保护，特别是在易发生烃类火的场所中，多采用环氧树脂类防火涂料。

研究中，经过前期试验，确定了采用某丙烯酸改性环氧液态树脂作为涂料的成膜物质，并摸索出涂料各个组分的大致范围。在配方中其他组分固定不变的情况下，成膜物质的用量对防火涂料性能的影响见表 1。

表 1　成膜物质的用量对防火涂料性能的影响

成膜物质质量分数	荧光紫外灯老化试验	老化后涂料耐火性能（涂层厚度 2 mm）/min	老化后涂层黏结强度/MPa
15%	涂层无起层、开裂，轻微粉化	68	0.38
20%	涂层无起层、开裂、粉化	82	1.21
25%	涂层无起层、开裂、粉化	74	1.25
30%	涂层无起层、开裂、粉化，与存放样板几乎一致	53	1.38

从表 1 看出：① 即使在经过老化试验后，涂层的黏结强度都大于国家标准要求，这也证明了环氧

树脂涂料附着力强的优点。因此在后面测试中不再考察该性能。② 成膜物质含量增加，至少从涂层表观考察，可以提高其耐候性。③ 成膜物质含量在 25%时，耐火性能已经在降低了，分析认为是涂料内耐火体系物质相对减少的缘故。

综合考虑，成膜物质含量在 20%左右时，涂料具有最佳的性能。

3.2 膨胀阻燃体系的复配

目前，膨胀型钢结构防火涂料几乎都采用以聚磷酸铵、季戊四醇、三聚氰胺（APP/PE/MEL）为典型代表的化学膨胀阻燃体系（chemical intumescent flame retardancy，CIFR），依靠涂料在火场中受热经过复杂的物理化学反应形成的蜂窝状炭质层起到保护钢结构的作用。CIFR 体系具有协同性好、耐火性能高效的特点，是实现防火涂料功能的核心组成部分。但是，它在实际应用环境中长期经受日光、雨、露等复杂因素的综合作用，肯定会产生降解、溶出等反应，引起涂料组分的改变，会对其引发膨胀发泡的物理化学反应产生不利影响，从而引起涂料耐火性能的衰减。这是该类型涂料耐候性问题产生的根本原因。因此，研究中的难点是如何兼顾防火涂料的耐火性能和耐候性能。

试验中，选取了 EG 对 CIFR 体系进行改性。EG 是目前性能较为突出的、可部分取代 CIFR 体系的一种物理膨胀型阻燃剂，它在热的作用下，依靠本身的物理膨胀作用而形成与炭质层类似的、具有隔热隔氧作用的膨胀层；同时，它具有稳定性好、耐候性好的特点[2]，可望提高涂料的耐候性。

研究中首先单采用 CIFR 体系，通过多次试验，确定了 CIFR 体系中聚磷酸铵、季戊四醇、三聚氰胺 3 种物质的比例。在配方中其他组分固定不变的情况下，EG 的用量对防火涂料性能的影响见表 2。

表 2　EG 的用量对防火涂料性能的影响

EG：CIFR 体系 （质量比）	涂料耐火性能 （涂层厚度 2 mm）/min	荧光紫外灯老化试验	老化后涂料耐火性能 （涂层厚度 2 mm）/min
2：100	68	涂层无起层、开裂，轻微粉化	62
4：100	71	涂层无起层、开裂、粉化	67
6：100	76	涂层无起层、开裂、粉化	66
7：100	70	涂层无起层、开裂、粉化	64
8：100	67	涂层无起层、开裂、粉化，与存放 样板几乎一致	61

从表 2 看出：① 老化试验前，EG 与 CIFR 体系比例由 2：100 增加到 6：100 时，提高了涂料的耐火性能，但 EG 添加比例再提高时，耐火性能反而降低。分析认为是因为 EG 具有"爆米花"效应，其膨胀层质地较软、易飞散；当 EG 含量增大到一定程度，CIFR 体系产生的炭质层不能有效约束 EG 膨胀层时，这个混合的炭质层反而因散失而减小了耐火作用。② 老化试验表明，提高 EG 含量，可以提高其表观耐候性。③ EG 与 CIFR 体系比例为 4：100 时，老化后涂料的耐火性能最好。

综合考虑，EG 与 CIFR 体系比例在 5：100 左右时，涂料具有最佳的性能。

3.3 物理屏蔽添加剂

在该涂料研发中，耐候性能是重要的考察指标。除了在涂料的重要组分成膜物质和膨胀阻燃体系上改进外，亦希望通过其他技术手段来提高涂料的耐候性。经试验，选用了云母粉作为物理屏蔽添加剂。

云母粉是一种片状细粉状的体质颜料，化学性能稳定，它在涂膜中呈水平排列，可以阻止紫外线的辐射和水分穿透，从而能提高涂膜的耐候性。在配方中其他组分固定不变的情况下，云母粉的用量对防火涂料性能的影响见表 3。

表3 云母粉的用量对防火涂料性能的影响

云母粉∶CIFR 体系 （质量比）	涂料耐火性能 （涂层厚度 2 mm）/min	荧光紫外灯老化试验	老化后涂料耐火性能 （涂层厚度 2 mm）/min
1.0∶100	72	涂层无起层、开裂、轻微粉化	69
1.5∶100	74	涂层无起层、开裂、粉化	70
2.0∶100	74	涂层无起层、开裂、粉化	71
2.5∶100	76	涂层无起层、开裂、粉化	75
3.0∶100	70	涂层无起层、开裂、粉化，与存放 样板几乎一致	65

从表3看出，与期望相反，云母粉的添加量很低。推测认为，云母粉的平面尺寸总是比它的厚度大许多，因此它在涂膜中被认为是平行于涂膜存在的，并且是平坦地相互重叠搭接在一起的，因而形成了一个附着力牢固的密闭薄膜，这个特性对涂膜的耐候性有利，但却可能对涂膜的膨胀发泡产生阻力。综合分析，云母粉与CIFR体系比例在2.5∶100左右时，具有最佳的综合性能。

3.4 防火涂料的配方

通过上述基础性研究，明确了各因素对防火涂料耐火性能和耐候性能的影响，再采用正交设计等优选工具，得到了该防火涂料的实验室配方，见表4。

表4 防火涂料的实验室配方

组 分		质量分数/%
A 组分	某丙烯酸改性环氧树脂	15～25 （研磨时加入总量的 1/2，分散时加入剩余量）
	稀释剂	5～10
	EG	2～4（分散时加入）
	MEL	5～17
	APP	14～20
	PE	10～20
	云母粉	0.7～1.4
	钛白粉	3～7
	滑石粉	3～7
	其他助剂等	适量
B 组分	胺固化剂	95～97
	K-54 促进剂	2～6

4 性能测试

试验室配方微调后，进行了扩大试生产，对试生产产品进行了检测。

4.1 钢结构防火涂料全项性能

在现行《钢结构防火涂料》(GB 14907—2002)中，耐火性能测试采用了建筑纤维类耐火试验升温曲线，而研制的防火涂料要应用于发生烃类火的场所。因此，按照 GB 14907—2002 [其中的耐火性能测试（包括附加耐火性能测试）采用标准烃类火灾 HC 曲线]，对该涂料进行了全项性能测试，测试结果见表 5。

表 5 研制的钢结构防火涂料全项性能

序号	检验项目	技术指标	检验结果	结论
1	耐火性能	丧失承载能力：按 GA/T714—2007 规定的 HC 升温曲线进行升温，梁试件最大挠度≤L_0/20=210 mm（L_0 为试件计算跨度，L_0=4 200 mm）	按 HC 升温，涂层厚度 2.15 mm（含防锈漆厚度 0.05 mm）；耐火性能试验时间 1.4 h，试件最大挠度为 210 mm	/
2	在容器中的状态	经搅拌后呈均匀液态或稠厚流体状态，无结块	符合要求	合格
3	干燥时间（表干）/h	≤8	3	合格
4	外观与颜色	涂层干燥后，外观与颜色同样品相比无明显差别	符合要求	合格
5	初期干燥抗裂性	不应出现裂纹	符合要求	合格
6	黏结强度/MPa	≥0.2	1.12	合格
7	耐暴热性/h	≥720，涂层应无起层、脱落、空鼓、开裂现象。附加耐火性能按 HC 升温，钢梁内部达到临界温度的时间衰减不大于35%	720，符合要求。HC 升温衰减 10%	/
8	耐湿热性/h	≥504，涂层应无起层、脱落现象。附加耐火性能按 HC 升温，钢梁内部达到临界温度的时间衰减不大于35%	504，符合要求。HC 升温衰减 8%	/
9	耐冻融循环性/次	≥15，涂层应无开裂、脱落、起泡现象。附加耐火性能按 HC 升温，钢梁内部达到临界温度的时间衰减不大于35%	15，符合要求。HC 升温衰减 10%	/
10	耐酸性/h	≥360，涂层应无起层、脱落、开裂现象。附加耐火性能按 HC 升温，钢梁内部达到临界温度的时间衰减不大于35%	360，符合要求。HC 升温衰减 6%	/
11	耐碱性/h	≥360，涂层应无起层、脱落、开裂现象。附加耐火性能按 HC 升温，钢梁内部达到临界温度的时间衰减不大于35%	360，符合要求。HC 升温衰减 9%	/
12	耐盐雾腐蚀性/次	≥30，涂层应无起泡，明显的变质、软化现象。附加耐火性能按 HC 升温，钢梁内部达到临界温度的时间衰减不大于35%	30，符合要求。HC 升温衰减 8%	/

4.2 耐候性能

对于钢结构防火涂料，其现行国家标准在性能指标要求上虽然有耐暴热性、耐湿热性、耐冻融循环性等耐久性测试，但并没有耐候性的明确要求，且目前没有钢结构防火涂料耐候性测试标准。笔者参照了《溶剂型外墙涂料》（GB/T 9757—2001）中耐人工气候老化性测试方法，试验结果见表 6。

表 6　研制的钢结构防火涂料氙灯老化试验机测试结果

样品	规定或测试结果
溶剂型外墙涂料	优等品指标：1 000 h 不起泡、不剥落、无裂纹，粉化≤1 级，变色≤2 级
研制的钢结构防火涂料	1 680 h 不起泡、不剥落、无裂纹，粉化 1 级，变色 1 级

因为该防火涂料是一种溶剂型涂料，使用环境为海洋户外环境，在耐候性考察上，与溶剂型外墙涂料具有一定的可比性。已知对溶剂型外墙涂料的耐候性要求较高，其优等品要通过 1 000 h 的氙灯老化试验，而该防火涂料通过了 1 680 h 的氙灯老化试验，至少可以在某种意义上说明该涂料具有优良的耐候性能。

5　结　语

（1）采用丙烯酸改性环氧液态树脂作为成膜物质，云母粉、EG 与 CIFR 体系复配，以此为基础研制的用于海洋石油平台的膨胀型钢结构防火涂料，其涂层厚 2.15 mm 时耐烃类火灾耐火极限为 1.4 h，且通过了 1 680 h 的氙灯老化试验，耐候性好，综合性能优良。

（2）海洋石油平台的膨胀型钢结构防火涂料的耐候性指标是一个重要的指标，在条件许可的情况下，还应该进行海水环境试验考察，包括海面大气、飞溅区等暴露试验，以验证其在实际应用中的耐候性能。

参考文献

[1]　贾红刚，孔爱民，廖强. 膨胀型钢结构防火涂料在海洋石油平台上的应用与分析[J]. 中国科技博览，2010，（4）：231-232.

[2]　王建祺，等. 无卤阻燃聚合物基础与应用[M]. 北京：科学出版社，2005：131-137.

防火门用复合型无毒耐高温胶的研制

戚天游　覃文清

（公安部四川消防研究所）

【摘　要】　本文阐述了防火门用胶粘剂的性能特点要求，研制了采用无机材料为主体胶结材料的防火门用复合型无毒耐高温胶，具有黏结强度高、耐久性好、火场产物烟气毒性低的特性。

【关键词】　防火门；胶粘剂；产烟毒性；拉伸黏结强度

1　前　言

防火门是指在一定时间内，连同框架能满足耐火稳定性、完整性和隔热性要求的门。防火门主要设置在防火分区间、疏散楼梯间、垂直竖井等处，当发生火灾时，可在一定时间内阻止火势的蔓延，确保人员疏散。因此，防火门是一种非常重要的消防产品，用量极大。据不完全统计，全国有约700多家防火门生产厂家，其中生产规模较大的约有300家，整个行业年产量约数亿樘。

防火门生产于20世纪80年代，从最初的钢质防火门、木质防火门发展到今天，性能不断提高，种类和形式也更加多元化。虽然防火门的种类很多，但其主体基本结构都是由门框、门扇骨架和门扇面板组成。为了提高防火门的耐火完整性和隔热性，门扇内通常需要填充一些芯材，如硅酸铝棉、岩棉、珍珠岩防火板、蛭石防火板等。这些芯材，一般是用黏结剂将其黏结在门扇面板上。常用的黏结剂可分为有机型和无机型。

由于防火门是一个较大的产业，在其发展过程中，经过不断的筛选，有机型黏结剂最终选用了聚氨酯发泡胶并使用了相当长时间。但是，随着消防技术的不断发展，以及防火门在使用中出现的问题，人们对其在火场下的烟气毒性等提出了更高的要求。分解剖析防火门的各个部件，认为用量较大的、黏结门扇面板和芯材的黏结剂是一个潜在的高烟气毒性源头。在这个背景下，现行的GB 12955—2008《防火门》中5.2.6条规定："防火门所用黏结剂应是对人体无毒无害的产品。防火门所用黏结剂应经国家认可授权检测机构检验达到GB/T 20285—2006规定产烟毒性危险分级 ZA_2 级要求"，对黏结剂做出了强调性的要求。目前所使用的聚氨酯发泡胶具有黏结强度高、耐候性好、使用简便等优点，但是由于聚氨酯分子组成中含有氮元素，在火场高温下会分解产生剧毒的氰化物，因此聚氨酯发泡胶的产烟毒性不能达到 ZA_2 级要求。而对其进行改进的技术难度相当大，且很可能导致它的其他性能降低和价格的提高，因此不具有可行性。

目前，防火门厂普遍使用的另一大类黏结剂则是无机型。无机黏结剂具有价格低廉、黏结强度高、无毒等优点，但是无机型黏结剂也有缺点，如其耐久性能略差等。采用这种黏结剂的防火门，有的在防火门使用一段时间后，芯材会从门扇面板上垮落，影响了防火门的耐火完整性和隔热性，形成了消防安全隐患。有的无机黏结剂因其组分中含有某些离子而对金属具有一定腐蚀性，若门扇面板是钢材，黏结剂会对门扇面板产生腐蚀，长期作用后会对防火门造成一定破坏。

通过综合分析，无机黏结剂性能改进的空间较大，最终产品具有比较高的性价比。因此，我们研制了一种防火门用复合型无毒耐高温胶，其黏结剂主体材料采用无机材料，再辅助以有机材料和其他添加材料进行性能改进。

2　试验研究部分

2.1　原材料、试验仪器

某含铝氧化物的粉状无机材料（A）、水溶性的硅酸盐（B）、可再分散乳胶粉、聚丙烯单丝纤维等；搅拌器具、试验机等。

2.2　胶粘剂制备

按配比将聚丙烯单丝纤维、可再分散胶粉等助剂加入到粉状无机材料 A 中混合均匀，制成粉料；将液体份 B 和水倒入搅拌容器，加入粉料，低速搅拌 30 s 后，快速清理容器壁及搅拌叶上附着物，再低速搅拌 60 s 后即可。该胶粘剂制备完毕后，应进行熟化，以保证施胶性能和充分发挥胶粘剂的作用。该胶粘剂熟化时间约 5 min。制备的胶粘剂在 1 h 内使用完为宜。

3　结果与讨论

3.1　胶粘剂主体材料

为了满足防火门用胶粘剂火场产物烟气毒性低的要求，胶粘剂主体材料采用了无机型。常用的无机胶粘剂有硅酸盐、磷酸盐、氧化物、硫酸盐和硼酸盐等多种类型，经过性能对比分析，选择了一种含铝氧化物的粉状无机材料 A 作为胶粘剂的主体材料。该材料中因为含有铝氧化物，用其制备的胶粘剂具有高强度和耐热性较好的优点。

考虑到该胶粘剂应用于防火门的工业化生产，其应该具有一定的快速固化性能，选用了水溶性的硅酸盐 B 与其复配使用，但试验发现，加入 B 后，虽然可以提高快速固化性能，但对胶粘剂的耐水性能有不利影响。A，B 不同比例用量对胶粘剂性能的影响见表 1。

表 1　A，B 用量对胶粘剂性能的影响

A：B（质量比）	浸水后的拉伸黏结强度/MPa	早期拉伸黏结强度（24 h）/MPa
9：1	0.43	0.17
8：2	0.32	0.19
6：4	0.09	0.20

从表 1 可以看出，胶粘剂主体材料中，随着水溶性硅酸盐 B 的用量增多，可以提高其快速固化性能，但是胶粘剂的耐水性能则明显下降。考虑到浸水后的拉伸黏结强度测试方法和该胶粘剂的实际使用环境的差异性，胶粘剂主体材料中，水溶性硅酸盐 B 的用量控制在 10%～20%比较合适。

3.2　辅助胶粘剂的改性作用

该防火门用复合型无毒耐高温胶的主体材料为无机体系，在黏结强度、抗裂性、防水性和耐久性等方面均存在一定缺陷。因此，必须加入辅助胶粘剂对其进行改性。试验选取了一种可再分散乳胶粉作为辅助胶粘剂，主要考察了可再分散乳胶粉对胶结体抗开裂性能和黏结强度的影响。

材料抗开裂的性能可以用压折比的大小来直接反映，压折比越大，材料越易断裂；越小，则抗开裂的效果越好。可再分散乳胶粉掺量对压折比及黏结强度的影响见图 1。

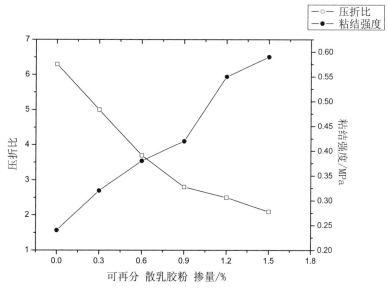

图 1　可再分散乳胶粉掺量对压折比和黏结强度的影响

从图 1 可以看出，随着可再分散乳胶粉掺量的增加，胶结体的压折比降低，黏结强度提高。因为乳胶粉是水溶性的，在与水拌和后，乳胶粉遇水变为乳液，在胶结体凝结硬化过程中，乳液可再一次脱水，聚合物颗粒在浆料中形成聚合物体结构，无机材料和聚合物都发挥了各自的优势，使胶结体的压折比显著降低。同时，通过聚合物在胶结体中形成具有高黏结力的膜，从而使黏结强度得到提高。亦即可再分散乳胶粉作为辅助胶粘剂，可有效提高胶粘剂的综合性能。

由于可再分散乳胶粉价格较贵，考虑到最终产品的性价比，其掺量以 1% ~ 5%较为合适。

3.3　聚丙烯单丝纤维

为了提高黏结剂综合性能，在体系中加入了聚丙烯单丝纤维。所使用的聚丙烯单丝纤维的性能指标见表 2。

表 2　聚丙烯单丝纤维性能指标

项目	指标
纤维直径，mm	0.02 ± 0.015
拉伸强度，MPa	$\geqslant 350$
弹性模量，MPa	$\geqslant 3\,500$
极限延伸率，%	$\geqslant 15\%$
比重，kg/m^3	0.91

研究发现，聚丙烯单丝纤维具有两个作用：① 均匀分散的聚丙烯单丝纤维在体系中呈现三维网络结构，减小了局部应力集中现象，赋予胶粘剂固化体一定韧性，减小微裂缝，提高胶粘剂的耐久性；② 可提高胶粘剂固化体在高温下的抗爆裂性，增强其高温黏结性能。因为该胶粘剂固化体具有较高的密实度，在高温时，若固化体内部的自由水和化学分解后产生的水蒸气、气体难以溢出，则固化体容易爆裂而失去胶粘作用。而在体系中掺加了聚丙烯单丝纤维后，由于聚丙烯单丝纤维的熔点在 165 ℃

左右，当温度超过其熔点，固化体内聚丙烯单丝纤维即挥发逸出，产生了无数均匀分布的细微孔道，便于固化体内部的自由水、水蒸气、气体的溢出，减少内压力，提高固化体在高温下的抗爆裂性，从而提高高温黏结性能。

测试分析表明，聚丙烯单丝纤维的长度和掺量对其改性作用有影响。市售聚丙烯单丝纤维长度一般有 6 mm，10 mm，12 mm，20 mm 等规格，试验结果表明，10 mm，12 mm 和 20 mm 等较长规格的聚丙烯单丝纤维的改性作用较好。同时，聚丙烯单丝纤维的掺量为粉料质量的 1‰ ~ 2‰ 较为适宜。这是因为当纤维掺量增大到一定数值时，纤维之间易纠结成团，胶粘剂的和易性会变差，施胶性能降低。

4 性能测试

通过上述研究分析，根据正交优选法得到了一个防火门用复合型无毒耐高温胶的最佳配方，然后试生产了该胶粘剂，并正式送检，结果见表 3 至表 5。

表 3 防火门用复合型无毒耐高温胶燃烧性能

序号	检验项目	检验方法	技术指标		检验结果	结论
1	炉内温升，℃	GB/T 5464-1999	A1	≤30	3	合格
2	持续燃烧时间，s	GB/T 5464-1999		0	0	合格
3	质量损失率，%	GB/T 5464-1999		≤50.0	7.3	合格
4	热值，MJ/kg	GB/T 14402-2007		≤2.0	0.6	合格

表 4 防火门用复合型无毒耐高温胶烟气毒性

序号	检验项目	检验方法	技术指标	检验结果	结论
1	烟气毒性，mg/l	GB/T 20285-2006	$AQ_1 \geq 100.0$，实验动物 30 min 染毒期内及染毒后三日内不死亡，且平均体重恢复	100.0 符合要求	合格

表 5 防火门用复合型无毒耐高温胶黏结性能

检测项目	实测结果
拉伸黏结强度，MPa	1.06
热老化后的拉伸黏结强度，MPa	0.69
早期拉伸黏结强度（24 h），MPa	0.20

5 应 用

该胶粘剂熟化完成后，即可进行涂胶，基本步骤如下：① 清理基材和被粘物表面；② 用抹子等工具涂胶，施胶量约 4 ~ 5 kg/m²；③ 固化。一般 24 h 后，早期拉伸胶粘强度即可达 0.2 MPa。

需要注意的是，制备的胶粘剂在 1 h 内使用完为宜。

6 结 语

所研制的防火门用复合型无毒耐高温胶黏结强度高、耐久性好、火场产物烟气毒性低，且成本低廉、施工便利，具有推广应用前景。

新型聚氨酯环保阻燃材料的研制

苏俊杰

（浙江省温州市公安消防支队）

【摘　要】　本文介绍了定向合成的一种新型反应性阻燃聚氨酯，通过表征确证了所合成产物为目标产物；并通过热重分析分析了阻燃性三聚氰胺甲醛树脂在高温下的热稳定性，结果显示所合成的三聚氰胺甲醛树脂具有较好的阻燃性可成为替代聚氨酯的一种新型建筑保温阻燃材料。

【关键词】　聚氨酯；阻燃；高分子；建筑保温

1　引　言

2010 年 11 月 15 日 14 时发生于上海静安公寓的火灾给我们敲响了警钟。其中，天然和合成的高分子材料的应用越来越广泛，然而这些高分子材料存在着巨大的安全隐患[1]。聚氨酯材料具有减震、隔热、吸声、耐磨等多种优异性能，用途十分广泛，如家具中的油漆和涂料，家用电器中的冰箱和冷柜，建筑业中的屋顶防水保温层和内外墙涂料等。还可以做成各种聚氨酯材料如聚氨酯鞋底，聚氨酯纤维，聚氨酯密封胶等。总体来说聚氨酯制品性能可调范围宽、适应性强、耐生物老化、价格适中。但是，未进行阻燃处理的聚氨酯材料燃烧十分迅速，而且会在燃烧过程中释放出大量 HCN、CO 等有毒气体，这个特性极大地限制了聚氨酯的进一步运用[2]。聚氨酯阻燃材料的出现弥补了聚氨酯在防火方面的缺点，在很多行业得到了广泛的应用。聚氨酯阻燃材料主要有添加阻燃剂的添加性型阻燃剂和在聚氨酯反应中直接加入具有阻燃作用的磷和卤素的反应型阻燃剂。本工作主要是通过三聚氰胺引入阻燃元素磷，合成新型的反应性聚氨酯阻燃材料[3]。

2　实验部分

2.1　实验材料

实验材料主要有季戊四醇（阿法埃莎，分析纯）、磷酸（上海实建实业有限公司，分析纯）、三聚氰胺（天津市博迪化工有限公司，分析纯）、38%甲醛（西安化学试剂厂）等。

2.2　实验仪器

实验仪器主要有涂-4 杯黏度计（鼎鑫宜实验设备有限公司）和 SHIMADZU 红外光谱仪（日本岛津公司）等。

2.3　实验方法

在装有温度计、搅拌器和回流冷凝管的 250 mL 三颈瓶中加入 0.3 mol 的季戊四醇和 80 mL 的 85%H_3PO_4，在 150 ℃ 反应 35 min，保持温度，加入 0.2 mol 的三聚氰胺，保持搅拌反应 10 min，再加入 60 mL 的 38% 甲醛，继续保持搅拌和反应温度，反应 45 min。反应结束后，将得到的树脂倒入烧杯保存[4-5]。

3　结果与讨论

3.1　合成原理

　　该阻燃聚氨酯材料主要由季戊四醇、三聚氰胺、磷酸及甲醛聚合而成，其主要反应历程可以解释为如下图的过程[6-7]。季戊四醇与磷酸首先反应生成季戊四醇二磷酸酯，然后季戊四醇二磷酸酯与三聚氰胺反应，再与甲醛反应，得到具有阻燃性的三聚氰胺甲醛树脂[8-9]。

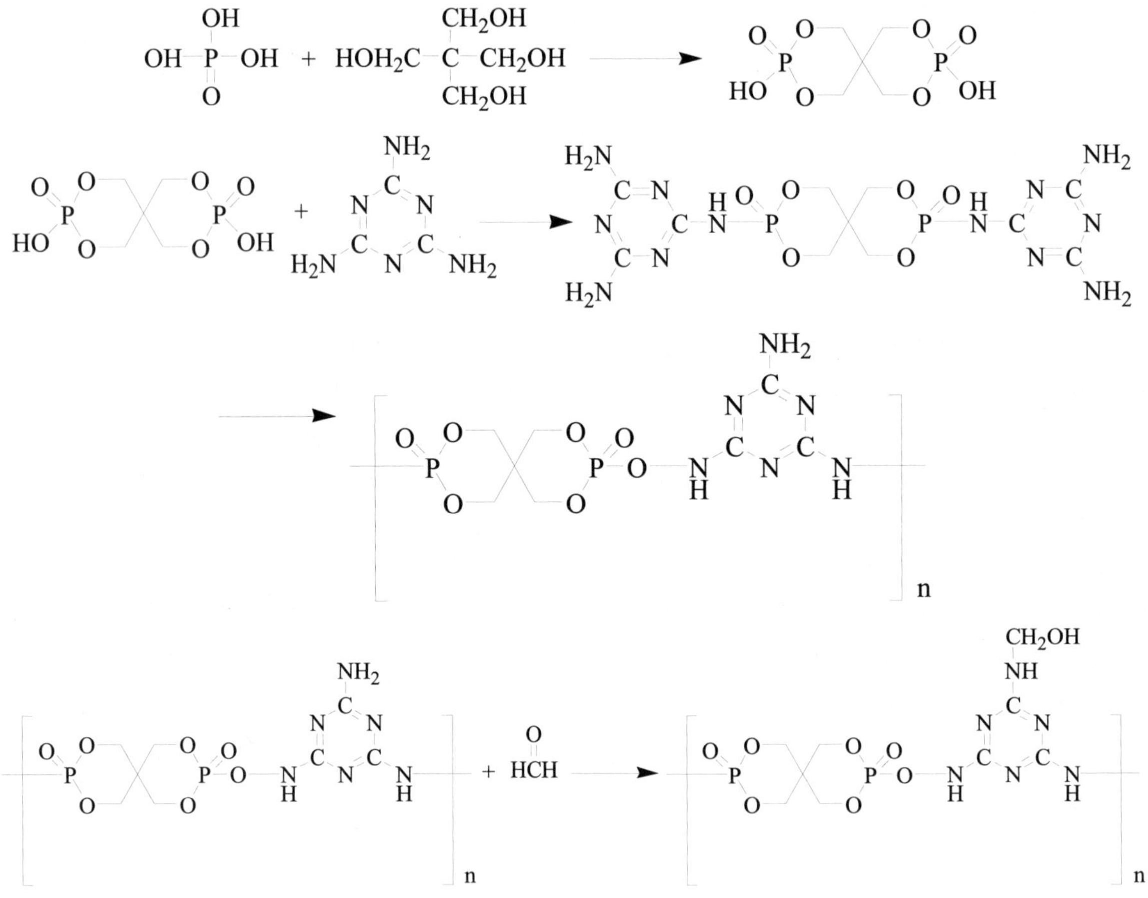

3.2　结构表征

　　实验得到无色透明的黏稠液体，即为阻燃性三聚氰胺甲醛树脂。用涂-4 杯黏度计测得其黏度为 106.6 s。元素分析得到，氮元素为 19.76%（理论值为 20.39%），磷元素为 14.52（理论值为 15.05%）。通过元素分析可以知道所合成树脂和理论产物元素组成基本一致。因为反应产物均为低分子量、低黏度物质，因此通过黏度计测得反应产物具有较大黏度，说明反应向预想方向进行了反应，生产了目标产物高分子量的阻燃性三聚氰胺甲醛树脂。

　　取少量树脂于玻璃片上，在烘箱内烘干，然后压片、测红外。红外图如图 1 所示，690 cm^{-1}，765 cm^{-1}，1 034 cm^{-1} 为树脂中螺环结构伸缩振动峰，3 367 cm^{-1} 为—OH 的伸缩振动峰，1616.64 cm^{-1} 为 C=N 的伸缩振动峰。

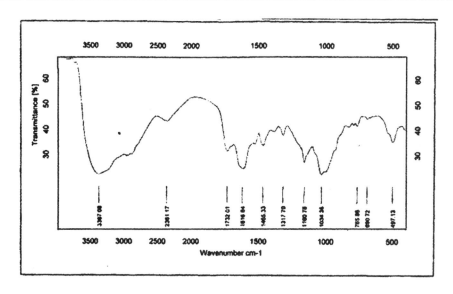

图 1　实验产物红外图

结合元素分析和红外数据可以明确的得出本实验所合成产物即为目标产物。

3.3　耐热性测试

图 2 为三聚氰胺甲醛树脂的热失重曲线。172 ℃ 时，三聚氰胺甲醛树脂仅失重 5%，在 209 ℃ 时，又失重 12%，但残留量仍在 80% 以上。200 ℃ 以内，三聚氰胺甲醛树脂的残留量在 85% 以上。热失重曲线说明本实验所合成的三聚氰胺甲醛树脂具有较好的阻燃性，基本达到了所设想的效果[10]。

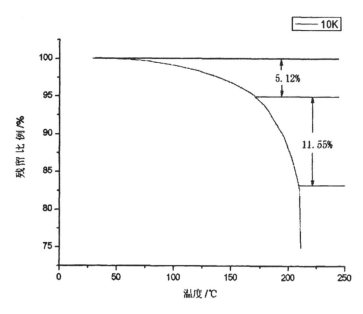

图 2　阻燃三聚氰胺甲醛树脂的热重曲线

4　结　论

这种合成的新型反应性阻燃聚氨酯，通过元素分析、红外测试、黏度计测试确证了所合成产物为目标产物；并通过热重分析分析了阻燃性三聚氰胺甲醛树脂在高温下的热稳定性，结果显示所合成的三聚氰胺甲醛树脂具有较好的阻燃性，基本达到了所设想的效果。

5　应用前景分析

面对全球性能源危机和全球污染的加剧，必须全面推广节能措施。在建筑设计和建造过程中引入物理保温系统是建筑节能最有效举措之一。建筑保温系统除了必须具有很好的绝热保温功能外，还要充分考虑材料防火、耐候性等因素，这对保温系统的结构设计和保温材料的性能提出了极高的要求。

建筑节能技术保温材料提出新要求，材料除了具有隔热保温性外，还应兼顾消防安全。因为建筑安全关乎人类生命安全，谁也不想重蹈上海静安公寓大火的覆辙。目前，我国建筑节能保温材料主要使用聚苯乙烯、聚氨酯、泡沫，这类材料具有质轻、导热系数低、机械强度高等优点，但容易燃烧，且燃烧时产生大量浓烟以及 CO，CO_2 和 HCN 等有害气体，严重威胁着人体安全。而且，这类材料未达到《建筑设计防火规范》等国家防火安全标准，存在易燃等问题。

从国内外现有的建筑保温材料运用实践来看，使用阻燃聚氨酯保温材料作为建筑外墙保温材料可起到安全与节能双赢"效果"。因此，聚氨酯建筑保温阻燃材料取代现有非阻燃聚苯乙烯、聚氨酯建筑保温材料是大势所趋。我们所合成的阻燃聚氨酯建筑保温材料作为一种新型的多用途泡沫材料，以其耐热、难燃、自熄、耐火焰穿透、遇火无滴落物和防止火灾蔓延的阻火性能等优点，引起了人们的高度重视，必将在建筑保温领域得到广泛应用。

参考文献

[1]　欧育湘. 阻燃剂制造、性能及应用[M]. 北京：化学工业出版社，1997.

[2]　欧育湘，陈宇，王筱梅. 阻燃高分子材料[M]. 北京：国防工业出版社，2001.

[3]　Wartusch J. Chances and limitations of high-performance polymers[J]. Makromol Chem，Macromol Symp 1993，75：67-71.

[4]　Kandola BK，Horrock AR. Complex char formation in flame-retarded fiber/intumescent combinations：physical and chemical nature of char[J]. Textile Research Journal，1999，69（5）：374-81.

[5]　Levchik SV，Weil ED. Combustion and fire retardancy of aliphatic nylons [J]. Polymer International，2000，49（10）：1033-73.

[6]　Subbulakshmi MS，Kasturiya N，Hansraj，et al. Production of flame-retardant nylon 6 and 6.6[J]. Journal of Macromolecular Science，Reviews in Macromolecular Chemistry and Physics，2000，C40（1）：85-104.

[7]　Ridgway JS. Nylon 6，6 copolyamides of bis（2-carboxyethyl）methyl phosphine oxide [J]. Jorunal of Applied Polymer Science，1988，35（1）：215-27.

[8]　Shao CH，Huang JJ，Chen GN，et al. Thermal and combustion behaviours of aqueous-based polyurethane system with phosphorus and nitrogen containing curing agent[J]. Polymer Degradation and Stability，1999，65（3）：359-71.

[9]　Wang TZ，Chen KN. Introduction of covalently bonded phosphorus into aqueous-based polyurethane system via postcuring reaction [J]. Journal of Applied Polymer Science，1999，74（10）：2499-509.

[10]　褚劲松. 新型磷氮系阻燃剂的合成及阻燃性能研究[D]. 武汉：华中师范大学，2006.

古建筑的火灾危险性与阻燃技术

章 震

（贵州省黔南州公安消防支队龙里大队）

【摘 要】 本文介绍了古建筑的火灾危险性，必须对其进行阻燃处理；提出了采用透明防火涂料对古建筑可燃材料进行处理，是降低古建筑火灾危险性的重要措施；介绍了透明防火涂料的防火隔热原理和国内外的研究状况以及检测标准和施工方法。

【关键词】 古建筑；火灾；阻燃；透明防火涂料

1 古建筑的火灾危险性

古建筑一般是指古人遗留下来的具有较长历史年代的寺、庙、殿、楼、塔等建筑，是古代劳动人民的智慧结晶，是研究古代社会政治经济、文化艺术、宗教信仰的历史资料，是国家珍贵的文化遗产。它对于研究我国历史，对广大青少年进行爱国主义教育、增强民族自尊心，开展对外文化交流和发展旅游事业，都具有十分重要的意义。然而，火灾是威胁古建筑安全的主要因素之一。近期来，古建筑火灾事故频发。2014 年 1 月 9 日晚，四川甘孜州色达县五明佛学院觉姆经堂后方僧舍发生火灾，造成 150 余间扎空（僧舍）损毁，20 余名公安干警和消防官兵、僧尼、居士在扑火过程中受轻微擦刮伤，无人员烧伤亡；2014 年 1 月 11 日凌晨，被称为"月光之城"的香格里拉县独克宗古城发生火灾，直到当天中午，明火才被控制，其过火面积为 98.56 亩，占古城核心保护区面积的 17.81%，实际受损建筑面积为 59 980.66 平方米；2014 年 1 月 25 日晚，距今已有 300 多年历史的贵州省黔东南州镇远县报京乡报京侗寨发生火灾，100 余栋房屋被烧毁，据初步统计，火灾已致当地 1 184 名民众受灾，尚未发现人员伤亡，受灾直接经济损失达 970 万元人民币（镇远县报京大寨是黔东南北部地区最大的侗寨，曾是中国保持最完整的侗族古建筑、历史建筑之一）；2014 年 4 月 6 日凌晨 4 点 10 分左右，云南丽江市古城区束河古镇一商铺发生火灾，此次火灾共致 10 间铺面损毁，无人员伤亡。这些火灾造成了我国历史文化建筑毁损、人民安居环境破坏，也再一次对古建筑、历史建筑的消防安全提出更高的要求。

1.1 结构性因素

我国古建筑绝大多数以木材为主要材料，以木构架为主要结构形式，因而其耐火等级低。古建筑中的木材，经过多年的干燥，成了"全干材"，含水量很低，因此极易燃烧。由于木材受热后逐渐释出水分，在 260 ℃下剧烈发生热分解反应，释出可燃性挥发物（CO，H_2，CH_4 及其他碳氢化合物），当它们与空气相遇时，在引燃火源存在下即发生燃烧。所以，文献上把 260 ℃作为木材热学上不稳定温度。木材不仅易燃，而且燃烧时释出大量的热能，平均热能为 18 KJ/g，这大大加速了火的蔓延和火灾强度。特别是一些枯朽的木材，由于质地疏松，在干燥的季节即使遇到火星也会起火。我国古建筑多采用松、柏、杉、楠等木材，火灾荷载远远高于现行的国家标准所规定的火灾负荷量，因而火灾危险性极大。而且，古建筑中的各种木材构件，也具有特别良好的燃烧和传播火焰的条件。古建筑起火后，犹如架满了干柴的炉膛；而屋顶严实紧密，在发生火灾时，屋顶内部的烟热不易散发，温度容易积聚，并迅速导致"轰燃"。古建筑的梁、柱、椽等构件的表面积大，木材的裂缝和拼接的缝隙多，再加上大多数通风条件比较好，有的古建筑更是建在高山之巅，因而发生火灾后火势蔓延快、燃烧猛烈，极易形成立体燃烧。

1.2 火灾负荷因素

现代建筑要求火灾负荷量中，平均每平方米的木材的用量不宜多于 0.03 立方米。而在古建筑中，大体上每平方米含有木材 1 立方米（包括其他可燃物折合木材的用量），即古建筑的火灾负荷量比现代建筑的火灾负荷量大 33 倍。由此可见古建筑火灾危险性之大（见表 1）。

表 1 布达拉宫等古建筑火灾荷载的典型数据

	木 材	木 柜	经 书
布达拉宫强巴佛殿	0.323 9 m^3/m^2	0.490 5 m^3/m^2	0.062 3 m^3/m^2
大昭寺宗喀巴大师殿	0.368 6 m^3/m^2	0.843 8 m^3/m^2	
罗布林卡 格桑颇章	0.219 9 m^3/m^2		

2 古建筑的阻燃处理

整个古建筑火灾过程大体可以分为起火、初期增长、充分燃烧和减弱四个阶段，如图 1 所示。

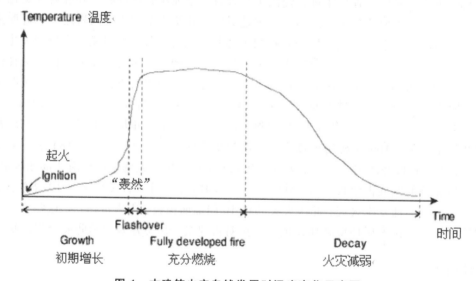

图 1 古建筑火灾自然发展时温度变化示意图

按照建筑物耐火等级的分类，古建筑属于四级耐火等级，有些还要低于这个类别（见表 2）。

表 2 建筑物构件的燃烧性能和耐火极限

耐火极限（h） 耐火等级	以木柱承重且以非燃烧性材料作为墙体的建筑物				
	支承多层的柱	支承单层的柱	梁	楼板	屋顶承重构件
四 级	难燃烧体 0.50	燃烧体	难燃烧体 0.50	难燃烧体 0.25	燃烧体

以楼板为例，国家确定的四级耐火等级的楼板为难燃烧体，其耐火极限为 0.25 h。柱、梁等构件，也都低于现在所规定的耐火极限。这些主要木质构件一旦起火，很快会形成凶猛的火势，危害古建筑的安全，所以要对这些主要木质构件进行阻燃处理。对于木质构件的阻燃处理按处理工艺可以分为两类，即表面涂覆和溶剂型阻燃剂的浸渍处理。表面涂覆是在木质构件表面上涂覆饰面型防火涂料或在其表面上粘贴不燃性物质，如防火板材类，通过这一保护层达到隔热隔氧的阻燃目的；用溶剂型阻燃剂浸渍木材，根据处理工艺可以分为常压法和真空-加压法，其目的是使阻燃剂有效的借助于分子扩散作用进入木材内部，但是这两类方法都需要将木材浸渍在阻燃液中，而对已建的柱、梁、枋、檩、椽和楼板等主要木质构件，其表面一般都有装饰层，浸渍法既无法有效地使阻燃剂进入木材内部也无法使其浸渍在阻燃液中，除非是在对古建筑进行维修加固时期，更换的新木构件可以采取浸渍处理后，再对其进行安装和表面装饰。在木质构件表面上粘贴不燃性物质会改变基材的装饰外观，在实际应用中一般很少采用，而在木质构件的表面涂刷或喷涂饰面型防火涂料而造成一层保护性的阻火膜，以降低木材表面燃烧性能，阻滞火灾迅速蔓延，这无论是从性能、成本方面考虑，还是从施工的方便性方面考虑，饰面型防火涂料均是古建筑防火保护的一种比较理想的阻燃处理方法。但是，从整个防火涂料现有的产品结构来看，大量推广应用的基本上是有色涂料，这些涂料的应用都会改变基材的外观。如果使用这些有色防火涂料，对于本身就有较强装饰作用和不希望改变外观的古建筑而言，就显得美中不足，甚至完全不适合了。而透明防火涂料是既能保持古建筑基材外观，又能满足古建筑木质构件防火的需求而发展起来的一类饰面型防火涂料，其理想性是不言而喻的。

2.1　透明防火涂料防火隔热原理

透明防火涂料也称为防火清漆，是近几年才发展起来并趋于成熟的一类饰面型防火涂料。透明防火涂料一般以人工合成的有机高分子树脂为主体，该有机高分子树脂经特殊的基团改性，树脂本身可带有一定量阻燃基团和能发泡的基团，再适当加入少量的发泡剂、阻燃剂、碳源等组成防火体系。

从燃烧的条件知道，要使燃烧不能进行，必须将燃烧的三个要素（可燃物、氧气、热源）中的任何一个要素隔绝开来。目前，我国生产的透明防火涂料均为膨胀型饰面型防火涂料，膨胀型防火涂料成膜后，在常温下是普通的漆膜。在火焰或高温作用下，涂层发生膨胀炭化，形成一个比原来厚度大几十倍甚至几百倍的不燃的蜂窝泡沫状炭质层，可以割断外界火源对基材的加热，从而起到阻燃作用。传热公式为：

$$Q = A \cdot \lambda \cdot \Delta t / L$$

式中：A——传热面积；

　　　λ——传热介质的导热系数；

　　　Δt——介质（涂层）两侧的温度差；

　　　L——传热距离（即涂层厚度）；

　　　Q——传导的热量。

上式中，由于膨胀型防火涂料涂层膨胀后形成的泡沫炭化层厚度 L 要比未膨胀的厚度大几十倍，甚至可达 200 倍。此外，一般涂层的导热系数 λ 值约为 $1.163 \times 10^{-1} \sim 8.141 \times 10^{-1}$ W/（m·K），而泡沫炭化层的 λ 值却要小得多［接近气体的 λ 值即 2.326×10^{-2} W/（m·K）］。因此，通过泡沫炭化层传给底材的热量 Q 只有未膨胀涂层的几十分之一，甚至几百分之一了，从而起到有效阻止外部热源的作用。

另外，在火焰或高温作用下，涂层发生软化、熔融、蒸发、膨胀等物理变化以及高聚物、填料等组分所发生的分解、解聚、化合等化学变化，涂料通过这些物理和化学的变化，吸收大量的热能而抵消了一部分外界作用于物体的热能，从而对被保护物体的受热升温过程起到了延滞作用。涂层在高温下发生脱水成炭反应和熔融覆盖作用，隔绝了空气，使有机物转化为炭化层，从而避免了氧化放热反应发生。另外，由于涂层在高温下分解出不燃性气体，如氨、水等，稀释了空气中可燃性气体及氧的浓度，从而抑制有焰燃烧的进行。

2.2　透明防火涂料国内外研究状况

国外对透明防火涂料的研究起步比较早，并取得了较大进展。目前，在国际市场上主要有：德国的 Hoest 公司下属的 Herberts 涂料公司推出的 Unitherm 木材用透明防火涂料，该涂料无色透明，水性不含有机溶剂，可根据需要添加颜料设计成不同的色彩，但价格较贵；日本西崎织物染色公司研制出FR-650 防火涂料，用于木材防火是一种无色透明的水溶液，可通过刷涂、喷雾、浸泡等方法处理木材；美国马里兰州国家标准技术研究所开发了一种新型阻燃漆，用于家具及装饰木材，是由高分子聚合物——聚乙烯醇加入少量马来酸酰胺构成。此外，以色列专利 IL100165 报道了以氨基树脂为成膜剂的透明阻燃膨胀涂料的研制。

从以上可以看出，国外对透明防火涂料的研制主要集中在膨胀型透明防火涂料，所用的成膜树脂集中在氨基树脂、丙烯酸树脂等，由于对减少环境污染的要求越来越高，因此国外非常重视对水性透明防火涂料的研制。

我国对透明防火涂料的研制起步较晚，但目前国内许多企业和研究单位也在研制和开发透明防火涂料。例如，公安部四川消防研究所采用无机黏结剂磷酸盐系为基料，用金属氧化物为固化剂来改善基料的自固性研制出了 E60-2 透明防火涂料；国内上海建科院研制出双组分的透明防火涂料，以三聚氰胺-甲醛树脂为成膜树脂，加入膨胀阻燃体系作为底涂料，再以聚氨酯清漆等作为装饰性面涂料，等等。国内还有很多研究单位探索了用磷酸改性氨基树脂来制备透明防火涂料，有的还申请了专利。

2.3　国内测试透明防火涂料的标准

由于透明防火涂料属于饰面型防火涂料，我国的透明防火涂料质量检验按照国家标准《饰面型防火涂料通用技术条件》（GB12441—2005）中的指标要求进行。透明防火涂料的理化性能应符合表 3 的规定，透明防火涂料的防火性能指标与等级应符合表 4 的要求。

表 3　透明防火涂料理化性能

序号	项　　目		技术指标
1	在容器中的状态		无结块，搅拌后呈均匀状态
2	细度，μm		≤90
3	干燥时间，h	表干	≤4
		实干	≤24
4	附着力，级		≤3
5	柔韧性，mm		≤3
6	耐冲击性 kg·cm		≥20
7	耐水性，h		24 h 无起皱、无剥落，允许轻微失光和变色
8	耐湿热性，h		48 h 不起泡、不脱落，允许轻微失光和变色

表 4　透明防火涂料防火性能级别与指标

序号	项　目		指标与级别	
			一级	二级
1	耐燃时间，min		≥20	≥10
2	火焰传播比值		≤25	≤75
3	阻火性	质量损失/g	≤5	≤15
		炭化体积/cm³	≤25	≤75

当透明防火涂料不能同时达到表 2 中某一级别规定的性能指标时，则按最低一级性能数据作为分级的依据。表 2 中规定的分级仅适用于试验规定的涂覆比值和基材类型。具体的试验方法主要有以下几种。

2.3.1　大板燃烧法

该方法是在规定基材和特定燃烧条件下，测试涂覆于可燃基材表面的透明防火涂料耐燃特性，并以此评定透明防火涂料耐燃性能的优劣。该方法仅适用于各种饰面型防火涂料耐燃性的测试。整个试验过程按时间-温度标准曲线的要求升温，从试件受火那一时刻起到试件背火面温度达到 180 ℃ 和试件背火面出现穿透时止，这段时间即为透明防火涂料的耐燃时间。

2.3.2　隧道燃烧法

该方法以小型隧道炉测试涂覆于基材表面的透明防火涂料的火焰传播特性，并以此评定透明防火涂料对可燃基材的防火保护作用及阻止火焰传播性能的优劣。

将处理好的涂覆试件安置在隧道炉试件支架内，涂覆面向下进行燃烧试验，并测得涂覆试件的火焰传播比值，根据比值判定透明防火涂料的优劣。

2.3.3　小室燃烧法

该方法是在实验室条件下测试涂覆于基材表面的阻火性能。以其燃烧质量损失，碳化体积来评价透明防火涂料的优劣。

2.4　透明防火涂料的施工方法

透明防火涂料在施工前应清除被保护基材表面的尘土和杂物，并将表面打磨平整，一般要求涂装场所环境条件要明亮，环境温度应保持在 0 ℃ ~ 35 ℃，相对湿度不宜大于 90%，空气应流通。当风速大于 5 m/s，或雨雪天和被保护基材表面有结露、结霜时，不宜作业。对透明防火涂料的施工一般采用刷涂，也可采用喷涂和辊涂法；透明防火涂料应分次涂刷，每次覆盖量为 200 g/m² 左右，涂料总用量为 500 g/m²，每遍间隔 12 ~ 24 h，待前一遍基本干燥后再涂覆后一遍。

3　结　语

当前，我国众多古建筑存在着火灾隐患，如果发生火灾，火势将较难控制，极易造成难以挽回的损失。因此，必须加强对木结构古建筑的阻燃处理，使用透明防火涂料刷涂在古建筑的表面，正常的情况不改变古建筑的外观和颜色等，受火时可膨胀并形成均匀而致密的蜂窝状或海绵状的碳质泡沫层，对木结构古建筑具有良好的保护作用，使古建筑不易受到火灾的侵害，以确保这些古建筑的防火安全。

使用透明防火涂料对木结构古建筑进行阻燃处理，不但具有很高的防火效率，而且使用十分简便，有广泛的适应性，在古建筑的防火安全保护措施中具有重要的作用。因此，进一步开展透明防火涂料的研究，使之能有更多更好的产品问世，并与木结构古建筑防火保护的发展和需求相适应，而且对进一步开拓阻燃技术领域，充实和完善防火涂料的体系，也具有重要的意义。

参考文献

[1]　GBJ 16—87（2001 版）. 建筑设计防火规范[S].

[2]　GB12441—2005. 饰面型防火涂料通用技术条件[S].

[3]　GB/T 15442.2—1995. 饰面型防火涂料防火性能分级及试验方法——大板燃烧法[S].

[4]　GB/T 15442.3—1995. 饰面型防火涂料防火性能分级及试验方法——隧道燃烧法[S].

[5]　GB/T 15442.4—1995. 饰面型防火涂料防火性能分级及试验方法——小室燃烧法[S].

[6]　王冬等. 浅谈古建筑的火灾特点和扑救方法[J]. 消防科学与技术，2002（4）：29.

[7]　赵何灿. 浅谈古建筑的防火问题及对策[J]. 云南消防，1996（3）：25-27.

[8]　杨佳庆等. 透明防火涂料研究探索[J]. 消防科学与技术，2001（1）：46-47.

作者简介：章震（1978—），贵州省黔南州公安消防支队龙里大队大队长。

消防管理

基于事故树的某化工厂有机胺项目
火灾爆炸危险性分析

刘宏慢

（浙江省公安消防总队衢州消防支队）

【摘　要】　本文结合工程实例，在危险辨识的基础上，运用事故树分析的方法，分析查找导致火灾爆炸事故的各种原因事件，通过求取最小径集，计算和根系各原因事件的结构重要度，将各原因事件归纳为泄漏事故预防、现场火源控制、事故应急处置三个方面，提出相应的安全对策和措施。

【关键词】　事故树；火灾爆炸；危险性分析

1　引　言

事故树，也称故障树，是一种描述事故因果关系的有向逻辑"树"，是安全系统工程中重要的分析方法之一。这种分析方法就是将一个可能发生的事故，作为初始事故，一层一层地逐步寻找引起该事故的触发事件、直接原因和间接原因，并分析事故原因之间的逻辑关系的安全评价防范。事故树分析方法，可以进行定性分析，也可以进行定量分析，尤其适用于对易燃易爆生产厂房、储存装置等的火灾爆炸危险性评价。本文以衢州巨化集团公司某厂一有机胺新建项目为例，进行了火灾爆炸危险性事故树分析，并根据定性分析结果，提出相应的防范对策和措施。

2　项目基本情况

某化工厂拟新建年产 1 万吨有机胺的工程项目，采用丁醇蒸气和氨在加压、温度 170～200 ℃ 情况下，通过加热的氧化铝、氧化镍等催化剂进行反应合成有机胺（一丁胺、二丁胺、三丁胺）。项目生产装置主要包括丁胺厂房、产品桶包装厂房、原料产品罐区、装卸车位等生产、储存工艺单元。其中，罐区布有 8 个储罐：西面布置 4 只原料、成品储罐（200 m³×4），分别储存三丁胺储罐、二丁胺储罐、一丁胺储罐、正丁醇储罐；东面布置 4 只中间储罐（40 m³×4），分别储存一丁胺、二丁胺、三丁胺、高沸物。

3　项目危险源辨识

根据《危险化学品重大危险源辨识》（GB18218—2009），该项目生产过程中涉及的危险化学品有原料氢气、液氨、正丁醇，产品一丁胺、二丁胺、三丁胺，主要集中在丁胺厂房、原料产品罐区两个工艺单元。各原料、产品燃烧爆炸特性如下：

（1）氢气：氢气与空气混合能形成爆炸性混合物，遇热或明火即爆炸。氢气比空气轻，在室内使用和储存时，漏气上升滞留屋顶不易排出，遇火星会引起爆炸；氢气与氟、氯、溴等卤素会产生剧烈反应。

（2）液氨：液氨与空气混合能形成爆炸性混合物，遇明火、高热能引起燃烧爆炸；与氟、氯等能发生剧烈的化学反应；若遇高热，容器内压增大，有开裂和爆炸的危险。

（3）正丁胺：正丁胺易燃，其蒸气与空气可形成爆炸性混合物，遇明火、高热能引起燃烧爆炸；与氧化剂能发生强烈反应；其蒸气比空气重，能在较低处扩散到相当远的地方，遇火源会着火回燃。

（4）正丁醇：正丁醇易燃，其蒸气与空气可形成爆炸性混合物，遇明火、高热能引起燃烧爆炸；与氧化剂接触猛烈反应。

（5）二（正）丁胺：二（正）丁胺遇明火、高热或与氧化剂接触，有引起燃烧爆炸的危险。

4　事故及原因分析

氢气、液氨、正丁醇、一丁胺、二丁胺、三丁胺等原料、产品均属于甲类易燃易爆危险物质，在生产、储运及设备检修等作业过程中，可能产生跑、冒、滴、漏，造成气体、蒸汽泄漏，与空气形成爆炸性混合物，遇火源引起火灾爆炸事故。造成事故的原因主要有两个方面：一是原料、产品的气体、蒸汽泄漏，与空气混合，并达到爆炸极限浓度；二是生产、储运、检修等作业过程有点火源的存在。

4.1　可能造成泄漏的原因

（1）管道、阀门设备故障：如管道材料缺陷、各种腐蚀、焊缝裂纹素等都可能导致管道局部泄漏；阀门、法兰损坏，仪器仪表等设备密封处破损。

（2）调压、安全装置失效：调压系统质量缺陷，以及运行中出现异常现象未得到及时处理；安全阀失效引起超压爆破而泄漏。

（3）设计失误缺陷：基础设计错误，如地基下沉，造成容器底部产生裂缝，或设备变形、错位；选材不当，强度不够，耐腐蚀性差；贮罐、贮槽未加液位计，反应器（炉）未加溢流管或放散管等。

（4）施工、检修质量差：管道焊接质量差；安装精度不高，管道连接不严密等；设备长期使用未定期检修，或检修质量差；安全附件及其计测仪表未定期校验，造成计量不准等。

（5）为人操作失误：如记错阀门位置而开错阀门；发现异常现象不知如何处理；擅自离岗、脱岗；重要操作无人监护等。

（6）自然灾害原因：雷电会造成生产装置、贮罐遭雷击；台风造成突然停电，导致房屋、设施受损；冬季恶劣雨雪、冰冻危害造成设备、设施、管道冻裂等。

4.2　可能存在的火源

（1）明火：违反禁令吸烟，违章动火作业等。

（2）电火花：未使用防暴电气设备或防暴电气损坏，电气线路老化破损短路火花。

（3）静电火花：液体流体或泄漏产生的静电，人体静电火花。

（4）撞击火花：使用铁具作业，穿钉制鞋作业，机器设备碰撞火花。

（5）雷击：雷雨天气，由于避雷设施失效造成的雷击。

（6）外来火源：机动车尾气，外来飞火等火源。

5　编制事故树及定性分析

5.1　编制事故树

气体、蒸汽泄漏，与空气形成爆炸性混合物，与火源发生燃烧爆炸事故即为事故树顶事件；气体、蒸汽泄漏，对泄漏事故未及时处理，及导致火源产生的各种原因分类等为中间事件；导致气体、蒸汽泄漏的管道、设备破损，调压、安全装置失效，设计失误缺陷，施工检修质量差，人为操作失误，自然灾害等问题，导致火源产生的各种具体的、直接的原因作为基本事件，根据各事件之间的相互逻辑关系，编制事故树（见图 1）。

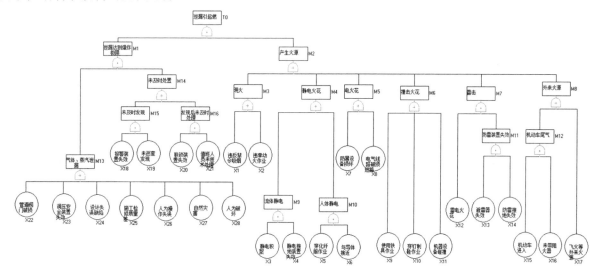

图 1 易燃易爆气体、蒸汽泄漏火灾爆炸事故树

5.2 求取最小径集

分析该事故树逻辑结构，或门多、与门少，事故树最小割集数量较多，最小径集数量相对较少。为此，采取最小径集法求解分析，求取事故树的最小径集，即：

P1 = ｛X18 X20｝ P2 = ｛X18 X21｝

P3 = ｛X19 X21｝ P4 = ｛X19 X20｝

P5 = ｛X27 X22 X23 X24 X25 X26 X28｝

P6 = ｛X1 X3 X7 X9 X13 X15 X5 X8 X10 X11 X17 X2｝

P7 = ｛X1 X3 X7 X9 X12 X15 X5 X8 X10 X11 X2 X17｝

P8 = ｛X1 X3 X7 X9 X13 X15 X6 X8 X10 X11 X17 X2｝

P9 = ｛X1 X4 X7 X9 X12 X15 X5 X8 X10 X11 X2 X17｝

P10 = ｛X1 X3 X7 X9 X12 X15 X6 X8 X10 X11 X2 X17｝

P11 = ｛X1 X4 X7 X9 X13 X15 X6 X8 X10 X11 X17 X2｝

P12 = ｛X1 X3 X7 X9 X14 X15 X6 X8 X10 X11 X17 X2｝

P13 = ｛X1 X3 X7 X9 X13 X16 X6 X8 X10 X11 X17 X2｝

P14 = ｛X1 X4 X7 X9 X12 X15 X6 X8 X10 X11 X2 X17｝

P15 = ｛X1 X3 X7 X9 X12 X16 X6 X8 X10 X11 X2 X17｝

P16 = ｛X1 X4 X7 X9 X14 X15 X6 X8 X10 X11 X17 X2｝

P17 = ｛X1 X4 X7 X9 X13 X16 X6 X8 X10 X11 X17 X2｝

P18 = ｛X1 X3 X7 X9 X14 X16 X6 X8 X10 X11 X17 X2｝

P19 = ｛X1 X4 X7 X9 X12 X16 X6 X8 X10 X11 X2 X17｝

P20 = ｛X1 X4 X7 X9 X14 X16 X6 X8 X10 X11 X17 X2｝

P21 = ｛X1 X4 X7 X9 X13 X15 X5 X8 X10 X11 X17 X2｝

P22 = ｛X1 X3 X7 X9 X14 X15 X5 X8 X10 X11 X17 X2｝

P23 = ｛X1 X3 X7 X9 X13 X16 X5 X8 X10 X11 X17 X2｝

P24 = ｛X1 X3 X7 X9 X12 X16 X5 X8 X10 X11 X2 X17｝

P25 = ｛X1 X4 X7 X9 X12 X16 X5 X8 X10 X11 X2 X17｝

P26 = ｛X1 X4 X7 X9 X14 X15 X5 X8 X10 X11 X17 X2｝

P27 = ｛X1 X4 X7 X9 X13 X16 X5 X8 X10 X11 X17 X2｝

P28 = ｛X1 X3 X7 X9 X14 X16 X5 X8 X10 X11 X17 X2｝

P29 = ｛X1 X4 X7 X9 X14 X16 X5 X8 X10 X11 X17 X2｝

5.3　结构重要度分析

结构重要度分析就是不考虑基本事件发生的概率是多少，仅从事故结构上分析各基本事件对顶上事件的影响程度。对上述求得的最小径集，根据结构度排列原则，以及简易算法（基本事件数相同的最小径集），求出各基本事件结构重要度排序为：I（18）＝I（19）＝I（20）＝I（21）＞I（22）＝I（23）＝I（24）＝I（25）＝I（26）＝I（27）＝I（28）＞I（1）＝I（2）＝I（7）＝I（8）＝I（9）＝I（10）＝I（11）＝I（17）＞I（3）＝I（4）＝I（5）＝I（6）＝I（15）＝I（16）＞I（12）＝I（13）＝I（14）。

5.4　定性分析结果

（1）事故树最小割集数较多，最小径集数相对较少；而且各最小割集含有的基本事件元素相对较少，各最小径集含有的基本事件元素相对较少。这说明该项目在生产、储运、检修等作业过程中，发生燃烧爆炸事故的潜在因素较多，导致事故发生的各种可能性较多，火灾爆炸危险性较大，事故预防难度较大。

（2）从结构重要度上看，事故顶上事件发生的原因事件可归纳为三类：一是泄漏发生后，未及时处置方面的原因；二是导致泄漏发生各种原因事件；三是导致火源产品的各种原因事件，且在火源产生的原因事件方面，明火、电火花、撞击火花、飞火等火源的重要程度高于静电、机动车尾气方面的原因，也高于雷击方面的原因。总体层级越多的基本事件，结构重要度相对小些。

6　事故预防措施

做好该项目事故预防，必须同时抓好事故应急处理、泄漏事故预防、火源控制三个方面的工作。

6.1　要高度重视对泄漏事故的应急处理及从业人员教育培训

要对对生产过程中温度、压力、可燃气体浓度等重要参数进行实时监测，设置可靠的报警和连锁控制装置；要建立完善的安全操作规程、事故应急预案等，定期进行事故应急救援预案演练，强化作业人员岗前培训教育，组织开展岗位事故应急救援演练，培训合格后方可上岗操作。

6.2　要高度重视对易燃、易爆气体、蒸汽泄漏的源头预防

要抓好源头设计，严格按照国家技术标准要求进行设计，所有特种设备、管线、阀门、法兰等及其配套仪器、仪表必须选用有合格、优质产品，并由有资质的安装单位施工，以确保安装质量；加强日常管理，定期对设备、管道进行壁厚的检测，定期对生产装置、设施进行全面、局部的系统防腐维护，杜绝"跑、冒、滴、漏"。

6.3　要高度重视作业现场一切火源的控制

　　首先，要绝对禁止吸烟，禁止违章动火作业，选用与易燃易爆介质相适应的防爆型产品；其次，要注意飞火等外来火源的防范；再次，要做好避雷设施、静电接地装置的检查维护、确保完好，要加强对机动车的管理，禁止未带阻火器的车辆进行作业现场。

7　结束语

　　事故树分析方法，从顶事件开始，自上而下，逐级分析原因事件，直至找到各基本事件，因而能够全面分析事故发生的各种原因，并按照各事件的结构重要程度，由重点到一般，全面、系统地提出事故预防措施。存在的不足是，基本事件发生概率的基础数据无从获取，不能进行定量计算，而仅从结构重要度考虑各基本事件的重要性也不是很科学，因此需要下一步进一步深入的调研、分析。

参考文献

[1]　林柏泉，周延，刘贞堂. 安全系统工程[M]. 徐州：中国矿业大学出版社，2005.
[2]　蒋军成，郭振龙. 安全系统工程[M]. 北京：化学工业出版社，2004.
[3]　GB18218—2009. 危险化学品重大危险源辨识.
[4]　黄昆，蒋宏业，李余斌，等. LPG 储罐火灾与爆炸事故分析[J]. 西南石油学院学报，2004，26（5）：74-76.
[5]　孙玉叶. 易燃易爆化学品泄漏火灾爆炸事故树分析.
[6]　王树坤. 天然气发电厂供气燃烧系统火灾爆炸危险.

作者简介：刘宏慢，男，浙江省公安消防总队衢州消防支队防火监督处监督指导科科长，工程师；从事消防监督工作。

　　　　　　电子信箱：25683885@qq.com。

论内蒙古自治区火灾形势防控对策

闫　茹

（内蒙古自治区公安消防总队防火监督部）

【摘　要】　文章依据内蒙古自治区历年来编辑出版的《火灾年报》、《全国火灾统计管理系统》中相关火灾报表等数据资料，对近 5 年来部分盟市火灾现状、火灾规律、火灾特点等有关情况进行了深入细致地分析研究，对内蒙古自治区火灾防控提出积极研究对策。

【关键词】　消防；火灾事故；防控；对策

火灾的发生与发展具有随机性和确定性的双重特性。笔者通过调研总结、分析整理火灾统计中的火灾起数、人员伤亡和直接财产损失等数据，并联系社会环境有关因素对比分析，对研究火灾的发生规律、科学预测火灾的发展趋势，从而采取有针对性的防范措施来预防火灾、减少损失，具有十分重要的意义。笔者作为火灾统计工作者，通过对部分盟市火灾现状、火灾规律、火灾特点等有关情况的调查研究，同时依据我区《火灾年报》等数据资料，对全区近几年火灾情况进行了分析研究，并对内蒙古自治区火灾防控提出了积极研究对策。

1　近年来内蒙古自治区的火灾基本情况

近年来，在各级党委、政府的正确领导下，消防部门按照公安部消防局的工作部署，创新工作方法，狠抓工作落实，在预防火灾事故、保障公共消防安全方面作出了积极贡献，出现了火灾事故总体平稳的良好态势，但同时应当看到公共消防安全的基础还比较脆弱，安全形势依然严峻。

1.1　2009 年以来我区火灾总体情况

2009—2013 年，全区共发生火灾 47 901 起，死亡 220 人，受伤 80 人，直接财产损失 4.4 亿元，每十万人口火灾发生率为 36 起，平均每天发生火灾 26 起，平均每 217 起火灾死亡 1 人，平均每起火灾损失 9 273 元（见表 1）。

表 1　2009—2013 年内蒙古自治区火灾情况统计表

火灾基本数据			
年　份	火灾数	死亡（人）	受伤（人）	损失（万元）
2009	9 365	46	15	5 353
2010	8 987	51	14	4 307
2011	10 374	49	17	10 730
2012	7 545	34	18	10 131
2013	11 826	40	16	12 905
平　均	9 619	44	16	8 685

1.2 全区火灾事故的主要特点

（1）从火灾发生的地区看，发生火灾最多的地区为呼和浩特、包头、赤峰和呼伦贝尔（四个中东部地区火灾占到全区火灾总数的 63.1%，平均每个盟市发生火灾在 7 000 起左右）；其次为鄂尔多斯、通辽、乌兰察布、巴彦淖尔、乌海（5 个盟市火灾占到全区火灾总数的 30.7%，平均每个盟市发生火灾在 3000 起左右）；发生火灾较少的地区为锡林郭勒盟、兴安盟、阿拉善盟和大兴安岭林业管理局（火灾占到全区火灾总数的 6.3%，平均每个地区发生火灾仅在 700 起左右）。

（2）从起火区域上看，城市市区共发生火灾 18 732 起，占总起数的 39.1%；农村牧区火灾 15 897 起，占总起数的 33.2%；县城集镇火灾 9 571 起，占总起数的 20%；其他区域发生火灾 3008 起，占总起数的 4.2%。

（3）从发生火灾的原因上看，用火不慎、电气故障、吸烟、玩火是引发火灾的主要原因。用火不慎引起的火灾居多，发生了 10 930 起，占总数的 22.8%；电气故障引起火灾为 10 041 起，占总数的 21%；吸烟引起火灾为 60 987 起，占总数的 12.7%；玩火占总数的 10.4%；生产作业不慎占总数的 4.3%；自燃和雷击及静电等因素引起火灾为 1 294 起，占总数的 3.2%；放火占总数的 1.4%；不明确原因及其他原因占总数的 24.2%。

2 火灾事故发生原因及近期形势预测

2.1 火灾事故发生原因

（1）用火不慎、电气等人为因素是造成火灾的主要原因，吸烟、玩火、生产作业不慎引发的火灾也逐年增多。2009 年至 2013 年，全区因用火不慎引起的火灾为 10 930 起，占总数的 22.8%；因电气故障方面原因引起的火灾为 10 041 起，占总数的 21%。以上 2 种原因占到全区火灾原因总数的 43.8%。造成这一现象的主要原因是我国很多单位、家庭使用的电气产品都不符合安全标准，电气线路敷设不规范，以及消防安全意识淡薄。此外，由于燃放爆竹等习俗一直延续发展，社会单位消防安全管理不完善，公民防火安全意识淡薄，玩火（燃放爆竹）、吸烟、生产作业不慎引发的火灾也有增多的趋势。2009 年，全区因玩火（燃放爆竹）、吸烟、生产作业不慎引发的火灾分别为 1 339 起、1 549 起、402起；2013 年这一数字增加到 1 432 起、1 171 起和 508 起，分别上升了 6.9%，31.4%，33.1%。

（2）农村牧区消防观念滞后，火灾日趋严重，林区火灾仍然频发。近几年来，由于农村牧区经济建设和发展步伐不断加快，农牧民生活水平日益提高，火灾危险性也逐渐加大。但农牧区相对城镇来说，消防工作基础较差，消防规划和消防基础设施建设滞后，同时农牧民的文化素质也相对较低，消防安全意识和消防法制观念淡漠，因此农村牧区火灾日趋严重。2006 年至 2010 年全区农村牧区火灾呈逐年上升势头，农村火灾已从 2008 年的 2 492 起上升到 2011 年的 3 707 起，几年时间增加了近 1 215起，农村牧区平均以每 2 天 1 起火灾的速度增长着。

（3）居民防火意识不强，导致住宅火灾仍然频繁，且有近 6 成亡人火灾发生在住宅。随着经济的快速发展和人民生活水平的提高，家用电器大面积普及，用火、用电、用气现象急剧增多，易燃、可燃材料在家庭装修中也大量使用，火灾危险性极大。而且，由于消防部门不能到居民住宅中进行强制性消防检查，以致很多火灾隐患长期存在，火灾发生的概率较大，居民个人预防火灾意识不强，违规操作家用电器、卧床吸烟等不良生活习惯酿造了多起在住宅、宿舍内亡人火灾的惨剧。据统计，近 5年间，全区住宅发生火灾 9 266 起，死亡 133 人，虽然火灾起数仅占到总数的 21.2%，死亡人数却占到总数的 58.6%。

（4）县城集镇消防基础薄弱是火灾伤亡人数多的主要因素。我区县城集镇呈"偏远散"特点，随着国家西部大开发，近些年全区部分县城集镇的经济进入高速发展时期，但是相对的县城集镇公共消防基础设施依然薄弱，缺乏统一规划，消防设施短缺，消防水源匮乏，加之县城集镇居民消防安全素质整体不高，注重物质品质的提高却忽略火灾隐患，消防安全意识和消防法制观念淡漠，因而火灾危险性大。近些年，虽然火灾发生率不是很高，但是一旦发生火灾，伤亡人数和损失较大。

（5）火灾发生时间具有明显季节性特征。从发生火灾的季度、月份上分析，一季度和四季度特别是每年的10—12月份和次年的1—5月份为火灾多发期。这个时期之所以火灾多发，主要是因为正值冬春之际，我区属气候干燥季节，同时在这些节气中又包含了国庆、元旦、春节、元宵、五一等一系列重大节日，用火用电多，人员流动性大，燃放烟花爆竹等聚集性活动多，因而导致火灾在这段时间内较为集中。

2.2　火灾事故发展趋势

从科学发展观的角度分析，在目前经济、人口、资源等还不能完全达到全面、可持续发展的前提下，事故的发生与经济社会的发展具有一定的正比关系。近年来，随着我区工业化和城镇化进程加快以及人财物的大流动，火灾事故在短期内不会减少、只会增多。

总结西方发达国家各个经济发展时期火灾发生的特点，可以得出以下规律：在经济发展初期，火灾规模小、次数少；在经济腾飞时期，经济结构快速转型，火灾规模大、频率高；在经济平稳发展时期，随着科技进步、全民消防意识的提高以及消防工作的加强，火灾逐步下降并保持相对平稳。据发达国家的经验和研究表明：人均GDP在1 000～3 000美元，属火灾事故的上升期；人均GDP在3 000～5 000美元，是火灾事故的高发期。2012年，我区GDP总值达15 988.34亿元，人均GDP达64 319元（10 189美元），已步入火灾事故的高发期。从这一理论看，可以说我区经济快速发展的过去五年，保持了火灾形势的相对稳定。"十二·五"规划期间，我区随着全区城市化、工业化进程的进一步加快，以及生产技术日益复杂，生产和生活所采用的能源多样化且用量急剧增长，引发火灾的危险性将增大，再加上我区现行消防工作的模式及人们的消防安全意识尚难以跟上时代的发展要求，由此形成的脱节势必导致火灾危害日趋严重。当前，由于制约、影响火灾安全的不确定、不稳定因素短期内难以得到有效解决和改善，因此决定了今后一个时期我区同全国一样还将处于火灾事故的高发期、波动期，火灾安全形势将更加严峻。同时，我区逐步形成的以电力能源、化工为中心的产业链，正在迅猛发展，虽然无重特大火灾方面的经验教训，但已有苗头，形势日益严峻，不容我们稍有懈怠。

3　抓好今后一个时期火灾事故预防工作的对策建议

3.1　贯彻"预防为主、防消结合"指导思想，明确定位，综合治理，把火灾事故预防提升为"社会工程"

火灾事故原因的复杂性决定了对其进行预防是一项复杂的社会系统工程，必须通过多种渠道的方式，进行综合治理；必须坚持政府统一领导，各有关部门齐抓共管、通力合作，依靠全社会力量，把预防火灾事故上升到"社会工程"，努力构建"政府统一领导、部门依法监管、单位全面负责、群众积极参与"的消防工作格局；积极推动消防工作社会化进程，将火灾预防建设纳入经济建设规划中，为长期做好火灾预防工作打好基础。

3.1.1　全面落实消防安全责任制，大力推进消防工作社会化

通过签订政府消防工作责任状、落实《内蒙古自治区消防安全责任制规定》等形式，按照自治区

"十二·五"规划和国家消防技术标准要求,加大消防站、消防给水、消防道路、消防通讯、消防装备等基础建设,各类新建的建筑要按照消防技术规范配备各类消防设施,在用建筑要按照现行规范要求完善消防设施,旧居民住宅楼要配置基本的消防设施,保障发生火灾后具备扑救火灾基本的硬件设施。针对居民住宅火灾突出的问题,应尽快向政府部门建议制定住宅装修规范,加强对装修队伍和人员的资质管理,限制易燃、可燃装修材料的使用比例,划分防火分区,强制性要求设置火灾探测器和自动灭火装置。

3.1.2 进一步加强宣传教育工作

针对住宅火灾高发和交通工具火灾逐年大幅上升的现象,应与社区居委会、派出所联合大力推动消防宣传"五进"工作,组织开展针对汽车火灾的消防宣传活动,让广大群众知晓家庭火灾、汽车火灾的危险性和防火、报警、逃生常识。

3.1.3 加强城镇消防规划工作,把好消防安全源头关

在新建、扩建城镇时,城市消防公共设施建设要与城区建设同步发展,解决好市政消火栓不足和消防车通道不畅,以及消防站少,消防装备、消防通信不适应灭火作战需要的问题。积极向政府汇报,争取财政、建设、规划、电信、自来水等部门在政府的统一领导下,通力合作,充分发挥职能作用,确保城镇消防安全,提高抵御火灾的整体能力。加大消防基础设施建设和城镇消防规划及建筑消防设施的投入,提高抗御火灾的能力。

3.2 抓重点,攻难点,严格管控,强化检查整治,从源头上预防和遏制火灾事故的发生

3.2.1 结合全区火灾发展趋势,围绕"抓两头,打中间"的策略,全面控制火灾起数、火灾损失和火灾亡人数,确保火灾形势的稳定

"抓两头"是指一头要抓好东部区呼伦贝尔市、兴安盟、锡林郭勒盟等地的火灾预防,有效遏制森林草原地区的火灾多发势头,大幅度控制火灾起数;一头要抓好西部区鄂尔多斯市、包头市、乌海市等地的火灾预防,有效遏制煤炭、电力能源化工业快速发展地区火灾损失大的势头,大幅度控制火灾损失。"打中间"是指抓好中部区呼和浩特市、包头市等经济相对发达地区的火灾预防,有效遏制城市建成区、县城集镇的公众聚集场所、城镇私营企业、派出所三级管理单位,特别是可能发生重特大、群死群伤火灾的公众聚集场所的火灾多发和火灾亡人上升势头。

3.2.2 结合全区火灾时间性特点,加强对重点时段的火灾预防工作

(1)抓好冬春季节的火灾预防工作。要认真分析消防工作中的薄弱环节和冬春季防火期间需重点加强的工作,研究对策,制定出切实可行的冬春季防火工作方案,并认真组织实施;同时,要结合实际,开展形式多样、内容丰富的宣传活动,形成浓厚的冬春季防火宣传氛围。

(2)抓好节假日期间的火灾预防工作。要结合地区实际情况,有针对性地制定重大活动、重要节日的消防安全检查和执勤保卫工作方案,加强对政府机关、交通枢纽、通信设施、供水供热、供气供电等要害部门、人员密集场所、易燃易爆单位和各类重点项目、大型厂矿企业的消防安全检查,落实消防安全责任制,加强防范措施,消除火灾隐患。

3.3 进一步夯实基层基础工作,增强预防火灾事故保障公共消防安全的发展后劲

预防火灾事故、保障公共消防安全,责任在领导,重点在基层,关键在基础,全区各级消防部门应积极争取党委、政府的重视和支持,将消防大队、中队作为重点,在经费上重点投入,人员上重点保障,装备上优先配备,以缓解基层警力不足、经费缺乏、装备落后等实际困难,切实强化基础工作,增强预防火灾害事故保障公共消防安全的发展后劲。

参考文献

[1]   范维澄，陈莉. 火灾规律双重性模型及其室内漏油火灾的分析[J]. 自然灾害学报，1992（03）.

[2]   杜兰萍. 正确认识当前和今后一个时期我国火灾形势仍将相当严峻的客观必然性[J]. 消防科学
与技术，2005.

作者简介： 闫茹，内蒙古自治区公安消防总队防火监督部火调处参谋，工程师，技术 10 级。

通信地址：内蒙古呼和浩特市赛罕区苏力德大街 9 号，邮政编码：010070；

联系电话：13171010303；

电子信箱：30975218@qq.com。

甘肃榆中青城镇明清古建筑消防安全对策研究

李生辉

（甘肃省公安消防总队）

【摘　要】　古建筑是宝贵的人类文化遗产之一，我国的古建筑因其以木结构为主，耐火等级较低，如果发生火灾，火势将很难控制，极易造成难以挽回的损失。为汲取经验教训，本文结合甘肃榆中县青城镇明清古建筑消防安全现状实际，分析了存在的问题，提出了预防措施和对策建议。

【关键词】　青城镇；明清古建筑；消防安全；对策

古建筑是中华民族珍贵历史文化遗产的重要组成部分，是中华文明源远流长的历史见证，是不可再生的人文资源，保护好古建筑，利在当代，功在千秋。近年来，我国一些地方接连发生古建筑、古城、古镇、古村寨火灾事故。2014年1月11日凌晨1时27分，云南迪庆藏族自治州州府香格里拉县独克宗古城因管理者用火不慎发生大火，烧毁房屋200多栋，经济损失1亿多元；2014年1月25日23时30分，贵州省镇远县报京乡报京侗寨发生大火，烧毁房屋100余栋（1 000余间），受灾290余户（1 180余人），直接经济损失约970万元。为了深刻汲取火灾事故教训，笔者就甘肃榆中县青城镇消防安全进行了调研，分析了存在的问题，提出了预防措施和对策建议。

1　青城镇基本概况

榆中青城镇位于甘肃省兰州市榆中县境内，地处榆中县最北端，距兰州市区110公里，距白银市30公里，距榆中县城90公里，人口2.26万。青城原名一条城，据史书记载为宋仁宗年间秦州刺史狄青巡边时所筑，所以叫青城。历史上的青城是以水烟为主的货物集散地，交通发达，北京、天津、太原等外地客商云集。因此，青城古民居既有山西大宅院风味，又有北京四合院的格式。目前，青城镇有明代建筑1处，清代建筑33处，民国建筑15处，较完整的四合院有60余处，有400多株百年以上的各类树木。这些古建筑，其木雕、砖雕、石文化等，无不显现着中国传统文化的独特魅力，其中高家祠堂、青城隍庙、青城书院、二龙山戏楼具有较高的文物、历史价值。青城镇是古丝绸之路上的水旱码头和商贸中心，被誉为"黄河千年古镇"。2007年被建设部和国家文物局命名为"中国历史文化名镇"。

2　青城镇消防安全存在的问题

2.1　建筑耐火等级低

青城镇现有的明清古建筑，包括民国时期的建筑，绝大多数为土木结构，即木料为主要建筑材料，因而火灾危险性大、耐火等级低。由于建成年代久远，木质部分已完全风化、疏松，木质十分干燥，具有良好的燃烧和火焰传播条件，大多数房间设置屏风、悬挂字画等大量可燃装饰，火灾荷载大，一旦失火，室内散热差，温度升高快，很容易引起轰燃，形成大面积火灾。

2.2　消防水源、设施严重不足

经调研发现，青城镇除高家祠堂、青城隍庙、青城书院、二龙山戏楼等重点文物保护单位配备有灭火器外，其余建筑均未配备消防设施、器材。尤其是消防水源十分缺乏，未按要求设置室内外消火栓，一旦发生火灾，很难将火灾扑灭在初期阶段。

2.3　消防车道不畅，防火间距不足

调研中发现，大部分建筑物之间没有足够的防火间距，连建成片的情况十分普遍。由于一些四合院、古建筑年代久远，古城镇规划不规范、不落实，致使青城镇消防车通道不畅通。加之，距离最近的城市白银市也有30多公里的距离，一旦发生火灾，给扑救工作带来很大困难。

2.4　电线老化、超负荷现象严重

随着经济的快速发展，居民生活水平不断提高，冰箱、空调、电视等家用电器进入家庭，用电量大幅增加。由于原有电气线路只考虑照明，且多为铝芯线，电力负荷较小，已不能满足现在生活的需要。部分居民乱拉乱接临时电线，使电线长期处于超负荷状态，电气线路问题十分严重，这些问题是发生电气火灾的主要原因。

2.5　群众消防安全意识淡薄，火灾隐患严重

随着商业、旅游业的开发，镇内"民改商"、"民商兼用"情况突出，使用性质变更频繁，餐饮、住宿及农家乐场所大量涌现，用火、用电、用油、用气不断增加，违反规定存放汽油、液化气瓶、油漆、酒精等易燃易爆物品情况时有发生，很多商户，消防安全意识淡薄，盲目追求短期经济效益，室内防火、灭火设施配置不足，自防自救能力弱，火灾隐患严重。

2.6　消防制度不健全，责任不落实

消防制度不完善，没有相应的消防安全标准和管理制度，消防责任主体不明确，管理混乱，消防经费投入不足，消防安全管理的组织机构不健全，对消防法律法规执行情况的监管难、执行难。

3　青城镇消防安全预防措施和对策

做好青城古镇消防工作，必须建立"政府主导、强化责任、科学规划、加大投入、确保安全"的工作机制，全面贯彻"预防为主、防消结合"的消防工作方针，重点做好以下各项工作。

3.1　推动落实消防责任

按照消防法确定的　"政府统一领导、部门依法监管、单位全面负责、公民积极参与"的消防工作原则，建立防火安全领导小组或防火委员会，制定各项消防安全管理制度，切实落实各方主体消防安全责任。一要强化政府主管责任，提请各级政府加强对消防工作的统筹协调，建立专门的消防管理机构，落实消防工作经费，加强消防力量建设。二要强化部门监管责任，协调城乡规划、文物保护、发改、住建、旅游等部门按照"管行业就要管安全"的要求，将古镇消防安全纳入综合治理、协同管理范畴，形成齐抓共管的合力。三要明确村民委员会协管责任，落实消防安全网格制度，真正将消防安全"网格化"管理机制做深、做细、做实，建立专职或者志愿消防组织，履行日常消防安全检查职责。四要明确单位（商户）主体责任，实施消防安全标准化管理，定期开展消防安全评估和自我检查，提高消防安全自我管理水平。

3.2　科学编制消防规划

针对存在的消防安全问题,对青城古城的火灾风险和消防安全状况进行分析评估,结合国务院《历史文化名镇名村保护条例》的相关要求,依据《消防法》和《城镇消防规划编制要点》的要求,从火灾防范措施、消防安全布局、消防车通道、消防水源、消防通信和消防装备、火灾扑救等方面,编制切实可行的消防安全规划。

3.3　加强消防设施建设

针对青城镇的现状和存在的问题,消防工作应当坚持当前与长远相结合,实施分类解决、综合治理、全面落实消防规划,结合道路、给水管网、电网等工程的建设改造,同步改善消防车道、消防给水等公共消防基础设施条件。分类整改青城镇存在的消防安全问题,针对消防水源缺乏的问题,可充分利用距离黄河较近、地势相对平坦的情况,设置室外消火栓或消防水池,确保消防用水;针对消防力量薄弱的问题,建立专兼职消防队。每户均应设置灭火器,对需要重点保护的文物建筑高家祠堂、青城隍庙、青城书院、二龙山戏楼等单位,还应设置火灾自动报警系统等自动消防设施。

3.4　改善消防安全条件

在不破坏建筑原有历史文化风貌和布局的前提下,运用现代技术,提高建筑、供电、炉灶安全水平。一是结合古建筑的维护修缮,对主要木质构件涂敷防火涂料,或将已不可修复的木质构件替换为经防火处理的建筑材料,提升建筑的耐火等级。恢复建筑间原有防火山墙,拆除与历史文物建筑毗连的普通建筑,或者采取将建筑普通外墙改造为防火墙、安装防火门、防火窗等措施,确保防火分隔措施到位。二是结合城镇电网建设、农网改造,发动古城古村居民更换老旧电线,禁止乱拉乱接电线,增设防止短路、过负荷、漏电等电气保护装置。三是动员群众弃用柴火灶生火做饭,采用燃气灶具或电热灶具等相对安全的灶具。

3.5　深入开展消防宣传

各级政府及文物主管部门、公安消防机构、村委会、公安派出所等职能部门应开展常态化消防宣传教育,尤其要定期深入文物保护单位、商店、旅馆、农家乐等,提醒广大业主、居民注意生产经营和用火、用电、用油、用气安全,利用广播、户外广告等,播放防火注意事项。消防通道、消火栓等消防设施,容易发生火灾的建筑或部位要张贴警示标识,重要路口、地段等张贴防火常识宣传广告。各类消防队伍要结合实际,定期开展灭火演练,提高广大村居民的消防安全知识和逃生自救常识。

古建筑防火对策研究是一项系统的工程,需要政府的大力支持,需要有关部门的大力配合和协调;政府及文物保护单位,应制定并完善各项消防措施,有效防止古建筑火灾的发生。

作者简介:李生辉,男,甘肃省公安消防总队防火监督部高级工程师;主要从事建筑设计防火审核、消防法制工作。

联系电话:13669338462。

浅议如何做到消防执法法律效果与
社会效果的统一

张　颖

（山西省晋中市公安消防支队）

【摘　要】　本文分析了目前消防执法的现状，以及影响当前消防执法法律效果与社会效果和谐统一的因素，提出了实现消防执法效果与社会效果和谐统一的有效途径。

【关键词】　消防执法；法律效果；社会效果

1　消防执法现状

随着经济社会的不断发展，各类重特大火灾事故时有发生。反思火灾发生的原因，往往是由于人们对火灾隐患的不重视、不以为然，因此新《消防法》的修订和颁布实施，对于加强我国消防法制建设、推进消防事业科学发展、维护公共消防安全、促进社会平安和谐具有十分重要的意义。特别是加大了对危害公共消防安全行为的查处力度，取消了消防行政处罚前"限期改正"的前置条件，并且增加了有关违法行为的法律责任，明确了罚款幅度，对消除火灾隐患、改善社会消防安全环境起到了积极的法律效果。

但是，由于当前单位自我管理能力还比较差，普遍存在"重效益、轻安全"的现象，有的单位消防安全管理人员还身兼多职，不能把消防安全管理工作做实、做细、做到位，再加上消防产品性能的不稳定，因而导致各类火灾隐患或消防违法行为还大量存在；而单位业主普遍对新《消防法》相关条款规定不熟悉，消防违法行为认识不够，观念上还没有转变过来，总觉得有问题可以改，改了就没事了，导致消防监督人员在执法处罚过程中经常会与单位业主之间造成矛盾，难以接受存在问题就要直接被消防部门进行处罚的事实。这就导致了消防执法法律效果与社会效果不能有效的统一。

2　影响当前消防执法法律效果与社会效果和谐统一的因素

（1）消防执法任务日益增加，执法力量严重不足。新的消防法实施以后，消防部门的任务更加繁重，消防警力严重不足，尤其是消防执法领域更为突出。以榆次区公安消防大队为例，目前全区共有人口64万人，而消防监督员仅5人，相当于每人要承担近13万人的消防监督执法任务，工作量太大，严重影响了消防监督的质量。由于消防机构现行体制是现役体制，每年都有相当数量经验丰富、业务娴熟的消防监督人员转业到地方，许多新进入执法领域的执法人员业务水平不强，因而导致执法不够规范，随意性大。

（2）消防执法工作涉及面广，地方行政干预时有发生。公安消防机构作为一支现役部队，由公安部垂直领导，但公安消防执法往往冲不破人情网、跳不出地方保护主义的怪圈。职能部门与地方政府因其所处的位置不同、担负的责任不同，这就决定了思维方式、目标定位、工作方法等方面的差异，加之一些企事业单位、市场经营者与地方政府关系好，从而导致某些地方领导将行政执法与经济发展软环境对立起来，对某些违反消防法律、法规、存在重大火灾隐患的单位不能关停、责令限期改正等。其次个别执法者，利用个人的地位与职务，把权力凌驾于法律之上，篡改执法的依据，歪曲法律事实，进行不公正裁决，或使违法者继续违法经营。

（3）消防行政执法不够规范，"重罚轻纠"的现象依然存在。实践中，一些消防机构在办案时，只注重对当事人罚款，而对违法行为可能产生的严重后果及如何采取有效措施去纠正重视程度还不够，这在执法中就走进了"重罚轻纠"的误区。具体表现在：一是只罚不纠，即对违反消防法律法规的行为只罚款，而不责令其限期改正或到期未改未采取强制措施坚决杜绝存在隐患；二是罚款放行，对未经审核的工程，违反法律、法规的规定采取罚款放行的错误做法；三是只打不追，只对查到的问题进行处理，而对表面现象背后的隐患问题不注意追查；四是手段单一，部分执法人员对行政法律规定的处罚与教育相结合的原则不领会，处罚决定书的处罚条款往往只有罚款一项，不会运用警告、限期改正、责令停业整顿等措词，致使某些违法人员误认为执法机关只要罚款、不管纠正。

3 实现消防执法效果与社会效果和谐统一的有效途径

（1）改变执法理念，注重疏堵结合。公安消防机构应当进一步转变执法理念，通过对机关团体企事业单位实施消防行政指导，彰显公安消防部队的服务宗旨，有效提高监管效能。一是通过实施消防行政指导，使多数火灾隐患和违法苗头被及时制止，各种违法违规行为明显下降，有效提升各类火灾隐患和消防违法行为的整改率；二是改善执法环境，逐步化解执法者和被管理者之间的对应矛盾及摩擦冲突，使许多企业由以前的"怕消防检查处罚"逐步变为"欢迎消防检查指导"；三是更好地实现监管与发展、服务、维权、执法的有机统一，提升消防监管。

（2）始终坚持法制消防，不断提高消防监督执法人员素质，切实保障消防执法相对人的合法权益。消防监督执法工作有很强的专业性和技术性，要实现两个效果统一，仅有善良的愿望是远远不够的，还必须具备熟练的业务知识和高超的综合判断能力，要把刻苦的学习精神和勇敢的创新精神结合起来，把法律理论知识与社会现实结合起来，深刻理解法律精神实质，正确把握执法原则性与灵活性关系，因地制宜，因案制宜，灵活、创造性地运用法律，以填补法律与现实之间的差距，保障社会发展要求，而不是机械地照搬法律条文。要更新执法理念，根除特权思想。坚持以人为本，充分尊重当事人的合法权利，将法律的教育与惩罚功能结合起来，扩大执法的社会效果。

（3）始终坚持人本消防，牢固树立执法为民的思想，在构建和谐社会的亲民工程中破难题。消防执法监管模式主要有两种：一是后果取向型模式，其重在治标，侧重在消防监督过程中发现什么问题，就有针对性地采取相应措施进行整改，并使用消防法律法规进行处罚。二是成因取向型模式，重在治本，其侧重在消防审核、验收前，或者公众聚集场所等开业前，从源头上把好防火关，防止先天火灾隐患的发生。"先天性火灾隐患"一直是消防监管的一大难题，而一些问题不是单一的消防部队可以解决的，必须上升到政府的层面，从城市整体规划加以解决。因此，涉及一个问题，就是服务经济社会发展这个大局的问题，这就是要求我们事前监督、上门服务的问题。一是要善于摆事实讲道理。我们要注重培养和提高消防执法人员语言表达能力，向管理对象摆事实、讲道理、宣法律，动之以情，晓之以理，着力宣讲当事人行为的违法性和社会危害性，努力让当事人听之心悦诚服，无理以辩。二是要常树执法为民之形。要做到坚持原则不动摇，执行法规不走样，履行程序不变通，遵守纪律不放松，不管在什么场合、什么情况下，都能够严格按照法律程序办事，旗帜鲜明地抵制各种干扰，做到不偏不私、刚正不阿、一身正气。

（4）始终坚持全民消防，进一步强化社会责任，增强广大人民群众的消防安全意识。实现法律效果与社会效果的和谐统一，除了注重执法队伍素质的建设外，还必须增强广大人民群众的法律观念与法律意识，创造良好的法律实施环境。很多群众认为闭锁安全出口、堵塞疏散通道是很小的事，其实往往是小小的消防违法行为直接导致群死群伤或重大的财产损失的严重后果。比如说深圳舞王歌厅一场火灾死亡 44 人、坦洲老虎吧一场火灾烧死 26 人，这些都是非常沉痛深刻的教训。因此，提高广大人民群众的消防安全意识，树立消防安全无小事的观念，显得尤为重要。

参考文献

［1］　GB50016—2006. 建筑设计防火规范[S].

［2］　中华人民共和国消防法[S]. 2008.

［3］　施永华. 如何做到消防刚性执法与社会效应的统一.

［4］　张建军. 试论新时期消防执法公信力三种效果的有机统一[J]. 中国消防在线，2009.

作者简介：张颖，山西省晋中市公安消防支队防火监督处工程验收科工程师。

　　　　　通信地址：山西省晋中市榆次区锦纶路晋中市政务大厅，邮政编码：030600；

　　　　　联系电话：13834183919。

使用领域消防产品监督抽查工作中存在的误区

李飞跃

（吉林省公安消防总队）

【摘 要】 本文论述了使用领域消防产品监督抽查存在的将监督抽查样品质量等同核查总体质量和使用备样复检的误区，指出公布监督抽查结果时只能公布不合格或不合格率以及备样的作用。

【关键词】 消防产品；监督抽查；不合格；备样

消防产品属于公共安全类产品，其质量好坏直接关系到发生火灾后消防设施能否有效地发挥作用和切实保障人身安全和财产安全。近年来，我国消防产品行业呈快速发展势头，行业规模和经济总量已居亚洲前列。从近年来发生的火灾事故，以及消防产品监督检查和火灾隐患排查整治暴露出的问题看，消防产品的质量问题仍然十分严重，一些不法生产经营者由于缺乏法制意识，肆意制售假冒伪劣消防产品，导致大量不合格产品流入使用领域，形成火灾隐患。因此，开展消防产品质量专项整治，打击制售和使用假冒伪劣消防产品违法犯罪的工作非常重要，具有紧迫性和长期性。

2013年1月1日起实施的《消防产品监督管理规定》确立了使用领域消防产品专项监督抽查制度。该制度要求由省级以上公安机关消防机构根据当地消防产品质量的实际情况，制定专项监督抽查计划和实施方案，县级以上地方公安机关消防机构具体实施。抽查结束后向有关部门和社会通报公布检查结果。这项制度的实施，对打击假冒伪劣消防产品起到了关键作用。然而，在该制度具体实施过程中，我们发现存在以下两个误区，在一定程度上影响了使用领域消防产品监督抽查工作的有效性。

误区之一：将监督抽查样品质量等同于产品的总体质量。我们在媒体上经常看到某某消防产品监督抽查合格与合格率的报道，或者说将监督抽查样品合格率等同于产品合格率。这种说法是不准确的。

开展消防产品监督抽查的目的，是寻找不符合事先规定质量水平（即合格率）的不合格产品总体，而不是证明监督产品总体是合格总体。根据我国质量监督抽查标准规定，无论哪个监督抽查方案，当样品检验不合格时可以非常有把握地判定监督产品总体不合格，而样品检验合格时不能肯定监督产品总体合格，只能说未发现不合格项或未发现监督产品总体是不合格产品总体。换言之，样品不合格可以等于监督产品总体不合格，而样品合格不等于监督产品总体合格（国家监督抽查方案就是按此思路设计的）。既然如此，用监督抽查公布抽样的消防产品合格率来说明被监督产品质量的高低是不够严谨、科学的，容易引起人们的误解，会使人们联想到样品对应的监督产品总体合格。一些消防产品的生产厂家也拿着监督抽查合格的检验报告来宣传其产品质量如何好。造成这种现象的原因是公安消防监督机构对检验机构做出的结论没有加以分析。

然而，有人说既然监督不合格率是肯定的，那么总量减去不合格率所得到的监督合格率也应是肯定的，没有什么不妥。诚然，作为纯数学运算这是没有问题的。但是，由于监督抽查的特殊性，它是不能按数学运算的方式从不合格率中演算得到合格率。

检验机构在产品质量监督抽查中担负着对样品进行质量判定的重任，对检测样品要下检验合格与否以及合格率或不合格率的结论。但是，检验机构的合格或不合格、合格率或不合格率只是对样品检测后的一种描述而已，并不是监督抽查结果的分析总结，更不是对监督产品总体的评价。这一点往往没有引起公安机关消防机构等监督部门的注意，简单地引用检验机构的结论，以此作为产品总体的质量监督分析报告。会造成有相当部分的不合格产品总体被失误判为合格产品总体，这就给生产企业提高产品质量水平埋下隐患，同时也会给领导决策提供了错误信息，误导质量整顿的方向。

检验机构做出的合格与合格率，与监督部门有着本质的区别。换言之，检验机构向公安机关消防机构上报样品检测数据时不管用合格或合格率，还是用不合格或不合格率都是正确的，区不区分并不重要，因为这些描述是对样品质量特性值的归纳、统计、说明。但是，作为消防产品监督部门的公安消防监督机构向社会公布监督结果信息时，除检测数据客观、准确、公正外，主要是表达质量监督的本质与结论。由于公安机关消防机构对外公布监督信息是对监督产品总体质量的分析结果，不只是样品的质量状况，所以不能简单地把检验机构的汇总数据直接公布出去，要经过适当的筛选，是公布合格率还是不合格率，不能随便确定。如果公布信息不仅要告诉消费者样品的检验情况，而且还要告诉消费者监督产品总体的质量结果，那么公布产品合格率显然不符合监督部门的意图，在这种情况下只能公布不合格率。

误区之二：使用备样进行复检。

《消防产品监督管理规定》第二十七条规定，被检查人对公安机关消防机构抽样送检的产品检验结果有异议的，可以自收到检验结果之日起五日内向实施监督检查的公安机关消防机构提出书面复检申请。公安机关消防机构受理复检申请后，应当在五日内将备用样品送检，自收到复检结果之日起三日内，将复检结果告知申请人。

使用备样进行复检的做法降低了监督要求的标准。虽然是122号令规定的，但却缺少科学性。按照质量监督抽查理论，对核查总体进行监督时都有一个要求值——声称质量水平值，即不合格品率的大小。如监督抽检2个样品，当样品不合格时，可以非常有把握（置信概率在95%以上）地判定样品所对应监督核查总体的不合格品率已超过2.5%，判为不合格。如果这时以备样进行复检（假设备样为2个样品，与抽检样品数量相同），经计算，原本监督要求值为不合格品率2.5%降到10%，从而改变了原本的监督规定要求。换言之，不合格品率为6.5%的不合格核查总体，可以通过备样的复检变为"合格"，顺利地通过监督检验。由此可见，备样复检无形中降低了监督规定的要求值，使监督抽样工作变成了走过场，给质量水平低下的核查总体提供了保护。

诚然，在产品质量监督检验中，被监督者要求复检是法律法规赋予他们的权力。但是，绝对不能采用备样复检，而是要按GB/T16306—2008《声称质量水平复检与复验的评定程序》标准规定重新进行抽样复检。如果一定要用备样复检，那么备样不是几个，而是非常多，一般都要几十、上百。经计算，当样品为2时，备样一般要30，甚至更多；当样品为3时，备样一般要51，甚至更多，等等。也就是说，带有备样复检的监督抽查方案，由于备样量太大不仅不利于监督工作的开展，而且实际上也难以管理实施。所以，在现实的监督抽查中，个别的确需要复检的应按GB/T16306—2008标准执行。

那么，备样的作用到底是什么？公安机关消防机构是一个行政管理部门，它要求备样是行政执法与管理的需要，其主要作用有以下三点。

（1）保证检验工作的顺利完成。由于产品检验要有一段时间，在正常的质量监督情况下监督核查总体在检验未做出结果前已更换或脱离监控，或者说再一次去抽样的监督核查总体无法保证与原监督核查总体相同，这样一旦检验样品在检测中发生意外，比如在做盐雾试验时还未到时间突然停电造成样品报废、在试样制备过程中意外造成超差、在做连续寿命检验时出现停水停气事故等，如果没有备样，检测工作就无法进行下去，从而造成整个监督检验没有结论，影响到质量监督工作的开展。有了备样这些意外就可以得到很好的补救，不会因此而造成检测数据的不完整，耽搁了整个质量监督工作的进行。所以说备样既是完成检测工作的保证，又是确保质量监督工作的顺利实施。

（2）把备样直接当物证使用。消防产品质量监督部门（包括质监、工商、消防）职责之一是对一些违法行为进行打击，像伪造、冒用他人的厂名、厂址，掺杂掺假，以假充真，以次充好，等等。对于处理这类案件中所需要的物证往往是以备样的形式存在，至于样品的检测只是得到掺杂掺假、以次充好等的程度大小的数据，为量刑、惩罚提供依据。因此，备样成了处理此类案件的关键与物证。

（3）把备样作为复验之用。公安机关消防机构开展产品质量监督抽查主要是寻找由于随机因素造成产品质量水平低下的问题。所以，检测对样品做出质量判断后原则上是不能用备样进行复验的，只能用原样品进行复验，除非造成该项目不合格的因素是系统原因的。因此，公安机关消防机构要谨慎用备样进行复验，不是有异议就可以用备样复验，只有造成不合格项目是系统原因时才可以用备样复验，或者有证据证明样品检测过程存在错误才可以用备样进行重检。

参考文献

[1]　公安部、国家工商总局、国家质监总局令 122 号. 消防产品监督管理规定[S].
[2]　GA588—2012. 消防产品现场检查判定规则[S].
[3]　GB/T16306—2008. 声称质量水平复检与复验的评定程序[S].

作者简介：李飞跃（1969— ），男，硕士学位，吉林省公安消防总队工程师；主要从事消防产品监督工作。
　　　　　　通信地址：吉林省长春市自由大路 6699 号，邮政编码：130033；
　　　　　　联系电话：0431-84895426，15943030426。

消防执法队伍管理的盲点和建议

沈永刚

（甘肃省公安消防总队庆阳支队）

【摘　要】　随着消防工作的逐步推进，执法工作备受社会关注，消防执法队伍管理成为提升社会总体执法效能、服务当地经济的关键环节。本文通过分析研究当前消防执法队伍管理存在的问题，结合工作实际，提出了解决消防执法队伍管理问题的对策和措施。

【关键词】　消防；执法；队伍管理

为了切实提高建设工程消防行政审批质量和效率，公安部于 2013 年提出建设工程消防行政审批改革指导意见，并在东莞召开了现场会。目前，全国各省、直辖市的部分地区已实行技术审查检测与消防行政审批分离制度。同时《行政强执法》、《公安机关办理行政案件程序规定》、《消防法》三部法规均做了修改，使消防执法工作重点、执法方式等方面发生了一定的变化，特别是十八届三中全会召开后，对消防执法队伍管理也提出了更高新的要求。

1　充分认识执法队伍管理的重要性，突出执法效能

防火工作系消防工作的一大半，队伍管理是实现防火成效和部队"叫得响、拉得出、冲得上、打得赢"总目标的基本手段和必要措施，是提高社会总体执法效能、服务当地经济的关键环节。在实际工作中，执法工作具有阶段性，这主要是由社会经济发展、国家法制建设和自然规律决定的；队伍管理则具有长期性、复杂性和艰巨性，这是由部队性质、人民需求和使命决定的。社会执法效能不完全是由执法环境、执法氛围、执法力度为实现的，决定性的关键因素是要有一支业务精湛、执法公正、爱岗敬业、乐于奉献、廉洁奉公、不畏艰难的消防执法队伍，这支队伍不但要具有良好的执法形象，而且是随时能够"叫得响、拉得出、冲得上、打得赢"，在执法过程中能得到当地老百姓的支持、拥护和爱戴，这样才能真正提升防火工作的社会效能，才能有效推动部队建设和服务当地经济社会发展。因此，队伍管理至关重要，并决定着部队形象和执法的社会公信力。

2　消防执法队伍管理中存在的问题

2.1　从队伍结构分析

近年来，消防执法队伍中的地方大学生人数占了几乎一半，甚至有的单位超过 50%，多数任职技术干部，无论人数还是技术职务，在比例上都过半，为部队建设新增了活力，执法质量明显提高，推动了消防执法工作。但是，由于他们没有经过"当兵"的经历，部分人员存在思想根基不牢、自身要求不严、业务技能不精、工作标准不高和事业责任心不强等问题。从负责管理的基层大、中队主管来看，在组织指挥和部队管理方面经验不足，想得多、干得少，说的多、落实的少，较重视"形象工程"，

工作上一遇到难题时不是善于思考解决，而是等待上级指示；普遍存在业务不熟悉，不会监督、不会办案，工作自觉性、主动性不够，部分行政许可过的工程、场所仍存在火灾隐患，甚至是重大隐患。

2.2 从管理机制分析

目前，各级从上到下都有一套完整的部队管理机制，各种制度规定十分齐全"完美"，但如此多的机制制度又真正落实多少？不执行的规章制度便是废纸一堆。就拿奖惩机制来说，在实际工作中表现出三种形式：第一种是只奖励，不追责。比如，年初部署工作任务时，各单位也配套制定了一系列奖惩规定，但在年终总结时，多数是"只讲成效，不讲问题"；表彰和惩处也是同样，没有追究工作不力的单位、个人，即使追究也是仅拿给上级看而走的"形式"，甚至对于整天混日子的个别干部也给予了提拔奖励，这就是潜在的"不公平"，当然这有其内在的原因。第二种是只追责，不奖励。领导大幅度、大范围的批评工作完成不力的单位、个人，不管大、小会议，想起就批评。第三种情况是即不奖励，也不追责。其表现形式如同"大锅饭"，干的多与少、好与坏，结果都一样。以上三种情况，不论是哪种方式，其结果无非是以下两种情况：一是表现在实际工作的被动应付。大部分官兵普遍的理解就是"干得多，担负的责任大，领导批评的多，最终什么实惠也没有得到，反而不如混日子的"，因而工作不主动，积极性不高，按部就班，缺乏创新意识。二是表现在思想上的自我意识。在心理上，官兵间互不信任，弄虚作假、欺上瞒下，工作无心干、不愿干、怨言多，把拉关系、跑路子作为工作"能力"。从目前的消防监督情况看，各级消防监督干部由于警力不足、非消防监督事宜多，长时间"白加黑"、"五加二"，基本处于一种身心疲惫状态，本来就压力大、情绪大和思想包袱重，如果队伍管理、部队教育再不能及时跟上，消防监督工作的质量和效果就不言而喻。

2.3 从教育管理和待遇方面分析

队伍管理和教育、福利待遇是相辅相成的，管理再严格，教育和福利待遇跟不上，也不能起到好的作用；同样，教育的再好，个人的福利待遇不解决，结果还是一样的。目前，部分单位较注重管理教育，而在官兵福利待遇方面缺乏真正考虑，特别是精神待遇。长期以来，广大官兵用青春、智慧、汗水和鲜血凝聚成了具有时代特征的"忠诚可靠、服务人民、竭诚奉献"的消防精神。在实践过程中，精神待遇上的需求更加突出，主要表现在官兵的民主权、知情权、参与权、平等权、健康向上的人际关系、公平的奖惩关系等。长此下来，再优秀的官兵，如果在精神上得不到满足和实惠，也不会有效促使官兵以良好的精神状态，并更加自觉、主动、创新地投入到消防监督执法或其他重大任务中去。

2.4 从技术力量分析

大部分单位不注重防火监督干部的长效发展，普遍存在大队负责人防火监督业务水平不高，对技术干部重使用、轻培养，在技术干部调配方面也不合理，不从本单位的长远发展来通盘考虑技术干部的成长，中高级职称技术人员严重不足，技术力量相对薄弱。就笔者所在的支队来说，全市现有防火监督干部35人，技术干部18人，防火工程师仅3人。究其原因，主要原因是多数干部不愿干技术工作，认为干活多、工作累、升职慢、实惠少，且在同等职务甚至低于自己职务和兵龄的情况下接受领导；在干部考核上，技术干部每年都要进行严格的考核，一般行政干部一般不考核。由此可见，技术人才匮乏和技术力量薄弱的问题亟待解决。

2.5 从抓工作方面分析

一个单位成效是否突出，关键要看单位的领导；领导的好不好，重点看单位领导的工作思路。一个思路清晰、重点突出、有的放矢的领导，其单位整体工作肯定是优秀的。从事消防监督工作近十年，本人认为防火监督工作社会效果如何，关键是看基础性工作做得如何。比如，分析掌握本辖区火灾形势和规律，做好消防宣传教育培训工作，把好建设工程消防设计审验（含消防设计和竣工验收消防备案）和公众聚集场所投入使用、营业前消防安全检查关，摸清本辖区消防安全重点单位和人员密集场所一般单位"四个能力"建设达标以及每一个单位消防设施运行、存在的具体火灾隐患等情况。从实际情况看，支队防火处主要负责建设工程消防设计审核、验收和本级消防安全重点单位的监督以及做好指导下级、协调上级的"中间人"，防火工作的具体任务大部分要落实到大队。消防大队只有在摸清并扎实做好本辖区基础性工作的前提下，再创新开展工作，才能达到预期社会效果。但从日常检查等情况看，普遍性存在大队人员、特别是大队长，对本辖区消防安全重点单位和其他场所"四个能力"建设情况和重点行业的重点区域隐患情况掌握不够，甚至不知道以至于辖区行政许可或竣工消防验收备案过的单位仍存在火灾隐患，导致新的火灾隐患和社会面的总火灾隐患存量持续上升，给社会面造成负面效果。

3　解决消防执法队伍管理问题的几点建议

以上问题如果不加以解决，将严重影响消防部队的形象和社会执法效果，部队公信力势必下滑，诉讼消防不作为、乱作为、执法不公不廉的案件将大幅上升。针对以上问题，笔者进行了认真的分析，提出一下粗浅建议。

3.1　"严"字当头，不断创造公平竞争的环境

高标准、严要求，其实道理很好讲，甚至不用讲我们都明白，可做起来却难倒大片人。严格是建立在公平上的，是针对部队所有监督干部的，不是针对某一个人或某一部分人的。实施这个"严"字需要领导莫大的勇气，也需要有慈父般的"爱"心和敢于向全体监督干部拍胸脯的"公"心，领导只有用慈父般的"爱"心和以干好工作为出发点的"公"心，从爱护干部和推进工作的角度出发，放下心来大胆管理、严格要求，相信所有监督干部都会"配合"。严格管理、公平竞争能够调动队伍的积极性、主动性和创造性，要积极引导和激励在业务和管理等方面脱颖而出优秀监督干部为消防事业建功立业。要关心和信任他们，从制度上保障他们的劳动和贡献与精神奖励等方面相适应；同时，要按制度规定，严肃追究一批责任心不强、工作不积极以及导致整体工作靠后的单位或个人责任。只有这样，才能逐步形成工作上互相激励、互相竞争、作风扎实、工作高效、业务精湛、群众满意的消防执法队伍，形成人人争先进、事事争上游的良好氛围。

3.2　务"实"工作，不断改进干部工作作风

中央4号文件《中共中央关于在全党深入开展党的群众路线教育实践活动的意见》重点是纠正党员干部的作风建设，反对形式主义、官僚主义、享乐主义和奢靡之风的"四风"问题。按照习总书记"照镜子、正衣冠、洗洗澡、治治病"的总要求，消防官兵特别是负有消防监督执法权的干部，要在如何满足人民群众对消防工作新需求、如何提升人民群众对消防执法的满意度、如何依靠人民群众推动消防工作大发展等方面下功夫。落实好中央《意见》，依靠群众、满足群众、推进工作，我认为最重要的一点就是要做"实"而非做"秀"，实实在在的为人，扎扎实实的干事，"1"就是"1"，实事求是的面对工作，抛弃那些不注重"实"质内容的思想方法和工作作风，绝不欺上瞒下、坐在办公室做假文件、造假数据、办假案件。在一些专项治理活动中，部分单位为了使名次靠前，不是实实在在地去开展工作，反而是绞尽脑汁、不择手段、投机取巧，用大量的人力、财力、物力和资源换取一大堆看似漂亮却不能归档而用来应付检查的"费纸"，其最终结果就是造成干部队伍作风涣散、精神懈怠、学习意识淡薄、能力不足，使"四风"问题更加突出。务虚的工作作风必须解决，拿出真本事，实实在在地干好本职工作，才是最实际的。

3.3 善于"学"习，不断提高解决实际问题的能力

党的十八大提出了建设学习型、服务型、创新型马克思主义执政党的重大任务。之所以把学习放在第一位，是因为学习是前提，学习好才能服务好，才有能力去工作，才能解决问题，才有可能进行创新。防火工作对技术性、专业性和综合性知识要求极强，实践告诉我们，防火工作能不能做好，关键是看我们能不能培训一大批高素质的人才队伍。业务素质整体较强的单位，其防火工作开展的就有声有色，解决实际问题的措施就得力，办事效率、服务质量和人民群众满意度也高，被举报投诉、复议和行政诉讼诉案件将大幅减少，因此要大兴学习之风。首先，要引导执法干部正确把握学习的方向。要把学习作为一种追求、一种爱好、一种健康的生活方式，做到好学乐学；在学习中，不是死板、按部就班、不切合实际的学，要引导他们结合本职工作、面对消防工作需要，在历史、文化、社会、科技、管理、军事等方面进行知识的学习，不断提高知识化、专业化和解决实际问题的水平。其次，要加强思想政治和廉政教育，通过岗前教育、集中授课、参观学习、竞赛评比等多种方式，对国家的大政路线、方针、政策、党史、国史、廉政等方面进行教育，从思想上加强执法干部的纯洁、爱国、服从、服务意识。最后，要加强消防业务知识学习，采取周培训、月考评、季度竞赛、干部绩效考核、上挂下派、实践操作等有效措施，全面提高防火监督人员业务水平。

3.4 调"配"得当，最大限度地发挥监督干部特长

干部的调配历来被认为是很慎重的一件事，也是提升一个单位工作成效的重要措施。用好一个人，造福一个单位；用好一批人，造福一个社会。防火工作直接面对的是群众和社会单位，是消防部队的窗口，干部的培养、选拔和干部调配十分重要。要坚持做到选拔干部不论资排辈，破除那种"不管工作，到了年限就任职提拔的陈旧思想"。首先，要真正从部队和人才的可持续发展考虑，根据干部自身素质，提供合理的工作平台，最大限度地发挥他们的特长。只要会干事、能干事、想干事，有敬业精神、政治素质和业务能力的，不论是行政干部还是技术干部均要纳入提拔、培养对象之列，尤其是年轻干部，以确保消防事业薪火相传、后继有人。其次，要优化技术人员配备，特别是在干部人员不足的情况下，让能力强、业务精的技术人员兼职行政职务，特别是高、中级，这样更容易把好火灾预防关，即发挥了他们的技术能力，既带动了所在单位整体业务水平，也兼职了管理工作，"一举两得"。最后，要确保每一个大队级单位至少有一个业务能力强的技术干部（含大队领导）来"传、帮、带"。

4 结束语

消防执法队伍管理是影响和提升消防部队形象的一项重要工作。加强执法队伍管理，深化正确的用人导向机制，健全"能者上、平者让、庸者下"的科学用人机制，逐步培养出百姓爱戴、政府支持、上级满意和随时能够"叫得响、拉得出、冲得上、打得赢"的执法队伍是各个消防机构推进消防事业健康、科学和可持续发展的必要措施。同时，新的形势和任务对消防监督干部的综合素质、技术结构、人才储备和教育管理提出了更高的要求，因此加强消防执法干部队伍管理就显得更为重要。

作者简介：沈永刚，男，甘肃省公安消防总队庆阳支队工程师；主要从事消防监督检查、建设工程消防设计审核和法制审核工作。

　　　　　通信地址：甘肃省庆阳市西峰区长庆大道 88 号，邮政编码：744500；

　　　　　联系电话：15109341668。

样品状态调节智能装置

刘　敏　吴　迪　赵广志

（辽宁省新纳斯消防检测有限公司）

【摘　要】　在建材及其构配件防火性能试验中，被检样品必须先进行状态调节，调节过程繁复、效率低。本文详细阐述了我们研发的被检样品状态调节智能装置，此装置可实现电脑自动识别和判断，能极大地提高样品状态调节的效率和准确性。

【关键词】　消防检测科学；状态调节；质量恒定；自动识别

目前，在建材消防检测中，材料燃烧性能试验前，试验样品需根据该试验所对应的国家标准进行状态调节（国家标准规定的温度和湿度环境下，样品放置到规定的时间），使试验具有代表性和重现性。现在所采用的测量方法的工作状态是在状态调节过程中，试验样品需多次由工作人员从恒温恒湿箱取出，再用电子天平称量，调节时间则通过工作人员利用时钟来控制；每次称量后，工作人员都需对数据进行整理计算，工作量大；且对新到样品不能实时进行调节，需在特定的时间和其他样品一同调节，调节效率极低。

辽宁新纳斯消防检测有限公司开发的样品状态调节智能装置，使得整个调节过程具备了实时性、智能化。此装置符合相关国家标准及欧盟BS EN13238：2001状态调节要求。另外，由公安部四川消防研究所（国家建材防火检测中心）起草的国家样品状态调节标准2014年即将颁布实施，本装置也可完全符合要求。

1　系统组成

系统组成结构图如图1所示。

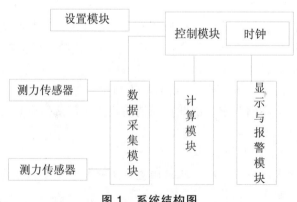

图1　系统结构图

1.1　控制模块

控制模块与其他模块相连，通过相互作用，控制整个系统。

1.2 设置模块

控制模块连接设置模块，通过设置模块设定样品处理时间、所需处理温度、处理湿度。

1.3 数据采集模块

数据采集模块的输入端与多个测力传感器连接，校准并初始化测力传感器，并根据控制模块的指示采集由测力传感器输出的数据并传递至控制模块。

1.4 测力传感器

控制模块通过样品托上测力传感器来测量样品质量，并通过内置的时钟计时。测量完毕后关闭对应的测力传感器。

1.5 计算模块

计算模块实时调取存储器中的测量数据，进行计算。

1.6 显示模块与报警模块

控制模块将测量完毕的测力传感器编号传递给显示与报警模块后，显示与报警模块分别负责对应测力传感器编号的显示以及发出警报。

2 工作原理

利用恒温恒湿箱来进行质量自动测量，即在恒温恒湿箱内设置多个样品托，每个样品托内设置有测力传感器，所采用的恒温恒湿箱为市面上常规的恒温恒湿箱结构。

具体工作程序是：数据采集模块连接测力传感器，通过测力传感器采集的模拟信号转化为数字信号传递给控制模块，控制模块连接设置模块，通过设置模块设定样品处理时间、所需处理温度、处理湿度；数据采集模块的输入端与多个测力传感器连接，校准并初始化测力传感器，根据控制模块的指示采集测力传感器并将数据转化为数字信号传递至控制模块。

控制模块判断样品托上测力传感器测量样品的质量，并通过内置的计时模块开始计时，质量为零的样品（即无样品）不记录，并将对应的测力传感器测量通道关闭，记录质量 $m(t)$，测量完毕后关闭对应的测力传感器，控制模块每隔 1 小时向数据采集模块发出测量指令，并打开测力传感器的测量通道对质量进行测量；控制模块将多次测量时间与测量质量存储；同时控制模块向计算模块发出指令，计算模块实时调取最新的数据，将最新的测量质量标记为 $m(t+n)$ $(n \geqslant 24)$，但依据 BSEN 13238:2001 规定，状态调节的时间至少为 48 小时，直至质量恒定。

按照下列公式进行判定，即判断 $\Delta m \leqslant \dfrac{n}{24}\max\left(0.1, \dfrac{m(t)}{1\,000}\right)$ 是否成立，式中 $\Delta m = |m(t+n) - m(t)|$（两次间隔时间大于 24 小时称量的质量差）。同样，当调节了 $t+n$ 时刻的样品质量 $m(t+n)$ 与 t 时刻的样品质量 $m(t)$ 不能满足上述判据时，系统会循环进行，只要检测到某个时刻满足 $\Delta m \leqslant \dfrac{n}{24}\max\left(0.1, \dfrac{m(t)}{1000}\right)$，则计算模块停止所对应传感器的计算并向控制模块发出信息，控制模块通过数据采集模块关闭对应测力传感器的测量通道；控制模块将测量完毕的测力传感器编号传递给显示与报警模块。

3 特 征

该恒温恒湿箱内设置多层独立控制的恒温恒湿室，每个恒温恒湿室内设置多个样品托，每个样品托内设置有测力传感器。样品可放入恒温恒湿室内进行调节，而不影响其他恒温恒湿室内样品的调节。

采用此装置，样品放入后至试验前不再取出，减少中间环节以及多次称量对调节效果的影响；新样品可及时进行调节，且第一时间提示调节完成，节约检测时间，提高了工作效率；调节过程自动控制、报警提示及屏幕显示，各样品调节状态一目了然，操作方便。

该装置（一种用于恒温恒湿箱内质量自动测量系统）已申报国家发明专利，申请号为：201320649523.X。

参考文献

[1] BS EN 13238：2001, Reaction to fire tests for building products-Conditioning procedures and general rules for selection of substrates[s].

[2] 程德福，等. 传感器原理及应用[M]. 北京：机械工业出版社，2008：1-44.

[3] 谢伟成，等. 单片机原理、接口及应用系统设计[M]. 北京：电子工业出版社，2011：22-25.

作者简介： 刘敏（1981—），女，辽宁省新纳斯消防检测有限公司检测部长，工程师；主要从事消防检测管理工作。

通信地址：辽宁省沈阳市于洪区太湖街 3 号，邮政编码：110141；

联系电话：18842557845。

一种基于物联网技术的三维互动消防实训平台研究

曹旭东[1] 陆春民[2] 张 麓[1]

（1. 新疆维吾尔自治区公安消防总队；2. 苏州思迪信息技术有限公司）

【摘　要】　本文针对消防职业化教育中，实操教学环节时间无法保障、实操设备资源有限、实操过程缺乏及时修正、技术参数无法动态保留、系统联动实操实现难且体验少等问题，运用物联网技术、Internet 技术、Web 技术、数据库技术，采用 SCADA 既分布式数据采集和监控系统，对受控的火灾自动报警、自动喷水灭火等固定消防设施进行集成化信息采集与管理，绘制 360 全景图，接入实时图像与 3D 交互动作，实现网络、多媒体、智能终端、交互控制技术的互通互融，实现消防设施 24 小时实时在线操作、在线学习的网络共享。

【关键词】　消防培训；物联网；三维；互动平台

当前，随着经济社会的快速发展，自动消防设施已经非常广泛地运用于各类建筑物之中，为保障建筑物的消防安全发挥积极的作用。但是，由于各方面的原因，自动消防设施完好率低的问题始终是危及消防安全的一个重大火灾隐患。据公安部消防局统计，全国各类建（构）筑物内消防设施的完好率不足 50%。造成建筑消防设施完好率低的原因是多方面的，但广大社会单位自动消防设施操作人员和检测维保技术服务机构工作人员技术水平低、误操作以及解决常见故障的能力差等问题是造成全国消防设施完好率低的一个重要原因，甚至有些单位因操作人员未按照规定程序操控消防设施而使小火酿成大灾。

为了解决这一突出问题，公安部消防局会同人社部自 2010 年起，在全国范围内组织实施建（构）筑物消防员职业鉴定工作，在一定程度上提高了从业人员的专业技能。但由于各地教学资源有限以及全国各类建筑物内安装的消防设施种类繁多、品牌各异，有些参加职业技能鉴定的人员即使通过了实际操作考核，但应聘到社会单位后，面对其他品牌的设备仍然一筹莫展，对自动消防设施运行过程中出现的故障更是无计可施。还有些维保操作人员，担心自己误操作会带来严重的后果，而对消防设施敬而远之，使得日常例行的操作和联动试验不能按规定实施，久而久之，学会的一些专业知识也就遗忘了。

面对社会单位对消防专职人员的迫切需求和目前消防专职人员技术水平低、动手能力差、实际操作缺乏设备和时间保障的尴尬局面，非常有必要运用相关的科技手段来提高消防专业人员培训的效率和质量。为此，基于物联网技术的三维互动消防实训平台研究就显得十分必要。

1　基于物联网技术的三维互动消防实训平台研究要解决的主要问题

随着科技的快速发展应用，基于 3D 的模拟仿真的训练系统已经广泛地运用于各个行业，为提高培训效果和质量发挥了积极的作用。但纵观国内主流的消防仿真培训系统，基本上是三维数字化图形仿真软件和程序化的 FLASH 动画互动培训教学软件，尚没有对实体消防设施进行远程实景操作、故障分析排除的教学系统。目前，国内也仅有几个大学设置了网上实验室，并开放端口可供相关人士开展试验、共享资源。结合自动消防设施的特点，该系统要重点解决以下几个问题。

（1）采用全实景 360 技术，实现实物实景全息展示，解决 3D 技术好看但"不真实"的问题；

（2）采用百万高清的实时图像回传，让现场图像与声音可以实时真实地回传给操作人，犹如身临其境；

（3）采用开放的而且可以不断增加真实故障的控制模式，支持一键全复位，解决人为设置故障与恢复系统的不便与烦琐；

（4）采用物联网技术让人与消防设施在时间与空间上可以真实互动而不是计算机模拟"电子游戏"，真实感受现场的系统反馈，实现实操教学的网络共享；

（5）采用计算机全息记录技术，实时回放实操过程，提高学员纠错能力和实操水平。

2　基于物联网技术的三维互动消防实训平台研究涉及的相关技术

结合目前成熟的物联网技术、Internet 技术、Web 技术、数据库技术，采用 SCADA 既分布式数据采集和监控系统对受控的火灾自动报警、自动喷水灭火等固定消防设施进行集成化信息采集与管理，实现网络、多媒体、智能终端、交互控制技术的互通互融，利用计算机与网络技术实现消防设施 24 小时实时在线操作、在线学习，绘制 360 全景图，接入实时图像与 3D 交互动作，真实感受受控消防设施的现场反馈，实现消防设施实际操作教学的网络共享。同时，根据消防设施故障的可能成因，在消防设施上附加各类远控阀门、开关、推杆、连接管道等硬件设施，通过平台内控制软件固化前述附加硬件设施在不同故障下的动作，模拟消防设施常见故障，同步相关系统参数供学员分析判断故障原因，并进行错误提示。支持设施各种故障状态下一键全复位，解决人为设置故障与恢复系统的不便与烦琐。

2.1　SCADA 系统设计

考虑设备操作实际，将系统分为现场级和监控中心主站级，RTU 现场采集的数据通过通信前置机送到监控中心的服务器，通信前置机主要起到总线协议转换和缓冲的效果，不承担监测和控制功能。应用系统框架设计主要包括数据库管理层、事务层、Web 层和客户层四个层次。监控中心系统采用高速以太局域网络，通过交互式自适应以太网络交换机将各工作站、服务器等设备以星型结构连接，遵循 EEE802.3 标准，采用 TCP/IP 协议进行通讯。保证系统的 7×24 小时的运行。系统拓扑图如图 1 所示。

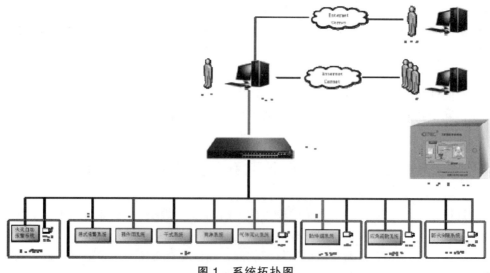

图 1　系统拓扑图

2.2　三维实训终端（前置机）

每一个相对独立的消防系统培训单元独立配制一台前置机，该前置机选用业内领先的 ARM 技术设计，配备工业级 10.1 寸彩色触摸屏；通讯采用 RJ45 的 TCP/IP 协议接口；集成开发了 16 路输入，电压范围为 5～24 V；16 路输出；一路 DA，输出电压为 0～10 V 可调，输出电流为 0～5 mA；20 mA 输出 1 路，输出范围为 4～20 mA；脉冲输出一路；晶体管输出 4 路。主要功能为实现接收、执行远程控制命令并上传消防系统各类执行参数，系统图如图 2 所示。

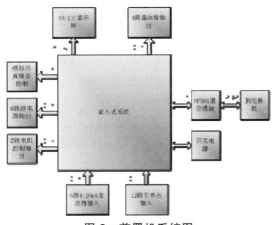

图 2　前置机系统图

2.3　移动互联网数据接口技术

平台通过集成 GB50440《城市消防远程监控系统技术规范》，GB26875.2011 技术要求开发消防设施联网监测平台技术，再融合 SOCKET、ETL 技术，在 Android 平台下开发 APP 应用程序，可以进一步加强消防设施数据可视化深度与宽度，方便相关人员利用移动终端开展学习实操活动，移动物联网拓扑图如图 3 所示。

图 3　移动互联网拓扑图

3　基于物联网技术的三维互动消防实训平台的功能特点与作用

3.1　平台实现功能

3.1.1　阶梯式学习功能

平台设置了理论学习和实操学习功能模块，在完成规定时间的理论知识学习，通过平台内嵌的标准题库随机考核测试后，方可进入实操学习，提高了实操平台资源合理有效的利用。平台提供了多媒体、FLASH的学习资料，以提高相关人员的学习兴趣。

3.1.2 全景360实视动态音视频功能

平台实操界面提供360全景图，现场多角度实时图像与声音，让学员即可以通过360全景快速地对消防设施的宏观情况有一个全面的了解，再通过200万像素视频图像与音频了解最微观的消防设施动态，如身临其境。

3.1.3 实操智能分级适度学习功能

实操过程按标准要求分初级消防员、中级消防员、消防控制室值班人员，设定了不同难度等级的实操题目，系统根据学员类别等要素，自动适配学员的学习内容，循序渐进的提高学员实操水准，如图4所示。

图4 三维互动培训平台实操界面

3.1.4 支持消防设施状态数据反馈与故障研判功能

平台支持消防设施全数据展示功能，如图5所示。通过平台，学员可以了解到整合的各类消防设施的静态与动态参数，系统建立的常见消防设施故障库则根据学员资料情况自动配制一个对应难度系数故障，让学员根据对应的消防设施反馈参数来分析研判故障所在与解决方案。

图5 平台互动界面

3.1.5　关键系统动作组态动画与实操同步功能

针对各种比较复杂的报警阀组开发了组态动画与实操同步展示功能，让学员可以在全"可视化""多媒体"的情景下快乐轻松掌握各种阀的工作原理，且强大的视听刺激加深了学员的特征记忆，如图6所示。

图6　三维消防实训终端

3.1.6　支持移动互联网同步互动学习

智能手机可以与平台配合学习使用，通过平台数据中心与智能手机 APP 程序的对接，可以对学习的过程与结果同步反馈在手机平台上。

3.2　平台特点

3.2.1　报警阀控制设备的一键式恢复

在消防培训与日常消防设施管理过程中，学员常常要动手实操报警阀（湿试报警阀、预作用报警阀、干式报警阀、雨淋阀等），因各种阀的动作与复位比较复杂，且各报警阀的启闭状态还会导致各类消防安全问题，本系统把可能发生的故障都设计进来了，系统可以自动选择各种故障类型，学员通过系统给出的系统各种状态数据来分析故障与排除故障。

自动复位系统通过控制器与设置于报警阀上的设备初始状态记录器连接，控制器与系统复位执行单元连接，并通过控制器将数据存储器中的报警阀初始值加载于所述报警阀上，实现系统一键复位，帮助学员螺旋式进步，如图7所示。

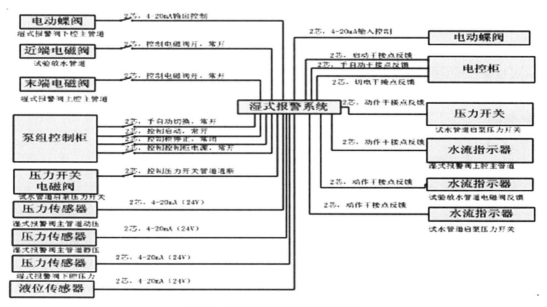

图7　湿式报警系统控制原理图

3.2.2　提供各类报警主机界面的网络实操学习

平台通过对火灾报警主机键盘指令的全面获取，实现在网络上对火灾报警主机的全键盘管理。平台通过烟雾发生器模拟火灾早起的烟雾，通过电热风枪模拟热能辐射，通过火灾报警控制器的主备电故障模拟电路与感温感烟故障模拟电路，实现全过程"实弹"操作。

平台火灾报警控制器"界面"集成了国内外主流火灾报警控制器操作界面，真正做到一个平台包含国内外绝大多数火灾报警控制器"操作界面"，丰富学员的实操经历和体验，提高培训鉴定的适用性。

3.2.3　提供各类消防设施的网络实操学习

平台集成了防烟排烟系统、气体灭火、防火分隔、应急照明与疏散指示系统、火灾报警、自喷水和消火栓等多个系统的三维消防实训终端，按照《火灾自动报警系统设计规范》的联动控制设计要求设置了网络远程实操步骤和程序，由浅入深，满足各类人员的实操需求。系统故障库提供给实操者的各类参数和判断引导，将强化中高级消防技术人员实践经验。

3.2.4　提供在线观摩和交流分享

因平台硬件实操具有"独占"性，无论是学员现场操作还是网络实操都只能一人做、多人看，现场实操受空间限制不便于其他人学习，但依托网络，实操者可以开放或邀请多位朋友或老师在远程电桌面上观摩并进行技术交流互动，大大提高实操效果。

3.3　平台作用

平台正常工作期间，可以接受合法身份学员 24 小时预约（除了系统保养与升级的必要时间）与实操，不仅可以提供学员跨空间与时间的学习场所，完成了本来要现场实操的培训，同时也可以沉淀大量的学员学习记录，给出学员客观公正的综合评分，并可为消防从业人员建立一个职业推介的服务，拓宽了平台的服务功能与社会价值。

4　存在的问题

因平台建立时间比较短，在运行中还存在如下问题：一是建立的消防系统故障库还不够完善全面，没有涵盖消防设施的各类故障类型，还需要在实践中不断丰富和完善；二是平台接入可以实操的设施数量有限，开展网络实操活动必须预约并排队等候；三是系统虽然汇集了国内外主流火灾报警控制器操作界面，但对火灾报警主机键盘指令的获取是基于联网设备的操作特性而设定，在操作其他非联网设备的火灾报警控制器操作界面时，可能存在与实际有个别差别的现象。

5　发展展望

《中共中央关于全面深化改革若干重大问题的决定》指出：要大力促进教育公平，构建利用信息化手段扩大优质教育资源覆盖面的有效机制，加快现代职业教育体系建设，深化产教融合，培养高素质劳动者和技能型人才，推进继续教育改革发展。按照中央的决策部署要求，在完善该系统功能的基础上，形成集成化和模块化的产学研用格局，依托互联网，将各省和各地市消防培训机构的相关消防培训硬件设施联网，充分利用消防实操培训设施的闲置时间，推动教育资源的全面共享，切实解决网上实操互动培训资源不足的问题。通过三到五年的网上实操培训，沉淀大量培训数据，进而升级为一个大数据（全数据）的消防故障库与 3D 全数据的多用户多线程的综合消防训练平台，可以满足海量的人员"互动"学习，在大数据的支持下实现全数据的模拟，提高消防职业教育的效率和质量；同时，开发多语种支持功能，满足少数民族人员开展消防职业技能培训教育的现实需要。

浅谈物联网与智慧城市技术的社会消防管理应用

张振球　曾琳

（江西省南昌市公安消防支队）

【摘　要】　本文通过阐述社会单位消防安全管理中的薄弱环节和灾害成因，引入并分析了物联网与智慧城市技术的发展趋势及特点，介绍了其在社会单位消防安全管理方面的几种应用形式，旨在拓展此类技术的消防应用空间，探索提高社会单位消防安全管理水平的新路径。

【关键词】　消防管理；物联网；智慧城市技术；社会单位

1 引　言

随着物联网和智慧城市技术的飞速发展，"智慧消防"的概念逐渐成为消防业内人士热议的话题，有关"智慧消防"的发明与创新也成为近年来的新亮点。然而，与之形成鲜明对比的是，目前我们国家社会单位的消防管理仍处较低水平，其中尤以建筑消防设施管理水平令人担忧。为了紧跟智慧城市的发展进程，力促社会单位建筑消防设施管理工作实现智能化，提高消防管理水平与社会效益，引入"智慧消防"的理念，将物联网和智慧城市技术融入到社会消防管理工作中去，以探索提高消防管理水平的新路径，也就成为迫在眉睫的研究新课题。

2 社会单位消防安全管理工作现状及灾害成因

随着我国城市化进程的快速推进、经济迅速发展、社会财富和经济总量迅速增加，各类大型建筑、高层建筑不断涌现，且新材料、新技术、新设备和新工艺层出不穷。这些都给政府消防安全管理提出了很多新的课题。虽然对应的消防技术也有很大的发展，特别是现代建筑消防设施的数量、品种更多，技术层次更高，配套的技术规范和相应的法律法规约束管理更细，但从各地的火灾统计数字来看，形势仍不容乐观，涉及社会单位的火灾事故还是多有发生，当前面临的消防安全管理任务依然艰巨和复杂。

在社会单位消防安全管理工作中，导致火灾事故的成因主要有以下几个方面。

（1）社会单位消防责任主体意识淡薄，消防安全责任制不落实。社会单位数量众多，涉及行业复杂、分布范围广，单位员工消防安全素质参差不齐；加之消防安全责任人、消防安全管理人对火灾抱有侥幸心理，消防安全管理制度落实不力，一旦初期火灾处置不当，易酿成重、特大恶性火灾事故。

（2）建筑消防设施日常维护管理工作不到位，值班人员消防业务不熟。为了加强建筑消防设施的维护管理工作，国家专门颁布了《建筑消防设施的维护管理》[1]，包括巡查、检测、维修、保养等，均有明确标准、有章可循，以确保建筑消防设施完整好用。但是，一些单位维护管理工作流于形式，且值班人员未经相应的岗前培训及考核，因而不会操作、临阵慌乱，贻误灭火时机，最终导致不可挽回的后果。例如 2010 年 11 月 5 日，吉林商业大厦发生火灾时，起火部位上方自动喷水灭火系统管网进水阀门处于关闭状态，且电工慌乱中关闭了包括消防电源在内的全部电源，致使消防设施启动后又停止工作，导致 19 人死亡、24 人受伤、直接财产损失 1 560 万元。

（3）经常性的消防安全教育培训活动开展不到位。除消防安全管理人员、重点岗位人员的专门消防业务培训外，对单位员工还应经常性地组织开展"四个能力"方面的消防安全教育培训活动，真正做到"会报火警、会使用消防器材扑救初期火灾、会组织人员疏散逃生"，全面提高单位员工的消防安全素质。

（4）公安机关消防机构和派出所消防监管警力不足，难以全面细致地监管到位。城市化给消防安全带来了一系列负面效应，火灾隐患增多，火灾事故日益突出，对国家经济建设和人民生命财产安全构成了极大的威胁。而与之对应的是公安机关消防机构和派出所消防监管警力不足，难以胜任整个社会面上的消防监督职责，消防监督检查质量与频次受到影响，漏管现象时有发生，甚至导致公安机关消防机构受到责任追究。

3　物联网与智慧城市技术的发展趋势及特点

物联网是将各种信息传感设备，如射频识别（RFID）装置、红外感应器、全球定位系统、激光扫描器等与互联网结合而形成的一个巨大网络，其目的是让所有的物品联网后方便识别和管理。智慧城市就是信息技术高度集中且信息应用深度整合的网络化、信息化、智能化的城市，是信息化向更高阶段发展的表现，具有更强的集中智慧发现问题、解决问题的能力，是以智慧技术、智慧服务、智慧管理等为重要内容的城市发展的新模式。从技术层面上看，物联网是智慧城市的基础。在"智慧消防"的理念下，将物联网和智慧城市技术融入到社会消防管理工作中，提高社会消防管理水平，是当前社会消防管理工作的新特点。物联网和智慧城市技术应用到社会消防管理工作中，可取得以下成效：① 增强社会单位的消防责任主体意识，降低消防监管的人力成本，破解以往警力不足的难题；② 在社会单位内部轻松实现建筑消防设施的日常巡查、定期检查和年度测试的标准化模式，确保完整好用；③ 促进社会单位消防管理人员岗前和在岗培训流程化，全面提高社会消防安全素质；④ 社会单位落实消防安全管理制度公开透明化，避免制度落实流于形式；⑤ 社会公共的消防管理资源与信息实现互联互通，构建远程监管和移动办公的新模式。

4　物联网与智慧城市技术在社会消防管理方面的应用

"消防物联网"是针对社会消防安全管理的实际需求，采用物联网技术实现了现场消防设备、设施运行状态数据的实时采集，通过远程传输设备，将数据动态上传至"消防物联网"数据中心。可将联网用户的相关消防设施的运行状况都集成、关联到中心平台，能有效地解决远程现场的消防信息采集问题；可把一系列涉及消防安全的自动控制系统，由单个分散的控制形式，变为集中统一的控制形式。该技术可实现对社会单位消防设备、设施日常运行状况全面、动态的监督和管理。物联网技术的推广使用，能够降低火灾事故的发生，增加安全执法手段，提高事故溯源能力，提高消防执法监督、加强消防日常管理的深度、广度，建立隐患排查整治工作的长效机制，是构建和谐社会和创新消防管理制度的重要手段，是加快社会单位消防安全管理信息网络化的重要标志。目前，物联网技术在消防上的应用形式主要有以下几种。

（1）物联网消防安全监管平台。把物联网技术应用到消防管理上，是大势所趋。江苏省无锡市将物联网技术应用在消防工作中，全市设有消控室的小区全部接入城市火灾报警系统，实现了"消防设施全天候自动监控、提高设施完好率"的管理目标；在 70 岁以上独居老人的家庭安装了火灾智能救助系统，增强了社会弱势群体在初期火灾时的处置能力。广西壮族自治区将二维码技术运用到消防产品管理系统，跟踪使用领域内的消防产品质量，有效地监管了生产企业在取得消防产品《型式检验报告》

之后的持证造假行为。此外，广东、山西等省也相继开发了专门的"消防物联网"服务系统，其中主要有深圳市物联网消防安全监管平台、平遥古城物联网消防安全监控平台、安徽省公安派出所消防监管系统，等等。

（2）城市消防远程监控系统。系统可将各建筑物内独立的火灾自动报警系统联网，并综合运用地理信息系统、数字视频监控等信息技术，在监控中心内对所有联网建筑物的火灾报警情况进行实时监测、对消防设施进行集中管理。系统在报警方式上，具有一定的主动性，特别是在向城市"119"火警受理中心报告时，其主动特性更加明显，受人为因素的影响可降到最低程度，报警的可靠性更高。可以说，将社会单位的消防系统接入城市消防远程监控系统，就等于把触角神经延伸到了责任区内各个消防重点单位和部位。为此，国家专门颁布了《城市消防远程监控系统技术规范》[2]。此标准颁布后，全国范围内此项技术的应用得到了快速发展，相继在一些经济发达地区建立了城市消防远程监控系统；在一些核电厂和石化系统等重点单位，也以本单位为系统建立了消防远程监控系统。

（3）智慧消防平台。这是运用物联网、互联网、云计算、数据融合、移动办公等新一代信息技术，将消防管理的所需的数据，从数据采集、数据存储、数据展现、数据分析各个环节，适应现有消防管理体制和各种消防管理应用的公共平台。深圳市中科信诚科技有限公司推出创新应用的"智慧消防平台"，是将社会单位日常消防管理和公安机关消防机构的监督管理连接起来的消防服务网络系统。平台根据我国消防管理现状，将复杂的消防管理流程变成标准化、流程化、便携化、通俗化的管理方法，同时采取移动办公和互动管理的方式，把社会单位的消防管理变成日常工作的一部分；低成本解决社会单位在消防管理中管什么、怎么管、管得怎么样的问题，通过网络技术解决监督管理部门与被监督单位之间脱节的问题。平台能够主动发现各种技术上的隐患、管理上的漏洞，并及时进行处理，加强了公安机关消防机构对社会单位的消防管理能力和处理各种事件的速度，并提供与之相关的依据、数据，其主要功能有数据采集、管理决策、通知通告、消防重点单位档案、远程监视报警、消防地理、管理报表、消防知识库、日常巡查、人员管理、移动办公网络抽查等。

（4）社会单位消防安全户籍化管理系统。江西零时网络技术有限公司开设了"中国消防服务网"，为社会单位进行消防安全户籍化管理，其功能主要是建立社会单位的单位基本情况、消防安全管理制度及职责、机构及人员、建筑及消防设施、消防工作记录等五大类消防安全基础档案信息库，提供社会单位用户进行消防安全管理人员、消防设施维护保养、消防安全自我评估三项消防安全报告备案和三色预警，组织员工进行在线学习考试，并提供通知通告、消息收发、互动交流等功能，便于消防机构及时了解社会单位的消防安全状况。

5 物联网与智慧城市技术的消防应用展望

物联网与智慧城市技术的社会消防管理应用，将颠覆传统的消防监督检查方式，开创一个全时空、不留死角、不缺项目、不需管理人员到现场的监督检查方式，可降低整个社会消防管理的成本，因而应用前景广阔。它能够有效解决社会单位消防管理方面存在的"长期、单调、重复"，消防安全责任人工作不到位，弥补工作人员业务素质不高，建筑消防设施运行出现故障，值班制度出现执行不力，各种数据采集、保存和应用方式落后等一系列问题；还可以赋予建筑消防设施以人性智能化，以达到物尽其用、效益最大化的效果。

从实地考察相关网络技术公司开发运行的系统情况看，目前还存在以下几点问题：① 对已发现的各种建筑消防设施故障、火灾隐患、值班人员履责不到位等情况，系统只是简单的记录、叠加，没有按情节和性质进行分类，并分别进行定性、定量处理；② 有关社会单位灭火预案和应急疏散演练模型的开发相对肤浅；③ 系统使用终端仅限于互联网台式机，作为目前主流的手机、iPad 等移动终端相配套的系统产品暂未成型或不成熟，普及受到局限等。因此，在这些方面还有一定的研究拓展空间，我们期待相关企业继续加大研发力度，不断完善系统的功能，尽力拓宽服务领域，以确保消防安全。

参考文献

[1]　GB25201—2010. 建筑消防设施的维护管理[S].
[2]　GB50440—2007. 城市消防远程监控系统技术规范[S].

作者简介：张振球，男，江西省南昌市公安消防支队防火监督处高级工程师；主要从事消防工程设计
　　　　　审核、检测与验收工作。
　　　　　通信地址：江西省南昌市红谷滩新区丽景路 777 号，邮政编码：330038；
　　　　　联系电话：0791-88890087，18679106155；
　　　　　电子信箱：372849880@qq.com。

储存易燃易爆危险化学品的场所消防监督检查

安正阳

（公安消防部队昆明指挥学校）

【摘　要】　储存易燃易爆危险化学品的建筑，由于受到摩擦、挤压、震动、高（低）温、高（低）压、潮湿等因素的影响，常常引发越来越多的火灾、爆炸等灾害事故，造成了越来越大的财产损失和人员伤亡。严格落实防火、防爆、防潮、通风、降温等安全措施，对防止火灾和爆炸事故的发生，保障人民生命和财产安全，构建和谐社会，都具有十分重要的意义。因此，我们必须加强储存易燃易爆危险化学品的场所消防监督检查。

【关键词】　危险化学品；易燃易爆；消防监督

危险化学品，是指具有毒害、腐蚀、爆炸、燃烧、助燃等性质，对人体、设施、环境具有危害的剧毒化学品和其他化学品。易燃易爆危险化学品是指那些以燃烧和爆炸为主要危险特性的以下六大类物质中的部分易燃易爆化学（共 15 项）：① 气体；② 易燃液体；③ 易燃固体、易于自燃的物质和遇水放出易燃气体的物质；④ 氧化性物质和有机过氧化物；⑤ 毒性物质；⑥ 腐蚀性物质。在易燃易爆危险化学品的储存场所，由于受到摩擦、挤压、震动、高（低）温、高（低）压、潮湿等因素的影响，常常引发越来越多的火灾、爆炸等灾害事故，造成了越来越大的损失和伤亡。因此，加强易燃易爆危险化学品储存场所的消防监督检查，严格落实防火、防爆、防潮、通风、降温等安全措施，对防止火灾和爆炸事故的发生，保障人民生命和财产安全，保障经济建设发展和维护社会稳定，构建和谐社会，都具有十分重要的意义。

1　危险化学品消防监督检查的职责和范围

1.1　公安消防机构危险化学品消防监督检查的法定职责

2002 年 5 月印发的《关于认真贯彻执行国务院<危险化学品安全管理条例>切实加强危险化学品公共安全管理的通知》（公通字〔2002〕31 号）对危险化学品监督管理职能进行了调整：对于消防监督检查而言，规定了各级公安消防机构要依法履行对易燃易爆化学物品生产、储存、经营单位新建、改建、扩建工程的消防设计审核和消防验收职能；依法履行对易燃易爆化学物品生产、储存及经营等单位落实消防安全责任制、履行消防安全职责的情况依法实施消防监督检查。公安部部长办公会议通过了新修订的《消防监督检查规定》（公安部令第 107 号）已于 2009 年 5 月 1 日起施行，新《规定》对消防监督检查的形式和内容作了明文规定。而 2011 年 12 月 1 日施行的《危险化学品安全管理条例》（国务院令第 591 号）第六条规定，公安机关负责危险化学品的公共安全管理。

1.2　危险化学品消防监督检查的范围

根据《中华人民共和国消防法》第二十二条的规定和《中华人民共和国消防法条文释义》的解释，公安消防机构重点监督检查的危险化学品主要是易燃易爆危险化学品；而其他类、项的危险化学品也存在一定程度的危险、危害性，或多或少需要采取防火防爆措施，也会对消防灭火救援造成影响。因此，公安消防机构除了应当掌握、了解其特性，严格做好新建、改建、扩建工程的防火审核、验收，还要按职责分工落实消防监督检查，保证防火措施的落实。下面主要就易燃易爆危险化学品储存场所的消防监督检查的主要内容进行阐述。

2   储存易燃易爆危险化学品的场所消防监督检查的主要内容

对于储存易燃易爆危险化学品的场所而言，消防监督检查人员应当依法对易燃易爆危险化学品储存单位和人员实施消防监督检查，对存在安全隐患的储存场所和个人提出整改要求，及时发现和消除可能存在的消安全隐患，防止发生各类事故。易燃易爆危险化学品储存场所消防监督检查的内容主要包括以下几个方面。

2.1   易燃易爆危险化学品储存场所选址的消防监督检查

储存易燃易爆危险物品的场所，必须设置在城市的边缘（郊区）或者相对独立的安全地带。该类场所应与下列场所、区域的安全距离必须符合国家标准或者国家有关规定：

（1）居民区、商业中心、公园等人口密集区域；

（2）学校、医院、影剧院、体育场（馆）等公共设施；

（3）供水水源、水厂取水源保护区；

（4）车站、码头（按照国家规定，经批准专门从事危险化学品装卸作业的除外）、机场，以及公路、铁路、水路交通干线、地铁风亭及出入口；

（5）基本农田保护区、畜牧区、渔业水域和种子、种畜、水产苗种生产基地；

（6）河流、湖泊、风景名胜区和自然保护区；

（7）军事禁区、军事管理区。

对于已建的易燃易爆危险化学品储存场所不符合上述要求的，公安消防机构应当责令限期整改，构成重大火灾隐患需停产停业的，可报请当地人民政府决定。

2.2   建（构）筑物的防火情况消防监督检查

在易燃易爆危险化学品储存场所的建（构）筑物的防火情况的消防监督检查中，应主要检查下列内容：① 建（构）筑物或者场所是否依法通过消防验收或者进行消防竣工验收备案，公众聚集场所是否通过投入使用、营业前的消防安全检查；② 建（构）筑物的布局、使用情况是否与消防验收时确定的使用性质相符；③ 建（构）筑物的耐火等级、层数和建筑面积（GBJ16—87《建筑设计防火规范》第 4.2.1 条）是否与储存的危险化学品的火灾危险性（GBJ16—87《建筑设计防火规范》第 4.1.1 条）相关的技术规范相符合；④ 易燃易爆危险化学品储存建（构）筑物是否与居住场所设置在同一建筑物内（《中华人民共和国消防法》第十九条规定生产、储存、经营易燃易爆危险品的场所不得与居住场所设置在同一建筑物内，并应当与居住场所保持安全距离）；⑥ 建（构）筑物的室内装修装饰材料是否符合消防技术标准；⑦ 易燃易爆化学物品储存场所是否设有办公室、休息室。

2.3   消防设施的消防监督检查

对于储存易燃易爆危险化学品的场所，主要要根据储存的物品的种类、性能及储存数量，重点检查消设施的下列情况：① 是否设置了防火、防爆、防毒的监测、报警、通信、降温、防潮、通风、防雷、防静电、隔离操作等消防设施；② 消防设施的设计是否符合国家的消防技术规范要求；③ 建筑消设施是否定期进行全面检测，消防设施、器材和消防安全标志是否定期组织检验、维修，是否完好有效；④ 对闪点、自燃点低、爆炸极限下限低、上下限范围宽的危险化学品还应设有自动连锁、泄漏消除、紧急救护、自动灭火等设施和应急救援救护器具。

2.4 包装的消防监督检查

易燃易爆危险化学品的包装必须符合《危险货物运输包装通用技术条件》（GB12463—2009）的要求，在消防监督检查中应主要检查以下内容：① 是否做到严防运输过程中的碰撞、颠簸和温度、湿度变化等外部因素干扰而不发生危险事故；② 包装材料不得与所包装的物品有发生化学反应的可能，并应根据不同物品的易燃、易爆、腐蚀等不同的理化性能进行包装，且应符合包装方法、包装重量限制等要求；③ 包装的标志图形必须与所包装物品相一致，并符合《危险货物包装标志》（GB190—2009）的规定。另外，如果属于要进行外贸交易的易燃易爆危险化学品，其包装标志还应符合我国接受的国际公约及规则中的有关规定。

2.5 电气防火的消防监督检查

在易燃易爆危险化学品的储存场所的电气防火装置，应主要检查以下内容：① 电气防火装置是否符合国家现行的有关火灾、爆炸危险场所的电气安全规定；② 电器线路、燃气管路电器设备是否由专业电工进行安装、检测和维护。

2.6 火源控制的消防监督检查

在储存易燃易爆危险化学品的场所，严禁带入任何火源。火源控制方面的消防监督必须包括以下几个方面：① 进入易燃易爆危险化学品储存场所的车辆是否安装排气管火星熄灭器；② 进入场所内的电瓶车、铲车是否为防爆型；③ 在场所内必须动火时，是否按动火证注明的动火地点、时间、动火人、现场监护人、批准人和防火措施等内容进行；④ 装卸完物品后的机动车辆是否在场所内停放或修理。

2.7 易燃易爆危险化学混存的监督检查

在储存易燃易爆危险化学品的场所，对混存情况主要检查的内容包括：① 危险化学品和一般物品是否混存；② 容易相互发生反应或者灭火方法不同的物品是否混存；③ 一级无机氧化性物质不能与有机过氧化物是否混存；④ 毒性物质不能与氧化性物质混存；⑤ 硝酸盐不能与硫酸、氯磺酸等混存；⑥ 氧气不得与油脂混存；⑦ 易燃气体不得与助燃气体、剧毒气体共存；⑧ 压缩气体、液化气体是否与爆炸品、氧化性物质、易燃固体、易于自燃的物质、腐蚀性物质混存等。而且，还要在醒目处标明储存物品的名称、性质和灭火方法。

2.8 温度、湿度控制的监督检查

对于易挥发液体、易燃固体、遇水放出易燃气体的易燃易爆危险品的储存场所，必须检查以下内容：① 储存场所是否温度较低、通风良好和空气干燥，并安装专用仪器（如温度计、湿度计）定时检测，严格控制温度和湿度；② 发现温度和湿度异常，是否能立即采取整库密封、分垛密封、翻桩倒垛和自然通风等方法调节；③ 如果不能采取通风措施时，是否可以采用吸潮和人工降温的方法进行控制。另外，在夏季高温、雷雨或梅雨季节及冬季寒冷季节，是否加强巡回检查，及时发现和处理漏雨进水、包装破损、积热升温等情况。

2.9 超期、超量储存的监督检查

由于一些易燃易爆的氧化性物质、易于自燃的物质、遇水放出易燃气体的物质等在超过储存期限或储量超过规定要求时，极易发生变质、积热自燃或压坏包装而引发燃烧爆炸事故，所以必须严格控制储存量和储存期限。

2.10　违章操作的消防监督检查

储存易燃易爆危险化学品的单位应当建立健全安全管理制度和操作规程，严禁违规违章作业。主要应检查以下作业情况：① 易燃易爆危险化学品堆垛附近是否进行试验、分装、打包和其他可能引发火灾的不安全操作；② 改装或封焊修理作业是否在专门的场所内进行；③ 装卸时，是否发生震动、撞击、重压、摩擦和倒置；④ 对易产生静电的装置设备是否采取了消除静电的措施；⑤ 在操作现场，遗留或散落的易燃易爆危险化学品是否进行了及时清扫和处理等。

2.11　建立应急机制，落实消防教育培训情况的监督检查

储存危险化学品的场所应当建立健全火灾应急机制，制定灭火和应急疏散预案，配备足够的灭火和应急救援力量，定期进行消防演练。储存易燃易爆危险化学品的大型企业或应按规定设置企业专职消防队，以确保安全；中型企业有条件的也应建立专职消防队或义务消防组织，配备专职防火干部；小型企业要设置专人负责保卫和防火工作。企业应当加强防火宣传教育，不断提高员工的安全意识和灭火技能，特殊工种从业人员必须经过消防安全专业培训后持证上岗。

3　结　论

易燃易爆危险化学品的火灾危险性是决定了事故发生时造成严重后果，一旦在其储存场所发生事故，必然危害严重，涉及面广，极易造成人员伤亡和重大经济损失，对社会公共安全造成很大的影响。因此，必须充分认识公安机关、消防机构必须要切实履行国家相关法律法规所赋予的对于易燃易爆危险品储存场所消防监督管理职责，加强易燃易爆危险品储存场所的监督检查工作，真正做到从源头上有效地防控火灾、爆炸及泄漏事故。易燃易爆危险化学品储存场所的消防监督检查工作具有特殊的复杂性和艰巨性，必须在每个环节上落实好严格的消防措施，并健全和完善储存场所的灭火和应急救援机制，从"防"和"灭"两个方面入手，才能保证易燃易爆危险化学品的储存场所的消防安全。

参考文献

[1]　杜兰萍. 筑牢三道防线有效防控火灾[J]. 消防科学与技术，2009，28（6）：387-389.

[2]　马良，杨守生. 化工生产防火防爆实用指南[M]. 银川：宁夏人民教育出版社，2004：206-213.

[3]　刘道春. 危险化学品仓储的消防安全管理[J]. 化学工业，2011，29（3）：39-44.

[4]　李定邦，程真. 危险化学品运输管理及事故应急系统探讨[J]. 中国安全科学学报. 2005，4（6）：69-73.

[5]　中华人民共和国国务院令（第591号）. 危险化学品安全管理条例[s].

作者简介：安正阳，男，硕士学位，公安消防部队昆明指挥学校训练部副教授，技术九级。

　　　　　　通信地址：云南省公安消防部队昆明指挥学校训练部专业基础教研室，邮政编码：650208；

　　　　　　联系电话：0871-7210124 转 8133，手机：13708732260；

　　　　　　电子信箱：anzhengyang2005@yahoo.com.cn。

从社会需求谈消防职业技能鉴定培训工作的改进提高

张 伟

（陕西省西安市公安消防支队）

【摘　要】　全国各省（市、自治区）自《建（构）筑物消防员国家职业标准》颁布以来，已陆续开展了消防行业特有工种职业技能鉴定工作，累计数万人鉴定合格，但参加培训人员普遍存在学历水平低、基础知识欠缺、工作经验少以及流动性大等问题，培训后的个人工作能力依然离单位的期望相差较远，造成社会对消防职业技能鉴定认知度、认可度底等问题。因此，在未来的消防职业技能鉴定培训中，我们应当在法律法规、在教学内容、方式、考核等方面采取相应措施对策，才能提高消防职业技能鉴定培训工作的影响，使之得到社会的广泛认可，才能实现提高全社会消防管理水平的目的。

【关键词】　消防；建（构）筑物消防员；职业技能鉴定培训；措施

1　引　言

中国消防协会按照《国家职业标准制定技术规程》的要求，编制的我国第一部消防行业国家职业标准——《建（构）筑物消防员国家职业标准》，于 2008 年 1 月由国家劳动与社会保障部正式批准颁布后，全国各省（市、自治区）已陆续按此标准成立了"消防行业特有工种职业技能鉴定站"，对社会单位正从事或即将从事消防工作的人员进行职业培训和职业鉴定，鉴定合格后由中华人民共和国人力资源和劳动保障部、公安部消防局、消防行业职业技能鉴定指导中心共同颁发"建（构）筑物消防员职业资格等级证书"。

按照《建（构）筑物消防员国家职业标准》，消防行业特有工种职业技能鉴定所指的建（构）筑物消防员（以下简称消防员）是指从事建筑物、构筑物消防安全管理、消防安全检查和建筑消防设施操作与维护等工作的人员，所从事的主要工作包括消防安全检查、消防控制室监控、建筑消防设施操作与维护、消防安全管理等。

截至目前，全国各地已累计鉴定合格数万人。虽然这项工作逐渐地被社会认识和接受，但是存在的问题也不容回避。通过几年来的实践，不仅仅培训机构、还包括基层消防监督部门以及用人单位都发现了一些存在的问题，同时也总结了不少经验，对后续的发展也有了一定的规划。但是，如何面对社会需求培养出能够胜任消防工作的职业消防员，需要在制度设置、教学等方面加以落实改进，以提升"建（构）筑物消防员职业资格等级证书"的含金量。

2　社会单位消防工作从业人员存在的普遍性问题

2.1　学历水平低、基本素质欠缺

从总体上看，各社会单位目前从事消防管理的在岗人员，其来源构成多种多样，有招聘的下岗待业人员、从保安公司雇请的人员、复员军人等，总体上在招聘任用时对应聘人员的学历要求不高，实际上由于工资待遇普遍很低，也不可能提出应具有的基本条件，以致绝大多数仅有初、高中文化。仅有少数重视消防的单位，特别是一些大型企业、高档宾馆、大型商贸单位会对人员素质提出相对较高

的要求，并注重平时的培训提升训练。可想而知，从这样的人员中选出参加"建（构）筑物消防员"培训的人员的基本素质是不够理想的。我们在实际工作中一般会在基层社会单位选派培训人员时要求选"高中（专）以上毕业、最好有一定水和电方面的基础知识"的人员参加。但是，按照《建（构）筑物消防员国家职业标准》的规定，其基本文化程度的学历要求也就是初中毕业，是否起点有些偏低？

2.2　人员流动大、工作经验很少

目前，大多数社会单位在招聘非技术类临时员工时（包括消防安保人员）给予的待遇都不高，甚至有些还比较低，很多消防安保人员就像一般打工者一样经常会变换工作，特别是消防工作虽然工资不高，但责任不小、压力很大、要求很严。例如2013年10月北京喜隆多商场火灾，由于三名喜隆多值班人员未履行职责被刑拘。综合因素造成了大部分从业人员并不安心这项工作，自己也知道揽不下消防这个活，仅仅把它作为权宜之计，一旦有了其他选择，就会另谋他就，这样也就谈不上工作经验的积累了。

目前，消防员岗位对人员的实际需求数量比较大，有经验、有能力的被抢着要，也有极少的社会单位消防管理人员是从消防产品厂家、消防施工单位以及转业消防干部中专门聘请的消防专业人员。也有单位向消防部门提出希望推荐合格的消防员，但事实是社会上符合要求的却很少，包括复员的消防战士能胜任这项工作的也极少。

2.3　基本知识缺、管理能力偏低

消防员工作不是单纯、简单的体力劳动，按《建（构）筑物消防员国家职业标准》，消防员的主要工作基本有四个方面，要完成工作，除了应掌握具备基本消防知识外，还要求具有一定的组织管理能力、一定的文字语言能力和与人沟通的能力，才能在整个消防管理工作过程中，得以高效运用其消防知识，指导组织单位人员参与并服从管理。

同时，这项工作的技术含量并不低，要完成操作及日常维护应当具备基本的识图知识和水、电知识，因为消防工作离不开与建筑、水、电以及相应设施打交道，如果在建筑、水、电知识方面都很欠缺，甚至根本不懂，就谈不上做好消防工作。

2.4　社会认知低、事业心不强

目前，全社会对消防的重视程度总体趋势是越来越高，人们对消防工作的认识也在加强，但如何才能搞好消防工作，什么样的人有能力帮助单位抓好消防工作却没有统一的认识。从事消防安保的人员，特别是拿到"建（构）筑物消防员职业资格等级证书"的消防员也还没有向社会证明自己物有所值，并没有得到社会的认可。反过来，由于社会对消防员的认知还不高，使得他们依然在一些单位不被重视、待遇也不高，因而还不能吸引人们全身心参与，大多从业者基本没有把消防工作作为一个稳定的长期职业来看，更不用说把它当做一项事业来干了。

3　社会单位对从事消防工作人员的要求

3.1　具有一定的消防设施操作维护能力

社会单位并不要求消防员具有较高的专业水、电工程师的水平，因为消防系统出现问题后，不需要他们去解决系统出现的问题，这些问题可以交由工程部门专门负责，或者交给社会中介服务机构来负责消防系统的维保。但是，要保证自动消防系统的正常运行，消防员就必须能够熟练掌握系统，会使用、会操作、会维护，出现问题时必须及时发现并采取适当的措施。

3.2　具有一定的语言文字及管理水平

消防工作是要与内外各个部门、与各类人打交道的，消防员要懂得管理、会管理，需要有与人沟通的能力和语言文字表达的能力，这样才能够制定规章制度、拟定各类预案、组织消防演练、开展消

防宣传教育等。比如目前实行的消防户籍化管理模式，在网上备案过程中就要求消防员具备基本的电脑知识、网络知识，必须具备对消防设施以及测试程序的熟练掌握能力等。

3.3 熟悉掌握消防法规、标准

熟练掌握法律法规、技术规范、技术标准，工作中知道如何去按要求对消防系统进行定期的测试和维护，知道如何进行消防安全检查，并能够及时发现问题，特别是知道按照一定的程序、一定的方式有能力去处理解决存在的问题。

4 消防职业技能鉴定培训的改进提高

4.1 法律法规逐步完善配套，明确消防员职业地位

《中华人民共和国劳动法》第六十九条已明确规定，"国家确定职业分类，对规定的职业制定职业技能标准，实行职业资格证书制度，由经过政府批准的考核鉴定机构负责对劳动者实施职业技能考核鉴定"，但消防员并没有列入劳动和社会保障部依据《中华人民共和国职业分类大典》确定的实行就业准入的 87 个职业目录中。

在《中华人民共和国消防法》第二十一条中规定，"自动消防系统的操作人员，必须持证上岗"，但未全部明确涵盖消防员所有工作范围，应当从法律层面或者先从规章上明确规定，这些岗位应当逐步全面施行持证上岗，并推进落实持证上岗与使用待遇相结合，加强法律执行的力度。

2014 年 5 月 1 日起开始施行的《社会消防技术服务管理规定》（公安部令第 129 号），明确了消防设施维护保养检测机构资质必须具备"操作人员取得中级技能等级以上建（构）筑物消防员职业资格证书，其中高级技能等级以上至少占百分之三十"，这将是对消防职业技能鉴定培训工作的一个推动，类似的政策规定可以逐步出台。

4.2 扩大培训对象范围，宽进严出有真实能力

消防员职业鉴定培训刚刚起步不久，但还未得到社会足够的认知和认可，很大一个原因是现在参加培训人员多为单位委培，水平参差不齐甚至基础很差，有些人员甚至是很被动地参加，其主观能动性不足，学习的积极性和热情大打折扣。有些人培训后拿不到职业证书，即使经过培训并拿到职业证书的人员回到工作岗位后，其工作能力也离单位期望值相差很远。这样的现象，实质上影响了社会对消防职业技能鉴定的认可，会将它等同于一般的消防知识全民教育培训。因此，特别是在刚起步时，就应树立起宽进严出的标准，拿到相应级别的证书，必须具有相应的能力，这样消防员才能得到社会单位的认可和欢迎，消防职业技能鉴定培训才能得到认可并使民众积极参与其中。

为了扩大消防职业鉴定培训工作的社会影响和社会基础、打造社会认知度，消防职业鉴定培训对象不要仅仅限于一般社会单位，要加大宣传力度，鼓励更多的人参与其中。在消防部队内部，可以组织战士和从地方招收的合同制文员、战斗员参加消防员职业资格鉴定培训，一来可以提高他们的消防业务技能水平，提高消防监督、灭火作战能力；二来战士复员后也可以有能力从事与消防相关职业的工作。

4.3 扩大培训内容的广度和深度，提高教师的教学水平

目前的培训教学材料内容还偏于简单，涉及范围还局限于消防基础知识，尤其是消防知识还集中于一些理论的知识，因此还应多增加一些实际案例研究，特别是结合工作的实际，把消防员工作中在各个阶段怎样进行实际工作、在工作中发现问题如何解决等方面的知识都应列入培训的重点内容之中。除了消防工作本身的内容，把计算机应用及信息技术、书写表达能力、识图能力等都应列入考核的范围，并针对不同级别的消防员，提出相应的能力考核标准，切实落实消防员能力的培训和考核，使消防员真正具备工作所要求的能力。

教师教学实践水平是关系到学员水平提高的一个重要指标，教师不能仅善于讲解理论知识，更要善于理论结合实际，提高学员的职业技能；特别是培训时间相对很短时，教师不能把培训办成了考前辅导班，去换取一时成绩的突飞猛进，而消防员拿到职业证书走到工作岗位后，如何将学到的知识运用在工作中，具有承担起岗位责任的能力，才是教师应当培养和给予的。

4.4 创新教学培训方式，建立学习交流平台

按照《建（构）筑物消防员国家职业标准》，其要求的晋级培训期限分别为：初级不少于240标准学时；中级不少于200标准学时；高级不少于160标准学时；技师不少于120标准学时；高级技师不少于100标准学时。很明显，培训时间不能满足消防员掌握知识的要求，仅仅依靠集中培训就想成为合格的消防员或者说取得职业证书，是很难设想的。因此，必须采用多种方式的培训手段，比如开通远程教育，进行网络教学等多种方式来完成消防员要掌握的知识的教学任务。而集中培训时，主要是针对消防设施操作能力的学习、实践技能的学习以及对其他知识的答疑解惑重点讲解。

建立消防职业技能交流网站，首先可以提供一个学员之间、学员与教员之间交流的平台，培训机构可以利用其开展培训工作、提供各类资料、发布信息，加强对社会关于消防职业技能培训的宣传，还能提高消防员对这个职业的认同感，以增强凝聚力；还可以利用网站发布招聘求职信息，解决用人单位找不到合适的人员，而具备证书的人员又联系不到心仪单位的矛盾。

4.5 严格消防执法，促进消防职业技能鉴定培训工作的发展

在消防执法中，无论是行政审批、资质审查，还是监督执法，都要严格落实相关规定，在相应岗位上的人员是否按要求取得职业资格证书必须真正落实；在工作中，给予消防员更多的支持和关心，有了成绩就按相关规定大力宣扬表彰，给予他们相应的职业地位等。

5 结 语

总之，消防行业特有工种职业技能鉴定培训工作要取得社会的认可，还需要我们在很多方面作出不懈的努力。这项工作的前景是广阔的，但目前仍相当于创品牌时期，现在打下什么样的根基、给社会什么样的影响、无论好还是差都会很长时间留在人们的记忆中，因此我们必须一开始就有高的标准、严的要求，才能做好消防职业技能鉴定培训工作，使之得到社会的认同，树立起一定的地位。把这项工作真正搞好了，才会真正践行其提高全社会消防安全防范水平的价值和意义。

参考文献

[1] 国家劳动与社会保障部. 建（构）筑物消防员国家职业标准[S].
[2] 郭铁男. 中国消防手册（第十四卷）[M]. 上海：上海科学技术出版社，2007：80-122.
[3] 丁显孔. 消防行业特有工种职业技能培训探讨[A]. 中国消防协会科学技术年会论文集[C]. 北京：中国科学技术出版社，2010：579-582.

作者简介：张伟（1966—），男，陕西省西安市公安消防支队高级工程师；主要从事建筑消防设计审核、防火监督。

通信地址：陕西省西安市科技七路8号，邮政编码：710065；
联系电话：13609190119。

强化监理在建设工程消防监督管理中作用的研究

董全国

（山东省滨州市公安消防支队）

【摘　要】　工程监理制度作为国家在建设领域中实行"四个制度"不可或缺的重要一环，在建设工程管理中发挥着重要作用。鉴于消防工程作为建设工程的重要组成部分，监理加强对建设工程消防监督管理，将对消防工程质量和施工安全有极大地推动作用。这是借助社会力量推进消防工作的有效载体，也是消防工作社会化的重要措施之一。本文结合工作实际分析了监理在建设工程消防监督管理工作中存在的问题，并就如何强化其职能作用进行了认真研究。

【关键词】　消防；监理；建设工程；监督管理

1　引　言

监理是指具有相应资质的工程监理企业，受工程项目建设单位的委托，根据法律法规、工程建设标准、勘察设计文件及合同，在施工阶段对建设工程质量、进度、造价进行控制，对合同、信息进行管理，对工程建设相关方的关系进行协调，并履行建设工程安全生产管理法定职责的服务活动。《中华人民共和国消防法》和《建设工程消防监督管理规定》（公安部令第 119 号）对监理在建设工程消防监督管理中的职责做了明确规定。消防工程作为建设工程的重要组成部分，监理对工程管理及施工质量的好坏发挥着非常重要的作用。

2　当前监理在建设工程消防监督管理中存在的问题

自国家实行工程监理制度以来，对提高工程管理和施工质量发挥着重要作用。在现实工作中，由于受监理方的地位、监理不良竞争以及对消防工作的认识等因素的制约，监理在建设工程消防监督管理中还有很多需要完善和提高的方面。

2.1　社会各部门对监理在消防工作中作用的认识不全面

2.1.1　建设单位对监理单位地位及作用的认识不正确

建设单位认为监理是自己花钱雇来的，把监理当作自己的质检员，什么事都要服从自己，否则就要求调换。建设单位对施工单位的各种具体要求并非都经过监理方，特别是消防工程作为相对独立的一部分，受各方面的影响较多，致使在决定施工承包方的问题上降低了监理方应有的作用。有的建设单位虽然也授予了监理方必要的权力，但在工程项目实施过程中，往往不能很好地支持和信任监理工作，结果监理方对业主向承包方的付款方面无任何制约力，使监理方处于被动状态。

2.1.2　消防部门对监理监督指导的工作机制还不完善

在实际工作中，消防部门对监理的性质、职责、权利及作用了解不深，对其指导培训的力度不够，工作检查不及时，消防监督的工作机制不完善。由于与监理单位及其人员没有建立沟通交流的机制，致使监理不愿管、不去管消防工作。

2.1.3 监理部门自身对消防工作的认识不到位

监理单位存在消防工作是消防部门的事的思想，在消防施工单位资质把关、消防产品和防火材料质量进场把关、消防设施的施工程序把关等方面存在得过且过的情况。合同中虽然明确了监理单位在施工过程中的消防质量应承担的责任和义务，但是对合同的合法性、严密性缺乏认真审查，往往出现形同虚设。还有的监理单位出于市场竞争的目的，过分迁就建设单位的非法要求，或相互串通，不考虑建设工程规范的客观情况，不按照消防设计和消防技术标准强制性要求进行设计、施工；也有的监理单位在明知设计或施工不符合消防技术标准的情况下，与施工企业串通，弄虚作假，降低施工质量。

2.2 部分监理人员综合素质不高，影响其履行消防监督职能

我国现有的监理从业人员，大部分是从施工单位、设计单位、建设管理部门、大专院校或其他岗位转行而来的。他们学历相差悬殊，总监理工程师、监理工程师经过考试取得相关资质，综合素质相对较好，但占的比例较少；监理员这个层次的人员较多，大部分为临时工，对消防工作的要求不知、不熟、不用，不能很好地发挥消防监督职能。另外，监理企业待遇偏低，很难吸引人才，培养人才；有些高智能人才即使愿意从事这个行业，也由于监理企业无力常年聘用，有项目需要时被招聘过来，项目完成后即解除聘用。从而导致了监理人员的数量和质量不能满足监理工作的需要，同时也影响着对建设工程的消防监督。

3 强化监理在建设工程消防监督管理中作用的对策

工程监理制是国家在建设领域中实行"四个制度"（项目法人责任制、招标投标制、工程监理制、合同管理制）不可或缺的重要一环。根据国家有关法律法规，监理在消防监督管理的主要职责有：① 按照国家工程建设消防技术标准和经消防设计审核合格或者备案的消防设计文件实施工程监理；② 在消防产品和有防火性能要求的建筑构件、建筑材料、室内装修装饰材料施工、安装前，核查产品质量证明文件，不得同意使用或者安装不合格的消防产品和防火性能不符合要求的建筑构件、建筑材料、室内装修装饰材料；③ 参加建设单位组织的建设工程竣工验收，对建设工程消防施工质量签字确认。

3.1 强化监理对建设工程消防监督管理的认识

3.1.1 监理做好建设工程消防监督管理是法律规定的法定职责

修订后的《中华人民共和国消防法》第九条明确规定"建设工程的消防设计、施工必须符合国家工程建设消防技术标准。建设、设计、施工、工程监理等单位依法对建设工程的消防设计、施工质量负责"。第五十九条更是明确了承担的法律责任："工程监理单位与建设单位或者建筑施工企业串通，弄虚作假，降低消防施工质量的"公安机关消防机构一旦发现处责令改正或停止施工，并处一万元以上十万元以下罚款。因此，监理方对建设工程施工消防质量的监督管理是法律赋予的职责，是应尽的责任和义务。

3.1.2 监理做好建设工程消防监督管理是工程管理的需要

监理的重要职责就是严把建筑质量关。监理人员应对建设工程施工过程中一切环节进行把关，也包括建设工程中的建筑物耐火等级、防火间距、防火防烟分区划分施工、各种消防设施质量把关，以及对消防产品和有防火性能要求的建筑构件、建筑材料、室内装修装饰材料的选用进行把关，以确保建设工程的质量。

3.1.3 监理做好建设工程消防监督管理是监理职责的要求

建设单位与监理单位是法律上委托与被委托的关系。因此，监理单位不能听从建设单位的摆布，擅自同意建设单位变更原有设计文件。监理应通过法律手段、合同约束来抵制建设单位与施工单位串通或施工单位偷工减料擅自降低消防施工质量的行为。

3.2 强化监理人员的综合素质

3.2.1 加强对监理人员的消防知识培训

要依托对注册监理工程师继续教育和对非注册人员岗前培训等教育机制，把消防法律法规、国家消防技术标准等纳入培训内容，使监理人员及时学习掌握，以便运用到工程监理实际工作中去。特别是实施注册消防安全工程师制度后，允许注册消防安全工程师从事监理工作，将会对监理队伍素质的提高有极大的推动作用。但是，这两项制度需要进一步搞好衔接。

3.2.2 建立监理从业人员自律管理机制

各监理行业协会要制定完善监理人员从业行为规范和自律公约，明确监理从业人员的职业道德；建立监理人员信用档案，及时向社会公开监理从业人员资格、信用记录（包括消防安全不良行为记录）等信息。通过行业自律，规范工程监理单位和监理人员从业行为，不断提高其综合素质，促进监理行业健康发展。

3.3 强化监理单位的消防履职能力

3.3.1 规范监理的消防工作程序和内容

（1）熟悉国家工程建设消防技术标准是履行消防监理职责的重要保证。国家工程建设消防技术标准是工程实践经验和科技成果的积累，是消防设计、施工的技术依据，只有符合消防技术标准才能保证质量、满足建设工程投入使用后的消防安全要求。据统计，由公安部作为主编部门制定发布的国家工程建设消防技术标准共计有31部，其中，建筑设计防火类规范有11部，消防设施设计、施工及验收规范有19部，工程项目建设标准有1部。此外，有其他部门主编含有消防内容的国家标准还有很多。监理只有熟悉掌握这些消防技术标准，才能履行好消防监理职责。

（2）制定好消防工程监理实施细则是做好消防监理工作的必要手段。监理规划是指导监理机构全面开展建立工作的纲领性文件。监理实施细则是针对某一专业或某一方面建立工作的操作性文件。监理单位应根据工程规模和性质的具体情况，制定相应的消防工程监理实施细则，以便把监理工作计划好、规划好，落实好消防监理职责。

（3）严格控制消防施工中的关键环节。在消防设备及系统安装工程中，监理需要着重注意的两项关键环节：一是严格按照消防技术标准强制性条文对工程材料的进场预报和报审进行控制。不但要控制材料的进入，还应该控制材料的使用是否符合消防规范的要求。监理要督促建设单位落实施工、安装前选用消防产品和防火材料的抽样送检制度，产品进场后核查产品的质量证明文件，不得同意使用或者安装不合格的消防产品和防火性能不符合要求的建筑构件、建筑材料、室内装修装饰材料。二是提高监理工作的"预控"作用。消防工程系统繁多且相对复杂，若不进行预控，当不合格品出现后再采取纠正措施，必将造成火灾隐患，甚至造成巨大的经济损失。认真审查设计图纸就是一个重要的预控环节。预先发现图纸中的问题，及时向建设单位提出并与设计、施工单位共同研究解决，做好预控的超前策划。

（4）严格把好验收签字关。监理方作为建设工程的主体之一，亲自见证了工程施工的全过程，也记录并建立了监理资料，对工程质量最有发言权。所以，监理单位要参加建设单位组织的建设工程竣工消防验收，切实行使好对建设工程消防施工质量的签字确认权。

3.3.2　加强施工现场的消防安全管理

《建设工程施工现场消防安全技术规范》（GB50720—2011）对施工现场总平面布局、临时建筑的防火设计、消防设施的设置、施工现场消防安全技术和管理措施等提出了具体要求，是做好施工现场消防安全工作的重要技术标准。监理方肩负着安全生产监管的责任，因此要切实加强施工现场的消防安全管理，坚决防止施工现场火灾事故的发生。

3.4　强化消防部门对监理单位的监督指导

消防部门要把监理单位作为加强建设工程消防监督管理的有效载体，进一步研究法律赋予监理的职责，充分发挥其职能作用。一要建立监理单位消防安全承诺制度。通过实行承诺制度，使监理明确自己的职责，提高做好消防工作的自觉性。二要建立定期通报制度。监理单位要与消防部门及时通报工作信息，将工作中发现的问题及时向消防部门通报，做到有问题及时处理，不遗留火灾隐患。三要依法查处监理消防违法行为。消防部门若发现监理单位与建设单位或者施工企业串通、弄虚作假、降低消防施工质量的行为，要严格依法处罚，并将其不良消防安全违法行为予以记录公布。

4　结　语

强化监理在建设工程中消防监督管理，是消防监督工作触角的延伸，是借助社会力量推进消防工作的有效载体，也是消防工作社会化的重要措施之一，对建设工程施工质量和施工现场的消防安全管理必将起到积极的推进作用。

参考文献

[1]　公安部消防局. 中华人民共和国消防法条文释义/全国人大常委会法工委刑法室[M]. 北京：人民出版社，2009.

[2]　GB50319—2000. 建设工程监理规范[S].

作者简介：董全国，男，山东省滨州市公安消防支队防火监督处工程师；主要从事消防监督管理工作。

通信地址：山东省滨州市黄河四路 518-6 号，邮政编码：256600。

建立消防技术服务机构资信等级评价
管理体系的实践与现实意义

李海学

（浙江省公安消防总队）

【摘　要】　在我国社会主义市场经济体制不断完善的前提下，如何采用市场化的手段规范消防技术服务行业的经营活动，是消防行业管理上亟须解决的重大课题。本文以浙江省开展消防检测机构资信等级评定工作的探索与实践为例，阐明了建立消防技术服务机构资信等级评价管理体系的重要作用和意义。

【关键词】　消防技术服务；资信等级；评价管理体系；实践

1　引　言

通常所说的消防技术服务机构，是指从事消防设施维护保养检测、消防安全评估等消防技术服务活动的社会组织。根据《中华人民共和国消防法》、《国务院关于加强和改进消防工作的意见》（国发〔2011〕46号）等法律法规的要求，"消防产品质量认证、消防设施检测、消防安全监测等消防技术服务机构和执业人员，应当依法获得相应的资质、资格；依照法律、行政法规、国家标准、行业标准和执业准则，接受委托提供消防技术服务，并对服务质量负责。"消防技术服务，是确保建筑消防设施能够达到预期的使用效果，保证建筑消防设施完好有效的重要手段，对于社会提高防灾减灾能力意义重大。因此，在我国社会主义市场经济体制不断完善的前提下，如何采用市场化的手段规范消防技术服务行业的运行，是消防社会管理创新亟须解决的重大课题。我们以浙江省开展消防检测机构资信等级评定工作的探索与实践为例，阐明了建立消防技术服务机构资信等级评价管理体系的重要作用和意义。

2　探索消防检测机构资信等级评价管理的背景

2.1　由于消防检测机构数量增速过快且缺乏有效的监管措施，导致行业公信度不高

2002年，我国大力推行行政审批制度改革，国务院于当年11月1日正式发布《关于取消第一批行政审批事项的决定》，取消了建筑消防设施检测资格许可证的行政审批，公安消防部门不再管理消防检测机构，也不再对消防检测机构的新设立进行审批。许多机构和个人开始涉足消防检测领域，我国各地的消防检测机构数量迅速增多。以浙江省为例，截至2013年年底，全省的消防检测机构从初期的几家增加到100多家，并且还有继续增加的趋势。由于消防检测机构数量增速过快，对消防检测机构缺乏有效的监管措施，以及部分从业人员技术能力达不到要求，不少消防检测机构存在着诚信意识不强、检测报告格式不规范、恶性竞争等诸多问题，导致检测结果公信度低、消防检测质量难以保证，

一定程度上影响了消防检测的质量，扰乱了消防检测市场秩序，制约了消防检测行业的健康发展，对公共消防安全带来不利的影响。

2.2   为顺应检测机构行业自律的呼声，消防检测行业协会应运而生

行业协会既是沟通政府、企业和市场的桥梁与纽带，又是社会多元利益的协调机构，也是实现行业自律、规范行业行为、开展行业服务、保障公平竞争的社会组织，其功能是非政府公共行政的重要内容。为了规范消防检测市场秩序，提高消防检测质量，促进消防检测行业健康有序发展，全国各地根据国家相关法规政策要求，纷纷成立行业分会，开展消防检测行业的自律管理工作。2010年，浙江省消防协会也依法注册成立了消防检测行业分会，通过制定行业公约、建立网上管理平台、规范检测从业人员管理等手段对全省消防检测机构实施行业自律管理，达到了维护市场秩序的目的，推动全省消防检测行业步入良性发展轨道。

2.3   为促进消防检测行业健康发展，行业自律迫切需要引进科学的资信管理机制

资信等级，是国际上惯用的一种权威的动态评估机制，是对企业在实力、业绩和信用等方面的可靠性、安全性程度的评价。资信等级评定，指的是由资信评级机构使用科学严谨的调查和分析方法，对企业和个人的资产状况、履约能力和信誉程度进行全面评价，并使用简单明了的符号或者文字表达出来，以满足社会需要的行为。消防检测行业自律管理工作的有序开展，对提高检测质量、促进消防检测行业健康有序发展发挥了重大作用。但是，已有的自律管理举措尚不能体现出检测机构与检测机构之间在企业规模、经营状况、技术力量、社会信用等方面的差别，从而无法实现真正的市场化监管。市场经济，从某种意义上来讲就是信用经济，良好的资信等级可以提升消防检测机构的无形资产，是消防检测机构在行业中的"身份证"，是参与市场竞争的实力体现。因此，顺应社会发展需要，在消防检测行业建立资信等级评价管理体系，是倡导讲质量、讲技术、讲服务、讲诚信的良好经营风尚，培育消防检测行业诚信意识，发挥行业自律管理真正作用的有力手段。

3   建立消防技术服务机构资信等级评价管理体系的实践

为了推动消防检测行业自律管理工作进一步发展，2011年，浙江省消防协会遵循国际惯例，借鉴其他行业的经验，经过认真调研、反复论证，提出了实行资信等级管理的创新思路，并付诸实践。

3.1   科学制定评估办法与评定标准

2011年10月，浙江省消防协会根据《浙江省消防检测行业公约》的有关要求，组织制定了《浙江省消防检测机构资信等级管理办法》（以下简称《管理办法》）和《浙江省消防检测机构资信等级评定标准》，明确规定从企业规模、人力资源、检测能力、检测业绩、检测质量、诚信记录六个方面分别按A，AA，AAA三个等级进行评定，全面、客观、科学、公正地反映浙江省消防检测机构的资信状况。2012年7月，《管理办法》和《浙江省消防检测机构资信等级评定标准》在征求消防部门及检测机构意见的基础上，经检测行业分会理事会讨论通过并发布。

3.2   成立资信等级评定委员会

为了切实加强消防检测机构资信等级评定工作的组织领导，确保评定工作有序开展，浙江省消防协会成立了资信等级评定委员会，负责制定评估标准、检验评估情况、协调解决争议。

3.3 招标确定第三方评估机构

为了确保资信等级评定工作公平、公正、公开，协会于 2013 年 5 月份通过公开招标方式确定了 3 家专业评估公司为首次消防检测资信等级评定第三方评估机构，分别负责申报单位的现场评估工作。

3.4 评定过程与结果

2013 年 6 月，浙江省消防检测机构资信等级评定工作正式启动。全省共有 70 家消防检测机构自愿申报了资信等级评定，3 家专业评估公司按照评定方法、标准和程序分别对其进行了评估。经现场评估、网上公示，共评出 AAA 级资信机构 4 家、AA 级资信机构 27 家、A 级资信机构 31 家。

4 建立消防技术服务机构资信等级评价管理体系的现实作用

目前，在建立消防技术服务机构资信等级评价管理体系的探索中，浙江省消防协会只在消防检测行业中进行了实践，并在实践中得到了各级主管部门的赞同和大力支持，消防检测机构资信等级评价结果得到了众多社会单位的认可，各消防检测机构也积极主动参与，这对消防检测行业的健康发展促进很大。因此，在贯彻《社会消防技术服务管理规定》（公安部 129 号令），对消防技术服务机构实施资质管理的同时，由消防协会组织建立消防技术服务机构资信等级评价管理体系，仍具有十分重要的现实作用。

4.1 评审结果全方位地客观反映了参评消防技术服务机构的规模、能力、信用，有利于社会单位公正、客观地了解消防技术服务机构的信息

在浙江省消防检测机构资信等级的评审中，既将"企业规模""人力资源""检测能力""检测业绩"等硬件指标作为基础条件，也将"检测质量""信用记录"等项目通过量化与日常检查结合起来，进行定量、定性分析，实行分值计算。会员机构要取得较高的资信等级，不仅要加强硬件建设，而且还必须建立与之相符的质量、信用标准，为机构健康发展明确了目标、指引了方向。社会单位在购买消防技术服务时，通过对消防技术服务机构资信等级信息的了解和审核，能够全方位地对消防技术服务机构的规模、能力、信用等作出判断，有利于建立合格供应商名录，有利于把握消防技术服务机构的行业地位。

4.2 开展消防技术服务机构资信等级评价管理，有利于营造诚信、质量至上的行业氛围

《管理办法》从资信评价入手，对检测机构资信等级进行动态管理，评价期内检测机构存在不良行为，其资信等级将可能受到下降调整，换发或收回其资信等级证书，并进行网上公告、通告各级消防部门和省质量监督部门。同时，《管理办法》还制定了相应的激励措施，如向社会推荐与其资信等级相适应的工程消防检测项目规模等，此类推荐虽然不是强制性的，但在消防技术服务机构实施资质管理前，对检测市场的规范和影响却很大，尤其是重点单位、重大项目的消防检测，已经越来越关注检测机构资信等级与项目受检规模、能力要求、信用情况的适应性。在当前市场激烈竞争的环境下，社会单位关注消防技术服务机构的资信等级，将对消防技术服务机构的生存和发展起到了至关重要的作用，各消防技术服务机构必然要在这方面下功夫予以持续改进，这对促进消防技术服务行业健康发展，倡导质量、技术、服务、诚信的经营风尚意义重大。

4.3　积极推进消防技术服务机构资信等级评价管理体系建设，是对消防技术服务机构实施资质管理的有效补充

《国务院关于加强和改进消防工作的意见》（国发〔2011〕46 号）指出："规范消防技术服务机构及从业人员管理。要制定消防技术服务机构管理规定，严格消防技术服务机构资质、资格审批，规范发展消防设施检测、维护保养和消防安全评估、咨询、监测等消防技术服务机构，督促消防技术服务机构规范服务行为，不断提升服务质量和水平。消防技术服务机构及从业人员违法违规、弄虚作假的要依法依规追究责任，并降低或取消相关资质、资格。"《社会消防技术服务管理规定》的发布与实施，在行政管理方面落实上述要求的同时，也明确指出："鼓励依托消防协会成立消防技术服务行业协会。消防技术服务行业协会应当加强行业自律管理，组织制定并公布消防技术服务行业自律管理制度和执业准则，弘扬诚信执业、公平竞争、服务社会理念，规范执业行为，促进提升服务质量，反对不正当竞争和垄断，维护行业、会员合法权益，促进行业健康发展。"由此看来，依据《社会消防技术服务管理规定》，对消防技术服务机构实施资质管理后，消防协会行业自律的作用不仅不能削弱，反而应该适应形势需要不断予以强化，积极推进消防技术服务机构资信等级评价管理体系应该成为行业自律的有效手段。浙江省消防协会开展的消防检测机构资信等级管理实践，已为此项工作奠定了基础。实施社会消防技术服务机构资质管理，是对消防技术服务机构的资质、资格进行审批，在资质同等的情况下实施的是无差别化管理；而消防技术服务机构资信等级评价管理体系则是依据消防技术服务机构的经营管理状况，实施更为具体的差别化、动态化跟踪评价，有利于弘扬诚信执业、公平竞争、服务社会理念，规范执业行为，促进提升服务质量，对消防技术服务机构不断起到培育和规范的作用，是消防技术服务资质管理的有效补充，消防职能部门应予以积极支持，并采信资信等级评价管理的成果，加速推进当前建设工程消防行政审批改革。

5　结　论

根据《社会消防技术服务管理规定》的要求，对消防技术服务机构实施资质管理和监督管理，是规范社会消防技术服务活动、建立公平竞争的消防技术服务市场秩序、促进提高消防技术服务质量的必要举措；而借助消防协会的力量，积极推进消防技术服务机构资信等级评价管理体系建设，则是配合消防职能部门做好这项工作的有效补充和市场经济环境下的社会需求。只有将二者结合起来、互相补充、相得益彰，才能真正规范消防技术服务行业的运行，确保建筑消防设施的完好有效，从而提高全社会的防灾减灾能力。

参考文献

[1]　国务院关于加强和改进消防工作的意见[S]. 2011.
[2]　国务院. 关于取消第一批行政审批事项的决定[S]. 2002.
[3]　浙江省消防检测机构资信等级管理办法[S]. 2012.
[4]　浙江省消防检测机构资信等级评定标准[S]. 2012.
[5]　社会消防技术服务管理规定[S]. 2014.

作者简介：李海学（1968—），男，浙江省公安消防总队高级工程师。
　　　　　　通信地址：浙江省杭州市文晖路 319 号，邮政编码：310014；
　　　　　　联系电话：0571-88056559，13958028008；传真：0571-87049326；
　　　　　　电子信箱：zjxf-fire@163.com。

当前消防安全保障体系改革的对策研究

王树炜

（安徽省公安消防总队）

【摘　要】　随着我国经济社会的发展，消防工作在社会和谐稳定以及经济健康发展中发挥着越来越重要的作用，人们对消防安全的重视力度也越来越大。虽然各级党和政府对消防工作长期以来都予以了高度重视，并相继出台了相关的消防法规和技术标准，且从消防队伍建设、设施建设、技术保障等多个方面来提高消防安保工作，但由于法律体系、财力、宣传等因素的限制和制约，使得当前消防安全工作面临一些困难。本文结实际工作经验，并借鉴相关研究，对我国消防安全保障体系中的问题以及改革措施进行了探讨，以期与同行商榷。

【关键词】　消防安全；保障体系；改革对策

消防是我国经济社会发展的重要组成部分，消防事业的发展主要依仗社会经济的发展，消防事业的发展与社会经济的发展是相辅相成的。自改革开放以来，我国的消防事业发展突飞猛进，消防安全保障体系在经济建设方面发挥了巨大作用，近年来备受社会各界的重视[1]。但是，随着我国社会主义市场经济不断深入发展，当前的消防安全保障体系与社会经济发展之间也出现了一些矛盾，消防安全问题日益成为阻碍经济社会发展的重要因素。对消防安全保障体系进行改革和完善，以适应社会经济发展，已成为我国消防事业发展的重要课题。笔者结合从事消防工作的实践，借鉴消防界同仁的研究成果，对新形势下消防安全保障体系改革进行了探讨，以求为新形势下的消防工作实践提供参考依据。

1　我国消防安全工作存在的问题

1.1　消防法制不完善

我国新消防法于 2009 年 5 月 1 日正式实施，但是新消防法中还有诸多不完善的地方。首先，新消防法中的职责义务与法律责任不相统一。在新消防法中的第六条只明确了各级人民政府的消防工作，规定了教育、建设等政府职能部门和新闻宣传部门在消防工作中的法定职责和义务。其次，消防法律法规也存在"盲区"。随着消防事业的发展，社会中介组织成为了消防事业的一个组成部分，然而在消防立法上还存在欠缺的地方。入世以来，我国的市场准入范围不断扩大，使大批国外企业到中国进行投资，但是我国涉外的专门消防法律还未完善，缺少规范性的条文。在我国现行的消防法规中，并未将外企、外资、外商的消防安全和消防行为纳入保护范围，这就导致进出口的消防产品缺少监督管理的法律依据，一方面影响到我国消防产品的出口；另一方面也会对先进消防产品的进口造成影响。再次，现行消防法操作性不佳：第一，消防行政处罚的前置条件设置繁冗，这就导致诸多违反消防法律法规行为的处罚前置条件过多，造成消防执法机构执法效率较低，消防处罚难以落到实处；第二，部分条款过于笼统，实施难度较大，如消防法第五十一条对应报请政府决定，就可能因为政府批示不明确，造成消防机构实施法律条款难度增大[2-3]。

1.2　消防管理监督体制不完善

消防管理监督体制不完善主要表现在包揽的事物过多、腐败问题突出、监督管理人员流动性过大等几方面。首先，监督管理部门包揽的社会消防事务过多，导致消防安全实现对消防机构的检查以及相应治理的依赖性过强，大多被动应付。这样一方面使消防监督检查工作量繁冗、难以应对，使消防整体目标难以实现；另一方面，也使企业单位的监督管理工作有效性大打折扣，不能将火灾隐患消除。其次，腐败问题突出。一些道德思想素质较低的监督执法人员依仗审批、处罚权谋取私利，使消防机构的形象受到极大的损害，同时也使法律的严肃性、公正性、权威性受到质疑。再次，监督管理人员流动性较大，使消防技术骨干难以保留，这对消防工作的连续性造成严重影响，不利于消防执法责任制的建立，再加上频繁的机构领导更换，导致部分领导为了追求短期效应，将消防事业长远发展的工作抛之脑后，如消防宣传、隐患整改等。此外，现行的消防体制中军事管理色彩较为严重，上级命令高于一切，导致一些违法事实得到掩盖，使消防执法公正性受到极大影响[4-5]。

1.3　消防宣传教育社会化程度低

消防宣传工作关系到消防事业的长远发展，对象主要是社会公众。通过消防宣传工作，能使公众了解到消防工作方针、消防政策、消防法律法规、消防技术规范、消防科学知识、消防安全文化等，使社会公众对消防的科学知识有更加深入的了解，引导社会公众为防范、抗御火灾而共同努力。然而，当前的消防宣传工作力度较弱，在消防事业建设中处于薄弱环节。首先，各级政府、单位对消防宣传工作重视程度不够，对消防宣传的投入较少，消防宣传队伍力量薄弱。新闻媒体在做消防宣传时缺乏主动性，往往需要公安消防机构上门组织协调，部分新闻媒体还对消防宣传收取费用，导致消防部门的经费压力增加。其次，消防宣传教育创新力度有待进一步提高。在宣传内容上，消防宣传多以政策法规、消防常识等为主要内容，而能满足不同社会公众需求的内容相对较少；在宣传形式上，具有深度的趣味性、娱乐性和引导性内容相对不足；在宣传手段上，消防宣传创新力度不足，沿用如条幅、口号的方式较多，而充分发挥网络、媒体等宣传手段相对有限。再次，消防教育培训体系不健全。当前消防教育培训主要由消防机构来组织实施，而社会消防培训组织机构相对较少，而且在消防教育培训内容上也存在不系统、不全面等问题，再加上消防培训的师资力量较为薄弱、教育培训经费紧张，使消防教育培训工作受到较大的限制[6]。

1.4　消防投资渠道较窄

由于消防投入带来的经济效益和社会效益是隐性的，使得很多投资者更多地选择生产性投入，而对消防投入关注和重视力度不足。目前的消防投入主要有灭火投入和防火投入两部分，这两类投入都需要在一定的消防安保体系下进行适当投资，通过消防投资来建设消防体系的硬件以及消防安保体系的软件。由于消防投资具有自愿性，有时甚至是非理性的，这就造成了全社会消防投资难以启动。

2　消防安全保障改革与发展的对策

2.1　加强法制建设

首先，建立完善的消防法律体系。对于新消防法中存在的不足之处要及时进行修改完善。新消防法修改要以消防法实施经验教训为基础，从立法的科学性、稳定性、前瞻性等特性出发，针对消防事业中出现的新问题和新情况，按照相关要求对新消防法进行完善。在消防监督检查方面，要明确消防监督检查机构的权限范围；在社会消防安全责任方面，要明确各级政府及职能部门的消防安全管理责任，尤其是各级政府及职能部门的主要领导责任更应明确。其次，对消防法律法规要做好立、改、废的工作。以消防法为基础，对地方性法规、规范性文件、消防技术规范等都要认真清理，并将其归入新消防法体系之中；制定出符合涉外的消防法律法规，修改不符合相应规则的法律法规、技术规范、标准等，同时对不适应形势需求的消防法律法规条文要及时废除。再次，使执法行为规范化。只有完善的消防法律法规还不够，还需要消防执法部门严格执法，使消防法律法规的严肃性、公正性、权威性得到有效维护。一方面，需要利用相关的法律法规对消防监督执法行为进行规范；另一方面，消防监督执法行为要增加透明度。此外，还需要增强消防监督执法行为的合理性以及提高消防监督执法行为的公信力。消防监督执法行为不仅要符合相关的法律规范，还需要具有合理性，在行使自由裁量权时，不得假公济私、徇私舞弊。消防监督执法行为应遵循信用原则，不得朝令夕改，使消防监督执法行为的公信力得到维护[7]。

2.2 转变政府消防管理职能

随着新一届领导政府在行政审批等方面提倡简化，消防的行政审批职能越来越弱化甚至即将退出，监管职能越来越明显。政府职能的转变、执法水平的正规化、服务意识的增加等，是新消防工作的亮点。在未来消防工作社会化的过程中，政府应进一步深化消防管理职能的转变。首先，要加强消防行政管理模式的进一步改革，公安消防机构的消防监督权力应是有限的，以其监督管理权限为依据，使其消防监督职能得到转型，不再对一切社会消防事务都包揽，而是有限度地处理消防社会事务，使消防监督管理权力更加合理。其次，要进一步转化消防监督权，加强社会消防自治。一方面要使社会各单位在消防安全管理中的主体地位得以确立，调动起社会各单位消防管理的积极性，建立起完善的单位消防管理体系；另一方面要通过立法授权或行政委托，将部分消防监督权利授予或委托给基层群众组织，使消防机构的执法压力得到缓解。再次，要建立并完善消防安全责任体系，要对政府、政府职能部门、单位、社会公民的消防工作责任进行明确，将"谁主管，谁负责"的原则彻底贯彻下去，从政府到公民，层层落实防火安全责任制，最广泛地调动群众做好消防安全工作的积极性。此外，还需要建设多种形式的消防队伍，实行消防投资主体多元化，建立起社会消防状况综合评价体系[8]。

2.3 加强消防宣传教育

加强消防宣传教育是推进消防安全保障体系社会化的重要途径。通过消防宣传教育，能有效地转变公民的消防观念，提高消防安全意识和消防安全素质，对增强全社会抗御火灾能力具有重要意义。首先，要实现消防宣传渠道多样化，发挥政府的组织者和领导者作用，利用教育、新闻、出版、广播、电视、电影等部门的消防宣传教育骨干力量，使消防宣传渠道得到拓展。其次，要对消防宣传的内容、手段、形式和方法进行改进，通过多种具有创新性的手段、形式、方法，使宣传具有趣味性、娱乐性和消防知识性。再次，要建立和完善消防教育培训体系，加强对培训教育基地、师资队伍等基本问题的解决，通过教育培训竞争机制，增强教育培训效果；同时，要健全职工的消防安全培训制度，使各个行业、各个单位都把消防知识教育纳入职工教育培训之中，以提高职工的消防意识和素质。

3 结 语

我国消防安全保障体系改革与发展需要以新时期的消防工作目标任务为出发点，充分考虑消防工作的特点和规律，不断总结吸收经验教训，借鉴国外先进的管理经验和管理模式，提高全民消防安全意识，提升社会抗御火灾能力，积极稳妥地推进我国消防安全保障体系改革，从而实现消防事业的发展，推进我国和谐社会的构建。

参考文献

[1] 李风泉. 适应新形势，建立新机制，全面推进消防工作社会化[J].消防科学与技术，2012（06）：105-106.

[2] 高瑞霞，陶春刚. 消防中介组织如何发挥公共消防安全管理的职能[J]. 安全，2010（03）：123-125.

[3] 沈友弟，钟薇，奚万赋. 坚持科学发展观努力营造良好的消防安全环境[J]. 科技促进发展（应用版），2010（02）：155-156.

[4] 张清林，高锦田. 新形势下我国消防安全体系改革的对策分析研究[J]. 消防科学与技术，2010（04）：144-145.

[5] 潘烽，邢小崇，张艳霞. 城市化进程中城中村消防安全改造研究[J]. 太原城市职业技术学院学报，2012（05）：177-182.

[6] 郑亮，范恩强，陈伟平. 改革现行消防工作运行机制全面促进消防安全工作社会化[J]. 科技咨询导报，2007（04）：239-231.

[7] 矫成科. 我国消防管理社会化模式存在的问题及建立措施[J]. 中小企业管理与科技（上旬刊），2011（02）：225-256.

[8] 李风泉. 适应新形势，建立新机制，全面推进消防工作社会化. 消防科学与技术，2012（06）：155-158.

作者简介： 王树炜，安徽省公安消防总队防火监督部法制处工程师。

通信地址：安徽省合肥市滨湖区广西路与中山路交口，邮政编码：230000；

联系电话：13655551212；

电子信箱：ruiruilike@yahoo.com.cn。